李援瑛 主编

小型冷库

安装与维修

XIAOXING LENGKU
ANZHUANG YU WEIXIU
1000GE ZENMEBAN

1000个 怎么办

U0245978

中国电力出版社
CHINA ELECTRIC POWER PRESS

内 容 提 要

　　本书以一问一答的形式全面介绍了小型冷库安装与维修的知识和技能。大多数问题都是以"怎么办"的形式给出，能直接指导小型冷库的运行维修工作。本书的内容主要包括：制冷技术基础、冷库基础知识、冷库制冷设备、制冷系统辅助设备、制冷系统控制设备、冷库安装与调试、冷库运行管理、冷库维护、冷库常见故障处理、冷库制冷设备的维修等内容。

　　书中问答既相对独立，又相互关联；既可结合实际作为工具书查阅相关内容，得到解决问题的方法，也可系统地从头到尾学习，提高技能。

　　本书面向初、中级制冷设备维修工，目的是培养他们熟练掌握小型冷库的运行维修技术，并具有一定的独立分析能力和解决实际问题的能力，也可供相关专业的院校学生、教学人员参考使用。

图书在版编目（CIP）数据

　　小型冷库安装与维修1000个怎么办/李援瑛主编. —北京：中国电力出版社，2016.6（2021.8重印）
　　ISBN 978 - 7 - 5123 - 9161 - 1

　　Ⅰ. ①小…　Ⅱ. ①李…　Ⅲ. ①冷藏库-安装-问题解答②冷藏库-维修-问题解答　Ⅳ. ①TB657.1-44

　　中国版本图书馆CIP数据核字（2016）第071277号

中国电力出版社出版、发行

（北京市东城区北京站西街19号　100005　http://www.cepp.sgcc.com.cn）

三河市航远印刷有限公司印刷

各地新华书店经售

＊

2016年6月第一版　2021年8月北京第七次印刷

850毫米×1168毫米　32开本　13.375印张　425千字

印数10501—11500册　定价 **29.80**元

版权专有　侵权必究

本书如有印装质量问题，我社营销中心负责退换

前 言 Preface

　　随着我国经济高速发展，人民生活水平迅速提高。国民经济的发展和人民生活水平的提高，对生活质量要求的不断提高，追求生活的舒适和健康、高效节能已成为社会和谐发展的趋势。随着食品冷藏技术的发展和人们对食品安全意识的提高及制冷技术和设备的普及和应用，伴之而来的是人们渴望对冷藏库食品储藏知识和冷藏库制冷系统的工作原理和运行管理及其常见问题的处理有一个较为透彻的了解，以便使自己能熟练和正确地运用专业知识，使冷藏库能高效、安全、低耗地运行，创造安全的食品储藏和生产环境，借以提高人们的生活质量。与此同时，随着各种冷藏库建设和制冷设备的大量使用，其大量的维护和维修工作也伴之而来，但由于社会发展的速度和我国相关学科教育和技术普及的滞后性，在冷藏库建设、运行管理及其制冷设备的维护技术力量方面，无论是在人员的数量还是人员的技术素质上都与其需求相差甚远。

　　为方便读者学习冷藏库建设、运行管理及其制冷设备的维护技术，本着由浅入深、深入浅出的学习原则，在编写过程中，集多年职业技能培训的经验和体会，用技术问答的活泼方式，在书中介绍了制冷原理、人类冷藏食品技术的发展过程、冷藏库、气调库的基本结构及其建设方法、冷藏库的运行管理、冷藏库维护技术以及冷藏库制冷设备结构，安装、维护和维修操作方法，使读者能通过阅读本书，做到"开卷"有益，学有所得。本书编写原则是：讲明白基础；讲透彻基本结构；重点放在实用操作技能的讲述上，使读者能读得懂、学得会，尽快掌握冷库使用、维护和修理的实用知识和技术。

　　在提高了书籍的可读性的基础上，本书突出了实用性，作者在编写过程中积几十年的教学心得，力求用问答的形式，将专业知识基础说明白，将操作技能说清楚，使读者在学习过程中犹如"师傅"在身边手把手的在教。

本书特别适合欲自学冷藏库的建设、使用、维护和常见故障排除方法以及与之配套的制冷设备的安装、调试、维护知识的读者使用，也可作为中高等职业院校、职工冷库运行管理及其制冷设备维护技术培训班进行专业教学的教辅用书。

本书由李援瑛同志主编，参编的有李晓、李燕京、李银峰等。

由于编者水平有限，书中难免有不妥和错误之处，恳请广大读者批评指正。

编　者

目录 Contents

第二章　中小型冷库基础知识

第三章　中小型冷库的制冷设备

第四章　制冷系统辅助设备

第五章　制冷系统的控制设备

第六章　中小型冷库的安装与调试

👆 第七章 中小型冷库制冷系统的调节

第八章　中小型冷库的运行管理

第九章　中小型冷库的维护与保养

第十章　中小型冷库制冷系统维修器具使用方法

第十一章　冷库制冷与辅助设备的维修

👆 第十二章　冷库及制冷设备的维修操作

•

第一章 Chapter1

制 冷 技 术 基 础

第一节 热工基础知识

1. 温标是怎么回事？

温度是表示物体冷热程度的物理量。温度的标定方法称为温标。在制冷技术中常见的温标有摄氏温标、华氏温标和热力学温标（又叫绝对温标或开氏温标）。

（1）摄氏温标。摄氏温标是指在一个标准大气压（760mmHg 或约 0.1MPa）下，将冰、水混合物的温度定为 0℃，水的沸点定为 100℃，在这两个定点之间分成 100 个等分，每一个等分间隔称为 1℃。

摄氏温标的符号用 t 表示，其单位是摄氏度，可以写成"℃"。

（2）华氏温标。华氏温标是指在一个标准大气压下，将冰、水混合物的温度定为 32 华氏度，水的沸点定为 212 华氏度，在这两个定点之间分成 180 个等分，每一个等分间隔称为 1 华氏度。

华氏温标的符号用 t_f 表示，其单位是华氏度，可以写成"℉"。

（3）热力学温标。把物质中的分子全部停止运动时的温度定为绝对零度（绝对零度相当于 -273.15℃），以绝对零度为起点的温标叫作热力学温标。热力学温标的符号用 T 表示，其单位是开尔文，可以写成"K"。

（4）三种温标间的换算关系

$$t = T - 273.15 \ (℃)$$
$$T = t + 273.15 \ (K)$$
$$t = (t_f - 32) \times 5/9 \ (℃)$$
$$t_f = 9/5 \times 2 + 32 \ (F°)$$

2. 干、湿球温度是怎么回事？

干湿球温度计是由两只相同的温度计组成的，它的基本构造如图 1-1 所示。使用时应放在室内通风处，其中一只在空气中直接进行测量，所测得的温度称为干球温度；另一只温度计的感温球部分用湿纱布包裹起来，并将纱布的下端放入水槽中，水槽里盛满蒸馏水，所测得的温度称为湿球温度。

3. 制冷技术中压力是如何定义的？

在制冷系统中，大量制冷剂气体或液体分子垂直作用于容器壁单位面积上的作用力叫做压力（即物理学中的压强），用符号 p 表示。

4. 压力的单位是如何规定的？

在制冷领域中经常使用的压力单位有以下两个。

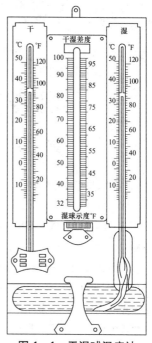

图 1-1　干湿球温度计

（1）国际单位制。国际上规定：当 $1m^2$ 面积上所受到的作用力是 1N 时，此时的压力为 1Pa，$1Pa＝1N/m^2$。在实际应用中，因帕的单位太小，还常采用兆帕（MPa）作为压力单位，$1MP＝10^6Pa$。

（2）工程制单位。工程制单位是工程上常用的单位，一般采用千克力/厘米^2（kgf/cm^2）作单位

$$1kgf/cm^2＝735.6mmHg≈0.1MPa$$

5. 标准大气压和大气压是怎么回事？

标准大气压是指温度为 0℃ 时，在纬度为 45° 的海平面上，空气对海平面的平均压力。标准大气压用 atm 表示，即 $1atm＝760mmHg$。一个标准大气压近似等于 0.1MPa，即 $1atm≈0.1MPa$。

空气对地球表面所产生的压力叫做大气压力，简称大气压，用符号 B 表示。

6. 绝对压力与表压力是怎么回事？

（1）绝对压力。容器中气体的真实压力称为绝对压力，用 $p_绝$ 表示。当容器中没有任何气体分子时，即真空状态下，绝对压力值为零。

（2）相对压力表压力。在制冷系统中，用压力表测得的压力值称为相对压力，又可称为表压力，用 $p_表$ 表示。

当压力表的读数为零值时，其绝对压力为当地、当时的大气压力。表压力并不是容器内气体的真实压力，而是容器内真实压力（$p_绝$）与外界当地大气压力（B）之差，即

$$p_绝 = p_表 + B$$

7. 制冷剂临界压力是怎么回事？

临界压力是指制冷剂（物质）处于临界状态时所对应的压力，即液体在临界温度时所具有的饱和蒸气压力。

8. 临界状态与三相点是怎么回事？

临界状态是指气体物质随着压力的升高，蒸气的比体积逐渐减小而接近液体比体积，当压力增至某一数值后，饱和蒸气与饱和液体之间就无明显的区别，此时的状态称为临界状态。

三相点是指物质固相、液相、气相处于平衡共存的状态点。纯水的三相点温度是 0.0098℃，压力为 610.5Pa。

9. 物质相变是怎么回事？

物质分子可以聚集成固、液、气三态。在一定条件下，物态可以相互转化，称为物态变化。物态的变化又称为相变。在相变过程中，如图 1-2 所示，总是伴随着吸热或放热现象，应用在制冷装置上，蒸气压缩式制冷的工作原理，就是这种制冷方式是依靠制冷装置内制冷剂的相变来完成的。

10. 冷凝与升华是怎么回事？

物质在饱和温度下由气态变为液态的过程叫做冷凝或凝结。制冷剂在冷凝器中的放热过程即为冷凝过程。

冷凝是汽化的相反过程，物质在一定压力下蒸气冷凝时的温度即为其相应压力下的饱

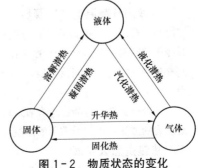

图 1-2　物质状态的变化

和温度，又称冷凝温度。

固体物质不经过液体而直接变成气体的过程叫做升华。

在冷库中储存的肉类，过一段时间质量变小了，这就是肉类中的冰直接转变为蒸气造成的，这一点在冷库管理中尤为重要。

11. 汽化与液化是怎么回事？

从气态转化为液态的过程叫做液化。汽化与液化是两个相反的过程，汽化过程伴随着吸热，液化过程伴随着放热。汽化有两种形式——蒸发与沸腾。

12. 蒸发与沸腾是怎么回事？

物质由液态转化为气态的过程叫做汽化。汽化有两种方式，即蒸发和沸腾。

蒸发是指物质在相变过程中只在液体表面发生的汽化现象。蒸发可以在液体的任何温度下发生。

沸腾是指在一定的气压下，物质在相变过程中液体达到一定温度时，液体内部和表面同时进行的剧烈汽化现象，对应的温度称为沸点。

在制冷技术中习惯上把制冷剂液体在蒸发器中的沸腾称为蒸发。

13. 制冷剂蒸发温度与蒸发压力是怎么回事？

制冷剂蒸发温度是指制冷剂液体（流体）汽化时的温度。制冷剂的蒸发温度通常用 t_0 表示，即制冷剂在一个标准大气压下汽化时的温度。

制冷剂蒸发压力是指制冷剂液体在蒸发器内汽化（沸腾）时所具有的压力，通常用符号 p_0 来表示。制冷剂的蒸发温度与蒸发压力有着对应关系，在制冷机组调试时，可用调节蒸发压力的方法，得到所需要的蒸发温度。

14. 制冷剂冷凝温度与冷凝压力是怎么回事？

制冷剂冷凝温度是指物质（制冷剂）状态由气态转变为液态的临界温度，制冷剂的冷凝温度通常用 t_k 来表示。

制冷剂液化时的压力叫做冷凝压力，通常用符号 p_k 来表示制冷剂的冷凝压力。

制冷剂冷凝温度与冷凝压力有着对应关系，在制冷机组测试时，可用调节冷凝压力的方法，得到所需要的冷凝温度数据。

15. 热量是怎么回事？

热量是指物质热能转移时的度量，是表示物体吸热或放热多少的量度，用符号 Q 表示。

国际单位制中，热量的单位是焦耳（J）或千焦（kJ）。

工程技术中，热量单位常用卡（cal）或千卡（又称大卡）（kcal）来表示。

这两种单位的换算关系是

$$1kJ＝0.24kcal \quad 1kcal＝4.18kJ$$

16. 制冷量是怎么定义的？

制冷量是指用人工方法在单位时间里从某物体（空间）移去的热量。其单位为千焦/小时（kJ/h）或瓦（W）、千瓦（kW）。

17. 热能是怎么回事？

热能是物质的内能，是物体的所有分子无规则热运动的动能与相互之间势能的总和。任何物体都具有内能，可以通过热传递与做功（如机械能转化为热能）提高物质的内能。

18. 比热是怎么回事？

比热是比热容的简称。单位质量的物质（体）每升高或降低1℃，所吸收或放出的热量，称为该物质（体）的比热。比热常用符号 C 表示。

在国际单位制中，能量、功、热量的单位统一用焦耳，温度的单位是开尔文。因此，比热容的单位为 $J/(kg \cdot K)$。

19. 显热是怎么回事？

物体吸收或放出热量时，物体只有温度的升高或降低，而状态却不发生变化，这时物体吸收或放出的热量叫做显热。

用"显"这个词来形容热，是因为显热既可以用触摸的方法感觉出来，也可以用温度计测量出来。例如，20℃的水吸热后温度升高至50℃，用手可以感觉出来，用温度计可以测试出来，所以所吸收的热量为显热；反之，50℃的水降温到20℃时，所放出的热量也为显热。

20. 潜热是怎么回事？

物体吸收或放出热量时，物体只有状态的变化，而温度却不发生变化，这时物体吸收或放出的热量叫做潜热。

潜热因温度不变，所以无法用温度计测量。物体相变时所吸收或放出的热量均为潜热，分别称为汽化潜热、液化潜热、溶解潜热、凝固潜热、升华潜热和凝华潜热。例如，在常压下，水加热到沸点100℃后，如果继续加热，水将汽化为水蒸气，汽化过程中水的温度仍为100℃不变，这时吸收的

5

热量为汽化潜热（又称蒸发潜热）；反之，高温的水蒸气冷却到100℃后再继续降温，水蒸气将冷凝为水，冷凝过程中温度保持100℃不变，这时放出的热量为液化潜热（又称冷凝潜热）。

制冷系统中的制冷剂一般要选用蒸发潜热数值大的物质，这是因为制冷剂在蒸发器中主要是利用由液态吸热变为气态的相变过程来达到制冷目的的，这个吸热就是蒸发潜热。

21. 热传递是怎么回事？

热量从高温物体（空间）向低温物体（空间）传递的过程称为传热。

当两个温度不同的物体互相接触时，由于两者之间存在温度差，两者的热能会发生变化，即温度高的物体失去热能，温度降低；而温度低的物体得到热能，温度升高。这种热能在温度差作用下的转移过程称为热传递过程。

22. 导热是什么意思？

导热又称热传导。物体各部分温度不同时，热量从物体一部分传递到另一部分，或者温度不同的物体接触时，热量从温度高的物体传递给温度低的物体的过程，称为导热。

导热是在固体、静止液体或气体中由分子振动而引起的传热现象。

热传导是固体中热量传递的主要方式，在气体或液体中，热传导过程往往是和对流同时发生的。

23. 热的良导体和不良导体是怎么回事？

不同物质的传热本领是不一样的：容易传热的物质叫做热的良导体，如银、铜、铝、铁等金属；不容易传热的物质叫做热的不良导体（也叫绝热材料），如玻璃棉、聚氨酯泡沫塑料、软木、空气等。

在制冷设备中要根据不同的需要，选用不同的材料。如对于蒸发器、冷凝器等传热设备，应采用铜、铝、钢等热的良导体；而对于冷库的库体、库门等需要隔热时，则应采用软木、聚氨酯泡沫塑料、玻璃棉等绝热材料。

24. 对流换热是怎么回事？

依靠流体（液体或气体）的流动而进行热传递的方式称为对流换热。

对流可分为自然对流和强制对流，其中靠流体密度差进行的对流称为自然对流，靠外部用搅拌等手段强制进行的对流称为强制对流。排管式蒸发器使冷库内获得低温，是依靠库内空气自然对流换热的结果；而冷风机使冷库内获得低温，主要是依靠风扇强迫库内空气对流换热的结果。

25. 热辐射是怎么回事？

热量从物体直接沿直线射出去的传热方式叫做热辐射。热辐射的传递方式和光的传播方式一样是以电磁波的形式传递，传播速度为光速。

热辐射总是在两个物体或多个物体之间进行的。物体间的温差越大，热辐射就越强烈。热辐射的大小除了与热源的温度有关外，还与物体表面的性质有关：物体表面越黑、越粗糙就越容易辐射热和吸收热；物体表面越白、越光滑就越不容易吸收辐射热，但善于反射辐射热。

26. 传热系数是怎么回事？

传热系数以往称总传热系数。国家标准规范统一定名为传热系数。传热系数 K 值，是指在稳定传热条件下，围护结构两侧空气温差为 1 度（K、℃），1s 内通过 $1m^2$ 面积传递的热量，单位是瓦/（平方米·度）（$W/m^2 \cdot K$，此处 K 可用℃代替）。

27. 导热系数是怎么回事？

导热系数是指在稳定传热条件下，1m 厚的材料，两侧表面的温差为 1 度（K、℃），在 1h 内，通过 $1m^2$ 面积传递的热量，单位为瓦/（米·度）[$W/（m \cdot K）$，此处为 K 可用℃代替]。导热系数与材料的组成结构、密度、含水率、温度等因素有关。非晶体结构、密度较低的材料，导热系数较小。材料的含水率、温度较低时，导热系数较小。通常把导热系数较低的材料称为保温材料，而把导热系数在 $0.05W/（m^2 \cdot K）$ 以下的材料称为高效保温材料。

28. 隔热是什么意思？

隔热又称绝热，它是利用隔热材料来防止热量从外界向冷却对象（空间）渗透或防止热量散失到周围环境的一种方法。

传热和隔热的本质是一样的，就是应用场合不同，制冷系统材料希望传热效果好，冷库库体希望隔热效果好。

29. 制冷剂的焓与比焓是怎么回事？

焓是工质在流动过程中所具有的总能量。在热力工程中，将流动工质的内能和推动功之和称为焓。

单位质量工质所具有的焓称为比焓，用符号 h 表示，单位是 kJ/kg。

30. 制冷剂的熵与比熵是怎么回事？

熵是表征工质在状态变化时与外界进行热交换的程度。单位质量工质所具有的熵称为比熵，用符号 s 表示，单位是 kJ/（kg·K）。

31. 热力学第一定律是怎么回事？

热力学第一定律是能量转化与守恒定律在热力学中的具体体现。在热力学范围内，主要指的是物体的内能与机械能之间的相互转化与守恒。它可表达为：热和功可以相互转化，一定量的热消失时，必然产生数量完全一样的机械能；而当一定量的机械能消失时，必然产生数量完全一样的热能。它表明，热和功之间存在着一定的数量关系，用数学公式可表达为

$$Q=AL$$

式中　Q——热量，kJ；

　　　L——机械功，kgf·m；

　　　A——功热当量，kJ/(kgf·m)。

32. 热力学第二定律是怎么回事？

在自然条件下，热量不能从低温物体转移到高温物体，欲使热量由低温物体转移到高温物体，必须要消耗外界的功，而这部分功又转变为热量。

人工制冷是热力学第二定律的典型应用。它是消耗一定的能量（电能或其他能量），以使热量从低温热源（蒸发器周围被冷却物质）转移到高温热源（冷凝器的冷却介质——空气或冷却水）的过程。

热力学第一和第二定律是传热学的基本定律，也是制冷技术的理论基础。它们说明了制冷机中功和能（热量）之间相互转换的关系及条件，以及制冷要消耗功的原因。

第二节　制冷循环基础知识

33. 热力循环和制冷循环是什么意思？

热力循环是一个封闭的热力过程。在热力循环中，热力系统从某一初始状态出发，工质经过一系列状态变化后，又回到初始状态，其目的是通过工质的状态变化来实现预期的能量转换。

制冷循环是指将热量从低温热源中取出，并排放到高温热源中的热力循环。制冷循环中物质称为工质（制冷剂）。

34. 制冷过程是怎么回事？

制冷过程就是从某一物体或空间移去热量，并将其转移给周围环境的介质，使该物体或空间维持低于环境温度的某一相对低温。这一热量的转移过程称为制冷过程。

35. 蒸气压缩式制冷循环是怎么回事？

在蒸气压缩式制冷系统中，制冷剂从某一状态开始，经过各种状态变化，又回到初始状态。在这一周而复始的变化过程中，每一次都消耗一定机械功而从低温物体中吸收热量，并将此热量移至高温物体。这种通过制冷剂状态的变化来完成制冷作用的全过程，称为制冷循环。

36. 制冷剂的过冷与过冷度是什么意思？

制冷剂饱和液体在饱和压力不变的条件下，继续冷却到饱和温度以下称为过冷，这种液体称为过冷液体。过冷液体温度称为过冷温度，过冷温度与饱和温度差值称为过冷度。

37. 制冷剂的过冷循环是什么意思？

在制冷理论上可以假定进入节流装置前的制冷剂为饱和液体，而压缩机的吸气是干蒸气。但是，在实际制冷装置中，为了提高系统的性能和防止活塞式压缩机出现"液击"问题，一般要使进入节流装置前的制冷剂先过冷，而让吸气过热。这种循环方式称为制冷剂的过冷循环。

38. 为什么要采取过冷循环？

由于制冷剂液体经过节流装置膨胀时，因节流损失而使少量制冷剂蒸发，产生"闪气"现象，它会影响制冷剂的流动性，使制冷量下降。制冷剂的过冷循环的意义是：为了弥补这种缺陷，实际循环中让制冷剂进一步冷却，使节流前的制冷剂温度低于冷凝压力下所对应的饱和温度，这样制冷剂在节流过程中就不会出现"闪气"现象，从而保证了制冷剂的正常流动性和制冷量。

39. 制冷剂的过冷和过冷温度是怎么回事？

在压力不变的条件下，将制冷剂的温度降低到低于其饱和温度的状态，称为过冷，此时的液态制冷剂称为过冷液，其温度称为过冷液体温度。

40. 过冷循环在制冷系统中是怎么实现的？

在中小型冷库制冷系统中，过冷循环的实现方法是把制冷系统的供液管与回气管包扎在一起，并做好供液管与回气管之间的保温处理，利用回气管的低温降低供液管里的液体温度，也可把一段供液管和膨胀阀直接安装在库房内通过，经再次冷却达到过冷的目的，从而提高制冷效率。采用过冷循环同时也加热了回气管的温度，可避免活塞式压缩机吸入过湿蒸气而可能产生"液击"故障。

9

41. 制冷剂饱和状态与饱和蒸气是什么意思？

在一定压力和温度条件下，制冷剂在汽化过程中，气液两相处于平衡共存的状态称为饱和状态。在饱和状态下制冷剂处于气液两相共存状态下的混合物，称为饱和蒸气。

42. 饱和温度与饱和压力是什么意思？

在密闭容器内液体蒸发或沸腾而汽化为气体分子，同时由于气体分子之间以及气体分子与容器壁之间发生碰撞，其中一部分气体分子又回到液体中去，当在同一时间内两者数量相等，即汽化的分子数与返回液体中的分子数平衡时，这一状态称为饱和状态。饱和状态的温度就称为饱和温度，饱和温度时的压力就称为饱和压力。

43. 饱和状态和温度的意义是什么？

在制冷技术中，制冷剂在蒸发器和冷凝器内的状态可宏观地视为饱和状态。也就是说蒸发器内的温度及冷凝器内的温度均视为饱和温度，因此，蒸发压力和冷凝压力也视为饱和压力。

制冷剂在饱和状态下其温度和压力是一一对应的关系，因此在制冷设备运行管理和维修过程中饱和状态和温度的意义在于：可以通过测试制冷剂的压力，然后通过查询制冷剂的压焓图，就可以找到与之对应的温度值。

44. 临界温度与压力是什么意思？

各种气体当压力升高时，其比容减小。随着压力继续升高，蒸气的比容逐渐接近于液体的比容，当两者相等时，称为临界状态。对应临界状态点的温度称为临界温度，压力称为临界压力。

45. 制冷剂的临界温度有什么意义？

每种制冷剂蒸气都有一个临界点，临界温度对制冷剂液化意义很大，若制冷剂温度处于临界温度以上，要使其液化，不管压力多高，制冷剂蒸气都不会变成液体。这一点在冷库制冷系统的制冷剂选择上有着十分重要的意义。

46. 过热蒸气是什么意思？

在一定的压力下，温度高于饱和温度的制冷剂蒸气，称为过热蒸气。制冷压缩机排气管处的蒸气温度，一般都高于饱和温度，都属于过热蒸气，称之为"排气过热"。

47. 过热与过热度是什么意思？

在饱和压力条件下，继续使饱和蒸气被加热，使其温度高于饱和温度，这种状态称为过热。这种状态下的蒸气称为过热蒸气。此时的温度称为过热温度，过热温度与饱和温度的差值称为过热度。

在制冷系统中压缩机的吸气往往是过热蒸气，若忽略管道的微小压力损失，那么，压缩机吸气温度与蒸发温度差值就是在蒸发压力下制冷剂蒸气的过热度。

例如，在标准工况下 R22 制冷剂的蒸发温度为 $-15\,℃$，吸气温度为 $15\,℃$，那么其过热度就是 $30\,℃$。

制冷压缩机排气管内的温度均为在冷凝压力下的过热蒸气，排气温度与冷凝温度的差值就是排气过热度。

48. 有害过热的"害处"是什么？

制冷系统"有害过热"会使压缩机的吸气温度升高，吸入蒸气的比容增大，导致单位容积制冷量降低，压缩机的制冷量减少。有害过热的"害处"就是制冷循环时压缩机运行时的能耗增加，制冷系统的经济效益下降。

49. 有害过热是怎么形成的？

制冷系统由于回气管（吸气管）的长度过长或隔热管道隔热措施不好，使管内的蒸气与外界环境进行热交换，从而被加热，这种现象称之为"吸气过热"。"吸气过热"又被称为"有害过热"。因此，要求在制冷系统吸气管道上必须做好隔热措施，尽量缩短吸气管的长度，以减少"有害过热"的产生。

50. 有益过热的"益处"在哪儿？

在使用膨胀阀作为节流装置的氟利昂制冷系统中，可以应用过热度来调节热力膨胀阀的开启度，这种现象称之为"有益过热"。同样，氟利昂蒸气在经过回热后产生的过热，也属于有益过热。

51. 蒸气压缩制冷的"过热循环"是怎么回事？

蒸气压缩制冷的"过热循环"就是把经制冷系统冷凝器冷却成液体后，从储液器出来的液态氟利昂制冷剂与蒸发器出来的回气管低温氟利昂制冷剂气体进行热交换，来降低节流前的氟利昂液体的温度，从而提供系统的制冷量和制冷机组的效率，并可有效防止液态制冷剂回到压缩机，避免压缩机出现湿行程故障。

52. 制冷量是怎么回事？

制冷系统在进行制冷运行时，单位时间内（每小时）从低温物体或空间吸取的热量称为制冷量。制冷量国际单位制单位为瓦（W）。另外在制冷技术中还用 kcal/h、kJ/h、Btu/h（欧美国家）。

换算关系如下

1kcal/h＝1.163W　　1kW（1000W）＝860kcal/h

1kJ/h＝0.278W　　1kW（1000W）＝3597.1kJ/h

1Btu/h＝0.293W　　1Btu/h＝0.252kcal/h

53. 冷吨是怎么回事？

冷吨是英制的制冷量单位。1 冷吨就是指在 24h 内将 1t（吨）0℃的水，变成 0℃的冰所需要移出的热量。美国用 2000 磅作为 1t，因此 1 美国冷吨 = 12 659kJ/h；日本用 1000kg 作为 1t，因此 1 日本冷吨 = 13 898kJ/h。

第三节　制冷剂基础知识

54. 制冷剂是怎么回事？

制冷剂又称为"冷媒"，是制冷系统中完成制冷循环所必需的工作介质，制冷剂在制冷系统中不断地与外界进行热交换。制冷剂借助压缩机的做功，将被冷却对象的热量连续不断传递给外界环境，从而实现制冷。

制冷剂在制冷系统中只发生物理变化，没有化学变化，如果制冷系统没有泄漏问题，制冷剂就可以长期在制冷系统中循环使用。

55. 制冷剂的发展经历了哪几个阶段？

追踪人类研发制冷剂的发展脚步，最古老的"冷媒"是冰、雪、深井水等，称为天然冷源。现代制冷剂的发展大约经历了 5 个发展阶段：第一代制冷剂是以空气、二氧化碳、乙醚等作为压缩式制冷系统的制冷剂，第二代制冷剂是以氨作为制冷剂的代表，第三代制冷剂是以氟利昂系列制冷剂作为代表，第四代制冷剂是以 R134a 为代表的替代工质作为标志，第五代制冷剂是以众多绿色环保型制冷剂为特征。

56. 不知道对制冷剂的要求怎么办？

为了能使制冷剂在制冷系统中安全有效地工作，对制冷剂的要求主要有以下几点。

（1）制冷剂的工作温度和工作压力要适中。在蒸发温度与冷凝温度一定的制冷系统中，采用不同的制冷剂，就有着不同的蒸发压力与冷凝压力。一般要求是：蒸发压力不要低于大气压，以防止空气渗入制冷系统；冷凝压力不得过高，一般以不超过 1.5MPa 为宜，以减小对制冷系统密封性能、强度性能的要求，以降低制冷系统的制造成本。

（2）制冷剂要有较大的单位容积制冷量。制冷剂的单位容积制冷量越大，在同样的制冷量要求下，制冷剂使用量就越小，以利于缩小设备尺寸；若在同样规格的设备中，可以获得较大的制冷量。

（3）制冷剂临界温度要高，凝固点要低。当环境温度高于制冷剂临界温度时，制冷剂就不再进行气、液间的状态变化。因此，制冷剂的临界温度高，便于在较高的环境温度中使用；凝固点低，在获取较低温度时，制冷剂不会凝固。

（4）制冷剂的导热系数和放热系数要高。这样可以提高热交换的效率，同时减小系统换热器的尺寸。

（5）对制冷剂其他方面的要求如下。

1）不燃烧，不爆炸，高温下不分解。

2）无毒，对人体器官无刺激性。

3）对金属及其他材料无腐蚀性，与水、润滑油混合后也无腐蚀作用。

4）有一定的吸水能力。

5）价格便宜，易于购买。

✒ 57. 制冷剂按化学性质分为几类？

根据制冷剂组成的化学成分分类，可将制冷剂分为无机化合物、卤族化合物（氟利昂）、碳氢化合物共沸混合物和非共沸混合物。

✒ 58. 无机化合物制冷剂是怎么回事？

无机化合物制冷剂主要有氨和水，是使用较早的制冷剂，后来逐渐为氟利昂制冷剂所取代，但氨和水依然作为制冷剂应用于大型冷库和中央空调行业中。

无机化合物制冷剂的代号表示法是：字母 R 后的第一位数字为 7，其后是该物质分子量的整数部分，如 NH_3（氨）是 R717，H_2O（水）是 R718。

✒ 59. 氟利昂制冷剂是怎么回事？

氟利昂，又称氟里昂，名称源于英文 Freon，它是一个由美国杜邦公司注册的制冷剂商标。我国一般将氟利昂定义为饱和烃的卤代物的总称，现在使用氟利昂制冷剂主要为以下三大类。

（1）氯氟烃类，简称 CFCs，主要包括 R11、R12、R113、R114、R115、R500、R502 等，由于对臭氧层的破坏作用已经最大，被《蒙特利尔议定书》列为一类受控物质。

（2）氢氯氟烃类。简称 HCFCs，主要包括 R22、R123、R141b、R142b

等，臭氧层破坏系数仅是 R11 的百分之几，因此，目前 HCFC 类物质被视为 CFC 类物质的最重要的过渡性替代物质。在《蒙特利尔议定书》中 R22 被限定 2020 年淘汰，R123 被限定 2030 年淘汰。

（3）氢氟烃类。简称 HFCs，主要包括 R134a（R12 的替代制冷剂）、R125、R32、R407C、R410A（R22 的替代制冷剂）、R152 等，臭氧层破坏系数为 0，但是气候变暖潜能值很高。在《蒙特利尔议定书》没有规定其使用期限，在《联合国气候变化框架公约》京都议定书中定性为温室气体。

60. 共沸制冷剂是怎么回事？

共沸制冷剂是由两种（或两种以上）互溶的单纯制冷剂在常温下按一定比例相互而成。它的性质与单纯的制冷剂性质一样，在恒定的压力下具有恒定的蒸发温度且气相与液相的组分也相同。共沸制冷剂在编号标准中规定 R 后的第 1 个字母为 5，其后的两位数字按实用的先后次序编号，目前已被正式命名的共沸制冷剂有 R500、R501、R503、R504、R505、R506、R507A、R508A、R508B 和 R509A，其组成及有关热力特性见表 1-1。

表 1-1　　　　　　　　共沸制冷剂的组成及有关参数

制冷剂代号	组　成	各组分的质量（%）	标准蒸发温度/℃	临界温度/℃	临界压力/kPa
R500	R12/R152a	73.8/26.2	−33.5	105.5	4423
R501	R22/R12	75.0/25.0	−41.0		
R502	R22/R115	48.8/51.2	−45.4	82.2	4075
R503	R23/R13	40.1/59.9	−88.7	19.5	4182
R504	R32/R115	48.2/51.8	−57.2	66.4	4758
R505	R12/R31	78.0/22.0	−29.9		
R506	R31/R114	55.1/44.9	−12.3		
R507A	R125/R143a	50/50	−46.7	70.74	3715
R508A	R23/R116	39/61	−122.3		
R508B	R23/R116	46/54	−124.4		
R509A	R22/R118	44/56	−47.1		

61. 非共沸制冷剂是怎么回事？

非共沸制冷剂由两种以上，沸点相差较大的相互不形成共沸的单组分制冷剂溶液组成。其溶液在加热时虽然在相同压力下易挥发比例大，但难挥发比例小，使得整个蒸发过程中稳定在变化。所以其相变过程是不等温的，能使制冷循环获得更低的蒸发温度，增大制冷系统的制冷量。典型的如 R407C 就是由 R32/R125/R134a 组成。R410A 就是由 R32/R125 组成。

62. 高温、中温、低温制冷剂是怎么回事？

制冷剂根据使用的温度范围分类，可分为高温、中温、低温三大类。

（1）高温制冷剂。高温制冷剂又称低压制冷剂。其蒸发温度高于 0℃，冷凝压力低于 0.3MPa，如 R11、R21 等，高温制冷剂适合使用在离心式压缩机的制冷系统中。

（2）中温制冷剂。中温制冷剂又称中压制冷剂。其蒸发温度为 $-50\sim$ 0℃，冷凝压力为 $1.5\sim2.0$MPa，如 R12、R22、R502 等。其适用范围较广，适合使用活塞式压缩机、螺杆式压缩机为制冷机组的大中小冷库等制冷装置中。

（3）低温制冷剂。低温制冷剂又称高压制冷剂。其蒸发温度低于 -50℃，冷凝压力在 $2.0\sim4.0$MPa 范围内如 R13、R14 等，主要用于低温冷库的制冷设备中，如复叠式制冷的低温冷库的制冷系统中。

63. 制冷剂的代号是如何规定的？

氟利昂制冷剂的种类繁多，一般常用其分子通式来命名各种氟利昂制冷剂的代号。

氟利昂的分子通式为：$C_m H_n F_x Cl_y Br_z$，其中各元素的原子数分别用 m、n、x、y、z 表示。它们是按照下述规定方法来表示的。

（1）R 后面第一位数字表示氟利昂分子中含碳元素的原子数目 $m-1$。若该值为零时，可省略不写。例如，二氟二氯甲烷的分子式为 CP_2Cl_2，因为 $m-1=0$，$n=0+1=1$，$x=2$，故代号为 R12。

（2）R 后面第二位数字表示氟利昂分子式中含氢元素的原子数目加上 1。如上例中的，$n=0$，加上 1 后为 $n+1=1$。

（3）R 后面第三位数字表示氟利昂分子式中含氟元素的原子数目。如上例中的 $x=2$。

（4）如果第一位数字计算结果为 0，则可省略不写，如上例中的 $m=1$，$m-1=0$，则省略不写。

（5）若分子式中有溴原子存在，则在最后增加字母 B，并附以表示溴原子数的数字。例如，三氟溴甲烷，其分子式为 CF_3Br，可写成 R13B1。

氟利昂类制冷剂化学性能稳定、可燃性低、基本无毒，只是其蒸气在与明火接触时才会分解出剧毒光气。

64. R12制冷剂有哪些特性？

R12 制冷剂（分子式 CF_2Cl_2，代号 R12）虽然目前处于限制使用和逐步淘汰名单中，但现在仍有大量中小型冷库制冷设备在使用，因而有必要了解其特性。

(1) R12 是一种无色透明液体，无毒、无刺激性气味。其蒸气在何种浓度下，对人眼和呼吸系统都无刺激性。当其在空气中的浓度超过 20% 时，人才会有不适感；当其在空气中浓度超过 80% 时，会引起窒息。

(2) R12 不燃烧、不爆炸。但当其蒸气温度达 400℃ 时，遇明火会产生有毒的光气。

(3) 虽然 R12 不腐蚀金属，但是它是一种强洗涤剂，能把金属表面的锈层清洗下来，堵塞管道。

(4) R12 对含 2% 镁的铝合金有腐蚀作用。

(5) R12 属中温中压制冷剂。在标准大气压下，沸点为 -29.8℃，凝固点为 -155℃。用水进行冷凝时，冷凝压力在 1.0MPa 以下；用空气冷凝时，冷凝压力不超过 1.2MPa。

(6) R12 有很强的渗透性，极易造成系统的渗漏。

(7) R12 对有机物有腐蚀作用。

(8) R12 不溶于水，可与冷冻润滑油以任意比互溶。

65. R22制冷剂有哪些特性？

R22 制冷剂（分子式 CHF_2Cl，代号 R22）是现在中小型冷库制冷系统主要使用的制冷剂，其特性如下：

R22 在常温下无色、无味、不燃烧、不爆炸。

在标准大气压下，R22 沸点为 -40.8℃，凝固点为 -160℃。

R22 属中温中压制冷剂，冷凝压力约为 1.4MPa。

R22 的单位容积制冷量在空调工况下，比 R12 约大于 50%。

R22 能部分地与冷冻润滑油互溶，在温度较高时，能与冷冻润滑油充分溶解；温度较低时，会有分层现象。

R22 不能与水互溶。

R22 不腐蚀金属，对合成橡胶和漆包线的腐蚀性和渗透性较强。

66. R407C制冷剂有哪些特点？

R407C 的化学分子式：$CH_2F_2/CHF_2CF_3/CF_3CH_2F$，即 R407C 是由 R32 制冷剂和 R125 制冷剂再加上 R134a 制冷剂按一定的比例混合而成，

是一种不破坏臭氧层的环保制冷剂。在一个标准大气压下沸点为
－43.9℃。

常温常压下，R407C是一种不含氯的氟代烷非共沸混合制冷剂，为无
色气体，储存在钢瓶内易被压缩成液体状态。

R407C的ODP为0，GWP为1.526。R407C由于和R22有着极为相近
的特性和性能，为冷库制冷系统使用R22制冷剂的长期替代物。

R407C可用于原R22的系统，不用重新设计系统，只需更换原系统的
少量部件，以及将原系统内的矿物冷冻油更换成能与R407C互溶的润滑油
（POE油），就可直接充注R407C，实现原设备的环保更换。由于R407C是
混合非共沸工质，为了保证其混合成分不发生改变，R407C必须液态充注。
如果R407C的系统发生制冷剂泄漏且系统的性能发生明显的改变，其系统
内剩余的R407C不能回收循环使用，必须放空系统内的剩余R407C制冷剂，
重新充注新的R407C制冷剂。

67. CFC是什么意思？

CFC是英语chloro-fluron-carbon的缩写，即氯氟烃，又称为氯氟化碳。
不含氢的卤代烃称为CFC，它是对大气臭氧层破坏最大的一类卤代烃，
属于限制和禁止使用的物质。

68. CFCs是什么意思？

CFCs（英文全称Chlorofluorocarbons，中文全称碳氟化合物）为氯氟烃
的英文缩写，是20世纪30年代初发明并且开始使用的一种人造的含有氯、
氟元素的碳氢化学物质。可以用作喷雾器中的推进剂和空调、冰箱中的制冷
剂氯氟烃（CFCs）即氟利昂，其中的氯原子，对大气中的臭氧分子有破坏
作用。

69. ODP、GWP是什么意思？

ODP（Ozone Depression Potential）为消耗臭氧潜能值。ODP值越小，
制冷剂的环境特性越好。根据目前的水平，认为ODP值小于或等于0.05的
制冷剂是可以接受的。

GWP（Global Waming Potential）为全球变暖潜能值。GWP是某种物
质产生温室效应的一个指数。GWP是在100年的时间框架内，各种温室气
体的温室效应对应于相同效应的二氧化碳的质量。二氧化碳之所以作为参照
气体，是因为其对全球变暖的影响最大。

70. TEWI是什么意思？

TEWI（Total Equivalent Warming Impact）是总体温室效应的缩写。用

它可评测某种制冷剂在制冷系统运行过程中泄漏后,造成对全球变暖的影响。

为了降低 TEWI 值,制冷行业一般从以下几方面着手。

1)用 GWP 制冷的制冷剂。

2)力求减少制冷系统的泄漏。

3)降低制冷系统的制冷剂充注量。

4)在制冷装置维修或废弃时提高制冷剂的回收率。

5)提高制冷系统的 COP 值以降低能耗。

71. 对储存制冷剂的要求是什么?

制冷剂一般都是储存在专用的钢瓶内,储存不同制冷剂的钢瓶其耐压的程度不同。为标明盛装不同种类的制冷剂,一般在制冷剂的钢瓶上刷以不同的颜色,以示区别(如氨瓶用黄色,氟瓶用银灰色),同时注明缩写代号或名称,以防止用错。

储存不同制冷剂的钢瓶不能互相调换使用。存放制冷剂的钢瓶切勿放在太阳下暴晒和靠近火焰及高温的地方,同时在运输过程中防止钢瓶相互碰撞,以免造成爆炸的危险。

钢瓶上的控制阀常用一帽盖或铁罩加以保护,使用后须注意把卸下的帽盖或铁罩重新装上,以防在搬运中受碰击而损坏。

当钢中制冷剂用完时,应立即关闭控制阀,并在瓶口上装上闷堵,以防止渗入空气或水蒸气。对于大型号的制冷剂钢瓶还应戴好瓶帽,以防在运输过程中碰坏瓶阀。

制冷剂钢瓶在开启过程中应避免人体与制冷剂液体接触,更不能让制冷剂液体触及人的眼睛。因此,在给冷库制冷系统加注液体制冷剂时,操作人员应戴好护目镜后再进行操作。

在储存制冷剂房间内若发现制冷剂有大量渗漏时,必须把门窗打开对流通风,以免造成人员窒息。若从系统中将制冷剂抽出压入钢瓶时,过程中应用冷水冲钢瓶,使其得到充分的冷却。制冷剂的充注量只能占钢瓶容积的 80% 左右为宜,使其在常温下有一定的膨胀余地。

72. 对氟利昂制冷剂分装的要求是什么?

在制冷系统维修过程中,不可能每次都推着氟利昂制冷剂大钢瓶去维修。因此,了解制冷剂分装的要求就很重要,具体要求如下。

(1)制冷剂分装之前,要对准备分装的小氟利昂钢瓶进行检漏试验,即向准备分装的小氟利昂钢瓶中打入 0.8~1MPa 压力的氮气,检查其瓶阀口处有无泄漏现象。

（2）要对准备分装的小氟利昂钢瓶进行清渣处理，即在小氟利昂钢瓶中还有一点压力氮气的情况下，将小氟利昂钢瓶倒立，打开其瓶阀的阀口将瓶中的金属渣子倒出。

（3）用真空泵对小氟利昂钢瓶进行抽真空工作，使小氟利昂钢瓶达到真空要求。

（4）制作一根分装制冷剂的专用加氟管（即用两根加氟管，中间串联上一个干燥过滤器）。

73. 如何将大氟利昂瓶中制冷剂倒入到小瓶中？

氟利昂制冷剂分装的操作方法如下。

（1）可以按照图1-3所示，用角铁制作一个倾斜角为45°架子的高端高度在1m左右，低端在0.5m左右的专用支架。

（2）将大氟利昂钢瓶按瓶底放在高处，瓶口放在底处的方式，将其放到专用支架上。

（3）将已做好真空处理的小氟利昂钢瓶，瓶口朝上放在地秤上，称出其瓶重。

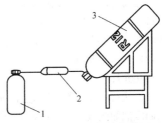

图1-3 制冷剂分装
1—小制冷剂钢瓶；2—干燥
过滤器；3—大制冷剂钢瓶

（4）将大氟利昂钢瓶的阀口上装好加氟管，加氟管的另一端与小氟利昂钢瓶的阀口虚接。

（5）用专用工具将大氟利昂钢瓶瓶阀稍微开启一点，待看到小氟利昂钢瓶的阀口虚接处有氟利昂气体的白色气雾喷出时，迅速将加氟管与小氟利昂钢瓶的阀口虚接处拧紧。

（6）打开小氟利昂钢瓶的阀口，使液态制冷剂进入小氟利昂钢瓶中。待达到小氟利昂钢瓶的额定充装量的2/3时，关闭大氟利昂钢瓶的阀口。在等待2～3min后，关闭小氟利昂钢瓶的阀口即可。

74. 如何快速鉴定制冷剂是否含有杂质？

制冷剂中是否含有杂质的测定，由专业的化验部门进行。但在冷库制冷系统维修中，为保证充注制冷剂的纯度，可用简易方法进行制冷剂纯度的判断。

制冷剂纯度的简易测定的方法是：取一张清洁的白纸，对着倒置的制冷剂钢瓶的瓶口，稍微放出一些液体制冷剂，观察制冷剂在自然蒸发后留在白纸上的痕迹。不含杂质纯度高的制冷剂不会留下什么痕迹或痕迹不明显，纯度不高含有杂质的制冷剂会在纸上留下明显的痕迹。若发现制冷剂含有杂质，应重复再做一次测试，以确认制冷剂是否含有杂质，若制冷剂含有杂质且纯度太差会对制冷系统的制冷效果有一定的影响，应考虑更换制冷剂或对制冷剂进行再生处理。

第四节　冷冻润滑油基础知识

75. 冷冻润滑油在制冷系统中的作用有哪些？

冷冻润滑油在制冷系统中的作用有以下几个方面。

（1）润滑相互摩擦的零件表面，使摩擦表面完全被油膜分开，降低压缩机的摩擦功、摩擦热和零件的磨损。

（2）带走摩擦热量，降低压缩机摩擦部件的表面温度，使摩擦零件的温度保持在允许范围内。

（3）使活塞环与汽缸镜面间、轴封摩擦面等处密封部分充满润滑油，以阻挡制冷剂的泄漏。

（4）带走金属摩擦表面产生的磨屑。

76. 冷冻润滑油会给制冷系统运行带来哪些问题？

冷冻润滑油虽然可以给制冷系统正常工作带来保证，但也会引起一些问题，这主要反映在以下两个方面。

（1）冷冻润滑油的黏度对制冷系统的影响。黏度是冷冻润滑油的主要性能指标之一。如果黏度高，会使摩擦功率增大，起动力矩大；黏度过低，则会降低润滑的质量。

（2）冷冻润滑油的溶解性对制冷系统的影响。冷冻润滑油的溶解性是对制冷剂而言的，对不同的制冷剂，溶解性不同。R22 制冷剂与冷冻润滑油相溶程度受温度的影响，在低温区温度降低到一定程度时，制冷剂和冷冻润滑油分层流动，影响制冷剂吸放热效果，并使冷冻润滑油也不易被压缩机吸回。

R12 等制冷剂与冷冻润滑油可以互溶，但由于冷冻润滑油是一种高温蒸发的液体，制冷剂中溶油量多，会使制冷剂在定压下沸点升高，降低制冷量；同时，冷冻润滑油中的制冷剂过多，也会稀释冷冻油，降低冷冻润滑油的黏度。

77. 不知道冷冻润滑油黏度大小会对压缩机有何影响怎么办？

冷冻润滑油黏度是油料特性中的一个重要参数，使用不同制冷剂要相应选择不同的冷冻油。若冷冻油黏度过大，会使压缩机的机械摩擦功率、摩擦热量和起动力矩增大；反之，若黏度过小，则会使压缩机运动件之间不能形成所需的油膜，从而无法达到对压缩机应有的润滑和冷却效果。

一般来说，冷冻润滑油黏度随着温度的升高而降低，随着温度的升高而增加。因此，希望润滑油随温度引起的黏度变化要尽量小。

78. 冷冻润滑油浊点是什么意思？

冷冻润滑油的浊点是指温度降低到某一数值时，冷冻油中开始析出石蜡，使润滑油变得混浊时的温度。制冷设备所用冷冻油的浊点应低于制冷剂的蒸发温度，否则会引起节流阀堵塞或影响传热性能。

79. 对冷冻润滑油浊点有什么要求？

对冷冻润滑油浊点的要求是：冷冻润滑油的浊点应低于制冷剂的蒸发温度，因冷冻润滑油与制冷剂互相溶解，并循环流动于制冷系统的各部分，若冷冻机油中有石蜡析出，石蜡就会积存在节流阀孔而形成堵塞，若积存在蒸发器内表面，就会增加热阻，影响传热效果。

80. 冷冻润滑油凝固点是什么意思？

冷冻油在实验条件下冷却到停止流动的温度称为凝固点。制冷设备所用冷冻油的凝固点应越低越好（如使用 R22 为制冷剂的压缩机，冷冻润滑油凝固点应在 $-55℃$ 以下），否则会影响制冷剂的流动，增加流动阻力，从而导致传热效果差的后果。

81. 冷冻润滑油的闪点是什么意思？

冷冻润滑油的闪点是指润滑油加热到它的蒸气与火焰接触时发生闪火的最低温度。制冷设备所用冷冻油的闪点必须比排气温度高 $15\sim30℃$ 以上，以免引起冷冻润滑油的燃烧和结焦，而不影响排气阀的正常工作。

R12 与 R22 的制冷机组用冷冻润滑油的闪点应在 160℃ 以上。闪点高的冷冻润滑油其热稳定性良好，在高温时也不容易生成结炭。

82. 冷冻润滑油的含水量是什么意思？

冷冻润滑油中不应含有水分，因为水分不但会使蒸发压力下降，蒸发温度升高，而且会加速油的化学变化及腐蚀金属的作用。水分在氟利昂压缩机中还会引起"镀铜现象"，使铜零件与氟利昂发生作用而分解出铜，并积聚在轴承、阀门等零件的铜质表面上。结果使这些零件的厚度增加，破坏了轴承的间隙，使压缩机运转不良。这种现象在封闭式压缩机和半封闭式压缩机中出现较多。

一般新油中不含有水分和机械杂质，因为用于制冷压缩机的润滑油，在生产过程中都经过了严格的脱水处理。但脱水润滑油具有很强的吸湿性，所以在储运、加注冷冻润滑油时，应尽量避免和空气接触。

83. 冷冻润滑油的机械杂质是什么意思？

判断制冷系统中的冷冻润滑油杂质是否超标，可将从压缩机中放出来的冷冻润滑油用汽油溶解稀释，并用滤纸过滤，所残存的物质称为冷冻润滑油的机械杂质。冷冻润滑油中的机械杂质会加速零件的磨损和油的绝缘性能降低，堵塞冷冻润滑油流通的通道，所以冷冻润滑油中的杂质也是越少越好，一般规定不超过 0.01%。

84. 冷冻润滑油的击穿电压是什么意思？

击穿电压是一个表示冷冻润滑油绝缘性能的指标，冷冻润滑油本身的绝缘性能很好，但当其含有水分、纤维、灰尘等杂质时，冷冻润滑油绝缘性能就会降低。

制冷系统使用的半封闭式和全封闭式压缩机，一般要求润滑油的击穿电压在 25kV 以上。这是因为冷冻润滑油要直接与半封闭式和全封闭式压缩机电动机绕组接触。

85. 对冷冻润滑油的要求是什么？

制冷系统中对冷冻润滑油有以下要求。

（1）润滑油在与制冷剂混合的情况下，能保持足够的黏度。润滑油黏度一般用运动黏度来表示，单位是 m^2/s。

（2）凝固点应较低。一般凝固点应低于制冷剂蒸发温度 5～10℃。

（3）润滑油加热到当它的蒸气与明火接触即发生闪火时的最低温度，称为闪点。制冷压缩机选用的润滑油的闪点应比其排气温度高 20～30℃，以免引起润滑油燃烧和结炭。

（4）制冷压缩机所使用的润滑油不应含有水分和杂质。润滑油中若有水分存在，将会破坏油膜，并导致系统产生"冰堵"，引起润滑油变质和对金属产生腐蚀等作用。润滑油中若混有机械杂质将使运动部件磨损加剧，造成油路系统或过滤器堵塞。

（5）压缩机中的润滑油使用时应具有良好的化学稳定性，对机械不产生腐蚀作用。

（6）润滑油要有良好的绝缘性，要求润滑油的击穿电压高于 2500V

以上。

86. 国产冷冻润滑油有哪些规格?

我国目前冷冻润滑油规格是按照 GB/T 16630—2012《冷冻机油》的标准生产的,本标准的产品按 40℃时运动黏度中心值分为 N15、N22、N32、N46 和 N68 共 5 个黏度等级,都可用于以氨为制冷剂的制冷压缩机。但是以前颁布的冷冻机油规格是按 50℃时的运动黏度值划分的,可分为 13、18、25 和 30 号 4 个规格。

在制冷系统维修中,一般 R12 压缩机选用 N32(18 号),R22 压缩机选用 N46(25 号)。

87. POE 和 PAG 冷冻润滑油是什么意思?

POE 是 PolyolEsterPAG 的缩写,又称聚酯油,它是一类合成的多元醇酯类油。PAG 是 PolyalkyleneGlycol 的缩写,它也是合成的聚(乙)二醇类润滑油。其中,POE 油不仅能良好地用于 HFC 类制冷系统中,也能用于烃类制冷系统中,PAG 油则可以用于 HFC 类、烃类和氨作为制冷剂的制冷系统。

88. 引起冷冻润滑油变质的原因是什么?

冷冻润滑油变质的原因主要有以下几个方面。

(1)混入水分。由于制冷系统中渗入空气,空气中的水分在与冷冻润滑油接触后便混合进去了。冷冻润滑油中混入水分后,会使黏度降低,引起对金属的腐蚀,在氟利昂制冷系统中,还会引起管道或阀门的冰塞现象。

(2)氧化。冷冻润滑油在使用过程中,当压缩机的排气温度较高时,就有可能引起氧化变质,特别是氧化稳定性差的冷冻润滑油,更易变质,经过一段时间,冷冻润滑油中会形成残渣,使轴承等处的润滑变坏。

(3)冷冻润滑油混用。几种不同牌号的冷冻润滑油使用时,会造成冷冻润滑油的黏度降低,甚至会破坏油膜的形成,使轴承受到损害;如果两种冷冻润滑油中,含有不同性质的抗氧化添加剂混合在一起时,就有可能产生化学变化,形成沉淀物。使压缩机的润滑受到影响,故使用时要注意。

89. 想快速鉴定冷冻润滑油是否变质怎么办?

冷冻润滑油质量变坏与否,应通过一定的化学和物理分析、化验得出。平时在使用过程中,可以用观察冷冻润滑油质量的颜色、闻冷冻润滑油气味等方法,直观、快速地判断出好坏情况。

一般说来,当冷冻润滑油变坏时,其颜色会变深,将油滴在白色吸墨水纸上,若油滴的中央部分没有黑色,说明冷冻润滑油没有变质;若油滴中央呈黑色斑点，说明冷冻润滑油已开始变坏。当油中含有水分时，则油的透明度就降低。这种经验方法，对冷冻润滑油中进入较多的水分、杂质时，是可以判断的，因此常用于制冷设备维修现场对冷冻润滑油质量的判断中。

90. 想防止冷冻润滑油变质怎么办？

想要防止冷冻润滑油变质，可以从以下几点做起。

（1）降低冷冻润滑油储存场所的温度。将冷冻润滑油储存在阴凉、干燥没有阳光照射的场所。

（2）减少与空气接触的机会。冷冻润滑油储存是要尽量将油桶装满，减少润滑油与空气接触的机会，桶盖要有密封胶垫，桶盖要尽量拧紧，不要使空气渗入油桶中，以延缓其氧化变质的时间。

（3）防止水分、机械杂质混入。为防止水分、机械杂质混入润滑油中，盛装冷冻润滑油的油桶要使用专用油桶，在分装润滑油前要对油桶进行清洁干燥处理。

91. 对储存冷冻润滑油的要求是什么？

对储存冷冻润滑油的要求如下。

（1）储存容器使用的材料应为不锈钢或钢质材料制成。

（2）储存容器必须防水、防潮、防机械杂质进入，水分介入会影响油品的电绝缘性能，机械杂质等的混入会导致压缩机轴承磨损，造成停机等严重后果。

（3）储存容器必须清洁，内表面无剥落。

（4）储存容器应当专用，小包装容器为一次性使用容器。

92. 想保管好冷冻润滑油怎么办？

想保管好冷冻润滑油，必须这样做：冷冻润滑油桶不能放到室外，因为雨水和温度变化会导致冷冻润滑油桶的接缝处泄漏，并造成外界水分和灰尘对冷冻润滑油的污染。

冷冻润滑油桶在打开之前，应擦去冷冻润滑油桶盖上的污物和水分，然后根据压缩机加油量的多少进行小桶分装，并把小桶注满，使桶内尽量少留空气，以免水分侵入。每次加油尽量把小桶中的润滑油用完，以防水分侵入。

第五节 制 冷 原 理

93. 制冷领域是怎样划分的？

根据制冷服务对象的不同，在工业生产和科学研究上，人们把制冷划分为以下三个领域。

（1）普通制冷。从环境温度以下，到－153.15℃，一般工业生产和人们生活中使用的制冷技术都属于这一范畴。

（2）深度制冷或低温制冷。从－153.15～－253.15℃，一般用于科研和工业生产范畴。

（3）超低温制冷。从－253.15℃至接近绝对零度（－273.15℃）用于航天技术和超导研究领域。

94. 制冷技术是怎样发展起来的？

人类最早的制冷方法是利用天然冷源（雪、深井水）进行的，到了18世纪中叶，才有了人工制冷的实验。1748年英国人柯伦用实验的方法证明了乙醚在真空状态下蒸发时会产生制冷效应。1755年爱丁堡的化学教授库伦利用乙醚蒸发时水结冰，标志着现代制冷技术的开始。1858年美国人尼斯取得了冷库设计专利，从此商用食品冷藏技术开始发展起来。

95. 制冷技术与食品工程的关系是什么？

在现代社会中，制冷技术与食品工程有着密不可分的关系。易腐食品如鱼虾类、鲜肉类、家禽类、果蔬类、熟食制品等从捕捞、屠宰、采摘、加工制作到储存、运输和销售的各个环节都需要低温环境才能延长或保持食品的内在质量。

96. 蒸气压缩式制冷系统是怎么回事？

单级蒸气压缩式制冷系统如图1-4所示，是由压缩机、冷凝器、膨胀阀、蒸发器等4个主要部分组成，用管道一次连接，形成一个完全封闭的系统，工质（制冷剂）在这个封闭的制冷系统中以流体状态循环，通过相变，连续不断地从蒸发器中吸取热量，并在冷凝器中放出热量，从而实现制冷的目的。

97. 制冷系统是怎样工作的？

制冷系统工作原理：从蒸发器中流出的低温低压制冷剂过热蒸气，被压缩机吸入，在

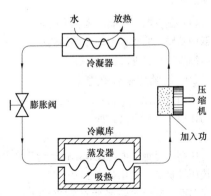

图1-4　单级蒸气压缩式制冷系统

汽缸中受到压缩，温度、压力均升高后，然后排至冷凝器中；在冷凝器中受到冷却水或空气的冷却而放出凝结热，自身变成冷凝压力下的过冷液体；过冷液体经节流阀（又称膨胀阀）节流减压到蒸发压力，在节流中的节流损失是以牺牲制冷剂的内能作为代价，所以节流后的制冷剂温度也下降到蒸发温度；节流后的饱和湿蒸气进入蒸发器，由于面积增大，被冷却物提供热量，故制冷剂在蒸发器中汽化，吸收大量的汽化潜热使被冷物温度降低；汽化后的制冷剂又被压缩机吸回，完成一个热力循环。由于制冷剂连续不断地循环，被冷却物的热量不断地被带走，从而获得低温，以此达到制冷的目的。

98. 单级制冷系统主要部件都是做什么用的？

中小型冷库制冷系统一般采用单级制冷系统。所谓单级制冷系统，是指从蒸发压力到冷凝压力只通过一个压缩级实现的制冷系统，称为单级压缩制冷系统。

单级压缩制冷系统主要由压缩机、冷凝器、膨胀阀和蒸发器等主要部件组成。

主要部件在制冷系统中的作用如下。

（1）压缩机。它是制冷系统的"心脏"，其作用是使制冷系统中制冷剂建立压差而流动，以达到制冷循环的目的。

（2）冷凝器。又称热交换器，制冷剂在冷凝器中于等压条件下，完成相变，由气体变为液体，实现放热的目的。

（3）膨胀阀。在制冷系统的作用是：使冷凝后的液体制冷剂节流降压，为制冷剂的蒸发创造条件。在冷库制冷系统中的节流降压装置，一般为内平衡式膨胀阀。

（4）蒸发器。在制冷系统中的作用是：低压状态的制冷剂饱和蒸气在蒸发器中沸腾，吸收被冷却介质的热量，变为制冷剂饱和或过热蒸气体后被吸入压缩机进行再循环。

99. 压缩比是什么意思？

所谓压缩比，是指在压缩过程中，压缩机的排气绝对压力与进气绝对压力的比值。其计算公式如下

$$r_p（压缩比）= p_2（排气压力）/ p_1（进气压力）$$

压缩比是绝对值，没有单位。为了取得较好的制冷效果，要求冷库制冷系统压缩机的压缩比要小于 10。

100. 制冷循环是怎么定义的？

将热量从低温热源中取出，并排放到高温热源中的热力循环，称为制冷

循环。蒸气压缩制冷循环是通过制冷工质（也称制冷剂）将热量从低温物体（如冷库等）移向高温物体（如大气环境）的循环过程，从而将物体冷却到低于环境温度，并维持此低温，这一过程是利用制冷装置来实现的。蒸气压缩式制冷循环由压缩过程、冷凝过程、膨胀过程、蒸发过程组成。利用制冷剂在封闭的制冷系统中，反复地将4个工作过程重复，不断地在蒸发器处吸热汽化，对环境介质进行降温，借以达到制冷的目的。

101. 节流与绝热节流是怎么回事?

节流是指流体在流动过程中流经阀门、孔板或多孔堵塞物时，由于局部阻力的作用使流体压力降低的现象。因为在节流过程中流体（制冷剂）与外界没有热量交换，因此节流过程称为绝热节流或等焓节流。

102. 节流装置的工作原理是怎样的?

节流装置的工作原理是：当高压流体通过一小孔时，如图1-5所示，一部分静压力转变为动压力，流速急剧增大，成为湍流流动，流体发生扰动，其摩擦阻力增加、静压下降，使流体达到降压调节流量的目的。

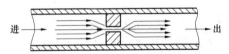

进 → ← 出

图1-5 流体通过小孔时的节流现象

在节流过程中，由于流速高，工质来不及与外界进行热交换，其由摩擦阻力而消耗极微小部分能量（压力）损失，所以制冷剂的节流过程可以看作等焓节流过程。

103. 制冷剂在蒸气压缩式循环中的变化过程是怎样的?

制冷剂在制冷循环中其状态变化过程可以分为以下4个阶段。

（1）制冷剂在制冷循环高压侧的状态变化。制冷系统中从压缩机出口经冷凝器到膨胀阀入口的这一段，称为高压侧。从压缩机出来的高温高压过热蒸气进入冷凝器，在等压的条件下冷凝，向周围环境介质散热，成为高压过冷液。

（2）制冷剂在制冷循环低压侧的状态变化。制冷系统中从膨胀阀出口经蒸发器到压缩机入口的这一段，称为低压侧。经膨胀阀节流后的低温低压制冷剂湿蒸气在蒸发器内于等压的条件下沸腾，吸收周围介质的热量，变为低温低压制冷剂干饱和蒸气。

（3）制冷剂在膨胀阀中的状态变化。高压过冷液状态的制冷剂经膨胀阀等熵节流后，变成低温低压的制冷剂湿蒸气，进入蒸发器蒸发，吸收热量后，称为低温低压饱和蒸气，被压缩机吸回进行再循环。

（4）制冷剂在压缩机中的状态变化。压缩机吸入来自蒸发器的低温低压饱和状态的制冷剂蒸气，经绝热（等熵）压缩后变成高温高压过热蒸气，排入冷凝器进行再循环。

104. 制冷剂的压焓图是怎么回事？

为了对蒸气压缩式制冷循环有一个全面的认识，不仅要知道循环中每一过程，而且要了解各个过程之间的关系以及某一过程发生变化时对其他过程的影响。在制冷循环的分析和计算中，通常要借助压焓图，可以使问题简单化，并直观看出制冷循环中制冷剂的状态变化以及对整个循环过程的影响，为此制作了如图1-6所示制冷剂的压焓图。

105. 制冷剂的压焓图上的等参数线都有哪些？

制冷剂的压焓图是以压力为纵坐标，比焓为横坐标的直角坐标图，为了缩小压焓图的尺寸，一般纵坐标以压力的对数值 $\lg p$ 来绘制，因此压—焓图又称为 $\lg p - h$ 图。

制冷剂压焓图上的等参数线有以下几种。

（1）等压线。用 p 表示，是平行于横轴的水平线。

（2）等焓线。用 h 表示，是平行于纵轴的垂直线。

（3）等温线。用 t 表示，是竖直—水平—抛线（虚线）。

（4）等比容线。用 v 表示，是发散倾斜的曲线（点画线）。

（5）等熵线。用 s 表示，是向右上方倾斜的曲线。

（6）等干度线。用 x 表示，只存在于饱和区内。

（7）饱和液线。用 $x = 0$ 表示，在这条线上，制冷剂总处于饱和液状态。

（8）饱和蒸气线。用 $x = 1$ 表示，在这条线上，制冷剂总处于饱和蒸气状态。

106. 制冷剂的压焓图上的三个区域是怎么回事？

在制冷剂的压焓图上，用饱和液线与饱和蒸气线将压焓图分成了三个区域。

饱和液线 $x = 0$ 与饱和蒸气线 $x = 1$ 的交点是临界点 k。由 k 点和 $x = 0$、$x = 1$ 两条曲线将整个图面分成三个区域：$x = 0$ 的左边区域称为过冷液区，$x = 1$ 的右边区域称为过热蒸气区，中间的区域为饱和湿蒸气区。

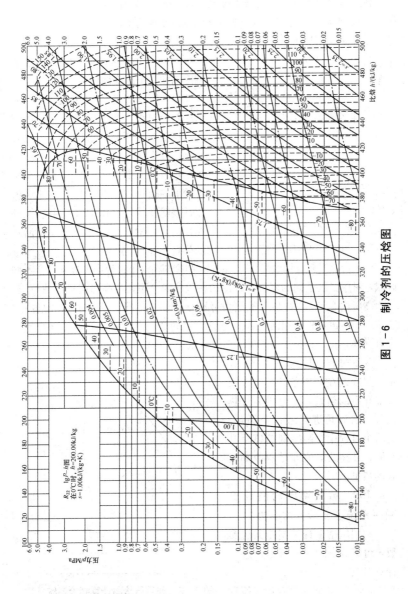

图 1－6　制冷剂的压焓图

107. 看不懂制冷循环过程在压焓图上的表示怎么办？

制冷剂在制冷循环中的状态变化，在 $\lg p - h$ 图中表示出来更为直观。如图 1-7 所示，以常用的单级蒸气压缩制冷系统为例，看一下用 $\lg p - h$ 图是怎样描述制冷剂在制冷循环中的状态变化的。

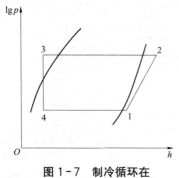

图 1-7　制冷循环在 $\lg p - h$ 图上的表示

图 1-7 中 1→2→3→4→1 代表了制冷剂的一个制冷循环。

（1）压缩过程：用线段 1→2 表示。制冷剂在点 2 为低温低压过热蒸气，经压缩机压缩，温度升高，比容减小，成为高温高压过热蒸气。线段 1→2 与等熵线重合，表明压缩过程是等熵的绝热过程。点 1 与点 2 的焓值差，表明制冷剂在压缩过程中消耗外功，焓值增加，焓值的增量与所消耗的外功相等。

（2）冷凝过程：用线段 2→3 表示。制冷剂在这个过程中经过了三个不同区域，对应三段不同的温度。制冷剂在等压条件下，由高温高压过热蒸气，变为高压过冷液。点 2 与点 3 之间的焓值差，就是制冷剂冷凝时放出的热量。

（3）节流过程：用线段 3→4 表示。此过程是等焓过程，制冷剂与外界没有交换热量，只是压力下降，温度降低，变为低压湿蒸气。

蒸发过程：用线段 4→1 表示。制冷剂在等压条件下，吸收环境介质的热量，汽化成为过热蒸气，然后再进行下一个循环。在这个过程中，制冷剂焓值是升高的，升高的焓值即是制冷剂吸收的热量。

108. 想利用压焓图计算制冷系统主要参数怎么办？

利用压焓图计算制冷系统参数，可以按图 1-8 所示，进行计算。

（1）单位质量制冷量（简称

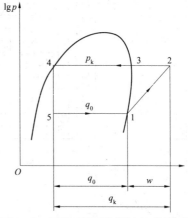

图 1-8　利用压焓图计算制冷系统参数

单位制冷量）：每千克质量的制冷剂在蒸发器中的制冷量，用 q_0 表示，单位为 kJ/kg。其计算公式为

$$q_0 = h_1 - h_5$$

（2）单位容积制冷量。压缩机每吸入 $1m^3$ 的制冷剂蒸气在蒸发器中的制冷量称为单位容积制冷量，用 q_v 表示，单位为 kJ/m^3。其计算公式为

$$q_v = \frac{q_0}{v_1} = \frac{h_1 - h_5}{v_1}$$

q_v 的数值与蒸发温度及节流前的温度有关。q_v 数值是一个重要的技术指标，当总的制冷量给定时，q_v 越大，表明所需压缩机的体积越小。

（3）单位理论压缩功。压缩机每压缩 1kg 制冷剂所消耗的功，用 W 表示，单位为 kJ/kg。其计算公式为

$$W = h_2 - h_1$$

（4）单位冷凝器热负荷。每 1kg 制冷剂在冷凝器中放出的热量，用 q_k 表示，单位为 kJ/kg。其计算公式为

$$q_k = h_2 - h_4$$

（5）理论制冷系数。单位制冷量与单位耗功之比，用 ε 表示，其计算公式为

$$\varepsilon = \frac{q_0}{W} = \frac{h_1 - h_5}{h_2 - h_1}$$

（6）每小时制冷剂的循环量。制冷系统中每小时制冷剂的循环量，用 G 表示，单位为 kg/h。其计算公式为

$$G = Q_0/q_0 = Q_0/(h_1 - h_5)$$

显然，每小时制冷剂循环量越大，其制冷能力也就越大。

（7）压缩机的实际输气量 V_S。压缩机的实际输气量一般按制冷剂吸气时的状态的密度 ρ_1 计算，即

$$V_S = G/\rho_1$$

（8）压缩机的理论输气量 V_{th}。在已知压缩机的实际输气量 V_S 后，再根据压缩机输气系数 λ，即可得到压缩机的理论输气量 V_{th}，单位是 m^3/h。其计算公式为

$$V_{th} = V_S/\lambda$$

压缩机输气系数 λ，等于压缩机的实际输气量 V_S 与压缩机的理论输气量 V_{th} 之比。因为 V_S 总是小于 V_{th}，所以 λ 值永远小于 1。

压缩机输气系数 λ 值与压缩机余隙容积、吸气阀和排气阀阻力损失、吸

31

气和排气过程及压缩机中制冷剂与汽缸壁的换热，高低压之间的泄漏等因素有关。通常可根据 p_K/p_0 值，从实验数据表中查得，一般为 $0.6\sim0.8$。

（9）压缩机的理论功（A_L）和理论功率（N_{th}）。根据循环的单位功和制冷剂循环量 G 得

$$A_L = G(h_2 - h_4)$$
$$N_{th} = A_L/3600 = G(h_2 - h_4)/3600$$

式中　3600——1kW·h 的热功当量近似值，kJ。

（10）压缩机的指示功率 N_i。压缩机的指示功率的单位为 kW。其计算公式为

$$N_i = N_{ith}/\eta_i$$

式中　η_i——指示效率。

（11）压缩机的轴功率 N_e。压缩机的轴功率的单位为 kW。其计算公式为

$$N_e = N_i/\eta_m = N_{th}/\eta_k$$

式中　η_m——机械效率；

　　　η_k——总效率。

（12）冷凝器总热负荷 Q_k（kW）。其计算公式为

$$Q_k = Gq_k$$

109. 标准工况是怎么回事？

标准工况是指制冷压缩机在一种特定工作温度条件下的运转工况。制冷设备制造厂在设备的铭牌上标出的制冷量一般都是指标准工况下的制冷量。

冷库制冷压缩机的标准工况参数为：工质（制冷剂）为 R12 或 R22，蒸发温度 -15℃，吸气温度 15℃，冷凝温度 30℃，过冷温度 25℃。

110. 名义工况和实际是怎么回事？

实际工况就是压缩机实际时的工作参数，名义工况则是压缩机出厂测量时测试的参数。

压缩机名义工况下制冷量与实际工况下的制冷量之间的换算，可以这样计算

实际工况制冷量＝名义工况制冷量×[（实际工况下的压缩机容积效率×实际工况下制冷剂单位容积制冷量）/（名义工况下的压缩机容积效率×名义工况下制冷剂单位容积制冷量）]

制冷压缩机与名义参数（通常规定在有关标准、产品标牌或样本上）所相应的温度条件称为名义工况。

第二章 Chapter2

中小型冷库基础知识

第一节 食品冷藏

✎ 111. 你知道中国在世界冷藏史上的贡献吗？

中国作为世界文明古国之一，对人类冷藏事业的发展做出过卓越的贡献。据《诗经·豳风·七月》中就有"二之日凿冰冲冲，三之日纳于凌阴"人类的最早利用天然冷源进行食品冷藏的记载，描述凿冰藏于凌阴（冰窖），成为人类最早的冷藏记录。

✎ 112. 你知道咱们中国什么时候用藏冰做冷饮了吗？

追溯中国冷饮发展史，大约起源于3000年前的商代，当时的富贵人家已知冬日凿冰储藏于窖，以备来年盛夏消暑之需。周朝更设有专掌"冰权"的"凌人"。到了春秋末期，冰的用途就更广泛。诸侯喜爱在宴席上饮冰镇米酒。《楚辞·招魂》中有"挫横冻饮，酎清凉些"的记述，赞赏冰镇过的糯米酒，喝起来既醇香又清凉，可见当时冷饮制作的水平相当高。

✎ 113. 人工制冷工艺起源于何时？

在16世纪中期，人类冷却食物是通过在水中加入某种化学物质如硝酸钠或硝酸钾，而使水的温度降低，成为最早的人工制冷工艺的起源。

1660年，法国人用装有溶解的硝石的长颈瓶在水里旋转来使水冷却。这个方法可以产生非常低的温度并且可以制冰。在17世纪末，带冰的酒和结冻的果汁在法国社会广为流行。

✎ 114. 食品冷冻冷藏原理是什么？

食品变质主要是由微生物发酵所引起的，当落有微生物的食物所处的环境适合微生物生长时，微生物就会大量繁殖和在酶催化下发生生物化学反应，并引起食品发酵变质。

这种发酵变质作用的强弱均与温度和水分紧密相关。一般来讲，温度降

33

低、水分减少均可减弱这些作用，从而延缓食品腐烂变质的速度。

115. 果蔬为什么只能冷却冷藏不能冷冻冷藏？

对于果蔬等植物性食品，为了保持其鲜活状态，一般都在冷却的状态下进行储藏。果蔬仍然是具有生命力的有机体，还在进行呼吸活动，能控制引起食品变质的酶的作用，并对外界微生物的侵入有抵抗能力，对食品本身是有利的。但呼吸作用消耗的是植物性食品体内的物质，使活体逐渐衰老变成死体；同时呼吸作用放出的大量热量将加速生化反应速率，促进微生物生长繁殖。所以，对新鲜的果蔬必须采取快速的降温措施，控制其呼吸作用。降低储藏环境的温度，可以减弱其呼吸强度，降低物质的消耗速度，从而延长储藏期。但是，储藏温度也不能降得过低，否则会引起果蔬活体的生理病害，以至冻伤。

所以，果蔬类食品应放在不发生冻害的低温环境下储藏。而肉类食品一般都是在冷却状态下进行低温储藏。

116. 为什么禽、鱼、畜等动物性食品必须冷冻冷藏？

对于禽、鱼、畜等动物性食品，在储藏时，因物体细胞都已死亡，本身不能控制引起食品变质的酶的作用，也无法抵抗微生物的侵袭。因此，储藏动物性食品时，要求在其冻结点以下的温度保藏，以抑制微生物的繁殖、酶的作用和减慢食品内的化学变化，食品就可以较长时间地维持它的品质。

117. 冷库是怎么回事？

冷库，又称冷库，是加工、储存产品的场所。广义来说，冷库是用人工制冷的方法，让固定的空间达到规定的温度便于储藏物品的建筑物。冷库起源于冰窖，主要用作食品、乳制品、肉类、水产、禽类、果蔬、冷饮、花卉、绿植、茶叶、药品、化工原料、电子仪表仪器等的恒温储藏。

118. 中国冷库的发展始于何时？

中国近代最早的冷库是 1917 年建在汉口的冷库。后来在南京、上海、天津、哈尔滨、青岛等城市陆续建成一批冷库。新中国成立后冷库建设有很大发展，1955 年，我国开始建造第一座冷库，总容量 4 万 t，1968 年在北京建造了第一座水果机械冷库，1978 年建造第一座气调库。

119. 食品腐败变质的原因有哪些？

食品发生腐败变质与食品本身的状况、细菌的种类和数量，以及食品所处的环境等因素有着密切的关系。例如，肉及肉制品、鲜鱼贝类、禽蛋类、牛乳和蔬菜等食品产生异味和性状改变，多为假单孢菌污染；粮食发酵、水果腐败、饮料变酸，多为醋酸杆菌污染；咸菜长毛、发黏常是盐杆菌和盐球菌污染的结果。为了抑制导致食品变质速度，最大限度地保持食品的营养成分，人们多采用冷冻冷藏的方法，对食品进行保存。

120. 肉类冷却的目的是什么？

家畜刚屠宰后，体内热量还没有散出，高温度和表面湿润的肉体，非常适宜微生物的生长和繁殖，对肉类的储藏十分不利。肉类冷却的目的就是迅速排出肉体内部的热量，降低肉体深层的温度，并在肉体表面形成一层干燥膜，以阻止微生物的生长和繁殖，并减弱酶的作用，延长肉的储藏时间。

121. 肉类冷却两段冷却法是什么意思？

肉类冷却两段冷却法是指采用不同冷却温度和冷却风速。冷却过程可在同一冷却间或两个不同冷却间内完成。

第一阶段的冷却温度为$-10 \sim -15℃$，冷却风速在$1.5 \sim 3m/s$，冷却24h，使被冷却肉体表面温度降至$0 \sim -2℃$，内部温度降至$16 \sim 25℃$。

第二阶段冷却温度为$0 \sim -2℃$，冷却风速为$0.1m/s$左右，冷却$10 \sim 16h$即可达到冷却要求。

两段冷却法的优点是干耗小，微生物繁殖及生化反应控制好，但单位耗冷量大。

122. 肉类成熟是怎么回事？

家畜屠宰后，因其体内酶的催化作用，使其肉体僵直，称为僵直作用。肉体僵直时弹性较差，潮湿、无芳香味，不易煮熟，人们食用后消化率低。所以，食用刚屠宰的家畜味道不鲜美，营养不宜被人体吸收。

肉的成熟是指肉类在储藏一段时间后，由于肉中酶的作用，使僵直的肉变得柔软、多汁并具有芳香味。

123. 冷藏保鲜库和冷冻保鲜库有区别吗？

冷藏保鲜库和冷冻保鲜库都是利用低温来保鲜食品的冷库，但两者有着明显的差别。

冷藏保鲜只是通过低温降低生鲜食品、农作物、种子果实等的生命活动，延长其鲜度保质期，这时候生鲜食品、农作物、种子果实等的生命活动还是有的，只是很微弱了。

冷冻保鲜是先使食品冻结后再存储的，食品一旦被冻结，其生命活动就完全停止，冷冻保鲜的优点在于保鲜期比冷藏保鲜长得多，而且食品完全停止生命活动，可以长期保存。

124. 热鲜肉是怎么回事？

热鲜肉是指畜禽屠宰后，肌肉内部在组织酶和外界微生物的作用下，发生一系列生化变化，畜、禽刚屠宰后，其肉中热量还没有完全散失，柔软具有较小的弹性，这种处于生鲜状态、尚未失去生前体温的肉称为热鲜肉。

125. 冷却肉是怎么回事？

冷却肉又称冷鲜肉，是指用于短时间存放的肉品，是指严格控制在 0～4℃、相对湿度 90％左右的冷藏环境下，将屠宰后的猪肉放置 16～24h，使肉中心的温度降低到 0～－1℃，使其肌肉组织发生一系列变化。达到冷却要求的肉类，其肌肉的僵硬状态逐渐消失，因排酸和蛋白酶、钙激活酶等多种因素作用，大的肌纤维素逐渐向小的肌纤维、纤维片转变，同时蛋白质在酶的作用下产生氨基酸和风味物质，使肌肉变得柔嫩、多汁，具有丰富的肉香味，便于人体消化吸收，成为真正意义上的食用肉。

126. 冷却肉在冷库中如何存储？

冷却肉在冷库中存储具体要求是：肉在放入冷库前，先将库温降到－4℃左右，肉入库后，保持－1～0℃。以猪肉为例，其冷却时间为 24h，可保存 5～7 天。经过冷却的肉，表面形成一层干膜，从而阻止了细菌的快速生长，并减缓了内部水分的蒸发，延长了保存时间。

127. 冷冻肉是怎么回事？

冷冻肉是指屠宰后的肉先放入－28℃以下的环境中冻结，使其中心温度低于－15℃，然后在－18℃环境下储藏，并以冻结状态销售的肉。从细菌学的角度来说，当肉被冷冻至－18℃后，绝大多数微生物（细菌）的生长繁殖受到抑制，比较安全卫生。

但是，肉内水分在冻结过程中，体积会增长 9％左右，大量冰晶的形成，会造成细胞的破裂，组织结构遭到一定程度的破坏，解冻时组织细胞中汁液析出，导致营养成分的流失，并且风味也会明显下降。

128. 冷冻肉在冷库中如何存储？

冷冻肉比冷却肉更耐储藏。为提高冷冻肉的质量，使其在解冻后恢复原有的滋味和营养价值，目前多数冷冻肉均采用速冻法，即将肉放入－40℃的速冻间，使肉温很快降低到－18℃以下，然后移入冷库中储藏。

129. 高低温冷藏是什么意思？

冷藏是指把食物储存在低温环境中，以免变质、腐烂的一种保鲜手段。

一般冷藏温度为－1~8℃，称为高温冷藏。高温冷藏对大多数食品来说，冷藏是减缓食品的变质速度，不能真正阻止食品变质，是一种效果比较弱的食品保藏技术。

低温冷藏是指较长时间内使食品保持在－18℃以下的低温环境中。因此，低温冷藏食品实际上是指冻藏食品，人们习惯上把冻藏称为冷藏。

130. 冷藏食品的内涵是什么？

冷藏食品，或称速冻食品、急冻食品、保鲜食品，泛指经过急冻（冷冻、冷藏、保鲜）处理的食品，使食品能以冷冻方式保存数个月时间。

冷藏食品分为冷却食品和冻结食品，冷藏食品易保藏，广泛用于肉、禽、水产、乳、蛋、蔬菜和水果等易腐食品的生产、运输和储藏，营养、方便、卫生、经济，市场需求量大，在发达国家占有重要的地位，在我国也处于发展迅速阶段。

第二节 冷库基础知识

131. 建造冷库目的是什么？

建造冷库目的是利用降温设施创造适宜的湿度和低温环境，为食品的低温仓储创造条件，摆脱气候对人类食品储藏期的影响，延长各种食品的储存期限，以达到调节和平衡市场供应的目的。

132. 中小型冷库都用在什么地方？

中小型冷库可广泛应用于食品厂、乳品厂、制药厂、化工厂、果蔬仓库、禽蛋仓库、大专院校、企事业单位食堂、宾馆饭店餐厅、大型超市、医院、血站、部队、试验室、农副产品生产基地等。

133. 冷库按使用性质如何分类？

冷库按使用性质可以分为：生产性冷库、分配性冷库、零售性冷库和混合性冷库。

134. 生产性冷库是怎么回事？

生产性冷库主要是指建在食品产地附近、货源较集中的地区和渔业基地，通常是作为鱼类加工厂、肉类加工厂、禽蛋加工厂、果蔬加工厂，各类食品加工厂等企业的一个重要组成部分。这类冷库配有相应的加工车间、包装车间等，设有较大的冷却、冻结能力和一定的冷藏容量，食品在此进行快

37

速冷却加工后经过短期储存即运往销售地区，直接出口或运至分配性冷库作长期的储藏。

✈ 135. 分配性冷库是怎么回事？

分配性冷库主要是指建在大中城市、人口较多的工矿地区和水陆交通枢纽地区，专门储藏经过冷加工的食品，以供调节淡旺季节、提供外贸出口和作为长期储备之用。

分配性冷库的特点是冷藏容量大并考虑多品种食品的储藏，其冻结能力较小，仅用于长距离调入冻结食品在运输过程中软化部分的再冻及当地小批量生鲜食品的冻结。

✈ 136. 零售性冷库是怎么回事？

零售性冷库一般建在工矿企业或城市大型副食品基地、菜市场内，供临时储存零售食品之用，其特点是库容量小、储存期短，其库温则随使用要求不同而异。在库体结构上，大多采用装配式冷库。

✈ 137. 混合性冷库是怎么回事？

冷库一般建在消费城市，同时又是原料产地的冷库，称为混合性冷库。混合性冷库具有很大的储藏能力，同时又能调节当地市场供应。

混合性冷库一般具有较大的冷冻能力，以适应季节性集中进货的要求。混合性冷库食品流通的特点是整进零出。

✈ 138. 冷库按规模大小如何分类？

冷库按规模大小可以分为以下三种。

（1）大型冷库。冷藏容量在 10 000t 以上，生产性冷库的冻结能力在 120～160t/天范围内，分配性冷库的冻结能力在 40～80t/天范围内，库容大于 10 000m³。

（2）中型冷库。冷藏容量在 10 000～1000t 范围内，生产性冷库的冻结能力在 40～120t/天范围内，分配性冷库的冻结能力在 20～60t/天范围内，库容在 500～1000m³。

（3）小型冷库。冻结能力在 1000t 以下，生产性冷库的冻结能力在 20～40t/d 范围内，分配性冷库的冻结能力在 20t/d 以下，库容小于 500m³。

✈ 139. 冷库按使用库温要求如何分类？

冷库按使用库温要求可以分为以下 5 种。

（1）空调库，库温一般为 10～15℃，主要用来储藏米、面、药材、酒类等。

（2）高温冷库又称温冷型冷库，库温一般在＋5～−5℃范围，通常以冷风机进行吹风，冷却库内物品。主要用来储藏果蔬、乳、蛋、药材、木材等货物。

（3）温冷库又称冷冻库，库温一般为−10～−18℃。常以排管直接冷却和冷风机进行吹风冷却，主要用来储藏肉类、水产品等货物。

（4）低温冷库，库温一般−20～−30℃。又称速冻冷库，通过冷风机或专用冻结装置来实现对食品的冻结。有的低温冷库内部加上隧道叫速冻隧道冷库，用于食品快速冻结。

（5）超低温冷库，库温一般−30～−80℃，主要来用速冻食品及工业试验、医疗等特殊用途。

140. 冷库按使用储藏特点怎样分类？

冷库按使用储藏特点可以分为以下三种。

（1）超市冷库。超市用来储藏零售食品的小型冷库。

（2）恒温冷库。对储藏物品的温度湿度有精确要求的冷库，包括恒温恒湿冷库。

（3）气调冷库。既能调节库内的温度、湿度，又能控制库内的氧气、二氧化碳等气体的含量，使库内果蔬处于休眠状态，出库后仍保持原有品质。

141. 冷库按储藏物品怎样分类？

冷库按储藏物品可以分为：药品冷库、医学冷库、肉类食品冷库、鱼类食品冷库、禽蛋类食品冷库、乳制品冷库、豆制品冷库、水果冷库、蔬菜冷库、农作物种子冷库、花卉种子冷库、茶叶冷库等。

142. 冷库按制冷系统使用的制冷剂怎样分类？

冷库按制冷系统使用的制冷剂可分为以下两种。

（1）氨冷库。冷库的制冷系统使用氨作为制冷剂。

（2）氟利昂冷库。冷库的冷库制冷系统使用氟利昂作为制冷剂。

143. 冷库是使用氨制冷剂好还是使用氟利昂制冷剂好？

对于冷库使用何种制冷剂、采用何种制冷系统没有硬性规定，通常容量超过300t以上，多采用氨制冷系统，低于300t多采用氟利昂制冷系统。但这不是一成不变的，要根据具体情况确定。

相比较来说，氨制冷系统相对比较复杂，初期投资高于氟利昂制冷系统，但运行成本相对低于氟利昂制冷系统。氨制冷剂若泄漏会产生有毒气体,所以在人口稠密的居民区不能使用氨为制冷剂的冷库,应使用氟利昂为制冷剂的冷库。

因此,使用在城市中人口稠密区中的冷库,基本上都是以氟利昂为制冷剂的中、小型冷库。

144. 冷库按库体结构及建造方式不同如何分类?

冷库按库体结构及建造方式不同可以分为:土建式冷库、装配式冷库、混合型冷库、覆土冷库和山洞型冷库等类型。

145. 什么是覆土小型冷库?

覆土小型冷库又称土窑洞小型冷库,洞体多为拱形结构,有单洞体式,也有连续拱形式。一般为砖石砌体,并以一定厚度的黄土覆盖层作为隔热层。用作低温的覆土冷库,洞体的基础应处在不易冻胀的砂石层或者基岩上。由于它具有因地制宜、就地取材、施工简单、造价较低、坚固耐用等优点,在我国西北地区得到较大的发展。

146. 什么是山洞中小型冷库?

山洞中小型冷库一般建造在石质较为坚硬、整体性好的岩层内,利于原有洞体或开凿洞体,在洞体结构完成的基础上,在洞体内侧一般作衬砌或喷锚处理,洞体的岩层覆盖厚度一般不小于20m。

147. 什么是土建中小型冷库?

土建式中小型冷库是当前建造较多的一种冷库,可建成单层或多层。建筑物的主体一般为钢筋混凝土框架结构或者砖混结构。土建冷库的围护结构属重体性结构,热惰性较大,室外空气温度的昼夜波动和围护结构外表面受太阳辐射引起的昼夜温度波动,在围护结构中衰减较大,所以其围护结构内表面温度波动就较小,库温也就易于稳定。

148. 冷库为什么要建成正方形?

将冷库建筑成正方形的原因有两种:① 为了减少室外热量的透入;② 为了减少围护结构的外表面积,减少建筑成本。因此,无论单层或多层冷库的外形,一般都建成正方形。

149. 土建式冷库建筑与一般工业和民用建筑有何不同?

土建式冷库为了使冷库内保持一定的低温,冷库的墙壁、地板及平顶都敷设有一定厚度的隔热材料,以减少外界传入的热量。为了减少吸收太阳的辐射能,冷库外墙表面一般涂成白色或浅颜色。因而冷库建筑与一般工业和民用建筑不同,有它独特的结构。

冷库建筑要防止水蒸气的扩散和空气的渗透。室外空气侵入时不但增加冷库的耗冷量，而且还向库房内带入水分，水分的凝结引起建筑结构特别是隔热结构受潮冻结损坏，所以要设置防潮隔热层，使冷库建筑具有良好的密封性和防潮隔气性能。

150. 土建式中小型冷库的结构是什么样的？

土建式中小型冷库的基本结构一般由地下构造、地坪构造、墙体构造和屋盖构造四大部分组成。

土建式中小型冷库的基本结构如图2-1所示。

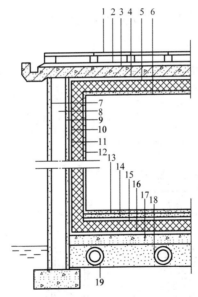

图2-1　土建式中小型冷库的基本结构

1—架空通风层；2—防水层；3—钢筋混凝土屋盖；4—隔气层；5—隔热层；
6—钢丝网水泥砂浆抹面；7—水泥砂浆抹面；8—砖外墙；9—内墙水泥砂浆抹面；
10—隔气层；11—隔热层；12—钢丝网水泥砂浆抹面；13—钢筋混凝土面层；
14—防水层；15—隔热层；16—隔气层；17—钢筋混凝土基础；
18—砂垫层或炉渣混凝土垫层；19—防冻通风管道

151. 土建式中小型冷库的地基结构是什么样的？

土建式中小型冷库的地基如图2-2所示，包括地基与基础两部分。

41

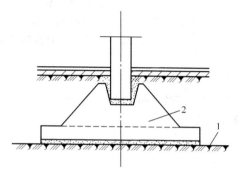

图2-2 土建式中小型冷库的地基

1—地基;2—基础

152. 土建式中小型冷库的地坪结构应建成什么样的?

土建式中小型冷库的地坪结构如图2-3所示,有架空防冻地面和自然通风防冻地面两种形式。

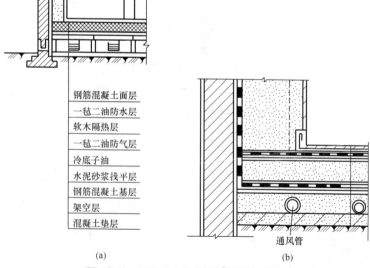

钢筋混凝土面层
一毡二油防水层
软木隔热层
一毡二油防气层
冷底子油
水泥砂浆找平层
钢筋混凝土基层
架空层
混凝土垫层

通风管

(a)　　　　(b)

图2-3 土建式中小型冷库的地坪结构

(a)架空防冻地面;(b)自然通风防冻地面

42

冷库的地坪受低温的影响，土壤中的水分易被冻结。因土壤冻结后体积膨胀，会引起地面破裂及整个建筑结构变形，严重的会使冷库不能使用。为此，低温冷库地坪除要有有效的隔热层（如在地坪下设计通风管）外，隔热层下还必须进行处理，以防止土壤冻结。

冷库的地板要堆放大量的货物，又要通行各种装卸运输机械设备，因此它的结构应坚固并具有较大的承载力。

冷库的地坪 10cm 石子填层，再浇注 5~10cm 混凝土，地面必须保证水平。低温库的地面要预留伸缩缝或通风管道，以防止冷库的地基受低温的影响，地面被冻结后体积膨胀，而引起地面破裂及整个冷库结构变形。

冷库的地坪根据进出车辆的载质量（除人进出外），既要防水保温还应加固处理，用 $\phi 10~14$ 螺纹钢铺设钢网，浇注厚 10~25cm 混凝土。

153. 土建式中小型冷库的墙体结构应建成什么样的？

土建式中小型冷库的墙体结构如图 2-4 所示，其墙体隔热一般多采用稻壳隔热材料墙体和发泡聚氨酯隔热材料墙体。

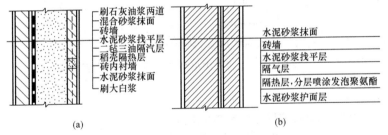

（a）

刷石灰油浆两道
混合砂浆抹面
砖墙
水泥砂浆找平层
二毡三油隔汽层
稻壳隔热层
砖内衬墙
水泥砂浆抹面
刷大白浆

（b）

水泥砂浆抹面
砖墙
水泥砂浆找平层
隔气层
隔热层，分层喷涂发泡聚氨酯
水泥砂浆护面层

图 2-4　土建式中小型冷库的墙体结构

（a）稻壳隔热材料；（b）发泡聚氨酯隔热材料

154. 土建式中小型冷库的屋盖结构应建成什么样的？

土建式中小型冷库的屋盖结构可分为两类：① 如图 2-5 所示的将屋面防水构造与隔热层、防潮层做在一起的整体式屋盖；② 将防水构造与隔热层、防潮层分开设计的阁楼式屋盖。

155. 想做冷库库顶隔热和防潮层铺设怎么办？

中小型冷库库顶隔热和防潮层铺设的做法依次为（从上到下）：80mm 厚预制混凝土隔热板、豆砂层、三油两毡防潮层、100mm 厚钢筋混凝土板、三油两毡防潮层、200mm 厚泡沫塑料保温层、三油两毡防潮层、钢丝网平

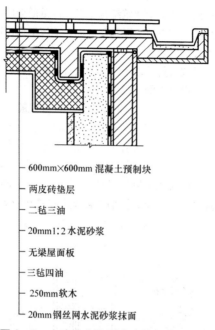

— 600mm×600mm 混凝土预制块

— 两皮砖垫层

— 二毡三油

— 20mm1:2 水泥砂浆

— 无梁屋面板

— 三毡四油

— 250mm软木

— 20mm钢丝网水泥砂浆抹面

图2-5 土建式中小型冷库的整体式屋盖

顶、20mm厚1：2水泥砂浆粉面。

156. 想做冷库墙体隔热和防潮层怎么办？

土建式中小型冷库墙体隔热和防潮层做法依次为：（从里到外）200mm厚1：2水泥砂浆粉面、240mm厚砖墙、三油两毡防潮层、200mm厚聚苯乙烯保温层、三油两毡防潮层、120mm厚砖墙、20mm厚1：2水泥砂浆抹面。

157. 想做冷库地面隔热和防潮层怎么办？

土建式中小型冷库地面隔热和防潮层做法依次为：（从上到下）20mm厚1：2水泥砂浆抹面、100mm厚混凝土地面、三油两毡防潮层、200mm厚软木保温层或100mm厚聚苯乙烯保温层、三油两毡防潮层、110mm厚预制混凝土空心楼板、50mm厚砂石找平层、150mm厚砂石灌砂垫层素土夯实。

158. 土建式中小型冷库用软木作为保温材料有哪些优点？

软木是利用栓皮栎或黄菠萝树皮制成的，它具有容量小、干燥状态导热系数小、富有弹性、易加工、不生霉菌、不易腐烂、吸水率在 35% 左右、耐压在 1.372MPa 左右、抗弯强度在 0.392～0.784MPa，可用于楼面、地面、设备和管道的保温层与"冷桥"的处理部件及冻结间等承重构造和冻融循环频繁的重要部位。

159. 装配式中小型冷库是怎么回事？

装配式中小型冷库又称为活动冷库，库容一般多为 5～1000t 范围。装配式中小型冷库按其容量、结构特点有室外装配式和室内装配式之分。

室内装配式中小型冷库适用于农业和畜牧产地、饭店、学院、部队和企事业单位食堂及超市等商业流通领域使用。

室外装配式中小型冷库均为钢结构骨架，并辅以隔热墙体、顶盖和底架，其隔热、防潮及降温等性能都基本类同于土建式冷库。室外装配式冷库的库容一般大于 20t，建成独立的建筑物，库内净高多大于 3.5m。

160. 装配式中小型冷库外形是什么样的？

装配式中小型冷库为钢结构骨架，并辅以隔热墙体、顶盖和底架，使其达到隔热、防潮及降温等性能要求。装配式中小型冷库保温隔热维护结构主要由隔热壁板（墙体）、顶板（天井板）、底板、门、支撑板及底座组成，它们是通过特殊结构的子母钩拼装、固定，以保证冷库良好的整体性。

装配式中小型冷库的外形如图 2-6 所示。

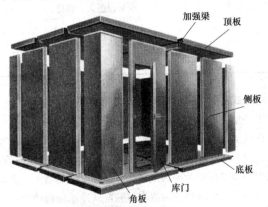

图 2-6 装配式中小型冷库的外形

161. 室外装配式中小型冷库安装在什么地方好？

室外装配式中小型冷库可安装在具有散热通风条件的室内，也可以安装在一块地基坚实具有防雨、防晒的棚子下。

装配式中小型冷库的安装一般要求不高，多数采用可拆型结构，冷库顶、底、墙板都可拆装。一般配有成套的制冷系统和电器控制系统，压缩机一般多采用半封闭式。

162. 装配式中小型冷库的库温能达到多少？

装配式中小型冷库按使用目的不同，可以做成库温为 $0\sim5℃$ 的高温库，库温为 $-15\sim-18℃$ 的低温冷库，也可做成库温为 $-23\sim-40℃$ 的低温速冻库。

163. 装配式中小型冷库都有哪些种类和用途？

装配式中小型冷库的种类和用途见表 2-1。

表 2-1　　　　　　装配式中小型冷库的种类和用途

装配式冷库种类	冷库温度/℃	冷 库 用 途
保鲜库	$8\sim-10$	水果、蔬菜、花卉、乳制品、酒类、巧克力、黄油、鲜鸡蛋、鲜肉等的保鲜
冷藏库	$-10\sim-20$	冻鱼、冻肉、冻家禽、冰蛋等冷藏
冻结库	$-20\sim-35$	鲜鱼、鲜肉、米面制品冻结、冰激凌、血液制品、化工原料等低温储存
气调库	$8\sim0$	水果、蔬菜、药材、种子等长时间储存
非标准冷库	$10\sim-60$	电子、冶金、化工、生物、制药、汽车、建材、航天航空等行业的工艺性低温存储和处理

164. 装配式中小型冷库库体结构特点是什么？

装配式中小型冷库的特点是：库体是用预制的钢夹心保温板块，按一定的容量拼装而成的。库板厚度有 75、100、150mm 和 200mm 等系列，库板尺寸可在宽 1200mm、长 800mm 以下范围内，根据不同库温需求选取。

装配式中小型冷库的骨架为钢结构，并辅以隔热墙体、顶盖和底架，使其达到隔热、防潮及降温等性能要求。装配式冷库保温功能主要由隔热壁板（墙体）、顶板、底板、门、支撑板及底座组成。

冷库门灵活启闭、关闭严密、使用可靠。另外，冷库门内的木制件经过干燥防腐处理，不易受潮变形，冷库门锁装有安全脱锁装置，在低温装配式冷库的门框上暗装有电压 24V 以下的电加热器，以防止冷凝水和结露。库内装防潮照明灯，便于出入库货物时使用。测温元件置于库内均匀处，其温度显示器装在库体外墙板易观察位置。

165. 我国装配式冷库专业标准是什么？

装配式中小型冷库常用大写的汉语拼音字母 NZL 表示，我国装配式冷库专业标准 ZBX 99003—86 中按库温进行分级，见表 2-2。

表 2-2 　　　　　　　　装配式中小型冷库的分级

冷库种类	L 级	D 级	J 级
冷库代号	L	D	J
库内温度（℃）	+5～-5	-10～-18	-23

例如，NZL-20（D）表示库内工程容积为 $20m^3$，库内温度为 $-10～-18℃$ 的 D 级冷库。

166. 装配式中小型冷库使用条件有哪些？

装配式中小型冷库的使用条件如下。

（1）库外的环境温度及湿度要求。温度<35℃，相对湿度<80%。

（2）库内设定的储藏温度范围。保鲜冷库：+5～-5℃；冷藏冷库：-5～-20℃；低温冷库：-25℃。

（3）进冷库时食品的温度。L 级冷库：+30℃；D 级、J 级冷库：+15℃。

（4）库内的堆货有效容积为公称容积的 69% 左右，储存果蔬时再乘以 0.8 的修正系数。

（5）每天进货量为冷库有效容积的 8%～10%。

167. 装配式中小型冷库冻结间都有哪些基本技术参数？

装配式中小型冷库冻结间的基本技术参数见表 2-3。

表 2-3 　　　　　装配式中小型冷库冻结间的主要技术参数

库　　级	L 级	D 级	J 级
公称比容积（kg/m³）	160～250	160～200	25～35
进货温度（℃）	≤32	热货≤32；冻货≤10	≤32
冻结时间（h）	18～24		
库外环境温度（℃）	≤32		

续表

库　级	L级	D级	J级
隔热材料的热导率 [W/(m·K)]		≤0.028	
制冷工质		R22	
配电		三相交流电，380V±38V，50Hz±0.5Hz	

168. 装配式中小型冷库库体都有哪些技术数据？

装配式中小型冷库库体的主要技术数据见表2-4。

表2-4　　　　装配式中小型冷库库体的主要技术数据

型号	ZLK 100-A	ZLK 15D-A	ZLK 10D-A	ZLK 35D-A	ZLK 60D-A	ZLK 100D-A	ZLK 200D-A	ZLK 300D-A
容积（m³）	9.6	15	20.4	35	60.4	100.6	196.6	290
库温				-18℃				
库板隔热材料				100mm厚硬质聚氨酯泡沫塑料				
库内面积（m²）	4	6.2	8.5	14.6	22.4	33.5	54.6	50.5
库内净高（m）	2.4	2.4	2.4	2.4	2.7	3	3.6	3.6
库内（宽×高）（m）	0.65× 1.8	0.65× 1.8	0.65× 1.8	0.65× 1.8	0.65× 1.8	0.85×2	0.85×2	0.65×2
使用环境温度				≤40（℃）				
标准工况制冷量（kW）	4.0	6.6	8.0	13.0	16.0	16.3	32.6	65.5
装货量（t）	2	3	4	7	12	20	40	60

169. 装配式中小型冷库地坪荷载如何估算？

装配式中小型冷库地坪荷载随其冷库高度不同而不同，装配式中小型冷库进行地坪荷载估算时，可参考表2-5所示参数。

表2-5　　　　装配式中小型冷库地坪荷载

冷库净高（m）	<2	<3.5	<4.8	<9
地坪荷载（N/m²）	10 000	15 000	20 000	30 000

170. 装配式中小型冷库地坪有何特点？

装配式中小型冷库地坪的特点是：库温在 0～－16℃时需在地面上（库板下）设 10 号槽钢架空，使之自然通风，以免发生地坪冻鼓故障。

中小型装配式冷库的库内温度在 5～－25℃时，应在冷库下面放置木条，架空装配式冷库的地板来增强通风；也可以在冷库下面放置槽钢来增强通风，用以防止地坪发生"冻鼓"故障。

171. 装配式中小型冷库库门的要求是什么？

装配式中小型冷库的库门是冷库作业人员和货物的出入口，它实质上是一个活动的保温围护结构，要求其有保温性能好、坚固耐用、密封性能好、启闭灵活等特点。

172. 装配式冷库滑动库门的结构是什么样的？

装配式中小型冷库滑动式库门如图 2－7 所示，由门扇、门拉手、导轨、滑动部件和压紧部件组成。

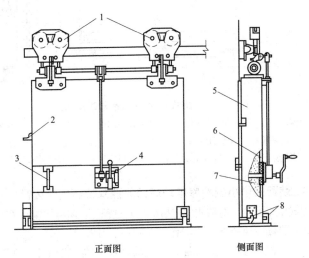

正面图　　　　侧面图

图 2－7　装配式中小型冷库滑动式库门

1—滑轮；2—门锁扣；3—门拉手；4—传动部件；5—金属皮；

6—木料；7—聚苯乙烯泡沫塑料外包塑料薄膜；8—压紧部件

这种库门特点是：坚固、密封性好，开启和关闭方便。使用时只要搬动拉手，导轮在导轨上滑行，可使库门启闭自如。

173. 装配式中小型冷库电动库门的结构是什么样的？

装配式中小型冷库电动式库门如图2-8所示，主要由行程限位开关、电动机、链条、导轨、导轮及连锁装置组成。

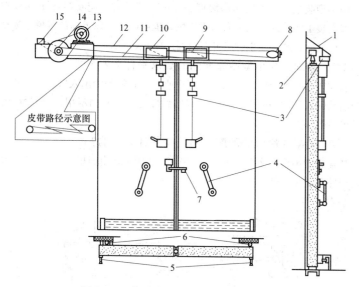

图2-8　装配式中小型冷库电动式库门

1—导轮外壳；2—门导轴部件；3—链条导轴部件；4—拉手；5—外导轮；

6—内导轮；7—门闩搭扣；8—拉杆链轮；9—右滑瓦；10—左滑瓦；

11—套筒滚子链；12—主梁；13—电动机；14—V带轮；15—行程限位开关

174. 装配式中小型冷库电动库门的控制特点是什么？

装配式中小型冷库电动式库门启闭控制过程是：闭合控制开关，库门电动机运转，带动减速链条传动，使电动式库门启闭。

电动式库门的开启位置是通过继电器来限位的，当门开启到限定位置时，控制继电器动作，切断库门电动机电源，库门停止开启。

电动式库门在关闭过程中如遇到障碍物，设在门框边的微动开关触点闭合，此时电动机反转，使正在关闭的库门开启，以保证安全。

库门锁上以后，因门闩中装有断路开关，起到连锁保护作用，使驱动电动机不能控制开关启动；门闩搭扣是通过安全螺杆固定在门扇上的，此时若有人员被锁在库内，可以拧动安全螺杆，脱下搭扣将门推开。

175. 装配式中小型医疗冷库是做什么用的？

装配式中小型医疗冷库又叫医药冷库，广泛用于各种药品、疫苗、血液、血浆、药剂、试剂、精液、干细胞、骨髓、生物制品等医药用品的储藏储存。

176. 装配式中小型医疗冷库库温标准是什么？

装配式中小型医疗冷库库温标准是根据储藏药品的种类而定的，一般是：

疫苗冷库库温标准：0~8℃，常用于疫苗、药剂的存储。

药品阴凉库库温标准：2~8℃，也可叫药品冷库，主要用于药品、生物试剂的存储。

血液冷库库温标准：−5~1℃，可储存血液、药物生物制品等。

血浆冷库库温标准：−20~−30℃，用于血浆、生物材料、疫苗、试剂等的储存。

177. 装配式中小型医疗冷库的库板有何具体要求？

装配式中小型医疗冷库的库容一般为20m³以上，高度一般为2.5~3m。库板一般采用聚氨酯双面涂塑彩钢板，具有轻便、隔热性能好、安全环保、硬度强、抗腐蚀等优点，并采用发泡一体成型。装配式小型医疗冷库库板厚度有60、75、100、120、150、180mm等6种规格。

装配式中小型医疗冷库中的疫苗冷库（0~8℃）、药品阴凉库（2~8℃）、血液冷库（−5~1℃）使用较多的库板是100mm厚库板，而血浆冷库（−20~−30℃）使用150mm厚库板。

178. 装配式中小型医疗冷库存储药品时的堆垛要求是什么？

装配式中小型医疗冷库存储药品时的堆垛要求是：储存药品的设施与地面、墙、顶、散热器之间、药品堆垛之间应当有一定的间距或者采取相应的隔离措施。药品与屋顶（房梁）的间距不得小于30cm，与墙、地面的间距不得小于10cm。

179. 装配式中小型医疗冷库的电控系统有何特点？

装配式中小型医疗冷库的电气控制箱采用双路电源供电，即常规电源和备用电源，以保证医疗冷库永远处于良好的供电状态。另外还要配置冷库温度、湿度记录仪，能够精准记录、显示冷库库内温湿度，配置手机自动报警器功能，以便及时发现并处理故障，保证其安全运行。

180. 冷库的冷冻间是怎么回事？

冷冻间是对进入冷库的商品进行冷冻和加工的场所。货物在进入冷藏或者冷冻库房以前，应先在冷冻间进行冷冻处理，使货物均匀降温至预定的温度，否则，当货物温度较高，湿度较大时，直接进入冷藏或冷冻库会产生雾气，影响库房的结构。

对于冷藏货物，一般降至 2~4℃，冷冻货物则迅速降至 -20℃ 使货物冻结。为了使货物合理冷冻，在冷冻间应将货物分散存放，以使其均匀降温。由于预冷作业只是短期的作业，货物不堆垛，一般处于较高的搬运活性状态，多数直接放置在搬运设备上，如放置在推车上或托盘上。

181. 冷库的冷藏间是怎么回事？

冷却货物冷藏间是温度保持在 0℃ 左右的冷库，用于储存冷却货物。货物经预冷后，达到均匀的保藏温度时送入冷库堆码存放，或者少量常温货物直接送入冷藏间冷藏。因为冷藏货物特别是果菜类货物对库温有较高的要求，不允许有较大的波动，所以冷藏间还需要进行持续的冷处理。为防止货垛内升温，保持冷藏间冷空气的流通，冷藏间一般采用列垛的方式堆码。

另外，对于果蔬冷库还需要安装换气装置，以满足果蔬货物的呼吸要求。

182. 冷库设计穿堂是怎么回事？

冷库设计穿堂的目的是防止库内外或不同温度冷库在开门进出货物时，减少外界温度对库内环境温度的冲击，并可作为各冷库间货物进出冷库的通道，起到沟通冷库各冷藏间，便于冷藏货物装卸及周转的作用。

183. 冷库的穿堂有几种？

冷库穿堂按温度区分有低和中温穿堂两种，分属高、低温冷库房配置。

冷库穿堂按设置位置区分有库内穿堂和库外穿堂两种。库内穿堂按其温度不同分为低温穿堂和中温穿堂。

目前，冷库中较多采用库外常温穿堂。其做法是将穿堂布置在常温环境中，通风条件良好，这样既改善了工人的操作条件，又保证了库温的稳定，也能延长穿堂使用年限。

184. 中小型冷库设置门斗的作用是什么？

由于冷库进出货物频繁，造成冷库门开启频繁。当冷库门开启时，库内外冷热空气就在门洞附近进行热交换。因此库房设置门斗的作用是当库房开门时挡住热气流直接冲击库内，使冷热空气在门斗内进行热交换，让热空气中含带的水分在门斗中结霜，以减少热空气对冷库内温度的影响。

185. 肉类冷藏间用排管式蒸发器安哪儿好？

中小型冷库的蒸发器大多采用直接蒸发形式的排管式蒸发器，依靠自然对流方式冷却库内的空气，蒸发排管可分为顶排管及墙排管。顶排管的传热系数高，可使库内温度比较均匀，故应优先采用。

对有些货物储存期不长的中小型冷库，为了简化系统可以只装顶排管。但顶排管安装不便且排管上的结霜融化时，化霜水有可能掉在货物上，对货物造成污染。因此，对于采用顶排管的冻结物冷藏间，可采用人工扫霜。为了便于除霜，应采用光滑管制作排管为好。

墙排管安装方便，而且当沿外墙布置时，用来吸收通过外墙传入的热量很有效，能防止室内温度产生较大的波动。

186. 肉类冷藏间使用间冷型蒸发器要注意什么？

近年来，采用氟利昂为制冷剂的中小型冷库冻结物冷藏间趋向使用间冷型蒸发器（冷风机）。其特点是节省管材、便于安装、简化操作管理、易于实现自动化控制。

使用间冷型蒸发器（冷风机）时要注意的问题是如何防止肉类食品产生过大的干耗。为此，可以从冷藏工艺方面采取一些技术措施，如将肉类食品用保鲜膜包装、镀冰衣等，以减少冷藏食品的干耗。

187. 冻结物冷藏间采用间冷型蒸发器的要求是什么？

对于冻结物冷藏间采用间冷型蒸发器（冷风机）时，要求库内风速保持在 0.5m/s 以下，而且要控制间冷型蒸发器（冷风机）蒸发温度与进出风平均温度的温差在 6~8℃ 以内，间冷型蒸发器（冷风机）进出风温度差在 2~4℃ 以内。

188. 采用间冷型蒸发器冷库的气流组织要求是什么？

采用间冷型蒸发器的冷库，其库内气流组织的要求是：间冷型蒸发器（冷风机）送出的低温空气，要沿冷藏间的平顶及外墙形成贴附射流，使冷藏货物处于循环冷风的回流区内，这样也有利于减少食品干耗。

189. 为什么高温库冷藏间要使用间冷型蒸发器？

冷库的冷却物冷藏间若主要用于冷藏水果、蔬菜、鲜蛋等食品，库温要求保持0℃以上。高温冷库内大都采用间冷型蒸发器（冷风机），这是由于果蔬等都是有生命的食品，在冷藏期间吸进氧气、放出二氧化碳，同时放出热量。若库内空气不能顺畅流通，就可能使局部的冷藏条件恶化而引起冷藏食品变质。

190. 高温库冷藏间风道如何布置？

高温冷库的冷却物冷藏间多为单风道空气输送系统，送风管布置在冷藏间顶部中央，使风道两侧送风射流的射程基本相等，利用中央走道作为回风道。库内空气由间冷型蒸发器（冷风机）下方进风口进入，经间冷型蒸发器（冷风机）冷却后的空气，由送风管上的喷嘴送至顶部各处。

另外，对于储存果蔬鲜品的冷藏间，还设有吸入新鲜空气和排除污浊空气的风道设施。

191. 冻结间装吊轨是怎么回事？

在冻结间中安装吊轨的目的是要将整片肉吊挂起来进行冻结，吊轨的间距一般在 750～850mm，多采用落地式冷风机对冻结食品进行冷气吹拂。冷库冻结间的宽度一般在 6m 左右，冷风机沿冻结长度方向布置，可以达到在 24h 或更短的时间内周转一次，靠近冷风机一侧处于冷空气的回流区内。

为了使轨道上冻品的冻结速度均匀，一般要采用回转式传送链条，在每一周期中定时开动链条顺序移动，使轨道上的冻品都可得到最好的冻结条件。

192. 冻结间采用吊顶式冷风机的特点是什么？

冻结间也有采用吊顶式冷风机的，它的特点是可以充分利用建筑空间，不占建筑面积，风压小，气流分布均匀，是一种冻结效果较好的冷却形式。吊顶式冷风机安装时，一般要距冻结间平顶有不小于 500mm 的间隙，吸风侧距墙大于 500mm，出风侧应大于 700mm，这样有利于改善循环冷风的气流组织。

由于吊顶式冷风机设置在冻结间的顶部，如何妥善处理融霜水的排放是一个必须考虑的问题，要防止融霜水外溢或到处飞溅。

193. 搁架式冻结间是怎么回事？

冷库中搁架式冻结间，采用排管蒸发器。制冷剂在排管中直接蒸发，放在搁架式冷却排管上的盘装或盒装食品被制冷剂直接冻结。室内空气可以自然对流，也可加装轴流风机，使空气强制流动。因为排管与食品直接接触，故传热效果较好。

如果采用吹风式冷却方式，传热效果会更好。当采用横向吹风时，其传热系数约为墙排管的 1.6～2.5 倍；当采用垂直方向吹风，约为墙排管的 3～5 倍。吹风搁架式排管的配风量，约为每吨食品 1000m³/h。

194. 冷冻库房是怎么回事？

冷冻库房是温度控制在－18℃左右，相对湿度在95%～98%之间的冷库，这类冷库能够较长时间地保存经过预冷的货物。货物经预冷后，转入冷冻库房堆码存放。货堆一般较小，以便降低货堆内部温度。货垛底部采用货板或托盘垫高，一般不与地面接触。它用于存储冻结货物，储存时间较长，在冷冻库房内部依靠空气自然对流，保持微风速循环，以减少含水货物干缩损耗。

195. 冷库的分发间是怎么回事？

冷库由于低温不便于货物分拣、成组、计量、检验等人工作业，此外为了控制冷冻库和冷库的温度、湿度，减少冷量耗损，需要尽量缩短开门时间和次数，以免造成库内温度波动太大。因此，货物出库时应迅速地将货物从冷藏或冷冻库移到分发间，在分发间进行作业，从分发间装运。分发间尽管温度也较低，但因其直接向库外作业，温度波动较大，因而分发间不能存放货物。

196. 速冻是怎么回事？

速冻是将预处理的食品放在－30～－40℃的装置中，在30min内通过最大冰晶生成带，使食品中心温度从－1℃迅速降到－5℃，其所形成的冰晶直径小于100μm。不会严重损伤细胞组织，从而保存了食物的原汁与香味，速冻后的食品中心温度必须达到－18℃以下，当平均达到－18℃时，冻结加工工作完成。

197. 速冻食品是怎么回事？

速冻食品是采用新鲜原料制作，经过适当的处理和急速冷冻，在－18～－20℃的连贯低温条件下送抵消费地点的低温产品。

速冻食品是采用新鲜原料制作，经过适当的处理，急速冷冻，低温储存于－18～－20℃下（一般要求，不同食物要求温度不同）的连贯低温条件下送抵消费地点的低温产品，其最大优点是完全以低温来保存食品原有品质（使食品内部的热或支持各种化学活动的能量降低，同时将细胞的部分游离水冻结，并降低水分活度），而不借助任何防腐剂和添加剂，同时使食品营养最大限度地保存下来的方法。

198. 速冻库是做什么用的？

速冻库主要用于食品、药品、药材、化工原料等物品的低温冷冻储藏。速冻库的库内温度一般控制在－15～－35℃的范围内。

199. 速冻库要控制的技术指标有哪些项目？

速冻库要控制的技术指标项目有：物品的进货温度、物品的一次进货量；物品的出货温度、物品需要多长时间出库、物品的种类、确定适合的冷库温度等。

200. 速冻食品出库的要求是什么？

速冻食品配送时的出库的基本要求是：冷藏车在装货前应当预冷，冷藏车内最少预冷到$-10℃$以下。速冻食品出冷库前最好实际测量一下速冻食品的实际温度，一般低温冷库的库温是$-18℃±3℃$，所以速冻食品温度一般也要低于$-15℃$。

201. 食品预冷是怎么回事？

预冷是食品在冷藏前进行的一种冷却方法，其要求是将待储食品快速降至规定温度。它是延长食品储藏期的重要措施。预冷处理通常在冷库冷藏和预冷间进行。常用的预冷方法有自然空气冷却、通风冷却、真空冷却及冷水冷却。经预冷处理后的食品应迅速置入低温环境中储藏。

202. 冷库中安装加湿器是怎么回事？

冷库在使用过程中常因蒸发器大量吸热而不断地在蒸发器上附着冰霜，又不断地将冰霜融化流走，致使库内湿度常低于食品储藏对湿度的要求。为此，可以采用增大蒸发器面积、减少结霜，安装喷雾设备或自动喷湿器来调节冷库内湿度等方法，以满足储藏食品对适度的要求。

另外，当因货物出入频繁，使库内相对湿度增大时，可安装除湿器除湿，将冷库内的湿度控制在一定范围内。

第三节　气调和气调库基础知识

203. 气调是什么意思？

气调就是通过对冷库中气体成分、温度、湿度的调节，达到库藏食品保鲜的效果。果蔬采后仍是一个有生命的活体，在储藏过程中仍然进行着正常的以呼吸作用为主导的新陈代谢活动。气调就是将冷库空气中的氧气浓度由21%降到3%～5%，适当提高二氧化碳浓度，以抑制果实的呼吸作用，延缓果蔬成熟，达到延长果蔬储藏期的目的。

204. 气调库是怎么回事？

气调库也称为气调冷库、气调保鲜库。它是在冷库的基础上增加气体成分调节功能，通过对储藏环境中温度、湿度、二氧化碳、氧气浓度和乙烯浓度等条件的控制与调节，抑制果蔬呼吸作用，延缓其新陈代谢过程。气调库需要像冷库那样维持稳定的低温环境，同时维持特定的、不同于普通大气的气体成分。气调库中根据产品的不同需求，O_2 含量通常低于 21%，CO_2 含量高于 1%，气调库比一般冷库要求更好的密封性能。

205. 一个完整的气调库由哪些部分构成？

气调库一般由气密库体、气调系统、制冷系统、加湿系统、压力平衡系统以及温度、湿度、氧气、二氧化碳，气体自动检测控制系统等部分构成。

一个完整的气调库可分为围护结构、制冷系统、气调系统、控制系统和辅助性建筑 5 部分。

气调库的维护结构与冷库有相同部分，如承重和隔热保温结构，不同的是要求更高的气密结构。气调库气密结构的关键是要有较高的气密性和完整性。

206. 气调库的气密性是怎样实现的？

气调库的气密性和完整性主要有两种形式：① 与隔热保温结构做成一体；② 在隔热保温结构之外做独立的气密结构。

与保温结构做成一体的常用方法是聚氨酯加气密材料现场发泡喷涂，铝箔、塑料膜等加黏合剂密封，金属板焊接和黏合剂密封等与隔热保湿结构分离的气密结构有夹套的形式和柔性帐体的形式（柔性气调库）。

气调库的气密门非常重要。气调库的气密结构还附有一些压力平衡和安全结构。气调库的制冷系统与一般冷库基本相同，因为气调库气密性强，不方便出入，要求制冷设备有更好的可靠性、无故障运转和更高的安全性。

207. 气调库的作用是什么？

气调库的气调系统与制冷系统一样都是气调库的关键部分。气调系统的作用是维持气调库内氧气、二氧化碳等气体成分的特定比例。气调系统通过相应的造气和调气设备及测控仪器、仪表对库内的气体成分进行控制，以达到保持库内空气成分控制的目的。

208. 果蔬变质的原因是什么？

果蔬类食品变质的主要原因是由于其呼吸作用，造成其水分的蒸发以及微生物的生长、食品成分氧化等。这些作用与食品冷藏环境中的气体有着密切关系。在正常的空气中，一般含氧气 21%，二氧化碳 0.03%，其余为氮气和一些微量气体。新鲜果蔬采后仍是一个有生命的活体，在储藏过程中仍然进行着正常的以呼吸作用为主导的新陈代谢活动，主要表现为果实消耗氧气，同时释放出一定量的二氧化碳和热量。在环境气体成分中，二氧化碳和由果实释放出的乙烯对果实的呼吸作用具有重大影响。

209. 气调储藏的原理是什么？

气调储藏的原理是：降低储藏环境中的氧气浓度和适当提高二氧化碳浓度，抑制果蔬的呼吸作用，延缓果蔬的成熟时间，从而延长果蔬的保鲜时间。

通过气调降温储藏可以控制果蔬在适宜的温度下，改变冷藏环境中气体的成分，主要是控制 O_2 和 CO_2 的浓度，使果蔬获得保鲜，达到延长储存期的目的。

210. 气调储藏是怎么回事？

气调储藏是指在适宜低温条件下，改变储藏环境气体成分的一种储藏方式。气调储藏包括自发气调储藏方式和可控气调储藏方式两种。自发气调储藏是指将果蔬密封在具有透气性能的塑料薄膜或带硅窗的塑料薄膜袋或帐中，利用果蔬自身呼吸作用和塑料的透气性，在一定温度条件下，自发调节密闭环境中氧气和二氧化碳的含量，使之适合气调储藏的要求。例如，塑料薄膜大帐法、硅胶窗薄膜封闭法等，就是气调储藏的典型方法。

211. 可控气调储藏是怎么回事？

可控气调储藏是指将果蔬密封在不透气的气调室（或库）内，利用果蔬呼吸作用，并采用机械气调设备，对密闭系统中氧气和二氧化碳气体，人工调节到适宜的气体组成成分的储藏方法。

可控气调储藏并非指单纯调节冷库中的气体，而是要在低温条件下进行气体调节。

212. 气调保鲜是怎么回事？

所谓气调保鲜，是指主要依靠果蔬自身的呼吸作用进行气体调节的方法，达到保鲜的效果。气调保鲜库就是依靠果蔬自身的呼吸作用，将库中空气中的氧气浓度由21%降到3%～5%，抑制果蔬的呼吸作用，从而达到保鲜目的的。由于气调保鲜依靠果蔬自身的呼吸作用进行气体调节，使库内空气参数不宜精确控制，所以只适宜短期储藏。

213. 气调保鲜库是怎么回事？

气调保鲜库从结构上看是在高温冷库的基础上，增加了一套气调系统，利用温度和控制氧含量两个方面的共同作用，以达到抑制果蔬呼吸程度，从而达到保鲜的目的。

气调保鲜库既能调节库内的温度、湿度，又能控制库内的氧气、二氧化碳等气体的含量，使库内果蔬处于休眠状态，出库后仍保持原有品质。

214. 气调保鲜储藏的原理是什么？

气调保鲜储藏的原理是：降低储藏环境中的氧气浓度和适当提高二氧化碳浓度，以抑制果实的呼吸作用，从而延缓果实的成熟、衰老，达到延长果实储藏期。在气调保鲜储藏条件下，库内较低的温度和低氧气、高二氧化碳气体能够抑制果实乙烯的合成和削弱乙烯对果实成熟衰老的促进作用，从而减轻或避免某些生理病害的发生。

通过气调降温储藏可以控制食品在适宜的温度下，改变冷藏环境中气体的成分，主要是控制氧气和二氧化碳的浓度，使食品获得保鲜，达到延长储存期的目的。

215. 气调保鲜储藏的特点是什么？

气调储藏能在适宜低温条件下，通过改变储藏环境气体成分、相对湿度，最大限度地创造果蔬储藏最佳环境，经过气调保鲜储藏的果蔬具有以下特点。

1）很好地保持果蔬原有的形、色、香味。

2）果蔬硬度高于普通冷藏。

3）果蔬的储藏时间延长。

4）果蔬腐烂率低、自然损耗（失水率）低。

5）延长果蔬的货架期。由于果蔬长期受低 O_2 和高 CO_2 的作用，当解除气调状态后的果蔬仍有一段很长时间的"滞后效应"或休眠期。

6）果蔬的质量明显改善，适于长途运输和外销，为外销和运销创造了条件。

7）许多果蔬能够达到季产年销的周年供应，具有良好的社会和经济效益。

216. 保鲜库用途是什么？

保鲜库的库内温度一般在 $+2 \sim +5 \, ^{\circ}\!C$，主要用于果蔬、乳品、鲜蛋、鲜肉等的保鲜。果蔬保鲜储藏的实质是抑制微生物和酶的活性，延长水果蔬菜长存期的一种储藏方式。水果蔬菜的保鲜温度范围为 $0 \sim 15 \, ^{\circ}\!C$，保鲜储藏可以降低病源菌的发生率和果实的腐烂率，还可以减缓果品的呼吸代谢过程，从而达到阻止果蔬衰败、延长果蔬储藏期的目的。

217. 气调库是如何分类的？

气调库有多种类型，可按用途、构造和气调方法进行分类如下。

（1）按用途分类。气调库按用途可分为水果气调库、蔬菜气调库、粮食气调库。

（2）按构造分类。气调库按构造可分为砌筑式、夹套式和装配式。

（3）按气调方式分类。气调库按气调方式可分为只控制氧和二氧化碳气体浓度的一般气调库、控制多种气体的特殊气调库。

218. 气调库的典型构造是什么样的？

图2-9所示为装配式气调库的典型构造。

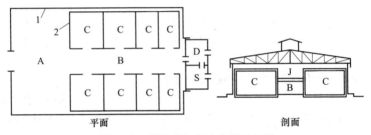

平面　　　　　　　　　　　剖面

图2-9　装配式气调库的典型构造

A—包装挑选间；B—穿堂；C—气调储藏间；D—气调机房；

J—技术走廊；S—制冷机房

1—外围结构；2—维护结构

气调库的主体构造在地坪以上分为外围结构和维护结构两部分。外围结构由钢柱、钢梁等组合的钢结构架和屋面板、外围板等组成。外围结构主要起保护维护结构的作用，并能改善围护结构的热工性能。围护结构则具有隔热和气密性的功能。

219. 一般冷库和气调保鲜库有何区别？

气调保鲜库是在冷库的基础上，增加气体成分调节功能，通过对储藏环境中温度、湿度、二氧化碳、氧气浓度和乙烯浓度等条件的控制与调节，抑制果蔬呼吸作用，延缓其新陈代谢过程，更好地保持果蔬新鲜度和商品性，延长果蔬储藏期，通常气调储藏比普通冷藏可延长储藏期2～3倍。

220. 气调保鲜库优越性有哪些？

与一般冷库相比，气调保鲜库具有许多优越性。

（1）气调保鲜库属于高温库的范畴，被保鲜的食品不会结冰，保留食品原有的风味不变，营养也不会丢失。

（2）在相同的保鲜品质和温度条件下，气调库的保鲜时间是冷库的3～5倍，对于有些食品甚至可达数十倍，是冷库所无法比拟的。

（3）由于气调运行温度在0～8℃，比普通低温冷库高18～33℃，所以在相同的保鲜时间内，气调的电耗远小于普通冷库。

（4）气调保鲜库采用惰性气体隔离空气，可以有效抑制食品细胞的呼吸而后成熟，不仅延长了保鲜时间，而且延长了食品出库后的货架期，使食品出库后在较长时间内销售成为可能。

（5）气调保鲜库采用CO_2气体参与气调，不仅可以有效抑制C_2H_4等催熟成分的生成和作用，而且具有杀菌、抑菌、消除农药的毒副作用。

（6）由于气调保鲜库采用了加湿系统，不仅可以保持食品自身的水分不会丢失，而且对于食品的色泽、质地都不会改变，既减少了食品的储存损失，又保留了食品原有的品质。

221. 气调保鲜库按建筑方式是如何分类的？

气调保鲜库按建筑方式的不同可分为以下4种类型。

（1）装配式气调库。围护结构多选用彩色夹心板组装而成，这种夹心板具有隔热、防潮和气密三重作用。装配式气调库建筑速度快，美观大方，但造价略高，是目前国内外新建气调库最常用的类型。

（2）砖混式气调库。即土建气调库，它是用传统的建筑、保温材料砌筑而成。其优点是费用较低，但存在施工周期长，气密处理难以达到要求等问题。

（3）夹套式气调库。它是在高温库内，用柔性或刚性的气密材料围起一个密闭的储藏空间，接通气调管路，利用原有制冷设备降温。水果放在储藏空间内，隔热和气密分别由原库体结构和气密材料来实现。这种库的优点是简单实用、周期短，特别适用于传统冷库改造成气调库。其缺点是气密材料需定期更换，内外温度有一定差异。

（4）大帐库。这种气调储藏库主要是利用冷库，在普通冷库内安装一个或数个气调库大帐，使气调帐体与原冷库之间形成夹套，通过帐外制冷和帐内气调来形成一个适于果蔬长期储藏的气调环境。气调大帐多采用无毒PVC保鲜膜，上面加设硅橡胶窗。这种气调储藏库具有投资小、建库快、耐腐蚀和适储范围广等特点。

222. 气调保鲜冷库中塑料薄膜帐气调是怎么回事？

塑料薄膜帐气调是利用塑料薄膜对氧和二氧化碳有不同渗透性和对水透过率低的原理，来实现气调和减少水分蒸发的储藏方法。塑料薄膜一般选用

0.12mm 厚的无毒聚氯乙烯薄膜或 0.075～0.2mm 厚的聚乙烯薄膜。由于塑料薄膜对气体有选择性的渗透，可使塑料帐内气体成分自然地形成气调储藏状态。对需要快速降氧的薄膜帐，封帐后用机械降氧机快速实现气调条件。但需注意，因果蔬呼吸作用的存在，帐内二氧化碳含量会不断升高，所以应定期用专门仪器进行气体检测，以便及时调整气体配比。

223. 气调保鲜冷库中硅窗气调是怎么回事？

气调保鲜冷库的硅窗气调方式是根据不同果蔬及储藏要求的温湿度条件，选择面积不同的硅橡胶织物膜，热合于用聚乙烯或聚氯乙烯制作的储藏帐上，作为气体交换的窗口，简称硅窗。硅橡胶织物膜是由聚甲基硅氧烷为基料，涂覆于织物上而成。它对氧和二氧化碳具有良好的透气性和适当的透气比，不但可以自动排出储藏帐内的二氧化碳、乙烯和其他有害气体，防止储藏果蔬中毒，而且还有适当的氧气透过率，避免果蔬发生无氧呼吸。选用合适面积的硅窗制作的塑料帐，其气体成分可自动恒定在：氧含量 3%～5%，二氧化碳含量 3%～5%。

224. 气调保鲜冷库的气密门是怎么回事？

气调保鲜冷库的气密门不但要求有隔热和气密作用，还要求关门后其门缝不漏气。为此，在气密门扇的下部要开一个活动窗口，窗扇用透明气密材料制作。透过活动窗可以看到摆放在库门口处的货物样品，打开活动窗即可伸手取出样品进行质检。

225. 气调保鲜冷库中催化燃烧降氧气调是怎么回事？

气调保鲜冷库中的催化燃烧降氧气调方式采用催化燃烧降氧机，以工业汽油、液化石油气为燃料，与从储藏环境中引出的空气混合，进行催化燃烧反应。空气中的氮气不参与反应，室中的水蒸气可通过冷凝的方法排除，反应后的无氧气再返回储藏环境中。如此循环，直至将储藏环境中的含氧量降到要求值。但是，这种燃烧降氧的方法及果蔬的呼吸作用，会使储藏环境中二氧化碳含量升高，这时可以结合使用二氧化碳脱除机降低二氧化碳含量，以免造成果蔬中毒。

226. 气调保鲜冷库中充氮气降氧气调是怎么回事？

充氮气降氧气调方法是用真空泵从储藏环境中抽出空气，然后充入氮气。这样的抽气、充气过程交替进行，以使储藏环境中氧气含量降到要求值。所用氮气可以有两个来源：① 利用制氮厂生产的氮气或液氮钢瓶充氮；② 用碳分子筛制氮机制氮。后者一般用于大型气调库。

227. 气调库充气置换是怎么回事？

气调库充气置换是利用现成的或专门的没有活性对果蔬的储藏无不利影响的气体，来置换（稀释）气调库内的气体，使其达到和维持规定的指标。由于空气中氮气含量最多（79.2%），氮气来源广泛，支取成本较低，所以气调库常用氮气作为置换气体。置换的目的是降低库内氧气的浓度，或用于排除库内过多的二氧化碳、乙烯或其他气体。

228. 气调库充气置换时怎样保证库体安全？

气调库充气置换时，为保证气调库体维护结构的安全，要采取开式循环系统。即在向库内充入置换气体的同时，要使库内的气体向外排放。充入的气体与排除的气体量应相等，使气调库围护结构两侧的压差控制在要求范围内。

229. 气调保鲜库压力平衡装置是怎么回事？

在气调库建筑结构设计中还必须考虑气调保鲜库的安全性。由于气调保鲜库是一种密闭式冷库，当库内温度降低时，其气体压力也随之降低，库内外两侧就形成了气压差。

当库内外温差 $1℃$ 时，大气将对围护结构产生 $40Pa$ 的压力，温差越大压力差也越大。若不把压力差及时消除或控制在一定的范围内，将会使库体损坏。为保证气调库安全性和气密性，并为气调保鲜库运行管理提供必要的方便条件，气调库一般都设置了安全阀压力和缓冲储气袋等平衡装置。

230. 气调库的调压气袋是做什么用的？

气调库调压气袋通常装在库顶与屋顶之间，并与库内相通。调压气袋用柔性的气密材料制作。调压气袋的作用是：当因外界气温和果蔬呼吸热的影响而引起储藏温度波动时，在库体两侧形成压差。调压气袋的作用即是消除压差。当库内压力高于外界大气压力时，库内气体进入调压气袋而使库内外压力趋于平衡；反之，当库内压力低于外界大气压力时，调压气袋库内气体进入库内，而使库内外压力趋于平衡。

231. 气调库的安全阀是做什么用的？

气调库安全阀的作用是保证其库内外压力平衡。当气调库温度波动产生的库内外压差较大，调压气袋已不能使之趋于平衡时，安全阀则可以发挥其作用。

气调库的安全阀由内腔和外腔组成，内腔与库内相通，外腔与大气相通。在未充注密封液体（水）时，内外腔是连通的，当充注一定高度的密封液后，液体将内外腔隔开。安全阀的工作原理示意图如图2-10所示。

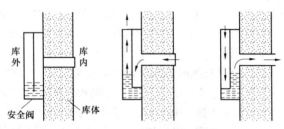

图2-10　液封式安全阀调压原理图

密封液体（水）柱高度要严格控制，过高易造成冷库围护结构遭到破坏，过低虽然安全，但由于安全阀频繁起动，会使库外空气大量进入，造成库内气体成分波动较大。

一般要求气调库的水封柱高调节在245Pa较为合适。

232. 气调库的技术走廊的作用是什么？

气调库的技术走廊通常都是设在气调库穿堂的上部。气调库的技术走廊既是气调库管道、阀门和有关设备安装、调试和维修的场所，又是管理人员观察库内情况和设备运行情况的通道（通过观察窗观察）。采用分散式制冷和气调系统的气调库，其设备直接安装在气调库的技术走廊中。这样既可以省掉制冷、气调机房，又可减少气调库的水、电管线。

233. 气调库的观察窗是做什么用的？

观察窗通常设置在气调库的技术走廊两边库体的墙面上，为固定式透明密封窗。其作用是：方便管理人员观察库内储藏物和设备的运行情况而不用进入库内，以免引起库内气体成分的大幅变化，有利于气调库安全运行。

234. 气调保鲜库的降氧装置是做什么用的？

气调保鲜库的降氧装置分为自然降氧和快速降氧两种方式。自然降氧依靠果蔬的呼吸作用来实现，不需要任何设备。快速降氧分为开式循环系统和闭式循环系统。开式循环系统采用充氮降氧，即用制氮机将空气中的氮气分离出来，送入库内置换原有气体；也可以用如图2-11所示的用罐、瓶装的氮气来取代制氮装置。

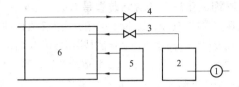

图 2-11 开式循环系统快速降氧系统示意图

1—空气压缩机；2—制氮装置；3—充气管；4—排气管；

5—CO₂洗涤装置；6—气调储藏间

闭式循环系统用如图 2-12 所示的装置，采用吸附、燃烧等方法，将气调库内气体中多余的氧气消耗掉，处理后的气体经冷却后又送回库内。

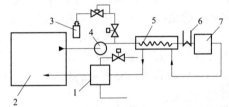

图 2-12 闭式循环系统快速降氧系统（燃烧式）示意图

1—冷却器；2—气调间；3—可燃性气体罐；4—鼓风机；

5—热交换器；6—电加热器；7—反应燃烧室

235. 二氧化碳脱除装置是做什么用的？

二氧化碳脱除装置分为间断式（通常称的单罐机）和连续式（通常称的双罐机）两种。二氧化碳脱除装置作用是：库内二氧化碳浓度较高的气体被抽到吸附装置中，经活性炭吸附二氧化碳后，再将吸附后的低二氧化碳浓度气体送回库房，达到脱除二氧化碳的目的。

二氧化碳浓度指标：通常以 0℃、3%的二氧化碳浓度为标准，用其在 24h 内的吸附量作为主要技术指标。当工作一段时间后，活性炭因吸附二氧化碳即达到饱和状态，再不能吸附二氧化碳，这时另外一套循环系统起动，将新鲜空气吸入，使被吸附的二氧化碳脱附，并随空气排入大气，如此吸附、脱附交替进行，即可达到脱除库内多余二氧化碳的目的。

二氧化碳脱机再生后的空气中含有大量的二氧化碳，必须排至室外。因此，使用二氧化碳脱除机的气调库的进气和回气管道必须向库体方向稍微倾斜，以免冷凝水流到脱除机内，造成活性炭失效。

236. 高锰酸钾氧化法乙烯脱除装置是怎么回事?

目前,在气调库中被广泛用来脱除乙烯的方法主要有两种——高锰酸钾氧化法和高温催化分解法。高锰酸钾氧化法是用饱和高锰酸钾水溶液(通常使用浓度为5%~8%)浸湿多孔材料(如膨胀珍珠岩、膨胀蛭石、氧化铝、分子筛、碎砖块、泡沫混凝土等),然后将此载体放入库内、包装箱内或闭路循环系统中,利用高锰酸钾的强氧化性将乙烯氧化脱除。

237. 气调保鲜库中变温场电热装置是做什么用的?

在高温催化分解法装置中,其核心部分是特殊催化剂和变温场电热装置。所用的催化剂是含有氧化钙、氧化钡、氧化锶的特殊活性银。

变温场电热装置可以产生一个从外向内温度逐渐升高的变温场:由15℃→80℃→150℃→250℃,从而使除乙烯装置的气体进出口温度不高于15℃,其反应中心的氧化温度可达250℃,这样既能达到较理想的反应效果,又不给库房增加明显的热负荷。这种乙烯脱除装置一般采用闭环系统。高温催化分解法装置与高锰酸钾氧化法除乙烯装置比较,前者投资费用要高得多,但脱除乙烯的效率很高。同时这种装置还兼有脱除其他挥发性有害气体和消毒杀菌的作用。

238. 气调保鲜库加湿系统是怎么回事?

与普通果蔬冷库相比,由于气调储藏果蔬的储藏期长,果蔬水分蒸发较高,为抑制果蔬水分蒸发,降低储藏环境与储藏果蔬之间的水蒸气分压差,要求气调库储藏环境中具有最佳的相对湿度,这对于减少果蔬的干耗和保持果蔬的鲜脆有着重要意义。一般库内相对湿度最好能保持在90%~95%。

常用的气调保鲜库加湿方法有以下几种。

1) 地面充水加湿。

2) 冷风机底盘注水。

3) 喷雾加湿。

4) 离心雾化加湿。

5) 超声雾化加湿。

239. 保鲜库是做什么用的?

保鲜库是一种主要用于冷鲜肉、乳品、鲜蛋、果蔬等的保鲜的冷库。保鲜库的库温一般设置在0~5℃范围,保鲜库中冷鲜肉、乳品、鲜蛋、果蔬等食品在保鲜库环境下,在一定时间内,可以尽可能地保持其本身的新鲜程度。

240. 食品在冷库中是如何保持品质的？

肉类食品在常温下储存，由于食品中微生物的作用和化学作用，都会消耗食品中的有益成分，导致食品发生腐败变质。微生物生命活动的催化作用，都需要在一定的温度和水分条件下进行。如果降低食品的储藏库温度，将会减缓微生物的生长，延长食品的储藏时期。

食品在冷库中保持品质不变的原理是：当食品的温度降到$-18℃$以下时，食品中90%以上的水分都会变成冰，所形成的冰晶还可以以机械的方式破坏微生物细胞，使其或失去养料或部分原生质凝固、脱水等，造成微生物死亡。所以冻结食品可以更长时间地保持食品原有的品质不变。

241. 保鲜库库温怎样确定？

首先要确定保鲜库里存放什么货物，根据不同的货物确定一个最佳的保鲜库的库温。

1）如果是专业保鲜，要将保鲜温度相同的货物放在一起，在$0\sim8℃$范围内确定一个最佳温度值，以达到最佳的保鲜程度。

2）如果是非专业保鲜，如一般的商店、食堂保鲜库，若存储果蔬等货物，温度选择在$5℃$左右较为合适。

242. 水果冷库是怎么回事？

水果冷库是利用降温设施创造果蔬适宜的湿度和低温条件的仓库，是加工、储存农畜产品的场所，能摆脱气候的影响，延长农畜产品的储存保鲜期限，以调节市场供应。

水果冷库主要用作对果蔬、冷饮、花卉、绿植、茶叶等的降温储藏。

243. 农用果蔬微型冷库是怎么回事？

农用果蔬微型冷库就是在一般农产品库屋的基础上，增加一定厚度的保温层，设置一套制冷系统，将房门做保温隔热处理，库内冷风机采用悬挂式，制冷机组设置在库外，利用制冷机组的间歇性工作，降低温度（$-1\sim+5℃$）抑制果蔬的呼吸作用，从而达到保鲜目的的一种简易冷库。农用果蔬微型冷库内部面积一般为$15\sim20m^2$，可储藏果蔬$5\sim7t$。

244. 农用果蔬微型冷库使用什么样制冷机组？

农用果蔬微型冷库一般使用整体组装制冷机组，其特点如下。

（1）制冷剂加注及调试在出厂前经严格检测完成，具有安装方便快捷的特点，施工时只需将库内冷风机组和库外制冷机组用的管道连接起来，接通电源就可以工作。

（2）制冷机组采用全封闭制冷压缩机，配备集中控制电气控制箱，运行安全可靠，可以长时间在无人监控的条件下安全运转。

（3）农用果蔬微型冷库温度控制采用微电脑控制，控温准确、操作简单，机组有自动和手动双位运行功能，设有自动保护装置，并配有电子温度显示器，方便随时了解库内温度。

（4）农用果蔬微型冷库制冷机组采用热气或电热除霜方式，除霜时间短，除霜期间库内温度波动小。

245. 农用果蔬微型冷库经济效益如何？

农用果蔬微型冷库常用的库容一般有两种规格——90m³和120m³。农用果蔬微型冷库基本特点是：① 降温速度快、保温性能好、冷库库温波动小，空库一般开机48h内，冷库库温可由20℃降至0℃；② 用于果蔬前期预冷和降温阶段，设备日耗电量一般为40~50kWh，冷库库温稳定后日耗电量仅7~8kWh，具有很好的经济效益，是农副产品基地值得大力推广的冷库库型。

246. 便携式微型保鲜库是怎么回事？

便携式微型保鲜冷库是一种可移动式果蔬储藏设施。库体为聚乙烯基发泡材料制成的可折叠便携式库板；使用整体式制冷设备，配备自动化控制装置。

便携式微型保鲜冷库与传统土建式、装配式冷库的功能基本相同，其特点是移动灵活、方便、实用，主要用于果蔬产地短期储藏和果蔬入库前的预冷处理。

247. 冷库冰蓄冷湿空气冷却技术是怎么回事？

冷库冰蓄冷湿空气冷却技术是指将湿空气冷却器靠一面墙布置在天花板下面，冷的湿空气朝着对面墙的方向吹，流过周转箱（使冷空气流过周转箱）不停地混入室内空气，再回到空气冷却器进行热湿处理。每一库房可以设计安装多台湿空气冷却器，湿空气的换气次数通常为50次/h。湿空气冷却器中接近0℃的冷水为冷却介质，它由水泵从冰蓄冷器输送到空气冷却器上进行喷淋。

使用湿空气冷却器最大的问题是：假如湿空气中带有水滴，落在库藏农产品上会引起其腐烂。为防止这一问题出现，在湿空气冷却器上设置了水分离器，用水分离器将水滴从气流中除去，以保证吹出的空气中不带有水滴，从而保证了库内农产品的安全。由湿空气冷却器吹出的空气温度在1.5℃左右，相对湿度为98%左右。

248. 冰蓄冷湿空气冷却技术的特点是什么？

冰蓄冷湿空气冷却技术的特点如下。

（1）流经农产品的空气是湿空气，农产品不会干缩、变形和变色。

（2）冰蓄冷器中的冰水能保持恒定的冰点 0℃，采用冰蓄冷的湿空气，使入库农产品初冷速度快，在较短时间内即可达到冷藏所需温度。

（3）储藏的农产品水分损失可比传统冷库保鲜减少 50% 左右。

（4）利用夜间电费低廉时将冷量储蓄，白天用电高峰，电费昂贵时，制冷机停机，用极小的能量将储蓄的冷量放出，可减小冷库装机容量，节省投资和运行费用。

249. 果蔬适宜冷藏的温度是多少？

果蔬适宜冷藏的温度在夏季库外气温高达 40℃ 以上、冬季库外气温降至 −18℃ 左右的时，果蔬冷库内温度应始终保持在 2～3℃ 的冷藏温度范围最合适。

250. 果蔬的呼吸作用是什么意思？

果蔬在储藏过程中，生命活动的主要体现是呼吸作用。呼吸作用的实质是在一系列专门酶的参与下，经过许多中间反应所进行的一个缓慢的生物氧化－还原过程。呼吸作用就是把细胞组织中复杂的有机物质逐步氧化分解为简单物质，最后变成二氧化碳和水，同时释放出能量的过程。

251. 果蔬的呼吸类型是怎么回事？

果蔬的呼吸作用分为有氧呼吸和缺氧呼吸两种方式。在正常环境中（即氧气充足条件下）所进行的呼吸称为有氧呼吸。体内的糖、酸被充分分解为二氧化碳和水，并释放出热能。

252. 果蔬的无氧呼吸是怎么回事？

果蔬在缺氧状态下进行的呼吸称为缺氧呼吸（或无氧呼吸）。在这种状态下，体内的糖、酸，不能充分氧化而生成二氧化碳和酸、醛、酮等中间产物。

253. 果蔬的有氧呼吸是怎么回事？

有氧呼吸和少量的缺氧呼吸是果蔬在储藏期间本身所具有的生理功能。少量的缺氧呼吸也是一种果蔬适应性的表现，使果蔬在暂时缺氧的情况下，仍能维持生命活动。但是长期严重的缺氧呼吸，会破坏果蔬正常的新陈代谢，从而造成果蔬的腐烂变质。

254. 茶叶库保鲜的原理是什么?

从生活常识中我们知道，茶叶随着仓储时间的延长，新茶逐渐失去原有的色、香、味，劣变成陈茶的过程主要是一个缓慢的氧化过程。茶叶氧化过程的发生需要一些外部条件：① 有氧气的存在；② 合适的温度；③ 较大湿度；④ 较强的光线照射。

如果将茶叶置于缺氧、低温、干燥、避光的场合里，茶叶的氧化速度就会非常缓慢，这就是茶叶保鲜库的原理。

用茶叶冷库创造了缺氧、低温、干燥、避光的条件，用以保鲜茶叶，可使茶叶的色、香、味得以保全，有效提高了茶叶经济价值。

第四节 冷库负荷计算

255. 中小型冷库冷藏间的公称容积是怎么回事?

冷库的储藏能力用冷藏间内净容积（m³）作为统一衡量标准，称为公称容积。

公称容积的计算方法为冷藏间或储冰间的净面积，乘以房间净高。

256. 中小型冷库公称容积怎样计算?

冷库公称容积是冷却物冷藏间公称容积、冻结物冷藏间公称容积及储冰间公称容积之和。各冷藏间公称容积按下式计算

$$V = FH$$

式中 V——冷藏间、储冰间公称容积，m³；

F——冷藏间、储冰间净面积（不扣除柱、门斗、制冷设备所占面积），m²；

H——冷藏间、储冰间净高，m。

257. 中小型冷库冷藏间有效容积怎样计算?

冷藏间有效容积是冷间公称容积与容积利用系数的乘积，按以下公式计算

$$V_y = V\eta$$

式中 V_y——冷间有效容积，m³；

η——容积利用系数。

258. 中小型冷库吨位用简便公式法怎样计算?

冷库内所有冷藏间、冻品间的容量总和，称为冷库储藏吨位数。

随着储藏食品的计算密度和所采用包装物的不同，同等容积冷库储藏吨位也不一样。冷库储藏吨位用简便公式计算的方法

$$G = \frac{\sum V \rho \eta}{1000}$$

式中　$\sum V$——库房总净容积，m^3；

　　　　ρ——各类冷藏食品的密度，kg/m^3（见表2-6）；

　　　　η——容积利用系数（见表2-7）。

　　　　1000——单位换算系数，$1t = 1000kg$。

各类冷藏食品的密度见表2-6。

表2-6　　　　　　　　　各类冷藏食品的密度

序号	食品类别	各类冷藏食品的密度（kg/m^3）
1	冻肉	400
2	冻鱼	470
3	鲜蛋	260
4	鲜蔬菜、水果	230
5	机制冰	750

表2-7　　　　　　　　冷藏间容积利用系数

冷藏间容积利用系数	公称容积（m^3）	容积利用系数 η
	500～1000	0.40
	1001～2000	0.50
	2001～10 000	0.55
	10 001～15 000	0.60

注　蔬菜库应按表中数值乘以0.8的修正系数。

259. 中小型冷库吨位用简易法怎样计算？

冷库吨位计算公式为

　　冷库吨位＝冷藏间的内容积×容积利用系数×食品的单位重量

（1）冷库的容积利用系数。500～1000m^3＝0.40，1001～2000m^3＝0.50，2001～10 000m^3＝0.55。

（2）活动冷库的食品单位质量为冻肉＝0.40t/m^3，冻鱼＝0.47t/m^3，鲜

果蔬＝0.23t/m³，机制冰＝0.75t/m³，冻羊腔＝0.25t/m³，去骨分割肉或副产品＝0.60t/m³。

260. 中小型冷库计算库内外参数时的温湿度条件是什么？

中小型冷库计算库内外参数时的温湿度条件如下。

1）室外环境温度取 32℃，环境相对湿度取 80%。

2）冷库内空气温度取－15～－18℃，相对湿度取 80%～90%。

261. 中小型冷库维护结构传热量怎样计算？

中小型冷库维护结构传热量一般可按下式进行计算。

$$Q_1 = q_A F$$

式中　q_A——单位面积传热量，W/m²；

　　　F——维护结构的传热面积，m²。

单位面积传热量一般应按表 2-8 要求取值。

表 2-8　　　　　传热系数及单位面积传热量（q_A）

冷藏间温度（℃）		+5～-5	-10～-18	-23
装配式冷库	传热系数（W/m²·℃）	0.4	0.27	0.23
	单位面积热量（W/m²）	不大于12.8		
土建式冷库	传热系数（W/m²·℃）	0.33	0.22	0.19
	单位面积热量（W/m²）	不大于10.5		

262. 中小型冷库库存货物热量怎样计算？

中小型冷库库存货物热量的计算，一般可按下式进行计算

$$Q_2 = Q_{2a} = Q_{2b} = Q_{2c} = Q_{2d} = 1/3.6\left[\frac{G'(h_1-h_2)}{T} + G'B \cdot \frac{(t_1-t_2)C_b}{T}\right] + \frac{G'(q_1+q_2)}{2} + (G_n-G')q_2$$

式中　Q_{2a}——食品热量，W；

　　　Q_{2b}——包装材料和运输工具热量，W；

　　　Q_{2c}——货物冷却时的呼吸热量，W；

　　　Q_{2d}——货物冷藏时的呼吸热量，W；

　　　1/3.6——1kJ/h 换算成 W 的数量；

　　　G'——冷藏每日进货量，kg；

　　　h_1——货物进入冷藏间时初始温度时的含热量，W；

h_2——货物在冷藏间内终止降温时的含热量，W；

T——货物冷却时间（h），对冷藏间取 24h，对冷却间、冻结间取设计加工时间；

B——货物包装材料或运输工具质量系数；

C_b——货物包装材料或运输工具的比热容，kJ/kg℃；

t_1——货物包装材料或运输工具进入冷藏间时的温度，℃；

t_2——货物包装材料或运输工具在冷藏间内终止降温时的温度，一般为该冷藏间的设计温度，℃；

q_1——货物冷却初始温度时的呼吸热量，W；

q_2——货物冷却终止温度时的呼吸热量，W；

G_n——冷却物冷藏间的冷藏量，kg。

263. 中小型冷库电动机运行负荷怎样计算？

电动机运行时的热量计算，一般可按下式进行计算

$$Q_4 = 1000 \sum P \xi \rho$$

式中　P——电动机额定功率，kW；

ξ——热转化系数，电动机在冷藏间内时应取 1，电动机在冷藏间外时应取 0.75；

ρ——电动机运转时间系数，对冷风机配用的电动机取 1，对冷藏间内其他设备配用的电动机可按实用情况取值，一般可按每昼夜操作 8h 计，$\rho = 8/24 = 0.33$；

1000——1kW 换算成 W 的数值。

264. 中小型冷库操作间热负荷怎样计算？

中小型冷库操作热量的计算，一般可按下式进行计算

$$Q_5 = Q_{5a} + Q_{5b} + Q_{5c} = q_d F + 0.277\ 8 \frac{Vn(h_w - h_n)M\rho_n}{24} +$$

$$3/24 n_\tau q_\tau$$

式中　Q_{5a}——照明热量，W；

Q_{5b}——开门热量，W；

Q_{5c}——操作人员热量，W；

q_d——每平方米地板面积照明热量，冷藏间取 1.8～1.8W/m²，包装车间取 5.8W/m²；

F——冷藏间地板面积 m²；

V——冷藏间公称容积，m^3；

n——每日开门次数；

h_w、h_n——冷藏间内外空气的含热量，kJ/kg；

M——空气幕效率的修正系数，一般可取 0.5，如不设空气幕时可取 1；

24——每日小时数；

ρ_n——冷藏间内空气的密度，kg/m^3；

3/24——每日操作时间系数，按每日操作 3h 计；

n_τ——操作人员数，可按冷藏间内公称容积每 $250m^3$ 增加 1 人；

q_τ——每个操作人员产生的热量（W/h），冷藏间设计温度高于或等于 $-5℃$ 时取 $280W/h$，冷藏间设计温度低于 $-5℃$ 时取 $410W/h$。

265. 中小型冷库制冷设备负荷怎样计算？

中小型冷库制冷设备负荷可按下式进行计算

$$Q_q = Q_1 + PQ_2 + Q_3 + Q_4 + Q_5$$

式中 Q_q——冷藏间冷却设备负荷，W；

Q_1——维护结构传热量，W；

P——负荷系数；

Q_2——货物热量，W；

Q_3——通风换气热量，W；

Q_4——电动机运转热量，W；

Q_5——操作热量，W。

266. 不知道如何为冷库匹配冷风机怎么办？

冷库每立方米负荷按 $Q_0 = 75W/m^3$ 计算。

（1）若 V（冷库容积）$< 30m^3$，开门次数较频繁的冷库，如鲜肉库，则乘系数 $A = 1.2$。

（2）若 $30m^3 \leqslant V < 100m^3$，开门次数较频繁的冷库，如鲜肉库，则乘系数 $A = 1.1$。

（3）若 $V \geqslant 100m^3$，开门次数较频繁的冷库，如鲜肉库，则乘系数 $A = 1.0$。

（4）若为单个冷库时，则乘系数 $B = 1.1$，最终冷库冷风机选配按 $W = A \times B \times W_0$（$W$ 为冷风机负荷）。

（5）冷库制冷机组及冷风机匹配按－10℃蒸发温度计算。

267. 怎样为冷冻库匹配冷风机？

每立方米负荷按 $Q_0 = 70W/m^3$ 计算。

（1）若 V（冷库容积）$< 30m^3$，开门次数较频繁的冷库，如鲜肉库，则乘系数 $A = 1.2$。

（2）若 $30m^3 \leqslant V < 100m^3$，开门次数较频繁的冷库，如鲜肉库，则乘系数 $A = 1.1$。

（3）若 $V \geqslant 100m^3$，开门次数较频繁的冷库，如鲜肉库，则乘系数 $A = 1.0$。

（4）若为单个冷冻库时，则乘系数 $B = 1.1$，最终冷库冷风机选配按 $W = ABW_0$（W 为冷风机负荷）。

（5）冷冻库制冷机组及冷风机匹配按－30℃蒸发温度计算。

268. 怎样为冷库加工间匹配冷风机？

每立方米负荷按 $Q_0 = 110W/m^3$ 计算。

（1）若 V（加工间容积）$< 50m^3$，则乘系数 $A = 1.1$。

（2）若 $V \geqslant 50m^3$，则乘系数 $A = 1.0$，最终冷库冷风机选配按 $W = AW_0$（W 为冷风机负荷）。

（3）冷库机组及冷风机匹配按 0℃蒸发温度计算。

269. 想估算小型冷库单位制冷负荷怎么办？

想估算小型冷库单位制冷负荷，可以通过查表的方式进行估算。表 2-9 为小型冷库单位制冷负荷估算表。

表 2-9　　　　小型冷库单位制冷负荷估算表

食品	冷藏间	冷藏间温度（℃）	单位制冷负荷（W/t）	
			冷却设备负荷	机械负荷
肉、禽、水产品	50t 以下	－15～－18	195	160
	50～100t 以下		150	130
	100～200t 以下		120	95
	200～300t 以下		82	70
水果、蔬菜	100t 以下	0～+2	260	230
	100～200t 以下		230	210

续表

食品	冷藏间	冷藏间温度 (℃)	单位制冷负荷（W/t）	
			冷却设备负荷	机械负荷
鲜蛋	100t 以下	0～+2	140	110
	100～300t 以下		115	90

注 1. 表内机械负荷已包括管道等冷损耗补偿系数7%。

2. −15～−18℃冷藏间进货温度按−12～−15℃进货量以5%计算。

270. 想计算冷库的冻结、冷藏、制冷利用率怎么办？

冷库的冻结、冷藏、制冷利用率的计算，可按下述公式进行。

制冷利用率公式＝[（总制冷量−冷库围护结构损失制冷量)/总制冷量]×100%

冷冻利用率公式＝[冷冻负荷(消耗)/（总制冷量×制冷利用率)]×100%

冷藏利用率公式＝[冷藏负荷(消耗)/（总制冷量×制冷利用率)]×100%

271. 不知道小型肉类冷库的冷藏量怎么办？

小型肉类冷库每立方米的容积能储藏冻肉 0.4t 左右，因为冷库还留有过道等空间，所以不同大小的冷库还有个冷库容积利用率的问题，500～1000m³ 的冷库容积利用率为0.4左右。

以库内净高 3m 为例来计算，10m²的肉类冷库即 30m³ 的冷库容积，大概能储藏 4.8t 的冻肉，15m²（45m³）肉类冷库大概能储藏 7.2t 冻肉，20m²（60m³）肉类冷库大概能储藏 9.6t 冻肉，30m²（90m³）肉类冷库大概能储藏14t冻肉，50m²（150m³）肉类冷库大概能储藏24t冻肉。

272. 不知道冷藏间每吨食品所需冷却面积是多少怎么办？

不知道中小型肉类冷库冻结物冷藏间每吨食品所需冷却面积是多少怎么办时，可用表2-10中的数据予以参考。

表 2-10　　　　中小型冷库每吨食品所需冷却面积

库 容	库温（℃）	蒸发器为光滑排管（m²/t）	蒸发器为翅片管（m²/t）
250t 以下	(−15，−18)	0.9～1.2m²/t	2.5～3.0m²/t
500～1000t	−18	0.7～0.95m²/t	1.8～2.7m²/t
1000～3000t	−18，−20	0.6～0.9m²/t	1.8～2.7m²/t
1500～3500t	−18	0.55～0.68m²/t	1.5～1.8m²/t
4500～9000t	−18	0.45～0.50m²/t	1.3～1.5m²/t

273. 不知道组合式冷库储藏货物吞吐量怎么办？

（1）组合式冷库吨位计算

组合式冷库吨位＝冷藏间的内容积×容积利用系数×食品的单位质量

组合式冷库冷藏间的内容积＝库内，长×宽×高（m³）

冷库的容积利用系数：500～1000m³ 为 0.40，1001～2000m³ 为 0.50，2001～10 000m³ 为 0.55，10 001～15 000m³ 为 0.60。

（2）组合式冷库的食品每立方米食品的单位质量。冻肉为 0.40t/m³，冻鱼为 0.47t/m³，鲜果蔬为 0.23t/m³，机制冰为 0.75t/m³，冻羊腔为 0.25t/m³，去骨分割肉或副产品为 0.60t/m³，箱装冻家禽为 0.55t/m³。

（3）组合式冷库入库量计算方法。在仓储业中，最大入库量的计算公式为：

有效内容积（m³）＝总内容积（m³）×0.9

最大入库量（t）＝总内容积（m³）/2.5m³

（4）组合式冷库实际的最大入库量。

有效内容积（m³）＝总内容积（m³）×0.9

最大入库量（t）＝总内容积（m³）×（0.4～0.6）/2.5m³

注：取 0.4～0.6 是由冷库的大小及储藏物决定的。

（5）实际使用的日入库量。在没有特殊指定的场合，实际使用的日入库量按照最大入库量（t）的 15%～30% 计算（一般小于 100m³ 的按 30% 计算，大于 1000m³ 的则按 15% 计算）。

274. 冷库库温怎样确定？

确定冷库的库温，首先确定储藏什么食品、储藏多长时间，这两点很重要，如肉类食品储藏在－18℃冷库内，可保存 4～6 个月，储藏在－23℃冷库内，可储存 8～12 个月。如果这批肉不需要储存 8～12 个月，而只需储存 4～6 个月，用能够储存肉类 8～12 个月设备的费用来储藏 4～6 个月的肉类，这样将会导致资源的浪费和经济效益的降低。

一般中转型冷库，如肉类批发，希望储存 4～6 个月的时间时，可将库温定在－15～－18℃；而如食堂、零售商店等，只需要将肉类食品储藏15～20 天的时间，所以库温一般设定在－10～－15℃即可。

275. 低温冷库库温怎样确定？

确定低温库温时，首先要确定低温库内需要存储什么食品，然后根据存储食品的需要设置相应的温度就可以了。比如存储一般的冰棍和冰激凌，库温设定在−18～−20℃即可；如需存储含奶量较高的冷饮食品或三文鱼等鱼类食品，需要低温存储的食品时，库温一般应设置在−23～−26℃或更低。

276. 水果冷库温湿度及储藏期是多少？

水果冷库温湿度及储藏期见表2-11。

表 2-11　　　　　　　　水果冷库温湿度及储藏期

水果名称	储藏温度（℃）	相对湿度（%）	储藏期（天）
葡萄	−1～3	85～90	30～120
桃	−0.5～1	85～90	14～28
西瓜	2～4	75～85	14～21
苹果	−1～1	85～90	60～210
梨	0.5～1.5	85～90	30～180
柚子	10	85～90	30～45

277. 肉类冷库温度及储藏期是多少？

不知道肉类冷库温度及储藏期是多少时，查询表2-12即可快速得到答案。

表 2-12　　　　　　　　冷库储物温度参考

品　　名	库房温度（℃）	保质期（月）
带皮冻猪白条肉	−18	12
无皮冻猪白条肉	−18	10
冻分割肉	−18	12
冻牛羊肉	−18	11
冻禽、冻兔	−18	8
冻畜禽副产品	−18	9
冻鱼	−18	9
鲜蛋	−1.5～−2.5	6～8
冰蛋（听装）	−18	15

278. 不知道冷却肉入库要求怎么办？

冷却肉主要是用于短时间存放的肉品。具体入库要求是：先将欲存入冷库的冷却肉冷却24h，使其温度降至0℃，然后在冷却肉放入冷库前，将库温降到-4℃左右,肉入库后,库温保持-1~0℃。冷却肉在库中安全保质,可保存5~7天时间。

279. 不知道冷冻肉入库要求怎么办?

冷冻肉比冷却肉更耐储藏。冷冻肉入库的要求是:冷库采用速冻方法,即将欲入库的肉放入温度为-40℃的速冻间,使其中心温度迅速降低到-18℃以下,然后再移入库温为-18℃冷库中储藏。

280. 不知道冷却肉的储藏周期与温度的关系怎么办?

冷冻肉的处理是在吊挂条件下进行的,所占库容较大。为了较长时间储存冷冻肉,可将冷冻肉移入冷库堆垛存放。存储冷冻肉的冷库温度,要求低于-18℃,冷冻肉的中心温度保持在-15℃以下。冷藏时,温度越低,储藏时间越长。在-18℃条件下,猪肉可保存4个月;在-30℃条件下,可保存10个月以上。

281. 不清楚冷库预冷的意义怎么办?

冷库预冷是指果实采后在运输和冷藏前必须采取人为降温的措施,快速将产品温度降到适宜的低温标准的技术。预冷能明显地延长果实的保鲜期和货架期。以苹果储藏为例,据相关研究,苹果在温度26℃以下一星期的衰老程度,相当于在温度35℃时,1h的衰老度,因此,果蔬采后应及时进行预冷处理。

282. 冷库冷风预冷是怎么回事?

冷风预冷这种方法适用于多种果蔬的保鲜储藏。预冷过程多在低温储藏库内进行。预冷时将果蔬装箱,开口纵横堆码于库内,箱与箱之间留有空隙,用冷风机吹拂库内空气流动,冷风循环时流经果蔬箱周围,将其热量带走。经过充分预冷后,将果蔬箱封口,即可将果蔬箱码垛,原库就地储藏。

283. 冷库真空预冷是怎么回事?

冷库真空预冷就是依据水随压力降低,其沸点也随之降低的物理性质,将需要预冷果蔬置于真空槽中,对其进行抽真空,当压力降低到一定数值时,果蔬表面的水分开始蒸发,吸收果蔬内部的汽化潜热,使果蔬自身被冷却的方法。

真空预冷是果蔬冷库储藏中最快速的预冷方法之一。它适用于表面积大、价格高,而且易于脱水的蔬菜,如叶菜类和结球菜类。甜玉米、芹菜、绿豆和蘑菇等农产品可在20~30min内被降温至储藏需要的温度。

284. 冷库水预冷是怎么回事？

水预冷将果蔬或采收后在高温下易变质的农产品，如甜玉米、香芹、芦笋等浸在冷水中或者用冷水冲淋，达到降温的目的。

水预冷的冷却水有低温水（0～3℃）和自来水两种，前者冷却效果好，后者生产费用低。水冷却降温速度快，果蔬失水少。但要防止冷却水对果蔬的污染，可在冷却水中加入一些防腐剂，以减少病原微生物的交叉感染。

285. 果蔬碎冰预冷是怎么回事？

一些新鲜果蔬在运输、销售过程中在容器内加入碎冰进行冷却和保持低温条件。碎冰冷却是最古老但确是最简单的冷却方法，非常适用于经得起长时间湿冷的果蔬。一般来说，把果蔬由35℃降至2℃所需碎冰的质量为该果蔬质量的38%。目前主要在西兰花、荔枝、杨梅等容易腐烂的果蔬中用碎冰预冷进行处理。

第三章 Chapter3

中小型冷库的制冷设备

第一节 活塞压缩机基础知识

286. 不清楚活塞式制冷压缩机分类方法怎么办？

中小型冷库使用的活塞式制冷压缩机有以下三种类型。

（1）按活塞运动方向分类。可分为顺流式和逆流式两种，现在多数冷库使用的压缩机为逆流式。

（2）按工作的蒸发温度范围分类。一般可按制冷压缩机工作时蒸发温度的范围分为高温压缩机、中温压缩机和低温压缩机三种。压缩机工作的温度范围为：高温制冷压缩机：$-10\sim10℃$；中温制冷压缩机：$-20\sim-10℃$；低温制冷压缩机：$-45\sim-20℃$。

（3）按密封结构形式分类。为了防止制冷工质向外泄漏或外界空气渗入制冷系统内，制冷压缩机有着相应的密封结构。从采用的密封结构方式来看，制冷压缩机可分为开启式和封闭式两大类。封闭式中又可分为半封闭式和全封闭式两种。

287. 不清楚制冷压缩机组按蒸发温度分类方法怎么办？

制冷压缩机按其蒸发温度可以分为 4 类：第一类是空调用制冷压缩机组，蒸发温度范围为 $+10\sim0℃$；第二类为高温压缩机组，蒸发温度范围为 $0\sim-15℃$；第三类为低温压缩机组，蒸发温度范围为 $-15\sim-25℃$；第四类为超低温压缩机组，蒸发温度范围为 $-25\sim-40℃$。

冷库使用制冷压缩机组的蒸发温度要比冷库库温低 $5\sim10℃$。因此，一般冷库压缩机组应在高温压缩机组和低温压缩机组中选择。

288. 开启式制冷压缩机的结构特点是什么？

开启式制冷压缩机的动力输入轴伸出机体外，通过联轴器或皮带轮与电动机连接，并在伸出处用轴封装置密封。目前还有部分中小型冷库使用联轴器或皮带传动的开启式制冷压缩机。

289. 半封闭式制冷压缩机的结构特点是什么？

半封闭式制冷压缩机的特点是：压缩机与电动机共用一主轴，共同组装于同一个可拆式机壳内。取开启式压缩机可修性好和全封闭压缩机密封性好的特点，既可随时对压缩机内部进行解体维修，也可以保证压缩机运行时制冷剂不泄漏。为保证运转时润滑油的供应，半封闭式制冷压缩机采用转子式内啮合齿轮油泵供油。

290. 全封闭式制冷压缩机的结构特点是什么？

全封闭式制冷压缩机与其驱动电动机共用一个主轴，二者组装在一个焊接成型的密封罩壳中。这种压缩机结构紧凑、密封性好、使用方便、振动小、噪声小，适合使用在存储能力在 5t 以下的小型冷库制冷系统中。

291. 压缩机的输气系数是什么意思？

制冷压缩机的实际输气量 V 与理论输气量 V_h 的比值称为压缩机的输气系数，用代号 λ 表示。

制冷压缩机的输气系数是由容积系数 λ_v、压力系数 λ_p、温度系数 λ_t 和气密系数 λ_1 组成。

（1）容积系数 λ_v。余隙容积内气体膨胀而引起压缩机的容积损失。

（2）压力系数 λ_p。压缩机吸气时的压力损失，对压缩机输气系数产生的影响。

（3）温度系数 λ_t。压缩机吸气过程中，进入汽缸的气体与汽缸壁之间的有热交换使其温度升高，比体积增大，引起压缩机实际输气量减少。

（4）气密系数 λ_1。压缩机阀片、活塞环的不严密之处造成漏气系数。

292. 什么是制冷压缩机的输气量？

制冷压缩机的输气量是指压缩机在单位时间内经过压缩并输送到排气管内的气体，换算到吸气状态的体积。

293. 什么是制冷压缩机的实际输气量？

制冷压缩机的实际输气量（简称输气量）是指在一定工况下，单位时间内由吸气端输送到排气端的气体质量，也称为在该工况下的压缩机质量输气量，单位为 m^3/h。

294. 什么是制冷压缩机的制冷量？

所谓制冷压缩机的制冷量，一般用符号 Q_0 表示。就是指压缩机在一定的运行工况下，在单位时间内被它抽吸和压缩输送的制冷工质在蒸发制冷过程中从低温热源（被冷却的物体）中所吸取的热量。

295. 不知道压缩机的制冷量想计算出来怎么办？

在制冷系统维护调节中，若无法从压缩机制造厂商的产品样本或压缩机的名牌上查到压缩机的制冷量，可用下式进行计算

$$Q_0 = q_v V_h \lambda (\text{kJ/h})$$

式中　Q_0——压缩机的制冷量，kJ/h；

q_v——单位容积制冷量，kJ/m^3；

V_h——压缩机理论输气量，m^3/h；

λ——压缩机输气系数。

296. 什么是制冷压缩机的轴功率、指示功率和摩擦功率？

由电动机传到压缩机轴上的功率称为轴功率，轴功率一部分直接用于压缩气体，称为指示功率；另一部分用于克服运动部件的摩擦阻力，称为摩擦功率。轴功率与指示功率和摩擦功率的关系可用下式表示

$$P_e = P_i + P_m$$

式中　P_e——轴功率；

P_i——指示功率；

P_m——摩擦功率。

297. 活塞式制冷压缩机按气缸数和汽缸布置形式如何分类？

活塞式制冷压缩机按汽缸数和汽缸布置形式分类如图3-1所示。

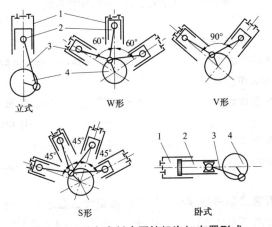

图3-1　活塞式制冷压缩机汽缸布置形式

1—汽缸体；2—活塞；3—曲轴；4—曲柄旋转示意

活塞式制冷压缩机汽缸布置形式可分为：立式、卧式、角度式（角度式中有：V形、S形和W形）。

立式压缩机汽缸轴线呈垂直位置，有单缸、双缸两种；卧式压缩机汽缸轴线呈水平位置，有单缸、双缸两种；如同3－2所示，在角度式中V形压缩机汽缸轴线呈90°夹角，有2、4缸两种；角度式中W形压缩机汽缸轴线呈60°夹角，有3、6缸两种；角度式中S形压缩机汽缸轴线呈45°夹角，有4、8缸两种。

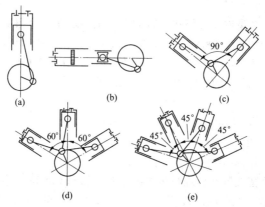

图3－2　活塞式压缩机汽缸布置形式

298. 活塞式制冷压缩机的转速是什么意思？

活塞式制冷压缩机的转速是指：压缩机的曲轴单位时间内的旋转圈数，用符号 n 表示，单位为 r/min。

299. 活塞式制冷压缩机的上止点和下止点是什么意思？

活塞式制冷压缩机的上止点和下止点是指：当活塞在汽缸中沿中心轴线上移至运动轨迹最高点时（离曲轴中心最远点），称为上止点；当活塞在汽缸中沿中心轴线下移至运动轨迹最低点时（离曲轴中心最近点），称为下止点。

300. 活塞式制冷压缩机的活塞行程是什么意思？

活塞式制冷压缩机的活塞行程是指：活塞在汽缸中做往复运动时，由上止点至下止点之间所移动的距离，用符号 s 表示，它等于曲轴回转半径 R 的2倍，即 $s=2R$。

301. 活塞式制冷压缩机的汽缸直径是什么意思?

活塞式制冷压缩机的汽缸直径是指:汽缸内圆直径,汽缸直径用符号 D 表示,其计量单位是毫米(mm)。

302. 活塞式压缩机的工作容积是什么意思?

活塞式压缩机的工作容积(V_g)是指:活塞移动一个行程时在汽缸内所扫过的容积,用符号 V_g 表示

$$V_g = \frac{\Pi}{4} D^2 S$$

303. 活塞式压缩机的余隙容积是什么意思?

活塞式压缩机的余隙容积是指:活塞处在上止点时,为了防止活塞顶部与阀板、阀片等零件撞击,并考虑热胀冷缩和装配允许误差等因素,活塞顶部与阀板之间必须留有一定的间隙,这个间隙的直线距离称为直线(线性)余隙,直线余隙与汽缸壁之间所包含的空间(包括排气阀孔容积)称为余隙容积。余隙容积用符号 V_c 表示。

304. 不清楚活塞式压缩机留有余隙容积的作用怎么办?

活塞式压缩机设计余隙容积的目的如下。

(1)活塞做往复运动时,由于摩擦和压缩气体时产生热量,使活塞受热膨胀,产生径向和轴向的伸长,为了避免活塞与汽缸端面发生碰撞事故及活塞与缸壁卡死,要用余隙容积来消除这一故障隐患。

(2)压缩机在实际运行过程中,有可能吸入微量的制冷剂湿蒸气或润滑油,压缩机设计余隙容积可防止其产生"液击"现象。

(3)由于压缩机制造精度及零部件组装,与要求总是有偏差的。运动部件在运动过程中可能出现松动,使结合面间隙增大,部件总尺寸增长。有关气阀到汽缸容积的通道所形成的余隙容积,主要是由于气阀布置所难以避免的。在压缩机工作时,余隙容积使进气阀吸入的气体体积减少了,相应排气量降低了,所以在设计压缩机的汽缸时,要预先考虑到余隙容积对排气量的影响。

305. 活塞式压缩机相对余隙容积是什么意思?

活塞式压缩机相对余隙容积是指:余隙容积与汽缸工作容积之比,即 $C = V_c/V_g$,相对余隙容积表示余隙容积占汽缸工作容积的比例。相对余隙容积用符号 C 表示。世界多国活塞式制冷压缩机的相对余隙容积一般取 $C = 2\% \sim 6\%$,我国系列制冷压缩机的 C 值为 $2\% \sim 4\%$。

✒ 306. 看不懂活塞式压缩机型号含义怎么办?

活塞式制冷压缩机的型号用数字和字母表示，包含内容有：汽缸数、使用制冷剂的种类、汽缸排列方式和汽缸直径。

活塞式制冷压缩机的型号中第一位数字表示汽缸数目，第二位以汉语拼音表示使用的制冷剂类别，如 F 表示压缩机使用的是氟利昂制冷剂，第三位以汉语拼音表示压缩机汽缸的排列方式，第四位以数字表示制冷压缩机汽缸直径，第五位以汉语拼音字母表示压缩机的密封形式：开启式不书写；半封闭式用字母 B 表示，半封闭式用字母 Q 表示。

例如，3FW5B 型的含义是：压缩机为 3 个汽缸，使用氟利昂为制冷剂，汽缸排列形式为 W 形，气缸直径为 50mm，密封形式为半封闭式。

✒ 307. 小型开启式制冷压缩机的结构是什么样的?

小型开启式制冷压缩机是由许多零部件组成的。小型开启式制冷压缩机的结构如图 3-3 所示，小型开启式制冷压缩机实物图如图 3-4 所示。小型开启式制冷压缩机多用皮带传动，多使用在冷藏能力在 5t 以下的小型冷库制冷系统中。

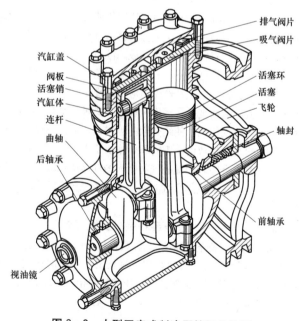

图 3-3 小型开启式制冷压缩机结构图

图 3-4　开启式压缩机实物图

✎ 308. 半封闭式活塞式压缩机结构是什么样的?

小型冷库使用的压缩机,一般多为半封闭或全封闭压缩机。冷藏能力在 5t 以上时多使用半封闭压缩机。图 3-5 所示为小型冷库使用的 4FS7B 型半封闭压缩机的基本结构。

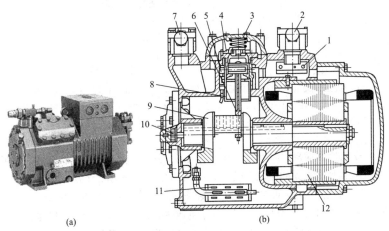

图 3-5　4FS7B 型半封闭压缩机

(a) 实物图;(b) 结构图

1—吸气滤网;2—吸气阀;3—假盖弹簧;4—活塞;5—卸载装置;6—连杆;
7—排气阀;8—缸套;9—曲轴;10—油泵;11—过滤器;12—电动机

半封闭压缩机的特点是所有部件全部密封在机壳内,为保证运转时润滑油的供应,采用转子式内啮合齿轮油泵供油。

309. 全封闭式活塞式压缩机结构是什么样的?

图 3-6 所示为被广泛用于小型冷库冷藏能力在 5t 以下时使用的 CRHH 型全封闭压缩机的结构图。

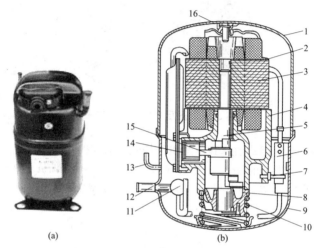

图 3-6 CRHH 型全封闭压缩机

(a) 实物图;(b) 结构图

1—上壳体;2—电动机转子;3—电动机定子;4—曲轴箱;5—曲轴;
6—抗扭弹簧组;7—抗扭螺杆;8—轴承座;9—下壳体;10—下支撑弹簧;
11—排气汇集管;12—排气总管;13—工艺管;14—气阀组;
15—活塞连杆组;16—上支撑弹簧

全封闭压缩机一般有两个或三个汽缸。其汽缸呈水平布置,汽缸的肋板把缸盖和阀座之间的空间分为上、下两部分。上部为吸气腔,下部为排气腔。电动机为立式,曲轴为竖直安装,上部为电动机的转子,下部为压缩机的曲轴。曲轴的下部设有油泵,压缩机运转时,依靠曲轴的高速运转时产生的离心力将下端的润滑油吸入曲轴,并经过曲轴的油孔输送至各润滑部位进行润滑。

310. 活塞式压缩机的活塞组是什么样的?

制冷压缩机活塞组是活塞与活塞销及活塞环的总称。

中小型冷库的制冷设备

活塞组的作用是与气阀、汽缸等组成一个可变的工作容积，将曲柄连杆所传递的机械能转变为制冷剂蒸汽的压力能。我国生产的系列活塞式制冷压缩机的活塞均采用圆筒形结构，如图3-7所示。

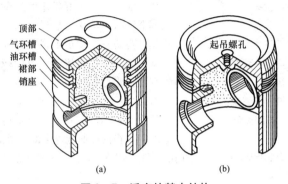

顶部
气环槽
油环槽
裙部
销座

起吊螺孔

(a)　　　　　　(b)

图3-7　活塞的基本结构

（a）活塞的主要部分；（b）活塞的顶部

🖊311. 活塞销与挡圈是什么样的?

活塞销是活塞与连杆小头之间的连接件。其结构为中空的圆柱体。活塞销与连杆小头衬套及活塞销座的连接，多采用浮动式配合。所谓浮动式配合，是指活塞销无论是在销座中，还是在连杆小头衬套中，都没有被固定。工作时可以自由地相对转动，以减小摩擦面间的相对滑动速度，使其磨损小且均匀。为防止活塞销产生轴向窜动，一般在销座两端的环槽内装有如图3-8所示的弹簧挡圈。

图3-8　弹簧挡圈

🖊312. 不清楚活塞环是做什么用的怎么办?

制冷压缩机活塞组中活塞环是一个具有切口和弹性的开口环。气环的作用是密封蒸汽，以减少汽缸里高压蒸汽活塞环与汽缸间隙的泄漏量。

刮油环简称油环，其作用是将黏附在汽缸壁上的润滑油刮下，使之流回曲轴箱，防止过多的润滑油进入制冷系统。如图3-9所示，它分为两种：一种称为气环，另一种称为刮油环，简称为油环。

为使气环在汽缸中有足够的弹力，在自由状态时气环的直径要比汽缸直径大，装配时，要注意把各环的切口错开一定的角度，以减少高压蒸气通过

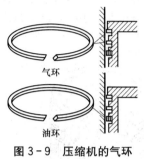

**图 3-9　压缩机的气环
与刮油环**

切口间隙的泄漏量。工作时，气环靠其本身弹力和气体压力而紧贴汽缸壁，以达到密封作用。同时，气环在工作过程中还有一种泵油作用，即不断地把溅在汽缸壁上的润滑油向上输送，起到给汽缸壁润滑的作用。为防止过多的润滑油进入汽缸，在活塞环的下部还设置了一道油环。其工作过程是：当活塞往上止点运行时，借油环上端面的倒角，在汽缸壁上形成油膜，以润滑汽缸；当活塞往下止点运行时，油环下端面则将汽缸壁上过多的润滑油刮下来。

刮下的润滑油沿刮油环圆周方向的小孔和切槽，通过活塞体上的小孔流回曲轴箱。

313. 不清楚活塞环的切口都有什么样的怎么办？

气环的切口有三种形式，即直切口、斜切口和搭切口，如图 3-10 所示。

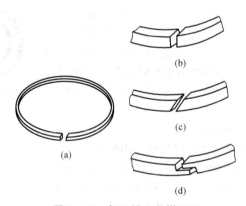

图 3-10　气环的三种搭切扣
（a）气环；（b）直切口；（c）斜切口；（d）搭切口

314. 不清楚连杆组件是什么样的怎么办？

制冷压缩机的活塞连杆组件如图 3-11 所示，包括连杆体、连杆大头盖、连杆大头轴瓦、小头衬套和连杆螺栓、螺母等零件。

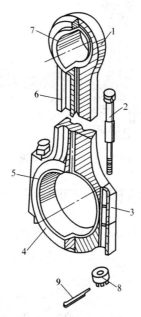

图 3-11　制冷压缩机的活塞连杆组件结构图

1—连杆小头；2—连杆螺钉；3—连杆大头；4—连杆大头盖；
5—连杆大头轴瓦；6—连杆体；7—小头轴套；8—螺母；9—开口销

连杆是活塞与曲轴的中间连接件，它将曲轴的旋转运动转化为活塞的往复运动。连杆小头及其衬套通过活塞销与活塞连接，并随活塞一起在汽缸内做往复运动。连杆大头及大头轴瓦与曲柄销连接，随曲轴一起在曲轴箱内做旋转运动。

🖋 315. 不清楚连杆的断面是什么样的怎么办？

如图 3-12 所示，活塞式压缩机连杆通常为工字形断面，连杆体中间有输送润滑油的通道，润滑油可以从连杆中的通道输送到小头衬套中。连杆大头多为剖分式结构。

🖋 316. 不清楚曲轴内部结构怎么办？

制冷压缩机是曲柄连杆机构中将旋转运动变为往复直线运动的重要零件

91

图 3-12　连杆的断面

之一。制冷压缩机所消耗的全部轴功率就是经曲轴输送的，它是制冷压缩机一个重要的受力运动部件。

制冷压缩机曲轴的内部结构如图 3-13 所示。

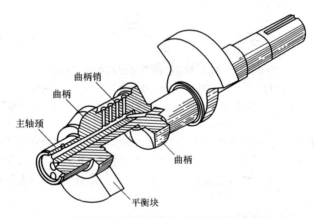

曲柄销
曲柄
主轴颈
曲柄
平衡块

图 3-13　制冷压缩机的曲轴结构图

曲轴的每个曲拐都是由主轴颈、曲柄和曲柄销三部分组成的。与主轴承相配合的部分称为轴颈，与连杆大头瓦相配合的部分称曲柄销或连杆轴颈，连接主轴颈与曲柄销或连接相邻两个曲柄销的部分称为曲柄。

在曲柄朝曲柄销相反的方向上装有平衡块，其作用是当制冷压缩机工作时，利用平衡块自身的离心力和离心力矩，来平衡由于曲柄、曲柄销和部分连杆的旋转运动质量与活塞、活塞销做往复运动时引起的惯性力矩，以减小制冷压缩机运转时所产生的振动，同时，也可以减轻曲轴主轴承上的负荷，减少轴承的磨损。

317. 不清楚气阀的结构和工作过程怎么办？

气阀是制冷压缩机汽缸依次进行压缩、排气、膨胀和吸气工作过程的控制机构，图 3 - 14 为气阀组成示意图。

活塞式制冷压缩机的气阀由阀座、气阀弹簧、阀片及升程限位器等组成。阀座上有环状阀线，阀片为气阀的主要运动部件。当阀片与阀线紧贴时形成密封面。其升程限位器是用来限制阀片开启高度的。

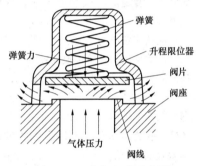

图 3 - 14　气阀组成示意图

气阀的工作过程是：当阀片下面的气体压力大于阀片上面的气体压力和弹簧压力时，阀片离开阀座，阀门打开，进行排气；反之，当阀片下面的压力小于阀片上面的气体压力和弹簧压力时，阀片即向下运动，并紧贴阀座，气阀关闭。

318. 不清楚活塞式制冷压缩机的润滑形式怎么办？

活塞式制冷压缩机的润滑方式有两种——飞溅式润滑和压力式润滑。

（1）飞溅式润滑。飞溅式润滑是指依靠曲柄连杆机构的旋转运动，把曲轴箱内的润滑油甩向各摩擦面的润滑方式。其工作过程是：当曲轴旋转运动时，曲拐和连杆大头与润滑油接触，并将润滑油甩到汽缸镜面及曲轴箱壁面，因而使活塞、汽缸、连杆等摩擦得到润滑。

（2）压力式润滑。压力式润滑是指压缩机利用油泵输出的压力油，通过输油管路将压力油送至压缩机各润滑部位进行润滑的润滑方式。

319. 不清楚压缩机曲轴箱里设置电加热器的作用怎么办？

活塞式压缩机曲轴箱里设置电加热器是因为氟利昂制冷剂很容易溶解在冷冻润滑油中。其溶解度由压力和温度决定。气体压力越高，冷冻润滑油温度越低，其溶解度越高。随着溶解度的增大，冷冻润滑油的黏度下降。

活塞式压缩机长时间停机后，曲轴箱内的压力逐渐升高，而温度下降到等于环境温度，这时氟利昂制冷剂在冷冻润滑油中的溶解度增加，造成曲轴箱内油面上升，黏度下降。当压缩机再次起动运行时由于曲轴箱内的压力迅速降低，引起冷冻润滑油中的制冷剂剧烈沸腾，产生大量油沫状气泡，会造成压缩机润滑效果变差，并形成压缩机产生"液击"故障的隐患。因此，在压缩机曲轴箱中设置电加热器，对停机时的曲轴箱加热，就是为了在压缩机起动运行前将混入冷冻润滑油中的制冷剂驱赶出来，以保证压缩机再次运行时安全可靠。

320. 不清楚活塞式制冷压缩机的优点怎么办？

活塞式制冷压缩机的优点有以下几个方面。

（1）能适应较广的工况范围和制冷量要求。

（2）热效率较高，单位损耗较少。

（3）对材料要求较低，多用普通钢铁材料，零件的加工比较容易，造价较低廉。

（4）技术上较为成熟，人们在生产与维修操作领域有着丰富的经验。

321. 不清楚活塞式制冷压缩机的缺点怎么办？

活塞式制冷压缩机的缺点有以下几个方面。

（1）因受到活塞往复运动惯性力的影响，其转速受到限制，单机输汽量大时，压缩机体显得笨重。

（2）结构复杂，易损件多，维修时工作量大。

（3）因受到各种力的作用，运转时有较大的振动。

（4）排气不能连续，气体压力有较大波动性。

322. 活塞式制冷压缩机制冷系数是怎么回事？

制冷系数也叫性能系数，是指制冷循环中制取的冷量 Q 与所消耗的功之比，常用符号 ε 表示，对于 1kg 制冷剂，可表示为

$$\varepsilon = \frac{q_0}{AL_0}$$

式中　q_0——1kg 制冷剂所产生的冷量，kJ/kg；

　　　AL_0——压缩机压缩 1kg 制冷剂所消耗的功，kJ/kg。

制冷系数 ε 值越大，表示压缩机运行中节能效果越好。

323. 我国中小型活塞式压缩机名义工况是什么意思？

压缩机的名义工况即名牌工况。在此工况下的压缩机和压缩机组性能适用于相同条件下（转速、电压、频率等）所有同型号压缩机和压缩机组。

324. 活塞式制冷压缩机最大压差工况是怎么回事?

活塞式制冷压缩机最大压差工况是指压缩机在能够产生最大压力差（$p_k - p_0$）时，所具有的工况参数形成的工况。压缩机在运行过程中所承受的压差，不得大于这一规定值。

325. 活塞式制冷压缩机最大功率工况是怎么回事?

活塞式制冷压缩机最大功率工况又叫做最大轴功率工况，它是指压缩机在最大功率状态下运转时所具有的状态参数而形成的工况。

326. 活塞式制冷压缩机标准工况是怎么回事?

活塞式制冷压缩机标准工况是指制冷压缩机用于低温制冷时，在其一种特定工作温度条件下的运转工况。

活塞式制冷压缩机的标准工况参数见表 3-1。

表 3-1　　　　　　活塞式制冷压缩机的标准工况参数

工　况	制冷剂	冷凝温度（℃）	蒸发温度（℃）	过冷温度（℃）	吸气温度（℃）
标准工况	R717	30	−15	25	−10
	R22	30	−15	25	15
	R12	30	−15	25	15
	R502	30	−15	25	15

制冷压缩机在标准工况下运行的制冷量称为标准制冷量。

327. 不清楚制冷压缩机性能曲线的作用怎么办?

活塞式制冷压缩机的制冷量，功率消耗与选用的制冷剂和运行工况等因素有关。一般对选用某一制冷剂的压缩机，用 t_k、t_0 和 Q_0、P_e，在坐标图上表示出它们之间的变化关系，称为制冷压缩机的特性曲线。制冷压缩机的特性曲线，在压缩机调节中起着至关重要的作用。图 3-15 为 4FV10 型制冷压缩机的特性曲线。

328. 不会使用制冷压缩机的性能曲线怎么办?

制冷压缩机的性能曲线的使用方法如下。

图 3-15 上有两组曲线，右面一组是功率曲线，左面一组是制冷量曲线。它的横坐标是蒸发温度 t_0，纵坐标为制冷量或功率，每条曲线都表示一种冷凝温度 t_k。当一台压缩机的冷凝温度 t_k 和蒸发温度 t_0 确定以后，就可

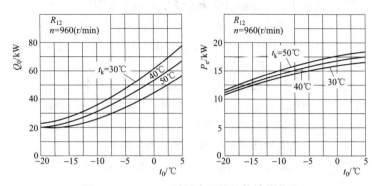

图 3-15　4FV10 型制冷压缩机的性能曲线

以从它的特性曲线图上查出其制冷量和相应的功率消耗。例如，从图 3-15 中可以查出当工况 $t_k=30℃$、$t_0=5℃$ 的制冷量为 78.49kW，而消耗的轴功率为 16.5kW。查找时的操作方法是：从图中的横坐标为 5℃ 处垂直向上，分别与 $t_k=30℃$ 的功率曲线及制冷量曲线相交即可得出上述两值。

329. 不会利用特性曲线对压缩机运行状态进行分析怎么办？

利用特性曲线对压缩机运行状态分析，可以看到以下两个规律。

(1) 当蒸发温度一定时，若提高冷凝温度，则压缩机的制冷量减少而功耗增加。因此，在条件允许的情况下，在设备运行时，应尽量设法降低冷凝温度，即降低冷却水进水温度，加大冷却水流量，以利于提高压缩机制冷量和降低功率消耗。

(2) 冷凝温度一定时，蒸发温度越低，压缩机的制冷量越小，功率消耗也会随之下降。

但应该看到：制冷量的下降速度往往大于功率的消耗下降速度，因此运行费用就会增大。

第二节　换热设备结构和参数

330. 不清楚制冷系统的主要辅助设备有哪些怎么办？

制冷系统的辅助设备主要是指冷凝器、蒸发器、过冷器、中间冷却器等换热器以及节流机构、干燥过滤器、安全阀等保证制冷系统安全运行的辅助设备。

331. 冷库冷凝器在制冷系统中的作用是什么？

冷凝器是冷库制冷系统中主要的热交换设备之一，其作用是把装配式冷库压缩机排出的高温制冷剂过热蒸气冷却为高压液体。制冷剂在冷凝器中放出的热量由冷却介质带走。按冷却介质来分，中小型冷库使用的冷凝器主要分为风冷式和水冷式两种。

332. 什么是水冷却式冷凝器？

水冷却式冷凝器是指制冷剂放出的热量被冷却水带走，继而达到使制冷剂由气态，冷却成为液态制冷剂的目的散热装置。水冷却式冷凝器中的冷却水可以是一次性使用，也可以是循环使用。目前我国中小型冷库使用的水冷却式冷凝器多为使用循环水的卧式壳管式和套管式。

333. 卧式壳管式冷凝器结构特点是什么？

卧式壳管式冷凝器的结构如图 3-16 所示。冷凝器采用水平放置，主要结构为钢板卷制成的筒体，筒体两端焊有固定冷却管，冷却水管采用胀接或焊接在管板上。为提高冷却水在管内的流速，在冷凝器的端盖上设计有

图 3-16 卧式壳管式冷凝器

隔板，使冷却水在壳体内反复流动，以增强换热效果。卧式壳管式冷凝器的特点是多流程、快流速。卧式壳管式冷凝器多用在使用开启式或半封闭压缩机的中小型冷库制冷系统中。

334. 卧式壳管式冷凝器中制冷剂是怎样循环的？

卧式壳管式冷凝器中制冷剂的循环过程是：制冷剂蒸气从冷凝器壳体上部进入，与冷却水管中的冷却水进行热交换，并在冷却水管表面凝结为液体以后，汇集到冷凝器壳底部，由出液阀输出到制冷系统的高压管道中。

335. 卧式壳管式冷凝器中冷却水是怎样循环的？

卧式壳管式冷凝器的冷却水进、出口设在同一端盖上，来自冷却塔的低温冷却水从下部管道流入，从上部管道流出，使冷却水与制冷剂进行充分的热交换。端盖的顶部设有排气旋塞，下部设有放水旋塞。上部的排气旋塞是在充水时用来排除冷却水管内空气的，下部的放水旋塞是冬季用来在冷凝器停止使用时，将残留在冷却水管内的水放干净，以防止冷却水管冻裂或被腐蚀。

卧式壳管式冷凝器的工作参数为:冷却氟利昂制冷剂时,冷却水流速为1.8~3.0m/s,冷却水温升一般为4~6℃,平均传热温差为7℃,传热系数为930~1593W/(m² · ℃)

336. 套管式水冷式冷凝器结构特点是什么?

套管式水冷式冷凝器结构如图3-17所示。它是在一根大直径的无缝钢管内套有一根或数根小直径的纯铜管(光管或低肋管),并弯制成螺旋形的一种冷凝器。套管式水冷式冷凝器多使用在全封闭压缩机的小型冷库制冷系统中。

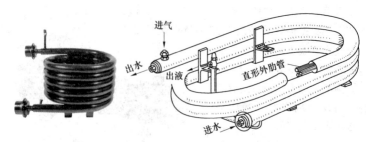

图3-17 套管式冷凝器

337. 套管式冷凝器中制冷剂与冷却水是怎样循环的?

套管式水冷式冷凝器中制冷剂与冷却水的循环过程是:氟利昂制冷剂蒸气在套管空间内冷凝,冷凝成为高压过冷液后从下部流出。

冷却水由下部进入管内(与制冷剂逆向流动),吸收制冷剂蒸气放出的冷凝热以后从上部流出。由于冷却水在管内的流程较长,所以冷却水的进出口温差较大,为8~10℃。当水流速在1~2m/s时,传热系数为900~1200W/(m² · ℃)。

338. 不清楚怎样确定冷凝器的传热面积怎么办?

冷凝器的传热面积 F 由下式确定

$$F = \frac{Q_K}{K \Delta t_m} \ (m^2)$$

式中　Q_k——冷凝器的移热量,kJ/h,可由已知的压缩机制冷量 Q_0 和轴功率 N_e 按 $Q_k = Q_0 + 3600N_e$ 计算;

　　　K——传热系数,kJ/(m² · h · K),可查表获得。

339. 怎样确定水冷式冷凝器的耗水量？

水冷式冷凝器的耗水量与冷却水进水温度、出水温度以及冷凝器的热负荷有关。水冷式冷凝器的耗水量可用下述计算公式求得

$$G_w = \frac{3600Q_k}{1000C(t_{w2}-t_{w1})} = 3.6Q_k/C(t_{w2}-t_{w1})$$

式中　G_w——冷凝器耗水量，m^3/h；

　　　Q_k——冷凝器热负荷，kW；

　　　C——冷却水的比热容（$C=4.1868kJ/kg \cdot ℃$）；

　　　t_{w1}——冷却水进入冷凝器时的温度，℃；

　　　t_{w2}——冷却水离开冷凝器时的温度，℃。

340. 对冷却水的水质要求是什么？

对冷库制冷系统冷却水的水质要求，重点是考虑水的混浊度和碳酸盐的含量，以防止制冷系统被腐蚀和结垢过快，从而影响制冷系统的使用寿命。对冷库制冷系统冷却水的水质要求见表3-2。

表3-2　　　　　冷库制冷系统使用的冷却水的水质要求

水质参数	卧式、蒸发式冷凝器
碳酸盐（mmol/L）	2.5～3.5
pH	6.5～8.5
混浊度（mg/L）	50
温度（℃）	≤29

341. 什么是空气冷却式冷凝器？

在空气冷却式冷凝器中，制冷剂放出的热量被强制对流的冷风带走。空气冷却式冷凝器上安装有轴流式风机，吹拂空气强制流动经过冷凝器的翅片间隙，与制冷剂进行热交换，达到给制冷剂散热的目的。这类冷凝器多使用在以氟利昂为制冷剂的中小型冷库制冷系统中。

342. 空气冷却式冷凝器是什么样的？

空气冷却又称为表面式蒸发器。装配上风扇电动机及风扇后，又称风冷式冷凝器。

风冷式冷凝器外形如图3-18所示。

343. 不知道冷却空气蒸发器传热面积的计算方法怎么办？

冷却空气蒸发器的传热面积 F 可由下式进行计算

图 3 - 18　风冷式
冷凝器外形

$$F = \frac{Q_0}{K\Delta t} \ (m^2)$$

式中　F——蒸发器传热面积，m^2；

　　　Q_0——蒸发器的设备热负荷，kJ/h；

　　　K——传热系数，kJ/(m^2 hK)，可查相应
　　　　　的参数表获得；

　　　Δt——空气温度与制冷剂蒸发温度差，℃。

**344. 不清楚蒸发式冷凝器的工作原理
怎么办？**

蒸发式冷凝器是兼顾了水冷式冷凝器散热
效果好、风冷式冷凝器不用水的优点，其结构
和工作原理如图 3 - 19 所示。

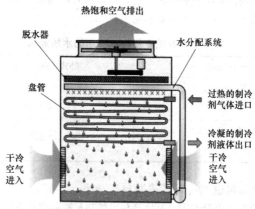

图 3 - 19　蒸发式冷凝器结构和工作原理

蒸发式冷凝器的工作原理主要是利用部分水的蒸发带走气态制冷剂冷凝
过程放出的热量，高温气态制冷剂由盘管上部制冷剂入口进入盘管，与盘管
外的喷淋水和空气进行热交换，由气态逐渐被冷凝为液态，从下部制冷剂出
口流出。冷却水由水泵送至冷凝盘管上方的喷淋系统，通过布水器均匀地喷
淋在冷凝盘管外表面，形成一层很薄的水膜；喷淋水和空气吸收热量后温度
升高，部分水由液态变成气态，由蒸发潜热带走大量的热量，其余的水回落
到下部集水槽中，再由循环水泵送入喷淋系统中循环使用；空气中夹带的水
滴被脱水器阻挡，落回集水槽，集水槽中设有水位调节器，可自动补充冷却

水量。

345. 不清楚蒸发式冷凝器的优点怎么办？

蒸发式冷凝器从散热原理上讲，省去了冷却水在冷凝器中显热传递阶段，使冷凝温度更接近空气的湿球温度，其冷凝温度可比冷却塔、水冷式冷凝器系统低 3~5℃，这样可以大大降低压缩机的功耗，其循环水用量减少只有凉水塔的 1/3 左右。因此，蒸发式冷凝器用在冷库制冷系统中，可以显著降低冷库制冷系统能耗，是一种在制冷领域中值得推广的制冷剂的冷凝设备。

346. 不知道如何配置冷库的空气冷却器怎么办？

空气冷却器有 DL、DD 和 DJ 三种不同的形式，分别适用于不同的库温，其制冷量范围从 1.4~83.4kW，冷却面积范围为 7~406㎡。空气冷却器需要与相应的制冷压缩机组配套使用，根据库温的不同，选择相应的冷风机。

其中，制冷设备 DL 型空气冷却器适用于库温在 0℃ 左右的冷库，可用来保存鲜蛋、蔬菜等。

制冷设备 DD 型空气冷却器适用于库温为 −18℃ 左右的冷库，作为肉类、鱼类等冷冻食品的冷藏用。

制冷设备 DJ 型空气冷却器适用于库温为 −25℃ 或低于 −25℃ 的冷库，作为鲜肉或鲜鱼制品或调理食品的速冻用。

347. 不知道冷风机的工作原理怎么办？

冷风机的外形如图 3-20 所示，是间冷式（强制空气对流式）冷库的蒸发器。

冷风机主要由冷却换热排管、轴流风机、分液器、容霜装置、接水盘等部件组成。来自冷库冷凝器的高压常温液态制冷剂经热力膨胀阀节流后直接进入冷库冷风机的分液器进行均匀分液后送入换热排管进行汽化吸热。而冷库冷风机的轴

图 3-20 冷风机外形

流风机则负责将冷库冷风机和冷库内的空气进行强制对流循环达到冷库制冷的目的。

冷风机的工作原理是：制冷系统中液态制冷剂通过热力膨胀阀节流后，变为低温低压的饱和湿蒸气通过冷风机与被冷却介质发生热交换将饱和制冷

进行汽化并且带走冷库内热量的换热设备。

✈ 348. 不知道如何选取冷风机进风温度与蒸发温度的温度差怎么办？

冷风机进风温度 t_1 与蒸发温度 t_0 的温度差值，即 $\Delta t = t_1 - t_0$，取决于冷风机应用的场所、需要保持的相对湿度、蒸发换热排管所需处理的显热负荷与潜热负荷之比等因素，其关系见表 3-3。

表 3-3　　　　冷风机进风温度 t_1 与蒸发温度 t_0 的温度差

应　用　范　围		$\Delta t = t_1 - t_0$ （℃）
低于冻结点	冷藏间、冷风机冻结装置	5.5～6.5
高于冻结点	低湿度	11～17
	高湿度	2.2～4.4

对相对湿度要求高的冷库，选取冷风机传热面积应适当大些，温差 $t_1 - t_0$ 要小，风量可适当增大，以保证相对湿度要求高的需要；对相对湿度要求低的冷库，选取冷风机传热面积应适当小些，温差 $t_1 - t_0$ 要大，风量可适当减小，以保证相对湿度要求低的需要。

✈ 349. 不知道如何使用吊顶式冷风机应注意些什么怎么办？

冷库制冷设备系统的 D 型空气冷却器一般是做成吊顶式冷风机，吊顶式冷风机装在库房平顶之下，不占用库房面积。使冷库内储藏的食品迅速降温，大大提高了储藏食品的保鲜度。

在使用吊顶式冷风机时，应定期清理冷风机的接水盘，保持出水管畅通；冷风机不用时，应定期通风，以防电动机受潮和油漆脱落腐蚀；当霜层较厚时传热效率降低，增加风机阻力，风量减小影响制冷效果，应及时进行除霜。

对除霜的时间控制，应通过实际观察，掌握冷库制冷系统除霜时间间隔及每次除霜需要的时间长短，制定出除霜时间规定；除霜结束后必须延时 8～10min，方可起动风扇电动机，以利于稳定库温和延长设备使用寿命。

✈ 350. 不知道分液器中的分液头是何种类型怎么办？

冷风机中分液器的作用是均匀分配制冷剂进入冷风机各排管中，使冷风机的蒸发面积达到充分利用。分液器的组件主要是由分配头和分配管两部分组成，分液头主要有以下 4 种。

（1）文丘里型。气液混合的制冷剂从进口进入后，先轻微收缩，速度增加，压力减小，到达最窄处时达到最大值，之后减速扩压，像喷嘴一样，制冷剂喷入分配管内，因为压力较大，制冷剂流速也较快，所以比较均匀。

（2）压降型。分液器内部有一个节流孔，制冷剂流过时产生压力降，使流速增大，引起紊流，使制冷剂气液充分混合后快速流向各分配管，从而保证各分配管分液比较均匀。

（3）离心型。主要是通过使制冷剂产生离心运动使气液混合物充分混合，从而使制冷剂均匀流到每一根分配管内。

（4）分配管型。分配管型难以做到均匀分配，但用在气体制冷剂的分配上还是比较经济的。

351. 不清楚排管式蒸发器的应用在哪儿怎么办？

冷却排管蒸发器又称为蛇形排管式蒸发器，一般用于直冷式冷库中，作为自然对流蒸发器使用，其构造如图 3-21 所示。

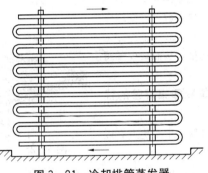

图 3-21　冷却排管蒸发器

冷却排管蒸发器广泛使用于冷库的墙排管、顶排管，一般是做成立管式、单排蛇管、双排蛇管、双排 U 形管或四排 U 形管式等形式。

352. 不清楚冷却排管式蒸发器结构特点怎么办？

冷却排管蒸发器通常采用 $\phi 25 \times 2.0mm$、$\phi 32 \times 2.5mm$、$\phi 38 \times 3.0mm$ 的无缝钢管，或 $\phi 16 \times 1.0mm$ 纯铜管及铝排管制成，使用氟利昂作为制冷剂，依靠自然对流进行热交换。

排管蒸发器的管距 s 由连接弯管的曲率半径 R 决定。管子弯曲时的曲率不能过小，一般管距 $s = 4D_w$（D_w 为光滑管外径）。排管蒸发器管子的排数一般为偶数，以便利于进液管和回气管的接口位于排管的同一侧，利于管道的安装和连接。

103

冷库使用的冷却排管蒸发器，分为墙排管和顶排管两种形式（见图 3 - 22）。

图 3 - 22　墙排管和顶排管

根据制冷系统布置需要可制成单排管或双排管。一般情况下，墙排管的管距在 160mm 左右，顶排管的管距在 200mm 左右，安装时顶排管离库房房顶的距离在 300mm 左右。

353. 不清楚冷库大都采用铝排管怎么办？

随着材料技术的进步，在中小型氟利昂冷库制冷系统中，采用铝排管，如图 3 - 23 所示，做蒸发器的冷库越来越多。铝排管蒸发器具有换热系数高、质量轻、不生锈、使用寿命长、安装方便等诸多优点。

由于铝排管换热系数高，使冷库蒸发器的总面积减小，减少了冷库工程的制冷剂的充注量，从而减少了压缩机的运行负荷。

354. 不清楚冷库铝排管的优点怎么办？

铝排管做蒸发器的主要优点有以下几个方面。

图 3 - 23　铝排管蒸发器

（1）换热系数大，减少了冷库蒸发器的换热面积。

（2）减少了制冷系统制冷剂的充注量。

（3）减少了冷库体的承重设计和投资。

（4）采用铝排管不生锈，减少了因除锈对环境的污染，环保效果好。

（5）具有更好的热力性，最低极限温度使用温度 －269℃。

（6）使用铝排管，能提高系统的清洁度，保证了制冷系统传热效果。

355. 不清楚冷库使用排管或冷风机哪个好怎么办？

一般来说，冷库使用冷风机比较多。冷风机具有制冷快、冷量大等特点。冷风机多用于医药、茶叶等冷库中。但在储存水果、蔬菜等产品时，使用冷风机会使果蔬水分丢失严重，使果蔬干瘪萎缩，质量大大降低，经济利润大大减少。

排管式蒸发器一般选用铜、铝、钢等材料制作排管。排管式蒸发器具有节能、占用空间少、货物干耗少等特点。与冷风机相比，蒸发器选用排管式，具有传热效率高、制冷均匀、节能省电等优点，所以部分冷库的蒸发器会选用排管式蒸发器。

356. 不清楚排管式蒸发器冷库设计要点怎么办？

排管式蒸发器冷库的设计要点有以下几个方面。

（1）由于排管容易结霜，会使其传热效果不断下降，所以排管蒸发器在设计安装位置时要考虑化霜操作空间。

（2）排管占据的空间较大，堆放的货物较多时难以进行除霜和清洁。所以，在制冷需求不是很大时，只使用顶排管，不安装墙排管。

（3）排管采用热气融霜会产生大量积水，为了便于排水，应在排管安装附近设置排水设施。

（4）虽然蒸发面积越大、制冷效率越大，但蒸发面积过大时，冷库制冷系统供应液态制冷剂难以均匀，制冷效率反而会下降。所以排管的蒸发面积应限定在一定范围内。

357. 想计算中小型冷库冷却空气蒸发器传热面积怎么办？

计算中小型冷库冷却空气蒸发器传热面积，可按下式进行

$$F = \frac{Q_0}{K \Delta t}$$

式中　F——蒸发器传热面积，m^2；

　　Q_0——蒸发器设备的热负荷，kg/h；

　　K——蒸发器传热系数，$kJ/(m^2 hK)$；

　　Δt——空气温度与制冷剂蒸发温度差，℃。

Δt 的确定条件有以下两个。

1）冷库空气为自然对流时，Δt 取 10～15℃。

2）冷库空气为强迫对流时，Δt 取 5～10℃。

358. 想计算中小型冷库盘管式蒸发器管道长度怎么办？

中小型冷库采用氟利昂为制冷剂的盘管式蒸发器管道长度的计算，可先由蒸发盘管的传热面积确定，传热面积的计算公式为

$$F = \frac{Q_0}{K \Delta t}$$

式中　F——蒸发盘管的传热面积，m^2；

　　Q_0——冷负荷，kJ/h；

K——传热系数，$kJ/(m^2 \cdot h \cdot ℃)$；

Δt——库温与蒸发温度之差，一般取 $10 \sim 15℃$。

359. 不知道冷库制冷机组选择依据怎么办？

小型冷库在制冷机组的选择上，主要考虑压缩机形式、库内温度、冷库容量以及冷库用途等因素。目前，小型冷库一般多以半封闭式制冷机组为主。表 3-4 给出的小型冷库半封闭式制冷机组选择时的参考数据，可供大家在机组选择时参考。

表 3-4　　　　　　　　小型冷库制冷机组的选择

冷库容量（t）	1	2	3	4	5
库内温度（℃）	−15	−15	−15	−15	−15
制冷形式	间冷	间冷	间冷	间冷	间冷
制冷剂	R22	R22	R22	R22	R22
制冷量（W）	3020	4300	6270	8370	12 790
冷凝方式	风冷	风冷	风冷	风冷	风冷
蒸发面积（m²）	8	12	15	25	40
膨胀阀选用	RF2	RF3	RF3～4	RF4～5	RF5～7
除霜方式	自动	自动	自动	自动	自动
压缩机功率（kW）	1.5	2.2	3	3.75	5.5

360. 不知道中小型活动冷库的制冷机组样式怎么办？

中小型活动冷库使用的制冷机组如图 3-24 所示，一般由制冷压缩机、水冷式冷凝器或风冷式冷凝器、油气分离器、储液器、干燥过滤器等组成。

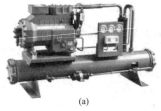 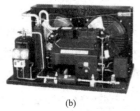

(a)　　　　　　　　　　　　(b)

图 3-24　中小型活动冷库的制冷机组

(a) 水冷式机组；(b) 风冷式机组

361. 不知道中小型活动冷库的制冷机组选配参数怎么办？

中小型活动冷库的制冷机组选配时，要根据其不同用途进行选择。

(1) 高温活动冷库制冷机组制冷量计算公式。冷库容积×90×1.16＋正偏差，正偏差量根据冷冻或冷藏食品的冷凝温度、入库量货物进出库频率确定，范围在 100～400W。

(2) 中温活动冷库制冷机组制冷量计算公式。冷库容积×95×1.16＋正偏差，正偏差范围在 200～600W。

(3) 低温活动冷库制冷机组制冷量计算公式。冷库容积×110×1.2＋正偏差，正偏差范围在 300～800W。

第四章 Chapter4

制冷系统辅助设备

第一节 辅助设备作用

362. 制冷系统节流装置的作用是什么？

制冷系统节流装置的作用是：将高压常温的制冷剂液体通过节流降压装置——节流元件，得到低温低压制冷剂，再送入蒸发器内吸热蒸发。

在中小型冷库制冷系统中常用手动式膨胀阀和内平衡自动膨胀阀作为节流元件。

363. 不清楚手动膨胀阀是如何进行节流的怎么办？

手动膨胀阀又称手动调节阀或手动节流阀。图4-1为手动膨胀阀的结构。

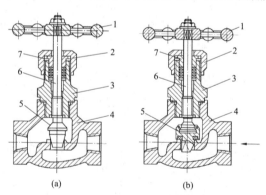

（a）　　　　　　　　　　　　（b）

图4-1　手动节流阀的结构

（a）针形阀芯；（b）V形缺口锥体阀芯

1—手轮；2—上盖；3—填料函；4—阀体；5—阀芯；6—阀杆；7—填料压盖

它是由阀体、阀芯、阀杆、填料函、压盖、上盖和手轮等零件组成的。手动节流阀的阀芯锥度较小，呈针状或V形缺口的锥体，以保证阀芯的升程与制冷剂流量之间保持一定的比例关系。阀杆采用细牙螺纹，以保证手轮转动时，阀芯与阀座间空隙变化平缓，便于调节制冷剂流量。

364. 不知道手动节流阀如何使用怎么办？

手动节流阀一般使用在小型冷库的制冷系统中。其使用方法是：工作时其开启度随负荷的大小而定，通常开启度为手轮旋转 1/8 或 1/4 圈，一般不超过一圈，否则，开启度过大就起不到节流的作用。

365. 不清楚膨胀阀的作用怎么办？

膨胀阀的作用是将冷凝器中冷凝压力下的饱和液体或过冷液体节流后降至蒸发压力和蒸发温度，同时根据负荷的变化，调节进入蒸发器制冷剂的流量。

使用在小型冷库中的内平衡式膨胀阀如图 4-2 所示。

366. 不知道内平衡式热力膨胀阀的结构特点怎么办？

内平衡式热力膨胀阀的结构如图 4-3 所示。

图 4-2　内平衡式膨胀阀

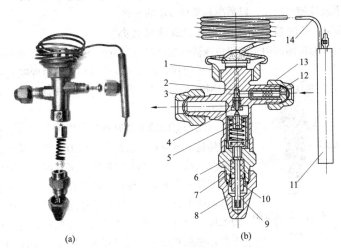

图 4-3　内平衡式热力膨胀阀的结构

(a) 内部结构实物图；(b) 内部结构图

1—气箱座；2—阀体；3、13—螺母；4—阀座；5—阀针；6—调节杆座；7—填料；8—阀帽；9—调节杆；10—填料压盖；11—感温包；12—过滤网；14—毛细管

它主要由感温包、毛细管、膜片、阀座、传动杆、阀针及调节机构等组成。在感温包、毛细管和膜片之间组成了一个密闭空间，称为感应机构。感应机构内充注有与制冷系统中工质相同的物质。

内平衡式膨胀阀安装在蒸发器的进液管上，感温包敷设在蒸发器出口管道上，用以感应蒸发器出口的过热温度，自动调节膨胀阀的开度。毛细管的作用是将感温包内的压力传递到膜片上部空间。膜片是一块厚 0.1～0.2mm 的铍青铜合金片，通常断面冲压成波浪形。膜片在上部压力作用下产生弹性变形，把感温信号传递给顶针，以调节阀门的开启度。

367. 不清楚内平衡式膨胀阀的工作原理怎么办？

蒸发器工作时热力膨胀阀在一定开度下向蒸发器供应制冷剂液体。其工作原理是若某一时刻蒸发器的热负荷因某种原因突然增大，使其回气过热度增加，此时，膨胀阀感温包内压力增大，膜片上部压力上升，使膜片向下弯曲，并通过传动杆推动阀座带动阀针下行，使膨胀阀的节流孔开大，蒸发器的供液量随之增加，以满足热负荷增加的变化；反之，若蒸发器的负荷减小，使蒸发器出口制冷剂蒸气的过热度减小，感温包内压力也随之降低，膜片反向弯曲，在弹簧力的作用下，阀座带动阀针上行，将节流孔关小。蒸发器的供液量随之减少。以适应热负荷减小的变化。

368. 不清楚自动膨胀阀工作原理怎么办？

自动膨胀阀多用于需要快速调整制冷剂流量的制冷系统中。自动膨胀阀

是依靠作用在膜片（或波纹管）上相应的吸气压力来控制液体流动的一种自动阀门。其结构外形如图4-4所示。

自动膨胀阀的工作原理是：当阀开启时，制冷剂液体进入蒸发器，引起蒸发压力上升，同时会导致膨胀阀孔关小。当压缩机抽吸蒸发器中的制冷剂时，蒸发压力下降，促使膨胀阀孔开大，这样它就能自动调节阀的开度。制冷系统运行时，自动膨胀阀永远不会全部关闭。当压缩机开机时，阀针自动下移，使阀孔开大，当压缩机停机时，阀针上移，

图4-4　自动膨胀阀
结构外形

阀孔关小。

369. 不清楚蒸发压力调节阀的作用怎么办？

蒸发压力调节阀一般用于一台制冷压缩机既负责为高温冷库供冷，又要为低温冷库供冷的一机多库的制冷系统中。

蒸发压力调节阀一般安装在高、低温冷库蒸发器出口管道上，用以维持系统各不同温度和工作压力蒸发器中蒸发压力的稳定，蒸发压力调节阀分为直接作用式和控制式两种。

中小型冷库主要使用直接作用式蒸发压力调节阀，其典型结构如图4-5所示。

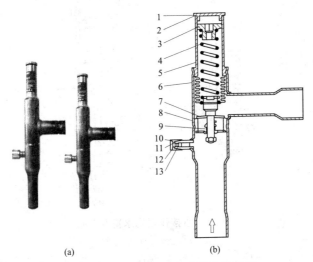

(a)   (b)

图4-5 直接作用式蒸发压力调节阀

(a) 实物图；(b) 结构图

1—护盖；2—垫片；3—设定螺钉；4—主弹簧；5—阀体；6—平衡波纹管；7—阀板；
8—阀座；9—阻尼机构；10—压力表头；11—接头盖；12—垫片；13—堵头

370. 不清楚冷凝压力调节阀的作用怎么办?

冷凝压力调节阀制冷系统运行时，冷凝压力需维持在正常范围内。若冷凝压力过高，会引起制冷设备的损坏和功耗的增大；若冷凝压力过低，会引起制冷剂的液化过程和膨胀阀的工作，使制冷系统不能正常工作，造成制冷量的大幅度下降。

对于水冷式冷凝器的冷凝压力调节是通过调节冷却水的流量来实现的。按工作原理的不同冷凝压力调节阀又分为温度控制的水量调节阀和压力控制的水量调节阀。

使用在中小型冷库制冷系统中的冷凝压力调节阀多为压力控制的水量调

节阀。压力控制的水量调节阀是直接用冷凝压力作为控制信号来进行阀的开启控制的，其工作原理与温度控制的水量调节阀相同。在结构上压力控制的水量调节阀也有直接作用式（见图 4-6）。

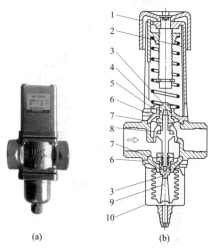

(a)   (b)

图 4-6　直接作用式水量调节阀

(a) 实物图；(b) 结构图

1—手轮；2—弹簧室；3—弹簧；4—顶板；5—O 形圈；6—导套止动件；

7—膜片；8—阀板；9—顶柱；10—波纹室

✒ 371. 不清楚安全阀的作用怎么办？

在中小型冷库制冷系统中为防止制冷系统高压压力超过限定值而造成管道爆裂，需在制冷系统的管道上设置安全阀。这样，当系统中的高压压力超过限定值时，安全阀自动起动，将制冷剂泄放至低压系统或排至大气。

✒ 372. 不知道安全阀的工作原理怎么办？

图 4-7 为一种在中小型冷库制冷系统中常用的安全阀。

它主要由阀体、阀芯调节弹簧、调节螺杆等组成。安全阀的进口端与高压系统连接，出口端与低压系统连接。安全阀的工作原理是当系统中高压压力超过安全限定值时，高压气体自动顶开阀芯从出口排入低压系统。通常安全阀的开启压力限定值为：R12 制冷系统 1.6～1.8MPa，R22 制冷系统 2.0～2.1MPa。

112

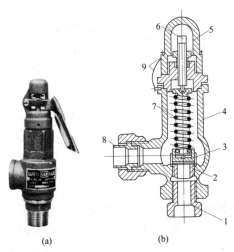

图 4-7　安全阀

（a）实物图；（b）结构图

1—接头；2—阀座；3—阀芯；4—阀体；5—阀帽；

6—调节杆；7—弹簧；8—排出管接头；9—铅封

373. 不了解易熔塞的参数怎么办？

在使用氟利昂为制冷剂的中小型冷库制冷系统中常用易熔塞来保证高压储液器的安全。图 4-8 为易熔塞的结构图和实物图。

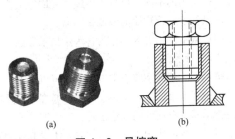

图 4-8　易熔塞

（a）实物图；（b）结构图

易熔塞中铸有易熔合金，易熔合金的熔化温度很低，一般在 75℃ 以下。易熔合金的成分不同，其熔化的温度也不同。易熔合金熔化的温度参数见表 4-1。

表 4-1　　　　　　易熔合金熔化温度和成分参数

熔化温度（℃）	W_{Bi}	W_{Cd}	W_{Pd}	W_{Sn}
68	50.0	12.5	25.0	12.5
68	50.1	10.0	26.6	13.3
70	49.5	10.1	27.23	13.17
75	27.5	34.5	27.5	10.5

在制冷系统中使用时，可根据系统中要控制的压力大小来选择不同易熔合金熔化温度和成分的易熔塞。

374. 不清楚易熔塞的工作原理怎么办？

易熔塞的工作原理：制冷系统工作时，如果储液器中的压力骤然升高，其中制冷剂的温度也会随之升高。当温度升高到易熔合金熔化温度时，易熔合金立即熔化，形成空隙，储液器中的制冷剂被释放到大气中，从而保护了人身和设备的安全。

易熔塞熔化后，要重新浇铸易熔合金，并经过检漏后方能继续使用，一般在维修过程中多采用更换的方式。

375. 不了解液流指示器作用怎么办？

液流指示器又称视液镜，一般安装在氟利昂制冷系统高压段液体流动的管道上，用来显示制冷剂液体的流动情况和制冷剂中含水量的情况。

液流指示器根据功用的不同，可分为单纯功能的液流指示器和具有液流指示及制冷剂含水量指示双重功能的液流指示器。

目前，在制冷设备中使用的多为称为含水量指示器的双重功能液流指示器，其结构如图 4-9 所示。

当制冷压缩机运行，制冷系统正常工作时，可以从液流指示器中观察到制冷剂液体在管道中的流动情况，工作正常时，应能看到稳定流动的液流；若观察到液流指示器中有连续的气泡出现时，说明系统中制冷剂不足。

为了使指示器显示的制冷剂流动状态准确，不受其他因素的干扰，液流指示器应尽可能靠近储液器（或冷凝器），并且离开前面阀件的距离远一些，以便不受干扰。

376. 不了解液流指示器显示含水量的原理怎么办？

液流指示器指示制冷剂中含水量超标的原理是：在液流指示器中装有一

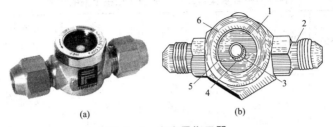

图 4 - 9　含水量指示器

(a) 实物图；(b) 结构图

1—壳体；2—管接头；3—纸质圆芯；4—芯柱；5—观察镜；6—压环

个纸质圆芯，在圆芯上涂有金属盐类物质氯化钴或溴化钴化合物作为指示剂，流过的制冷剂中含水量不同时，其指示剂显示的颜色也会不同。

例如，涂有金属盐溴化钴（$CoBr_2$）时，它在不含结晶水时呈绿色，含水量增多，具有结晶水时开始变色，$CoBr_2 H_2O$ 呈蓝色，$CoBr_2 2H_2O$ 时呈淡紫色，$CoBr_2 6H_2O$ 则呈粉红色。

采用溴化钴作为指示剂，不同的颜色表示每千克制冷剂的含水量毫克数，用 ppm 表示（ppm 是英文 parts permillion 的缩写，译意是每百万分中的一部分，即表示百万分之几，或称百万分率。$1ppm = 1mg/kg = 1mg/L = 1 \times 10^{-6}$）。各种含水量指示器产品采用的指示剂是不同的，因此变色情况也不一样，一般都在指示器上用颜色标明。指示片的反应是可逆的，即制冷剂不含水或水分极少时呈淡蓝色。

随着制冷剂水分增多，逐渐变为淡红色、红色。反之，随着制冷剂水分含量的减少，指示片会逐渐复原为蓝色。制冷剂 R22、R502 的含水量分别小于 45×10^{-6} 和 20×10^{-6} 时，已低于其腐蚀允许值。所以，若含水量小于上述值时，指示片呈淡蓝色，表示制冷剂是"干燥"的；若指示片呈淡红色时，就应回收更换或再生制冷系统中干燥过滤器中的干燥剂。

377. 不了解液流指示器的指示剂颜色变化与含水量关系怎么办？

当制冷剂中的含水量在安全值以下时，液流指示器中的指示剂呈现淡蓝色，表示制冷剂是干燥的；若指示剂呈现黄颜色时，则表示制冷剂中的含水量已超标，需要更换干燥过滤器中的干燥剂。

制冷剂中含水量与氯化钴或溴化钴指示剂的关系见表 4 - 2。

表 4-2　　制冷剂中含水量与氯化钴或溴化钴指示剂的关系

制冷剂	液态制冷剂温度（℃）	绿色（干燥）	黄绿（含有水分）	黄色（水分超标）
		水分含量 $\times 10^{-6}$		
R12	24	<5	5~15	>15
	38	<10	10~30	>30
	52	<20	20~50	>50
R22	24	<30	30~90	>90
	38	<45	45~130	>130
	52	<60	60~180	>180

378. 不了解储液器的作用怎么办？

制冷系统中储液器的作用有以下几个方面。

（1）避免凝液在冷凝器中积存过多而使传热面积变小，影响冷凝器的传热效果。

（2）适应蒸发器的负荷变动对供应量的需求，当蒸发负荷增大时，供应量也增大，由储液器的存液补给；当负荷变小时，需要液量也变小，多余的液体储存在储液罐里。

（3）适量向蒸发器提供制冷剂，防止对压缩机产生液击。

（4）当制冷系统停止工作时，又可将系统中的制冷剂全部收储在储液器内，以避免系统泄漏造成损失。

379. 储液器的结构是什么样的？

储液器按其工作的压力不同，可分为高压储液器和低压储液器两种。在中小型制冷设备中一般只设有高压储液器。其作用是收集从冷凝器中流出的液体制冷剂，以保证冷凝器的冷却面积。图 4-10 为用于氟利昂制冷系统的储液器的外形。

380. 不了解过滤器的结构与作用怎么办？

过滤器用于清除制冷剂中的机械杂质，如金属屑、焊渣、氧化皮等。过滤器分为气体过滤器和液体过滤器两种。气体过滤器安装在压缩机的吸气管路上或压缩机的吸气腔上，以防止机械杂质进入压缩机汽缸。液体过滤器一般安装在热力膨胀阀前的液体管路上，以防止污物堵塞或损坏阀件。氟利昂系统使用的过滤器是由网孔为 0.1~0.2mm 的铜丝网制成的。

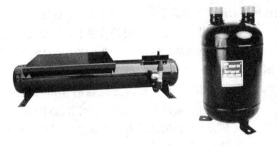

图4-10　储液器的外形

图4-11为氟利昂液体过滤器。过滤器是由一段无缝钢管作为壳体，壳体内装有铜丝网，两端有端盖用螺纹与壳体连接，再用锡焊接，以防泄漏。

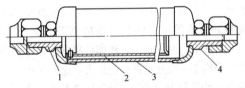

图4-11　氟利昂液体过滤器

1—进液管接头；2—铜丝网；3—壳体；4—出液管接头

381. 不了解干燥过滤器的结构与作用怎么办？

干燥过滤器是在过滤器中充装一些干燥剂，其结构如图4-12所示。

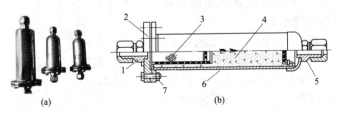

(a)　　　　(b)

图4-12　干燥过滤器

（a）实物图；（b）结构图

1—进液管接头；2—压盖；3—滤网；4—干燥剂；

5—出液管接头；6—壳体；7—连接螺栓

干燥过滤器中使用的干燥剂一般为硅胶。干燥过滤器两端安装有丝网，并在丝网前或后装有纱布、脱脂棉等。干燥过滤器一般安装在冷凝器或储液器与热力膨胀阀之间的管路上，以便除去进入电磁阀、膨胀阀等阀门前液体中的固体杂质及水分，避免引起制冷系统的"脏堵"和"冰堵"。

图4-13 润滑油分离器

382. 不了解油分离器的作用怎么办？

在氟利昂制冷系统中，润滑油对压缩机起润滑、散热和密封作用。但当润滑油进入制冷系统中的冷凝器、蒸发器等部位时，则会在管壁上形成油膜，使导热阻增加，影响其散热能力。因此，为了尽量使压缩机排出的润滑油不会进入冷凝器、蒸发器等部位，一般要在制冷压缩机和冷凝器之间设立润滑油分离器（简称油分离器），其外形如图4-13所示。使混在制冷剂中的润滑油大部分分离出来，并送回压缩机，以保证制冷压缩机安全高效地运行。

383. 不清楚油分离器进行油气分离的原理怎么办？

油分离器进行油气分离的原理是：压缩机排出的带有油雾的混合气体流经直径较大的油气分离器，流通截面突然扩大，速度降低，流动方向发生改变，此时由于液态油滴落到容器底部，与制冷剂蒸气分离。

油分离器的形式随制冷机的制冷量的大小和使用的制冷剂而定。用在氟利昂制冷系统中油分离器的形式一般是过滤式，其结构如图4-14所示。

384. 不知道过滤式油分离器工作过程怎么办？

过滤式油分离器的工作过程是：从压缩机排出的带有油雾的高压混合蒸气由其顶部的管道进入，经滤网的过滤，使大部分油雾与滤网接触，被粘在滤网上聚集成油滴后，下落在油分离器底部；被滤去一部分润滑油的高压蒸气则由于容器的通道面积比排气管面积大十几倍以至几十倍，进入

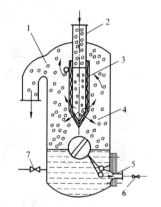

图4-14 过滤式油分离器

1—进气管；2—滤网；3—出气管；
4—筒体；5—浮球阀；6、7—手动回油阀

油分离器后流速会突然降低、流向发生改变，油雾在重力作用下与制冷剂分离，也落入油分离器的底部。油分离器用管道将其与压缩机的曲轴箱相连。当油分离器底部的润滑油积聚到一定高度时，浮球抬起，阀门被打开，润滑油在吸、排气压差的作用下，进入压缩机的曲轴箱。当油分离器中的油位下降到一定位置时，浮球下落，将阀门关闭，回油过程结束。

385. 怎样判断压缩机是否回油？

在日常制冷机组运行时，判定压缩机是否回油的方法：制冷压缩机正常工作时，其回油过程是断续进行的。因此，判断压缩机是否回油，可以用手摸回油管，当压缩机回油正常时会出现时冷时热的现象。

386. 气液分离器的作用是什么？

气液分离器的结构如图 4-15 所示，气液分离器安装在压缩机的吸气管上，其作用可使返回压缩机的制冷剂中液体分离出来并储存在其底部，以防止压缩机发生液击，同时还可以适当调节制冷量。位于气液分离器 U 形管底部的微量回油孔将适量的冷冻机油连同制冷剂气体一起返回压缩机内部。压力平衡孔可防止压缩机停机时，气液分离器内的液态制冷剂通过回油孔流入压缩机。

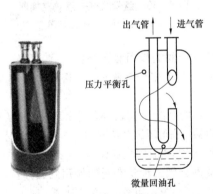

出气管　　进气管

压力平衡孔

微量回油孔

图 4-15　气液分离器结构

387. 不了解气—液热交换器的作用怎么办？

气—液热交换器的作用是利用从蒸发器出来的低温低压干饱和蒸气，与节流前的高压液态制冷剂在其间进行热交换，使蒸气温度升高，液体温度降低，达到两个目的：① 使节流前的液态制冷剂进一步过冷，以免在节流前汽化，提高设备的制冷量；② 提高压缩机的吸气温度，减少吸气管道中的有害过热，改善压缩机的工作条件。

388. 不清楚气—液热交换器结构怎么办？

图 4-16 为在中小型氟利昂制冷设备中较普遍使用的盘管式气—液热交换器的结构示意图。它的外壳由无缝钢管制成一个密封容器，壳体设有制冷剂蒸气的进、出口管，两端设有制冷剂液体的进、出口管。工作时制冷剂液体在盘管内流动，制冷剂蒸气在盘管外横向掠过盘管，进行气—液态制冷剂间的热交换。

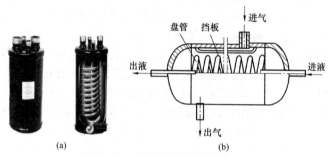

图 4-16　盘管式气—液热交换器
（a）实物图；（b）原理图

389. 不了解截止阀的作用怎么办？

压缩机的吸排气口处安装有截止阀，俗称角阀。其结构如图 4-17 所示。

截止阀的作用有两个：① 安装监测制冷系统运行状态参数仪器仪表，如高低压压力继电器、高低压压力表等；② 作为小型冷库制冷系统维修时，进行压力检漏、抽真空、充注制冷剂和冷冻润滑油用。

390. 不知道截止阀三种状态时的作用怎么办？

在截止阀阀体中设计有多用通道和常开通道。图 4-18 为截止阀工作状态图。

全开状态时用于压缩机正常运行，三通状态时用于利用压缩机多用通道来进行制冷系统排空、充注制冷剂、补充冷冻润滑油或安装控制仪表等，常在压缩机运行操作、运行状态调整、检修时使用。关闭状态时用于压缩机自身抽真空、压缩机更换等场合使用。

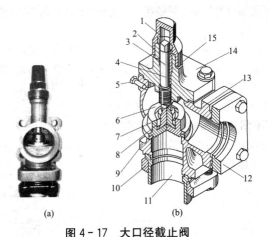

图 4 - 17　大口径截止阀

（a）实物图；（b）结构图

1—阀帽；2—填料压紧螺钉；3—填料；4—阀杆；5—铜螺栓；6—阀盘；

7—挡圈；8—填块；9—白合金层；10—法兰；11—法兰套；

12—凹法兰座；13—阀体；14—阀座；15—填料垫圈

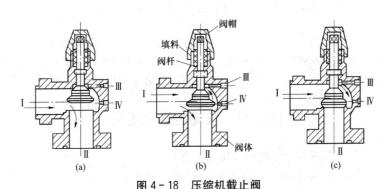

图 4 - 18　压缩机截止阀

（a）全开状态；（b）三通状态；（c）关闭状态

Ⅰ—接压缩机法兰；Ⅱ—接管道法兰；Ⅲ—多用通道；Ⅳ—常开通道

391. 不会调节截止阀怎么办？

截止阀的调整方法是：顺时针转动阀杆 2～3 圈，截止阀各通道处于互通状态，称为全开状态，若顺时针转动阀杆至不动位置，截止阀处于关闭状

121

态，但此时多用通道仍处于导通状态，使其连接的控制仪表仍能测试此时的系统参数。

截止阀的阀杆与阀体之间装有耐油橡胶密封填料。使用中若沿阀杆有渗油或制冷剂泄漏现象，可将填料螺钉紧固一下。若在开启或关闭时，感觉阀杆很紧，可先将填料压紧螺钉（俗称法兰）放松半圈至一圈，在调整完毕后应将压紧螺钉再重新紧固好，并拧紧阀帽。

392. 不清楚止回阀的作用怎么办？

止回阀的作用是在制冷系统中限制制冷剂的流动方向，制冷剂只能单向流动，所以又称为单向阀。图4-19为常用止回阀的构造示意图。

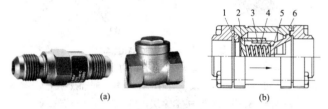

(a)   (b)

图4-19　常用止回阀的构造

（a）实物图；（b）结构图

1—阀座；2—阀芯；3—阀芯座；4—弹簧；5—支承座；6—阀体

当制冷剂沿箭头方向进入时，依靠其自身压力顶开阀芯而流动；反之，当制冷剂流中断或呈反向流动时，阀门关闭。止回阀多装在压缩机与冷凝器之间的管道中，以防止压缩机停机后冷凝器或储液器内的制冷剂倒流。

第二节　冷却塔基础知识

393. 不清楚冷却塔的作用怎么办？

冷却塔作用是利用空气的强制流动，将冷却水部分汽化，带走冷却水中一部分热量，而使水温下降得到冷却专用的冷却水散热设备。在制冷设备工作过程中，从制冷机的冷凝器中排出的高温冷却循环水通过水泵送入冷却塔，依靠水和空气在冷却塔中的热湿交换，使其降温冷却后循环使用。

394. 不清楚冷却塔水吨与冷吨的区别怎么办？

冷却塔水吨定义：冷却水塔每小时循环水量，是配备冷却塔的重要参数。例如，某冷却塔要求每小时7.2t的循环水量的标准，应配备一个标称冷却塔水吨为 10t 冷却塔。

冷却塔冷吨定义：冷水塔每小时制冷量，其实际制冷量要小于标称。例如，某标称冷却塔冷吨为 100t 的冷水塔，它的循环水量是每小时 72t 水。

395. 不了解机械式冷却塔分类方法怎么办？

按我国行业的不同，冷却塔可分为如下几种类型。

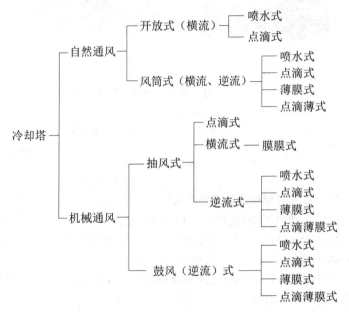

396. 不清楚机械式冷却塔结构怎么办？

机械通风式冷却塔是依靠风机强迫通风使水冷却的冷却塔，可分为顺流式和逆流式两种，应用最多的是逆流式冷却塔。

机械通风逆流式冷却塔的典型结构如图 4-20 所示。

逆流式冷却塔主要由塔体、风机叶片、电动机和风叶减速器、旋转配水器、淋水装置、填料、进出水管系和塔体支架等组成。塔体一般由上、中塔体及进风百叶窗（网）组成。塔体材料为玻璃钢。风机为立式全封闭防水电动机，圆形冷却塔的风叶直接装于电动机轴端。而对于大型冷却塔风叶则采用减速装置驱动，以实现风叶平稳运转，布水器一般为旋转式，利用水的反冲力自动旋转布水，使水均匀地向下喷洒，与向上或横向流动的气流充分接触。大型冷却塔为了布水均匀和旋转灵活，布水器的转轴上安装有轴承。

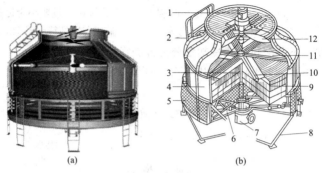

(a)　　　　　　(b)

图 4 - 20　机械逆流式冷却塔的典型结构

（a）实物图；（b）结构图

1—电动机；2—梯子；3—进水立管；4—外壳；5—进风百叶窗（网）；

6—集水盘；7—进出水管接头；8—支架；9—填料；10—旋转布水器；

11—挡水板；12—风机叶片

397. 冷却塔部件的作用是什么？

冷却塔主要组成部件的作用有以下几个方面。

（1）风扇电动机。为垂直安装的轴流风机，其作用是在冷却塔运行时搅动冷却塔内空气流动，为冷却水散热创造条件。

（2）挡水板又称除雾器。安装在冷却塔上方，用以阻止冷却塔中的水雾外飘，达到节水的目的。

（3）连接管。是用来连接冷却塔进出水的通道。

（4）旋转布水器。将来自冷凝器的冷却水均匀分布，洒在填料表面。

（5）填料。它是放置在冷却塔内部，目的是获得尽可能扩大冷却水的与空气的接触面。

（6）百叶窗（网）。安装在进气道，是冷却空气进入塔体通道上的拦污网，保护冷却塔避免吸入异物。

（7）集水盘。收集填料上流下来的水，汇集后流入回水通道。

398. 不清楚冷却塔中填料的作用怎么办？

填料在冷却塔中的作用就是增加冷却水的散热量，延长冷却水在冷却塔中停留时间，增加在冷却塔中与空气之间的换热面积，增加换热量，并均匀布水，使进入在冷却塔中的冷却水全部得到热交换处理。

399. 冷却塔内填料是怎样散热的？

冷却塔内填料散热的基本原理是：干燥的空气经过风机的抽动后，自进风网处进入到冷却塔内，饱和蒸气由压力大的高温水分子向压力低的空气流动，湿热的水从拨水系统就开始工作将水洒入塔内。由于水蒸气表面和空气之间存在着一定的压力差，在压力的作用下就会产生蒸发现象，带走蒸发潜热，从而达到降温的目的。

400. 不清楚冷却塔填料分类方法怎么办？

冷却塔填料按其形式可以分为：S波填料、斜交错填料、台阶式梯形斜波填料、差位式正弦波填料、点波填料、六角蜂窝填料、双向波填料和斜折波填料等类型。

401. 圆形逆流式冷却塔选用哪种填料好？

在中小型冷库装置中多使用圆形逆流式冷却塔。圆形逆流式冷却塔一般使用斜交错冷却塔填料较好。斜交错冷却塔填料，具有通风阻力小、亲水性能强、成膜性好、接触面积大、易于填料的热传导等优点。斜交错填料使用原材料分为：聚氯乙烯（PVC），适用于散热温度 $-20\sim70℃$；聚丙烯（PP），适用于散热温度 $-20\sim100℃$。斜交错填料采用圈料式和螺杆式组装两种形式，倾斜角一般为 $60°$，主要用于圆形逆流式冷却塔。

402. 不清楚逆流式冷却塔填料标准角度要求怎么办？

逆流式冷却塔填料标准角度要求有以下几个方面。

（1）在建设逆流式冷却塔的时候，填料顶部与气流段成角应该控制在 $90°$ 以内，采用平顶盖，下设导流圈，收水器要和气流段成角控制在 $90°\sim120°$。

（2）收缩型的塔顶、收缩段盖板的顶角应该控制在 $90°\sim110°$。

（3）水填料倾角控制在 $5°\sim8°$。

（4）在使用过程中，为了防止空气与填料底至水面的短路，应该设置备用的空气流通措施。

403. 不了解冷却塔的淋水装置的作用怎么办？

淋水装置也叫冷却填料。冷却塔的淋水装置作用是将水均匀地分布到填料上，增大水气接触界面，进入冷却塔的冷却水流经填料后，溅散成细小的水滴时形成水膜，增加水和空气接触的时间，水与空气更充分地进行热交换，使一部分水汽化，带走热量，降低冷却水温。

404. 不清楚冷却塔的管式布水器的工作过程怎么办？

布水器的工作过程是：冷却水通过进水管流入布水管，然后通过布水管上的喷孔形成水流，洒在冷却塔的填料上。由于喷孔的直径比较小，水流具有一定的速度，根据作用力与反作用力的原理，布水管受到与水流方向相反的作用力而旋转，使水流不停地分布到冷却塔的填料上。

405. 不清楚冷却塔配置的风机的要求怎么办？

机械通风式冷却塔中配置通风机的要求是：一般要采用轴流式通风机，通过调整其叶片的安装角度来调节风压和风量。通风机的电动机多采用封闭式电动机，对其接线端子采取了密封、防潮措施。

406. 不知道冷却塔的空气分配装置怎么办？

空气分配装置对逆流冷却塔是指进风口和导风板部分，对横流冷却塔只是指进风口部分。

进风口的面积与淋水装置的面积，一般比例范围为：薄膜式淋水装置为0.7～1.0，点滴式淋水装置为0.35～0.45。

抽风式和开放式冷却塔的进风口，应朝向塔内倾斜的百叶窗，以改善气流条件，并防止水滴溅出和杂物进入冷却塔内。

407. 不清楚冷却塔的收水器作用怎么办？

冷却塔收水器的作用是：将空气和水分离，减少由冷却塔排出的湿空气带出的水滴，降低冷却水的损耗量。它是由塑料板、玻璃钢等材料制成两折或三折的挡水板。冷却塔内的收水器可使冷却水的损耗量降低至0.1%～0.4%。

408. 不知道冷却塔有哪些技术术语怎么办？

冷却塔的技术术语有以下10种。

（1）冷却度。水流经冷却塔前后的温差。它等于进入冷却塔的热水与离开冷却塔的凉水之间的温度差。

（2）冷却幅度。冷却塔出水温度同环境空气湿球温度之差。

（3）热负荷。冷却塔每小时"排放"的热量值。热负荷等于循环水量乘以冷却度。

（4）冷却塔压头。冷却水由塔底提升到顶部并经喷嘴所需的压力。

（5）漂损。水以细小的液滴形式混杂在循环空气中而造成的少量损失。

（6）泄放。连续或间接地排放少量循环水，以防止水中化学致锈物质的形成和浓缩。

（7）补给。为补充蒸发、漂损和泄放所需补充的水量。

（8）填料。冷却塔内使空气和水同时通过并得到充分接触的填充物，有膜式、片式、松散式、飞溅式之分。

（9）水垢抑制剂。为防止或减少在冷却塔中形成硬水垢而添加在水中的化学物质，常用的有磷酸盐、无机盐、有机酸等。

（10）防藻剂。为抑制在冷却塔中生成藻类植物而添加在水中的化学物质，常用的有氯、氯化苯酚等。

409. 不清楚冷却塔飞溅损失怎么办？

冷却塔飞溅损失是指：冷却塔中以飞溅和雾沫夹带形式损失掉的非蒸发的水分，是被循环空气带走的水分，是一种冷却塔中水分的漂损，它与蒸发引起的水量损失不是一回事。

410. 不了解冷却塔的补充水怎么办？

冷却塔的补充水是指由于蒸发、飞溅、排污和渗漏而损失的水量（即所需要补充的水量）。

411. 不知道如何确定冷却塔的排污水量怎么办？

冷却塔的排污水是指连续或间歇地从循环水中排放掉的水，以防止水中化学物质集结而引起结垢。

冷却塔排污水量的确定往往与冷却水固体物的浓缩程度有关。浓缩度 N 是指补充水中溶解的固体物与循环水中溶解的固体物之比。由于氧化物在浓缩物中仍然是可溶解的，故 N 可简单地表示循环水中的氯化物含量与补充水中氯化物含量之比

$$N = \frac{Cl_c}{Cl_m}$$

式中　Cl_c——循环水中的氯化物含量，质量分数，%；

　　　Cl_m——补充水中氯化物含量，质量分数，%。

412. 不知道如何确定冷却塔的补充水量怎么办？

冷却塔的补充水是指用来补偿冷却塔工作中由于蒸发、飞溅、排污所损失的水量。其计算公式为

$$N_U = E + B$$

式中　N_U——补充水量，m^3/h；

　　　E——蒸发水量，m^3/h；

　　　B——飞溅加排污水量，m^3/h。

在冷却塔的进出水温差为 7℃ 时，蒸发所损失的水量约为 1%，排污水量约为循环水量的 0.9%。

413. 不清楚离心式水泵的结构怎么办？

中小型冷库冷却塔使用的离心式水泵，其基本结构如图 4-21 所示。

图 4 - 21　离心式水泵

414. 不了解离心式水泵工作原理怎么办？

离心式水泵的工作过程是：

离心式水泵叶轮的前盖板上有一个圆孔，即叶轮的进水口，它装在泵壳的吸水口内，与水泵吸水管路相连通。水泵叶轮的叶片一般是径向的或向后弯曲的，其数目为 6～8 片。离心泵在起动之前，要先用水灌满泵壳和吸水管道，当叶轮旋转时，水泵中的水被叶轮带动一起运动，在离心力的作用下，向叶轮边缘甩出，然后经外壳上与叶轮成切线方向的出水管被压送到输水管内。与此同时，叶轮中心处的压力降低，冷却塔的回水便连续地进入水管被吸入叶轮的中心部分，形成循环流动。

第五章 Chapter5

制冷系统的控制设备

第一节 制冷系统控制与保护设备

415. 不了解电磁阀作用怎么办？

制冷系统中的电磁阀通常安装在制冷系统管路中的膨胀阀之前，并与压缩机同步工作。电磁阀的作用是：压缩机停机时电磁阀关闭，使液体制冷剂不能继续进入蒸发器内，防止液体制冷剂进入压缩机汽缸中，当压缩机再次起动时造成"液击"故障。

电磁阀可分为直接作用式和间接作用式两种。使用在商业制冷设备中的电磁阀一般为直接作用式。

416. 不了解直接作用式电磁阀的工作原理怎么办？

直接作用式电磁阀的构造如图5-1所示。它由阀体和电磁头两部分组成。

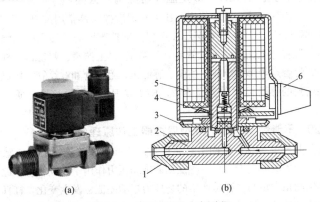

(a)   (b)

图5-1 直接作用式电磁阀

(a) 实物图；(b) 结构图

1—螺母；2—接头和阀体；3—座板；4—衔铁；5—电磁线圈；6—接线盒

直接作用式电磁阀的工作原理是：当电磁头中的线圈通电时，线圈与衔铁产生感应磁场，衔铁带动阀针上移，阀孔被打开，制冷系统中的制冷剂液体正常流动。当电磁头中线圈断电时，磁场消失，衔铁靠自重和弹簧力下落，阀针将阀孔关闭，制冷系统中的制冷剂液体停止流动。所谓直接作用式电磁阀，就是利用电磁头中的衔铁直接控制阀孔的启闭。此种电磁阀的结构特点只适用于控制 3mm 以下的阀孔。

417. 怎样选用与安装电磁阀？

电磁阀的选用要求是：一般应根据系统的流量选择合适接管口径的电磁阀，同时还要考虑其工作电压、适用的环境温度、工作压力等参数要求。电磁阀安装时的要求是：电磁阀的阀体应与管道水平垂直，以保证电磁阀阀芯能轻松地上下运动；为保证电磁阀关闭时的严密性，要求系统中介质的流动方向应与电磁阀阀体上的标称方向一致；为防止电磁阀阀芯孔被脏堵，应在电磁阀前端安装过滤器。电磁阀阀体要固定在机组或支架上，以免发生振动造成系统的泄漏。

418. 不了解温度继电器的作用怎么办？

温度继电器简称温控器，是一种控制冷库内温度的装置。其作用是将冷库内温度进行一定控制的部件。温度继电器的作用有两个：① 通过调节控制器的旋钮，改变所需要的冷库内的温度；② 使冷库内的温度在设定的温度范围内自动控制。

419. 不了解 WTZK－50 型温控器结构怎么办？

中小型冷库制冷系统中使用的压力式温度控制器常用的有 WTZK 系列和 WTQK 系列。图 5－2 为 WTZK 系列温度控制器的外形和内部结构。它主要由感温包、毛细管、波纹管室（气箱室）、主弹簧、差动器、杠杆、拨臂、动、静触点等部件组成。其中，感温包、毛细管和波纹管室构成感温机构。在密封的感温机构中充有 R12、R22 或 R40（氯甲烷）工质，作为感温剂。

420. 不清楚 WTZK－50 型温控器工作原理怎么办？

WTZK－50 型温控器的工作原理是：感温包和波纹管室中的感温剂感受到被测介质的温度变化后，感温剂的饱和压力作用于波纹管室，此时波纹管室产生的顶力矩与主弹簧产生的弹性力矩的差值也发生变化，杠杆便在该力矩差值的推动下转动，当转动一定角度后，杠杆将遇到差动器中幅差弹簧的作用，因此杠杆在转动时，波纹管室所产生的顶力矩，不仅要克服主弹簧的反向力矩，而且还要克服幅差弹簧的反向力矩。当杠杆继续转动达到一定

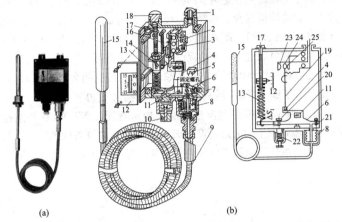

(a)   (b)

图 5－2　WTZK－50 型温控器（原型号为 WT－1226 型）结构与原理图

(a) 实物图；(b) 结构图

1—出线套；2—开关；3—接线夹；4—拨臂；5—刀支架；6—杠杆；

7—轴尖座；8—波纹管室（气箱室）；9—毛细管；10—差动旋钮；

11—刀；12—标尺；13—主弹簧；14—指针；15—感温包；16—导杆；

17—调节螺杆；18—锁紧螺母；19—跳簧片；20—螺钉；21—止动螺钉；

22—差动器；23—静触点 2；24—动触点；25—静触点 3

角度时，拨臂才能拨动动触点，使其迅速动作。

　　主弹簧也称定值弹簧，它的拉力大小的调节就是设定所需温度的下限值，即设定的停机温度值。其调节方法是用螺丝刀调节调节螺杆，其数值可从指针所指标尺的数值上看出来。

　　差动器中的幅差弹簧是调节回差值的。所谓回差值，就是当被测的制冷装置因工作温度降低到所需的数值后而停机，当温度上升后，不是一超过设定温度值的下限就开机，而是允许温度回升几度再开机，这一允许回升值就称为回差值，它可通过旋转差动旋钮来调节。更贴切地说，调节幅差弹簧的压力的大小，就是设定温度控制器从触点断开状态到闭合状态的温度差值。

421. 不会调节 WTZK－50 型温控器怎么办？

　　WTZK－50 型温控器的主弹簧又称定值弹簧，它的拉力大小的调节就是设定所需温度的下限值，即设定的停机温度值。其调节方法是用螺丝刀调节调节螺杆，其数值可从指针所指标尺的数值上看出来。

差动器中的幅差弹簧是调节回差值的。所谓回差值，就是当被测的制冷装置因工作温度降低到所需的数值后而停机，当温度上升后，不是一超过设定温度值的下限就开机，而是允许温度回升几度再开机，这一允许回升值就称为回差值，它可通过旋转转动旋钮来调节。更贴切地说，调节幅差弹簧的压力的大小，就是设定温度控制器从触点断开状态到闭合状态的温度差值。

422. 不了解 WTQK 系列温控器的结构怎么办？

图 5-3 为 WTQK 系列温控器的结构示意图。WTQK 系列温控器与 WTZK 系列温控器不同的是：WTQK 系列温控器波纹管内的压力直接作用于主弹簧。它通过差动调节件及调节套拨动微动开关，以接通或断开控制电路。

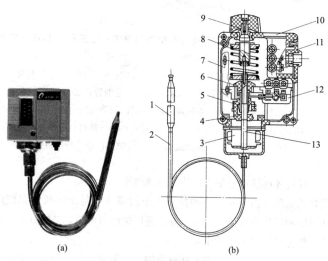

(a)　　　　　　　　(b)

图 5-3　压力式温度控制器结构（WTQK-11 型）

（a）实物图；（b）结构图

1—温包；2—毛细管；3—波纹管；4—调节座；5—差动调节件；

6—调节套；7—刻度板；8—弹簧；9—旋钮；10—壳体；11—接线盒；

12—微动开关；13—顶杆

423. 不清楚 WTQK 系列温控器的工作原理怎么办？

WTQK 系列温控器的工作原理是：当被测工质的温度低于设定温度最低值时，弹簧推动顶杆下移，调节套驱动微动开关动作，控制回路被切断。

而当被测工质的温度上升，感温包内压力增加，波纹管被压缩，并通过顶杆压缩弹簧，使差动调节件向上位移，驱动微动开关动作，接通控制回路。

在使用时，通过调节旋钮可以改变调节弹簧的弹力，便可以改变温度控制器断开时的温度值，调节弹簧的弹力越大，微动开关断开的温度值就越高。差动调节件可以改变它与调节套之间的间隙，间隙越大，微动开关触点闭合温度与断开温度差值就越大，因此差动调节件控制了欲控温度的最高值。

424. 不会调节 WTQK-11 型压力式温度控制器怎么办？

调节 WTQK-11 型压力温度控制器时，通过调节旋钮可以改变调节弹簧的弹力，便可以改变温度控制器断开时的温度值，调节弹簧的弹力越大，微动开关断开的温度值就越高。差动调节件可以改变它与调节套之间的间隙，间隙越大，微动开关触点闭合温度与断开温度差值就越大，因此差动调节件控制了欲控温度的最高值。

425. 不清楚压力继电器的作用怎么办？

压力控制器是由压力信号控制的电开关，因此又叫压力继电器。压力控制器若按控制压力的高低分类，可分为高压控制器、中压控制器和低压控制器。

中小型冷库制冷系统中常使用的是高、低压压力控制器。

高压控制器的作用是制冷压缩机的高压保护，目的是防止因冷凝器断水、水量供应严重不足、风冷式冷凝器风扇不转、由于起动时排气管路上的阀门未打开、制冷剂灌注量过多、因系统中不凝性气体过多等原因造成排气压力急剧上升而产生事故。当排气压力超过警戒值时，压力控制器立即切断压缩机电动机的电源，使压缩机保护性停机。

低压控制器可以用来在小型制冷装置中对压缩机进行开机、停机控制；在大型制冷装置中可用于控制卸载机构动作，以实施压缩机的能量调节。同时低压控制器还可以起防止压缩机吸气压力过低的保护作用。

在实际使用中对一台压缩机而言，往往既要高压保护，又要以吸气压力控制压缩机的正常开、停。为了简化结构，常常将高压控制器与低压控制器做成一体，称为高低压控制器。

426. 不了解 FP 型压力继电器结构怎么办？

图 5-4 为 FP 型压力继电器（又称压力控制器）的结构图。

FP 型压力继电器结构主要由三部分组成：低压部分、高压部分和触头部分。高、低压气箱接口用毛细管分别与压缩机的吸、排气腔连接，吸、排

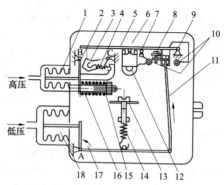

图 5-4 FP 型压力继电器的结构

1—高压气箱；2—杠杆；3—跳板；4—跳簧；5—动触头板；6—辅触头；
7—主触头；8—低压差动调节螺钉；9—转轴；10—接线柱；11—推杆；
12—永磁铁；13—低压调节螺钉；14—低压弹簧；15—高压调节螺母；
16—高压弹簧；17—直角杆；18—低压气箱

气压力作用在波纹管外壁的气箱室中，产生一个顶力矩。它们分别与高低压调节弹簧的张力矩和拉力矩在某一转角位置平衡，使触头处于闭合状态。

427. 不清楚 FP 型压力继电器的工作原理怎么办？

FP 型压力继电器的工作原理分为高低压两部分。

(1) 低压部分工作原理。当压缩机的吸气压力下降到稍低于低压控制器的调定值时，低压弹簧的拉力矩大于气箱中吸气压力所产生的顶力矩，弹簧拉着低压推杆逆时针方向绕着支点 A 旋转，带着推杆向上移动，到推动动触头时，使动触头与静触头分离而切断电源；当压缩机吸气压力上升到高于低压控制器的调定值时，气箱中的吸气压力所产生的顶力矩大于低压弹簧的拉力矩，气箱推着杠杆以顺时针方向旋转，推杆往下移动接通电源，触头板在永久磁铁的吸力作用下，使动、静两触头迅速闭合以防发生火花而烧毁触头。

若要想调节低压控制器的压力控制值（即切断电源的压力值），可旋转低压调节螺钉以调整低压弹簧的拉力矩，顺时针旋转时能增加拉力，逆时针旋转时则能减小拉力。

低压控制器的差动值（即触头分与合时的压力差），由低压差动调节螺钉来调整，差动值的调整是通过调节推杆端部夹持器的直槽空行程长短来实现的。空行程长，则差动值大；反之，差动值则小，压差调节螺钉每旋转一圈，压力差变化为 0.04MPa。

（2）高压部分工作原理。当压缩机的排气压力上升至略高于高压控电器的调定值，高压气箱内的排气压力所产生的顶力矩大于高压调节弹簧的张力矩，顶力矩便推动高压杠杆以逆时针方向绕着支点 B 旋转，杠杆推动跳簧向上拉，使跳板以刀口 C 为支点，按顺时针方向向上突跳式地旋转，撞击动触头板使触头分离而切断电源。当排气压力下降后，使动触头板复位，动、静触头便又闭合而接通电源。

高压控制器的压力控制值（即切断电源的压力值）的调整，可旋转高压调节螺母来调节高压弹簧的张力矩。当顺时针方向旋转时，则增大弹簧的张力；若逆时针方向旋转螺母，则减小弹簧的张力。可调节的压力范围为 0.6~1.4MPa 或 1.0~1.7MPa。触头通断的差动值为 0.2~0.4MPa。需要注意的是，FP 型高低压控制器的差动值是不能调节的。

428. 不了解 KD 型压力继电器结构是怎样的？

图 5-5 为 KD 型压力继电器结构及原理图。KD 型压力继电器的结构主

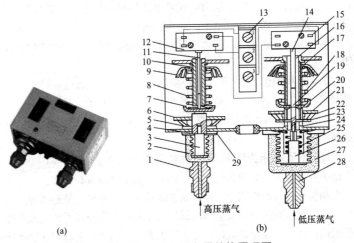

高压蒸气   低压蒸气

(a)   (b)

图 5-5　KD 型压力继电器结构原理图

（a）实物图；（b）结构图

1、28—高、低压接头；2、27—高、低压气箱；3、26—顶力棒；4、24—压差调节座；
5、22—蝶形簧片；6、21—压差（差动）调节盘；7、20—弹簧座；8、18—弹簧；
9、17—压力调节盘；10、16—螺纹柱门；11、14—传动杆；12、15—微动开关；
13—接线柱；19—传力杆；23、29—簧片垫板；25—复位弹簧

要分为低压、高压和接线等三部分。它的高、低压气箱接口用毛细管分别与压缩机的吸、排气腔连接，气箱接收压力信号后产生位移，通过顶杆直接与弹簧的张力作用，并用传动杆直接推动微动开关，与 FP 型不同的是省去了杠杆机构，高、低压部用两只微动开关分别控制电路，因而较 FP 型结构紧凑，调节方便。

429. 不清楚 KD 型压力继电器工作原理怎么办？

KD 型压力继电器的工作原理分为高低压两部分。

（1）低压部分工作原理。当气箱内的吸气压力低于低压控制器的设定值时，弹簧的张力大于气箱的顶力，将传动杆向气箱的方向推，传动杆脱开低压微动开关的按钮，按钮在内部的弹力作用下弹出，使微动开关的触头分离而切断电源。而当压缩机的吸气压力回升至高于它的设定值时，气箱中的吸气压力所产生的顶力矩大于低压弹簧的张力，将传动杆反方向推动并将微动开关的按钮揿下，使微动开关的触头闭合，电源又接通。

（2）高压部分工作原理。当气箱内的排气压力高于高压控制器的设定值时，弹簧的张力小于气箱的顶力，气箱推动传动杆将微动开关的按钮下揿，使开关内的触头分离，切断电源。而当压缩机的排气压力下降到设定值以下时，弹簧力大于气箱顶力，传动杆反向移动而脱离微动开关的按钮，开关触头闭合，电源又接通。

KD 型压力继电器高、低压力控制器的压力调节可通过旋转各自的压力调节盘进行调整，顺时针转动为压紧弹簧，逆时针转动为放松弹簧。

KD 型的压差调节盘是调节高、低压力控制器的各自差动值的。当顺时针旋转调节盘时，弹簧受到压缩差动值增加，反之，则减少。

430. 不了解压力继电器手动复位作用怎么办？

压力控制器型号后面标有字母 S 的表示其有手动复位装置。

手动复位装置的作用是当制冷系统高压超出设定值，使触头分离后，压缩机停机，制冷系统内很快会因高低压力平衡而使高压压力值迅速下降至设定范围内，使压力控制器复位。此时若无控制触头复位装置，就会使压缩机在没有排除故障的条件下重新起动，然后又因故障而停机，如此反复频繁地停、开机很容易使电动机绕组烧毁。设有手动复位装置后，当压力控制器的高压部分微动开关的触头分离后有一自锁装置，使触头不能随系统内的压力平衡而复位，而是需要用手拨动或按下手动复位装置，触头才会闭合。因此，手动复位装置具有保护压缩机电动机的作用。

由于 KD 型压力继电器没有控制值分度指示，不便于使用中随时调试，因此，近年来已被带有控制分度指示的 YK306 型等 YK 系列的压力继电器所取代。YK 系列压力继电器的结构与工作原理与 KD 型相似，在此就不作介绍了。

431. 不知道压力继电器使用时是否还用调整怎么办？

制冷系统使用的压力继电器出厂时，其高、低压力设定值已经调好，不需要在使用时进行再调整。如果在制冷装置运行中压缩机出现频繁开、停机现象，应检查制冷系统有无故障，并可在系统上安装高、低压压力表以检查高、低压力有无超出正常范围。若没有超出，就可观察压力控制器的哪一部分动作，确定故障部位后再进行调节，修正设定值，以满足系统正常运行的参数要求。

432. 不清楚活塞式压缩机安全使用条件怎么办？

冷库制冷系统使用的活塞式压缩机必须在一定的工作条件下，才能保证长期安全运行。对使用以氟利昂为制冷剂的活塞式压缩机，安全使用条件作了规定。表 5-1 为活塞式压缩机安全运行对其运行时高低压和油压提出的要求。

表 5-1　　　　　　　　活塞式压缩机安全使用条件

使用工作条件	制 冷 剂	
	R12	R22
t_0（℃）	$-30\sim10$	$-40\sim5$
t_k（℃）	$\leqslant50$	$\leqslant40$
压缩比	$\leqslant10$	$\leqslant10$
p_k-p_0（MPa）	$\leqslant1.2$	$\leqslant1.4$
$t_{吸气}$（℃）	15	15
$t_{排气}$（℃）	130	150
油温（℃）	$\leqslant70$	$\leqslant70$

在冷库制冷系统运行中上述参数分别通过高低压力控制器、油压控制器来实现。

433. 不了解压差继电器作用怎么办？

压差继电器又称为压差控制器或油压继电器。在制冷系统运行过程中，为了保证压缩机各运动摩擦部件能得到良好的润滑，必须使润滑系统有一定的油压。如果油压过低，在压缩机运转或起动过程中就会因运动部件得不到良好的润滑而造成压缩机的严重损坏。而在压缩机运转过程中，油压表所反映的压力并不是真正的润滑油压力，真正的润滑油压力应该是油压表指示的压力与压缩机吸气压力的差值。因此，确切地说，压差控制器是一个维持油泵排出压力与压缩机吸气压力在一定范围内的压力控制器。当压缩机在运行过程中出现油泵排出压力与压缩机吸气压力的差值小于设定值时，控制器的微动开关就会动作，自动切断压缩机电动机的电路，使压缩机停机。

434. 不知道压差继电器工作原理怎么办？

冷库制冷系统使用的压差继电器的主要型号有 JC3.5 型和 MP55 型。这两种压差继电器的结构、工作原理基本相同。下面就以 JC3.5 型压差继电器为例，看一下其工作原理。

图 5-6 为 JC3.5 型压差继电器的工作原理图。其工作原理是：工作时高压波纹管接压缩机润滑油泵的出口，低压波纹管接压缩机曲轴箱，两个波纹管所产生的压力差通过角形杠杆由主弹簧平衡；当压力差大于主弹簧的给定压力值时，压差开关的动触点 K 与静触点 DZ 闭合，使以下两个电路导

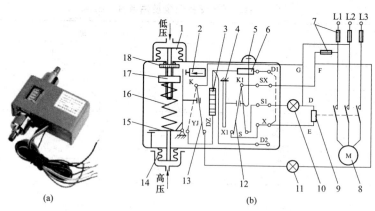

图 5-6　JC3.5 型压差控制器工作原理图

（a）实物图；（b）结构图

1—低压波纹管；2—试验按钮；3—电热器；4—双金属片；5—复位按钮；

6—降压电阻；7—熔断器；8—电动机；9—接触器线圈；10—事故信号灯；

11—正常信号灯；12—延时开关；13—压差开关；14—高压波纹管；

15—角形杠杆；16—主弹簧；17—弹簧座；18—压差调节螺钉

通：一路自电源 L2 端引出的控制电路经 G、D、接触线圈、触点 E、接线柱 X 及延时开关的静触点 X1、动触点 K1、接线柱 SX 及触点下而回到电源 L1 端。此时，接触线圈通电，触点闭合，电动机起动，压缩机也起动运行；与此同时，另一路 L2、G、K、DZ、F、L1 接通，正常工作信号灯亮。

当压差下降至小于给定值时，在主弹簧的作用下，角形杠杆逆时针偏转 (处于虚线位置)，使压差开关的动触点 K 与静触点 DZ 脱开而与 YJ 闭合，随即信号灯熄灭；与此同时，电流自 L2 端引出的电路经 G、K、YJ 至延时开关的电加热器，再经降压电阻、触点 D1、X、S1、K1、SX、F 回到电源 L1 端。此时，电加热器对双金属片加热，而自 L2 引出的另一路电流经 G、D、接触器线圈、触点 E、X、Xl、K1、SX、F 回到电源 L1 端，此时压缩仍在运转。当双金属片加热 60s 后，即向右侧弯曲，推动延时开关，使动触点 K1 与 X1 脱离。电路 L2、G、D、S1、K1、SX、F、L1 导通，事故信号灯亮，压缩机停机，同时电加热器停止加热。

由于延时开关设有自锁装置，因此，压差控制器不能自动复位再次起动压缩机。只有待故障排除后，按动复位按钮，使延时开关的动触点 K1 重新与 Xl 闭合，接触器线圈通电，才能再次起动压缩机。

435. 不了解压差继电器的延时作用怎么办？

压差继电器中延时机构的作用是保证压缩机能在无油压的情况下正常起动，即给予缩机从起动到建立正常油压 60s 的时间。若压缩机因故障在 60s 内仍不能建立正常油压，则压缩机随即停机，进行强制保护，待查明故障原因，排除故障后再次重新起动压缩机。

需要注意的是：在压缩机起动时，在延时时间（60s）以内，虽然电流已对电加热器通电，双金属片已被加热，但因弯曲不足，延时开关尚未动作，因此，压缩机仍在运行，事故信号灯也不亮，但此时因压差开关已脱离触点 DZ 而又未与触点 YJ 相接触，所以此时正常信号灯也不会亮。

JC3.5 型压差控制器正面装有试验按钮，用以检验延时机构的可靠性。检验时向左推动试验按钮，经 60s 后，电路被切断，压缩机自动停机，说明延时机构工作正常。

436. 不清楚安装和使用 JC3.5 型压差控制器要注意的事项怎么办？

安装和使用 JC3.5 型压差控制器时，应注意的事项有以下几个方面。

（1）高、低波纹管应分别与油泵排出口及曲轴箱相接通，在接高、低波纹管时，一定要注意与油泵排出口及曲轴箱的接口，切勿接反。

（2）在与制冷系统电气线路连接时，必须根据工作电压，按线路图连接。压差继电器出厂时均按 380V 电压电源接线，若在实际接线中使用 220V 电压电源，必须将 D1－X 间的接线拆去，而把 X－D2 接通，使降压电阻不起作用。

（3）控制器接上电源后，必须按一下复位按钮才能正常工作，否则不能起动压缩机，会误认为有事故，实属正常。

（4）在延时机构工作一次后，要等待 5min 以后，待电加热器全部冷却后才能恢复正常工作。

437. 不清楚一机多库型小冷库控制参数怎么办？

中小冷库一机多库布置方法，如图 5－7 所示。

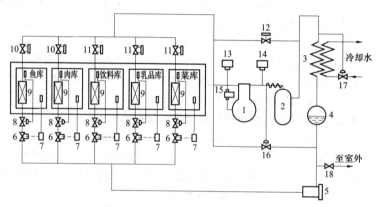

图 5－7　一机多库型小冷库布置方法图

1—压缩机；2—油分离器；3—冷凝器；4—储液器；5—干燥过滤器；6—电磁阀；
7—温度控制器；8—热力膨胀阀；9—蒸发器；10—止回阀；11—蒸发压力调节阀；
12—气体旁通调节阀；13—低压压力继电器；14—高压压力继电器；
15—压差继电器；16—液体旁通阀；17—水量调节阀；18—安全阀

这个典型中小冷库一机多库布置方法的制冷系统有两台制冷压缩机，在正常工作状态下，只有一台工作，另一台备用（途中备用压缩机未画出）。其工作参数是：蔬菜库库温：4℃±1℃；乳品库库温：2℃±1℃；饮料库库温：9℃±1℃；鱼肉库库温：－10℃±1℃。

各冷库均设有单独的蒸发器。冷库制冷系统设置了温度调节、压力调节和安全保护三个控制方面。

438. 不了解冷库电气控制柜按钮开关如何启闭怎么办?

按钮开关是中小型制冷设备中常用的电气控制开关,如图5-8所示。按钮开关按其触头的工作状态,分为动合按钮和动断按钮。动合按钮接通电路,动断按钮用于断开电路。若同时具有动合和动断功能的按钮称为复合按钮,一般用来控制压缩机、水泵电动机的互锁控制。

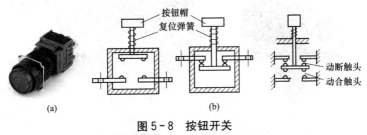

图5-8 按钮开关

(a) 实物图;(b) 结构图

439. 不清楚交流接触器的作用怎么办?

交流接触器是一种常用的低压电器。它的作用是用电磁铁控制动、静触点的闭合或分断,实现接通和切断电动机电路的目的。作为接通或断开电路的控制装置,它便于集中控制和远距离操作,具有频繁地接通和切断大电流电路的能力,并有失电压和欠电压保护的功能,是中小型冷库制冷系统中最常用的电器之一。

440. 不清楚交流接触器的结构怎么办?

图5-9为交流接触器的结构和实物图。

441. 不知道交流接触器怎样工作怎么办?

交流接触器主要由电磁系统(动、静铁芯与线圈)和触头组成。线圈与静铁芯(下铁芯)固定不动,当线圈通电时,铁芯线圈产生电磁吸力,将动铁芯(上铁芯)吸合,由于主触头和动铁芯固定在同一根轴上,因此使动合触头闭合,动断触头断开,接通所控制的电动机电路,电动机起动运行,同时交流接触器也处于工作状态。当线圈断电时,电磁吸力消失,动铁芯与静铁芯依靠反作用弹簧的作用而分离,触头恢复原位,即动合触头断开,动断触头闭合,此时交流接触器的状态称为释放状态。

控制电路通断的接触器触头包括三副主触头和四副辅助触头。主触头起接通和断开主电路的作用,允许通过大电流,使用时分别串联在主电路内。

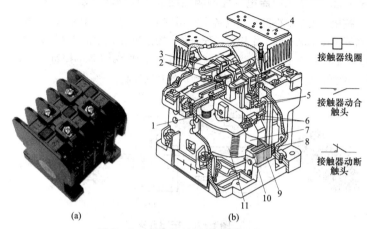

接触器线圈

接触器动合触头

接触器动断触头

图5-9　交流接触器的结构和符号

（a）实物图；（b）结构图

1—反作用弹簧；2—主触点；3—触点压力弹簧片；4—灭弧罩；5—辅助动断触点；
6—辅助动合触点；7—动铁芯；8—缓冲弹簧；9—静铁芯；10—短路环；11—线圈

辅助触头可以完成电路的各种要求，如自锁、连锁等，允许通过较小的电流，使用时一般接在控制电路中。触头又可以分为动合触头和动断触头两类。动合触头是指线圈未通电时，其动、静触头处于分离状态，线圈通电后动、静触头才能闭合。

动断触头是指线圈未通电时，触头是闭合的，而线圈通电后则分离。交流接触器的主触头都是动合触头，而辅助触头有动合的，也有动断的。动合触头和动断触头都是联动的，即接触器线圈通电动作时，动断触头先断开，随即动合触头就闭合。

442. 不清楚交流接触器的灭弧罩作用怎么办？

交流接触器工作时，动、静触头在断开时会产生电弧，如不迅速熄灭，可能将主触头烧蚀、熔焊。因此，用在冷库制冷系统电气控制电路中的大容量交流接触器都设有灭弧罩，其作用是当交流接触器工作时，动、静触头在断开时产生电弧后，迅速熄灭电弧，保护主触头免于烧坏。

443. 不清楚热继电器的作用怎么办？

使用在冷库制冷系统控制电路中的热继电器实物如图5-10所示。

热继电器的用途是对压缩机的电动机进行过载保护。其作用是当电动机长期过载或缺相运行时，其电流都可能超过额定电流，但又比其出现短路故障时电流小得多，所以电路中的熔断器不会起保护作用，若此时不迅速采取保护措施，时间一长会引起电动机绕组温升过高，影响其使用寿命，甚至引起电动机绕组的烧毁，因此在电路中使用热继电器作为长期过载保护之用。

图5-10　热继电器

444. 不了解热继电器的内部结构怎么办？

使用在冷库制冷系统控制电路中常用的热继电器主要有 JR0、JR5、JR15、JR16 等系列。

热继电器主要由双金属片、发热元件和动作机构及触点系统组成。图5-11 为热继电器的外形与内部结构示意图。

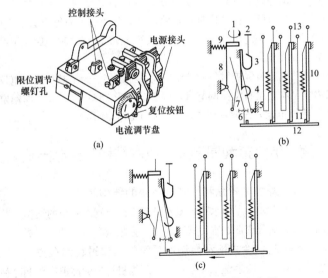

图5-11　JR0 热继电器外形与结构示意图

（a）外形；（b）静止状态；（c）动作状态

1—电流调节凸轮；2—复位按钮；3—复位簧片；4—触头簧片；5—触头；

6—限位调节螺钉；7—推杆；8—调节杆；9—弹簧；10—双金属片；

11—热阻丝；12—导板；13—电源接头

445. 不清楚热继电器的工作原理怎么办？

热继电器的发热元件是由阻值不大的电阻片或电阻丝绕制而成的，工作时串联在电动机三相定子绕组电路中，所以流过发热元件的电流就是流过电动机的电流。热继电器的工作原理是电流越大，产生的热量就越多，此热量传给感温元件——双金属片。双金属片是用两层热膨胀系数相差较大的金属片扎焊在一起制成的。工作过程中当电动机在额定负载下正常运行时，发热元件的发热量不足以使双金属片动作；而当电动机发生过载时，流过发热元件的电流较大，产生的热量也大，使双金属片受热产生足够的弯曲位移，通过动作机构，迫使串联在电动机控制电路中的动断触点断开，使接触器线圈断电，接触器的主触点断开，切断电动机供电电路，从而起到过载保护的作用。

446. 不清楚热继电器的复位方式怎么办？

热继电器动作以后，有两种复位方式：① 自动复位：即在热继电器动作后，经过一段时间（称复位时间）后，热继电器的动断触点会自动闭合；② 手动复位：即在热继电器动作后，经过约 5min 的复位时间后，用手按一下复位按钮使其复位。

由于电动机等被保护对象的额定电流品种繁多，为了减少热继电器的规格，在热继电器上设有电流调节盘，调节范围为 66%～100%，如额定电流为 16A 的热继电器，过载动作电流值最低可调定为 10A。

第二节　氟利昂制冷系统的结构与控制方法

447. 不了解水冷式氟利昂制冷系统的结构怎么办？

图 5-12 为小型冷库的水冷式氟利昂制冷机组制冷系统的结构，其主要由制冷压缩机、油分离器、水冷式冷凝器、膨胀阀和蒸发器等组成。

448. 不知道水冷式氟利昂制冷系统的工作过程怎么办？

水冷式氟利昂制冷系统工作过程是：压缩机排出的高温高压制冷剂过热蒸气经压缩机排气截止阀，送入水冷式冷凝器中，冷却水将其冷却为高压过冷液后，流入到储液器中，经热力膨胀阀节流后，进入冷却排管式蒸发器中汽化吸收食品热量后，成为干饱和制冷剂蒸气，被压缩机再次吸入进行循环，从而实现连续制冷的目的。

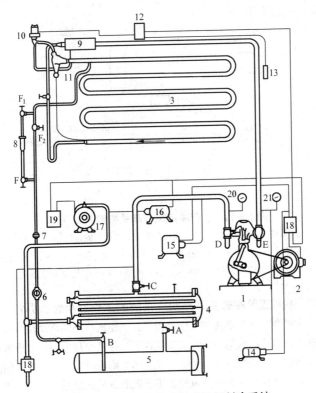

图 5 - 12 小型冷库水冷却式机组制冷系统

A—冷凝器出液阀；B—储液器出液阀；C—冷凝器进气阀；D—压缩机排气截止阀；
E—压缩机吸气截止阀；F—下调节手轮；F_1—上旁通手轮；F_2—旁通手轮
1—压缩机；2—电动机；3—蒸发器；4—冷凝器；5—储液器；6—流量指示器；
7—过滤器；8—过滤器；9—干燥过滤器；10—电磁阀；11—热力膨胀阀；
12—温度控制器；13—温度控制器感温包；14—低压压力继电器；
15—高压压力继电器；16—断水保护开关；17—水泵；18—水量调节阀；
19—起动开关；20—高压压力表；21—低高压压力表

449. 不清楚风冷式氟利昂制冷系统的结构怎么办？

图 5 - 13 为小型冷库的风冷却式氟利昂制冷机组的制冷系统，主要由制冷压缩、风冷式冷凝器、膨胀阀和蒸发器等组成。

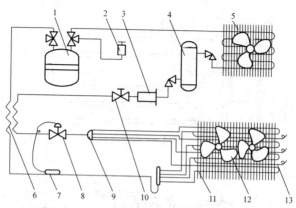

图 5－13　小型冷库风冷却式机组制冷系统

1—全封闭机组制冷压缩机；2—高压控制器；3—干燥过滤器；4—储液器；
5—风冷式冷凝器；6—热交换器；7—感温包；8—膨胀阀；9—分液器；
10—电磁阀；11—冷风机；12—风扇；13—电化霜加热器

450. 不知道风冷式氟利昂制冷系统的工作过程怎么办？

风冷式氟利昂制冷系统的工作过程是：压缩机排出的高温高压制冷剂过热蒸气进入风冷式冷凝器中，在风扇吹拂下，将其冷却为高压过冷液后，流入到储液器中，经干燥过滤器过滤，又经热力膨胀阀节流后，进入间冷式蒸发器中汽化，在风扇强制循环风的作用下吸收食品热量后，成为干饱和制冷剂蒸气，被压缩机再次吸入进行循环，从而实现连续制冷的目的。

451. 不了解一机多库制冷系统怎么办？

在多间库房的氟利昂制冷系统中，一台压缩机要同时向几个不同温度要求的库房供冷的制冷系统称为一机多库制冷系统。而按制冷要求，总是希望高温库具有较高的蒸发压力，低温库有较低的蒸发压力。但实际上压缩机的吸入压力，总是随低温库而定。为使高温库得到较高的蒸发压力，以得到较高且恒定的蒸发温度，在高温库回气管路中设置了蒸发压力调节阀。这就使阀前的压力恒定在给定范围之内，而使阀后的制冷剂气体压力与压缩机吸气压力一致，既保证了系统中各个蒸发器在各自不同工况下正常工作，又有利于压缩机在较稳定的吸气压力下运转。

452. 不清楚一机多库氟利昂制冷系统的结构怎么办？

不清楚一机多库氟利昂制冷系统的结构，可参看图 5－14 所示的一个典型的小型用氟利昂一机多库的冷库制冷系统。

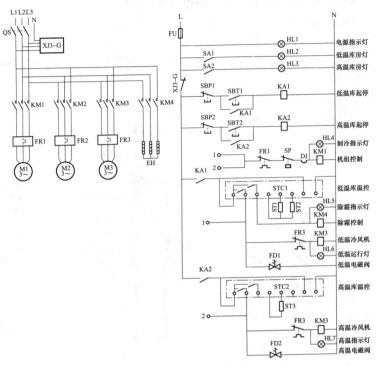

图 5-14　典型冷库制冷系统

QS—自动开关；XJ3—C 相序断相保护器；KM1～KM4—接触器；

FR1～FR3—热继电器；EH—融霜加热器；FU—熔断器；SA1、SA2—灯开关；

SBP1、SBP2—停止按钮；SBT1、SBT2—起动按钮；SP—压力继电器；

KA1、KA2—中间继电器；DJ—电子保护器；STC1、STC2—微电脑温控器；

ST1、ST3—库房温度传感器；ST2—化霜温度传感器；FD1、FD2—电磁阀

　　这个典型电路由主电路和辅助电路组成。主电路主要由交流接触器、热继电器和融霜加热器组成，为压缩机机组、冷风机和除霜加热器提供电源；辅助电路主要由指示灯、机组控制回路和库温控制电路组成，其作用是根据冷库的使用要求，自动控制压缩机机组、冷风机和除霜加热器的开、停，调节制冷剂的流量，并进行库温、除霜控制和对电路的相序与断相进行保护，以防因相序与断相问题，造成对压缩机机组、冷风机和除霜加热器的损坏，

保护设备安全运行。

453. 不了解蒸发压力调节阀作用怎么办？

蒸发压力调节阀一般用于一机多库的制冷系统中，安装在蒸发器出口管道上，蒸发压力调节阀作用是维持制冷系统各部分蒸发压力的稳定。

图5-15为中小型冷库制冷系统中常用的直接作用式蒸发压力调节阀的典型结构。

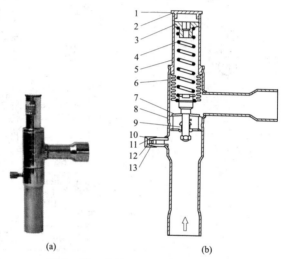

(a)   (b)

图5-15　直接作用式蒸发压力调节阀

（a）实物图；（b）结构图

1—护盖；2—垫片；3—设定螺钉；4—主弹簧；5—阀体；6—平衡波纹管；

7—阀盘；8—阀座；9—阻尼机构；10—压力表头；

11—接头盖；12—垫片；13—堵头

直接作用式蒸发压力调节阀的工作原理是：阀盘受到入口处制冷剂液体压力和弹簧力的共同作用，当蒸发压力升高时，阀孔将开大，流出的制冷剂量会增加，使蒸发器内压力降低；反之，当蒸发压力升高时，阀孔将关小，流出的制冷剂量减小，使蒸发器内的压力升高。这样不断地变化，从而使蒸发压力恒定在设定值附近。

454. 蒸发压力调节阀怎样稳定蒸发压力？

蒸发压力调节阀在一机多库制冷系统中控制稳定蒸发压力的作用。如某

使用 R_{12} 为制冷剂一机多库制冷系统中的高温库的库温为 5℃，其蒸发温度 $t_0 = t_{库温} + \Delta t = -5℃$，对应的蒸发压力 $p_0 = 0.266MPa$（0.166MPa 表压力），低温库的库温为 $-10℃$，$t_0 = t_{库温} + \Delta t = -20℃$，$p_0 = 0.153MPa$（0.053MPa 表压力）。为了稳定高、低温库蒸发器的工作温度，在高温库蒸发器回气管路中设置蒸发压力调节阀，用以控制高温库蒸发压力稳定在需要的压力范围。而同时在低温库回气管路中安装有单向阀，防止高温库制冷系统中气体流入低温库制冷系统，从而保证低温库制冷系统蒸发温度的稳定。

455. 怎样调节蒸发压力调节阀？

蒸发压力调节阀的调整是通过调节杆及调节弹簧来实现的。调节弹簧弹力越大，则蒸发压力越高。蒸发压力调节阀进行调整时，先接上压力表，根据冷库库温要求，将压力调到比冷库保持温度低 5～10℃ 相应的饱和压力为止。如某蔬菜库库温要求为 5℃，该库相应蒸发温度应在 0～-5℃，采用 R12 为制冷剂，其相应饱和压力为 0.314～0.266MPa（0.214～0.166MPa 表压力），根据这个压力范围调节蒸发压力调节阀进口侧的压力值。

需要注意的是，在一机二库制冷系统调节蒸发压力调节阀时，应在制冷系统正常工作情况下进行，这样才能保证调节效果。

456. 不了解冷凝压力调节阀作用怎么办？

冷凝压力调节阀的作用是在制冷系统运行时，将冷凝压力维持在正常范围内。制冷系统运行时若冷凝压力过高，会引起制冷设备的损坏和功耗的增大；若冷凝压力过低，会引起制冷剂的液化过程和膨胀阀的工作，使制冷系统不能正常工作，造成制冷量的大幅度下降。

对于水冷式冷凝器的冷凝压力调节是通过调节冷却水的流量来实现的。

457. 直接作用式温度控制水量调节阀怎样调节水量？

温度控制的水量调节阀结构如图 5-16 所示。

直接作用式的工作原理是：调节阀的温包安装在冷却水出口处，将冷却水的出水温度信号转变为压力信号，并通过毛细管将这一压力信号传递到波纹室，使波纹管在压力作用下变形，使顶杆动作，并带动阀芯移动，改变阀口开度。当水温升高时，阀开大；水温降低时，阀关小。即根据冷却水温度的变化自动调节冷却水的流量，从而达到控制冷凝压力的目的。阀上手轮的作用是调节弹簧的张力，用以改变设定值。直接作用式水量调节阀一般通径在 25mm 以下，而通径在 32mm 以上时则采用间接作用式水量调节阀。

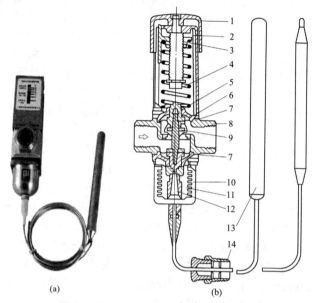

图 5-16　温度控制的水量调节阀结构

（a）实物图；（b）结构图

1—手轮；2—弹簧室；3—设定螺母；4—弹簧；5—O 形圈；6—顶杆；

7—膜片；8—阀体；9—阀芯；10—波纹室；11—波纹管；12—压力顶杆；

13—温包；14—毛细管连接密封件

458. 间接作用式温度控制水量调节阀怎样调节水量？

间接作用式温度控制水量调节阀结构如图 5-17 所示。其工作原理是温包安装在冷却水出口处，将冷凝器的出水温度信号转变为压力信号，控制导阀的阀芯启闭。当温度升高时，导阀阀孔打开，主阀活塞上腔的来自冷却塔高压水经内部通道泄流到阀的出口侧，使活塞上腔压力降为阀下游压力，于是活塞在上下水流压力差的作用下被托起，主阀打开；当温度下降时导阀孔关闭，活塞上下侧流体压力平衡，活塞依靠自重落下，主阀关闭。根据冷却水温度的变化，自动调节向冷凝器的供水量，从而达到控制冷凝压力的目的。

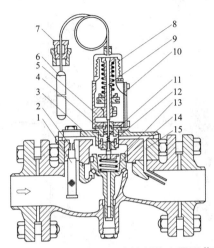

图 5 - 17　间接作用式温度控制的水量调节阀

1—过滤网；2—控制孔口；3—阀盖；4—密封垫；5—罩壳；6—温包；
7—连接及密封件；8—波纹管；9—压杆；10—密封垫；11—导阀组件；
12—导阀阀芯；13—活塞（主阀）；14—弹簧；15—内部通道

459. 不了解直接作用式能量调节阀如何调节能量怎么办？

直接作用式能量调节阀在制冷系统中属于旁通型能量调节装置。它安装在连接压缩机排气侧与吸气侧的旁通管道上。直接作用式能量调节阀的典型结构如图 5 - 18 所示。

直接作用式能量调节阀的工作原理是：当压缩机运行时负荷降低，吸气压力降低，当吸气压力降低到能量调节阀的开启设定值时，能量调节阀开启，使压缩机的排气有一部分旁通到系统的低压侧，使压缩机在低负荷时仍能维持运行所需要的吸气压力而继续运行。

460. 不清楚制冷系统热气旁通阀的作用怎么办？

热气旁通阀的作用是利用制冷剂压力和弹簧力的平衡原理来控制阀入口的压力。作为能量调节的热气旁通阀能提供一种自动调节方法，当制冷系统的吸气压力降低到某一设定值时，热气旁通阀自动开启，即通过旁通高压制冷剂蒸气至制冷系统的低压侧，来保持系统能在设定的最低吸气压力下正常工作。

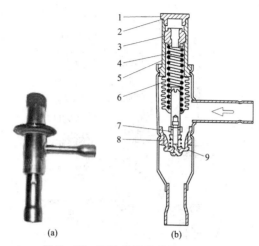

图 5-18　直接作用式能量调节阀

(a) 实物图；(b) 结构图

1—护盖；2—密封垫；3—设定螺钉；4—主弹簧；5—阀体；
6—平衡波纹管；7—阻尼机构；8—阀座；9—阀板

461. 不了解一机多库制冷系统控制原理怎么办?

一机多库氟利昂制冷系统的控制电路如图 5-19 所示。

当把开关 K1～K5 都放置自动运行位置上，并闭合压缩机开关 1K 时，1 号压缩机起动运行，制冷系统处于自动过载状态。各冷库根据设置库温，由电磁阀控制着供应制冷剂与否进行着自动运行。例如，当肉库库温高于规定的温度值时，温度控制器 1WD 触点闭合，电磁阀 1DF 的线圈通电，电磁阀开启，制冷剂进入肉库的蒸发器进行制冷降温；同时，中间继电器 1ZJ 的线圈通电，使其动合触点 1ZJ1 闭合，肉库的风扇电动机起动运行；动合触点 1ZJ2 闭合，绿色指示灯亮；动合触点 1ZJ3 闭合，冷却水泵的交流接触器 1C 线圈通电，动合触点 1C1 闭合，水泵起动运行。

从图 5-19 中可以看出，冷却水泵是受 5 个冷库温度控制器和两台压缩机的交流接触器控制的，只要 5 个冷库温度控制器和两台压缩机中的任意一个处于接通状态，冷却水泵就进入工作状态。只有在 5 个冷库温度控制器和两台压缩机的交流接触器都处于断开状态时，冷却水泵才能停止工作。

随着制冷系统的工作，各冷库的温度都逐渐下降，当某一冷库的温度达

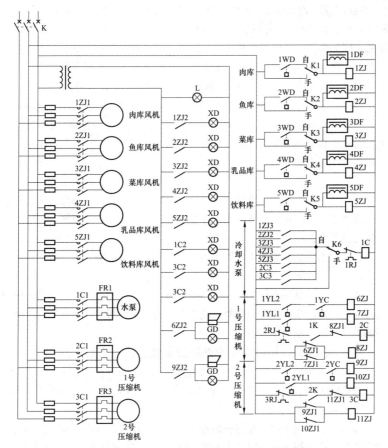

图 5-19　一机多库氟利昂制冷系统控制电路

K1～K6—转换开关；1YL1、2YL1—低压控制器；1YL2、2YL2—高压控制器；
1YC、2YC—油压控制器；K—电源开关；1WD～5WD—温度控制器；L—白色指示灯；
1DF～5DF—电磁阀；1ZJ～11ZJ—中间继电器；XD—绿色指示灯；
FR1～FR3—电动机过载保护器；1C～3C—交流接触器；GD—红色指示灯及报警

到设定值时，其控制的温度控制器就切断该路的电磁阀，停止向其蒸发器供
应制冷剂。当5个冷库都达到了设定温度时，五路的电磁阀供电都被切断，
全部停止向蒸发器供应制冷剂。此时，由于压缩机仍在运转，其低压压力开
始下降，当达到其跳开压力值时，则低压控制器1YL1（或2YL1）断开，

使中间继电器 7ZJ1 的线圈断电，使交流接触器 2C 的线圈断电，触点 2C1 断开，1 号压缩机停止运行。若 5 个冷库中某个库温上升，达到设定开机温度值，则电路控制动作过程相反，压缩机开始工作。因此，通过控制上述 4 个温度控制器，即可把各冷库需要的温度控制在所需的范围内。

462. 不知道一机多库制冷系统压力调节方法怎么办？

一机多库制冷系统压力调节方法可参看前面图 5-7 中蒸发压力调节阀 11、气体旁通调节阀 12、水流调节阀 17 和低压压力控制器 13 用于控制各种压力。在高温库蒸发器出口安装蒸发压力调节阀，可保证 5 个冷库在各自所需的做法压力下。

当 5 个冷库中只剩下一个冷库没有达到温度设定值，而压缩机的吸气压力降低到某一设定值时，系统的旁通调节阀自动打开，让一部分高压制冷剂蒸汽直接进入压缩机的吸气管道，使其吸气压力稳定在设定值之上，以避免压缩机出现停机问题。

在冷却水系统上安装水流调节阀的目的是将系统的冷凝压力维持在设定的范围内。

低压控制器是用于控制压缩机的吸气压力，当 5 个冷库都达到规定的设置温度时，低压吸气压力降至断开设置点，使其触点断开，切断压缩机电动机的供电电源，停止压缩机的运行。

463. 不清楚一机多库制冷系统安全保护的方法怎么办？

一机多库制冷系统安全保护方法可参看前面图 5-7 中高压压力控制器 14、安全阀 18、压差控制器 15、液体旁通阀 16、止回阀 10 等设施用于实现对制冷系统多方面的安全保护。

高压控制器用于控制压缩机的排气压力，当因某种问题，排气压力超过设定值时，高压控制器 1YL2（或 2YL2）断开，中间继电器 6ZJ（9ZJ）的线圈断电，其动断触点闭合，使中间继电器 8ZJ（11ZJ）的线圈通电，其动断触点断开，导致压缩机交流接触器 2C（或 3C）的线圈断电，其动合触点 2C1（或 3C1）断开，1 号压缩机（或 2 号压缩机）停机，同时，动断触点 6ZJ2（或 9 ZJ2）闭合，制冷系统的报警灯亮、报警器鸣响。

在高压控制器失效或压缩机停机的情况下，由于火灾或其他原因，引起冷凝器内部压力急剧增高，超过设定值时，为保护设备，安全阀会自动跳开，将系统内的高压制冷剂释放到容器外，防止爆炸事故的发生。

油压差控制器是用来保护压缩机正常工作的，当压缩机起动运行时或运行中，其供油压力小于设定值时，压差控制器 1YC（或 2YC）动作，切断压缩机电动机供电电源，停止压缩机运行，进行强制保护。

在吸气管道和高压液管之间装有导液阀，当排气压力超过允许值时，导液阀打开，一部分液体制冷剂经导液阀节流降压后，进入吸气管道，或压缩机的吸气温度降低，从而达到降低排气温度的目的。

在鱼库和肉库等低温库的回气管道上装有止回阀的目的，是为防止从菜库、乳品库等高温库出来的高温制冷剂蒸气倒流进低温库的蒸发器内冷凝，从而产生"液击"故障。

第六章 Chapter6

中小型冷库的安装与调试

第一节 制冷系统安装要求与操作方法

464. 不清楚中小型冷库安装时注意事项怎么办?

中小型冷库安装时注意事项主要有以下内容。

（1）冷库安装在强度大、平稳的地方。

（2）冷库安装在通风良好、湿度低、比较干燥的地方。

（3）组合式冷库安装需要一个水平的混凝土基座。冷库基座不得出现倾斜、凹凸现象，若基座出现倾斜、凹凸现象需修复平整后再进行安装。

（4）冷库周围不得有热源，以免影响机组散热。

（5）组合式冷库若安装在屋外，要安建一个遮挡阳光和雨淋的棚子，以延长冷库使用寿命。

（6）为保证机组正常工作，要求库体周围环境温度应在 35℃ 以内，并要留出对机组进行检修的空间。

（7）库板安装时注意在库板的凸边上完整地粘贴海绵胶带，密封好库板接缝。

（8）冷库的排水管要有一定的坡度，以利于将排水顺利导出。

465. 不知道中小型冷库压缩机组安装要求怎么办?

对风冷式中、小型冷库制冷系统压缩机组的安装要求有以下几个方面。

（1）机组应固定在清洁、干燥的地方，附近不能放置易燃、易爆及有腐蚀性的物品。

（2）机组四周应留有足够的空间，以便机组的散热通风和日常维护、检修。

（3）机组背面和墙面距离不应小于 300mm，机组基座应高出地面 300mm 以上，防止地面积水对机组的腐蚀。

（4）机组前后必须留出 500mm 以上的空间，以免阻挡机组进出风路径，特别是当多组机组安装在一起时更要合理布置，避免热风相互干扰，造成气流短路，从而影响散热效果。

（5）用于安装机组的机座架应牢固可靠，保证足够承受机组的质量和振动不致散架，并有较好的防腐能力。

（6）为保证机组的使用寿命和运行效果，机组应安装在阴凉、遮阳的地方。若安装在土建式冷库库房顶部时，机组上方应加盖遮阳棚。

466. 不知道制冷机组安装前开箱检查内容怎么办？

制冷设备安装前，应做好如下检查工作。

（1）安装前，应对制冷设备包装箱进行检查，看包装是否完好，运输过程中的防水、防潮、防倒置措施是否完善，查看箱体外形有无损伤，核实箱号、箱数、机组型号、附件及收发单位是否无误等问题。

（2）拆启包装箱时一定要从箱体上方开始，打开包装箱后，应先找到随机附的装箱单，逐一核对箱内附件与装箱单是否相符。

（3）检查机组型号是否与合同相符，随机文件是否齐全。

（4）观察机组外观有无损伤，管路有无变形，仪表盘上仪表有无损坏，压力表是否显示压力，各阀门、附件外观有无损坏、锈蚀等。

467. 冷库压缩机组怎样安装？

冷库压缩机组安装的要求有以下 9 个方面。

（1）准备工作。在机组安装前，应准备好安装时需要的工具和设备，如真空泵、氮气瓶、制冷剂钢瓶、U 形水银压力计、检漏仪等。

（2）检查机组的安装基础。机组安装基础是由土建施工方按机组供货商提供的设备图纸进行施工的，安装前应按设计要求对基础进行检查，主要内容包括：外形尺寸、基础平面的水平度、中心线、标高和中心距离；混凝土内的附件是否符合设计要求及地脚螺栓的尺寸偏差是否在规定范围内。要求基础的外观不能有裂缝、蜂窝、空洞等。

（3）在检查合格后，按图纸要求在基础画出设备安装的横纵基准线。

（4）用吊装设备将机组吊装到基础上。吊装的钢丝绳应设在冷凝器或蒸发器的筒体支座外侧，不要让钢丝绳碰到仪表盘等易损部件，并在钢丝绳与机组接触点上垫上木板。

（5）机组找正。在用吊装设备将机组就位后，要检查机组的横纵中心线与基础上的中心线对正，若不正可用撬杠等设备予以修正。

（6）校平。设备就位后，用水平仪放在机组压缩机的吸、排气口法兰端面上，对机组进行校平，要求机组的横纵向水平度小于 1/1000，不平处可用平垫进行垫平。

(7) 机组水系统的安装。机组冷却水的进出口应安装软接头，各进出水管应加设调节阀、温度计、压力表，在机组冷却水管路上要安装过滤器，水管系统的最高处要设放气管。

(8) 对机组电气系统的安装应注意：安装前对单体设备进行调试，使其达到调节要求。

(9) 仪表与电气设备的连接导线应注明线号，并与接线端子牢固连接，整齐排列。

468. 冷库水冷式冷凝器怎样安装？

冷库制冷系统的水冷式冷凝器通常与储液器一起安装，其安装要求是：安装时冷凝器在上，储液器在下。冷凝器用螺栓固定在支架上，支架一般用混凝土做基础，并装有半圆形垫木，用水平仪校正。其平面偏差每米不得超过 1.5mm，略倾斜于冷凝器的放油端。冷凝器的冷却水管应从冷凝器的下部进入，上部放出。制冷剂蒸气应从冷凝器上部进入，制冷剂液体从下部流出，以保证冷却水与制冷剂逆向流动，充分进行热交换。

469. 不知道冷库制冷系统管道如何安装怎么办？

冷库制冷系统管道安装要求如下。

(1) 管道连接前要将制冷机组内的氮气排泄干净。

(2) 使用制冷系统专用，经过处理的干净铜管。

(3) 要求系统中水平管道应顺制冷剂液体流动方向向下倾斜。

(4) 冷库蒸发器安装位置高于压缩机时，高度差在 5m 以内，并在蒸发器回气口出口设置 U 形回油弯，回油弯的半径应尽量小，回气管应高于蒸发器上平面再与吸气立管连接。

(5) 冷库蒸发器安装位置低于压缩机时，应在回气立管底部设置回油弯，如果高度差大于 5m 时，应每隔 5m 设置一个回油弯，要求总高度差不大于 20m。

(6) 冷库制冷管道支撑固定要牢固，避免因管道下垂，而在管道中形成润滑油陷阱。

(7) 制冷的回气管道应采取隔热措施，以减少冷量损失，避免过大的有害过热现象。

(8) 在完成机组与管道的连接后，应用压力检漏方法，对包括制冷机组、冷凝器、蒸发器、各种阀件和管道在内的整个系统进行检漏和保压试漏，以确认整个制冷系统无泄漏。

✎ 470. 冷库制冷系统管道保温层应怎样做？

冷库制冷系统管道保温层的通常做法是：选用与管道直径相符的管壳型保温材料，分层包裹在管道的外边。在包扎保温层前应预先清洗管道表面的锈层、污垢或油渍，涂上一层沥青油或防锈漆，形成防锈层后再敷设保温层。具体操作方法是：先将沥青油加热至黏稠状，再将管壳型保温材料蘸上沥青油砌敷在管道上。砌敷时管壳型保温材料应错缝排列，并在接缝处充填玛蹄脂。第一层管壳型保温材料砌敷好后，涂以沥青油，再用同样的方法砌敷第二层、第三层，直至达到隔热要求厚度为止。隔热层砌敷好后，再敷设用玻璃布、沥青油毡为材料的防潮层，最后在管道外面用金属丝网或玻璃布做一层保护层。

✎ 471. 不知道如何对制冷系统进行压力检漏怎么办？

中小型冷库制冷系统安装完毕后，必须进行压力试验和真空试验。制冷系统的压力试验分为高、低压两步进行，其具体操作步骤如下。

（1）在高、低压部分接压力表，拆去原系统中不宜承受过高压力的部件和阀件（如蒸发压力调节阀、压力控制器、热力膨胀阀等），并用其他阀门或管道代替，开启管路上的其他所有阀门。

（2）自高压系统任何一处向全系统充注氮气，并使压力达到低压试验表压力（R12 约为 1.0MPa，R22 约为 1.4MPa）即停止充注氮气。

（3）观察系统压力下降情况。若压降明显，则应用肥皂液进行找漏。

（4）低压试验完毕，即进行高压系统的压力试验。此时，关闭压缩机排出阀和膨胀阀前供液截止阀，继续向高压系统充氮气，使压力提高到高压试验表压力（R12 约为 1.6MPa、R22 约为 2.0MPa）后停止充注氮气，观察高压系统压力下降情况并再次找漏。

（5）制冷系统保压 24～48h。保压前 4h 压降表压力不超过 0.03MPa，而后持续稳定（试验过程中，因气温改变压力升降一般不超过表压力0.01～0.03MPa），即试验合格。

（6）制冷系统的真空试验，必须使用真空泵。用真空泵抽真空，首先开启系统上所有连接的阀门，关闭与大气相通的阀门，然后用耐压橡胶管将真空泵的吸入口与制冷系统制冷剂充注阀相连，起动真空泵，系统内空气由真空泵排气口排出，当真空度超过 0.093MPa，关闭制冷剂充注阀，停泵，检查系统是否泄漏。

472. 怎样对制冷系统用制冷剂试漏？

制冷系统经过吹污、压力试验和真空试验全部达到要求后，可利用系统真空度直接向系统充注制冷剂，对制冷系统用制冷剂试漏具体操作方法是：将加氟管的一端与氟利昂钢瓶的瓶阀接好，另一端与制冷系统制冷剂充注阀虚接，开启氟利昂钢瓶瓶阀，看到制冷系统制冷剂充注阀口冒出白色烟雾状的制冷剂气雾时，迅速拧紧接口，向制冷系统内注入气态制冷剂。当系统内压力升至 0.3MPa 时，关闭瓶阀，停止向系统充制冷剂蒸气，然后用酚酞化学试纸或卤素灯进行检漏。

在检漏过程中如发现压力有下降，但在系统中又一时无法找到渗漏处，这时应注意以下几种可能性。

（1）冷凝器中制冷剂一侧向水一侧有泄漏，应打开水一侧两端封盖进行检查。

（2）如果是对使用多年的系统进行检修，则应注意低压管路包在绝热材料里面的连接处有否泄漏。

（3）各种自动调节设备和元件上也有可能产生泄漏，如压力控制器的波纹管等。

473. 冷库制冷机组抽真空怎样操作？

冷库制冷机组抽真空操作的要求有以下两个方面。

（1）对于新安装的机组，必须使用真空泵对整个制冷系统进行抽真空。不准使用本机组的压缩机对系统抽真空，否则可能造成对压缩机不可修复的损坏。

（2）抽真空时应将整个制冷系统的所有阀门开启，从制冷系统高低压两侧同时进行抽真空，在技术条件允许的条件下，可以使用真空压力表，以检测抽真空的程度。要求真空度值标准应达到 30Pa 以下。

474. 冷库制冷机组怎样进行加注制冷剂操作？

冷库制冷机组加注制冷剂操作的要求有以下几个方面。

（1）向机组制冷系统加注制冷剂的工作程序，应在制冷系统抽真空结束后立即进行制冷剂加注操作，以防止因系统内部真空，而造成空气的渗入。

（2）在向机组制冷系统加注制冷剂之前，应接通系统中电磁阀的电路，使其处于开启状态。首次加注制冷剂应从机组高压阀截止阀或储液器上的加液口，加注液态制冷剂。在机组与氟利昂钢瓶之间的加液管上应安装一只干燥过滤器，以防止制冷剂中裹挟的水分和杂质进入系统。

（3）制冷剂首次加注量可按制冷系统需求额定值的 80% 进行加注，首次加注量不宜过多。

（4）加注完毕后，静止 30min 左右，待机组制冷系统内部压力稳定后，可起动压缩机运行（对于水冷式机组，应先开启冷却水系统运行），观察制冷剂的运行状态，一般可从系统视液镜中观察制冷剂的流动状态来判断制冷剂加注量是否合适，若制冷剂不足，可从低压检测口适量加注气态制冷剂，直到视液镜中的气泡消失，蒸发器结满均匀的霜，压缩机回气管挂满薄霜，即可判定制冷系统加注制冷剂合适。

475. 膨胀阀怎样进行安装？

小型冷库制冷系统热力膨胀阀的选择要求是：热力膨胀阀的工作能力要大于系统压缩机组制冷量的 20%～30%。热力膨胀阀安装时阀体要尽量靠近蒸发器，阀体应垂直，不要倾斜；一般小型制冷系统应使用涨口连接方式，热力膨胀阀的感温包应水平绑在管道上，并用保温防潮材料包裹好。

一般情况下，热力膨胀阀的感温包尽量装在蒸发器出口水平段的回气管上，应远离压缩机吸气口而靠近蒸发器，不宜垂直安装。当水平回气管直径小于 22mm 时，热力膨胀阀的感温包应安装在回气管的顶上端与水平轴线成 45°左右。当制冷系统的水平回气管直径大于 25mm 时，感温包要安装在回气管轴线以下与水平轴线成 45°左右的位置。因为把感温包安装在吸气管的上部会降低反应的灵敏度可能使蒸发器的制冷剂过多，把感温包安装在吸气管的底部会引起供液的紊乱，因为总有少量的液态制冷剂流到感温包安装的位置而导致感温包温度的迅速变化。

476. 不知道膨胀阀的安装操作要求怎么办？

膨胀阀的安装操作要求是：安装时膨胀阀的感温包需用铜片包扎好，回气管表面要除锈，如果是钢管，表面除锈后涂银漆以保证感温包与回气管的良好接触。感温包必须低于阀顶膜片上腔而且感温包的头部要水平放置或朝下，当相对位置高于膜片上腔时毛细管应向上弯成 U 形，以免液体进入膜片上腔。

477. 不知道干燥过滤器怎样安装更好怎么办？

制冷系统的干燥过滤器是在制冷系统维护中需要经常拆卸下来进行清洗的部件。所以，制冷系统的干燥过滤器安装按图 6-1 所示方法安装，更利于维护。

当在制冷系统维护，需要拆卸干燥过滤器时，可以这样操作：将干燥过滤器下部的截止阀 3 打开，关闭截止阀 1 和截止阀 2，松开干燥过滤器右侧的纳子，待制冷剂放干净之后，将干燥过滤器两端的纳子都拧松，即可拆下

图6-1 干燥过滤器安装图

1、2、3—截止阀

干燥过滤器进行维护。清洗干净后，再装回系统，然后先关闭截止阀3，再打开截止阀2，松开截止阀1上的纳子放出一点蒸气后，立即拧紧截止阀1上的纳子，然后打开截止阀1，恢复制冷系统运行。

478. 不知道电磁阀的安装方法怎么办？

冷库使用的电磁阀有单体式和立体式两种，两种电磁阀的安装要求基本相同，安装时应按以下方法进行安装。

（1）首先将两端导管对正，垂直连接端面平行，用点焊定位，以保证电磁阀密封。

（2）为了防止内部零件受热损坏，拆除阀体，再进行焊接。焊接后将焊渣及氧化物清除干净，以防止通道堵塞。

（3）检查并清除电磁导阀与主阀连接部位密封线的毛刺或脏物，以免划伤软铝片而造成密封不严。

（4）电磁导阀与主阀连接时，不要加力过大，否则会使中间的五孔铝片压偏，造成通孔变小或封死而不能导通。

（5）隔磁套管法兰盘与导阀阀座依靠密封垫片密封，紧固螺钉时，应对角拧紧，若加力不均匀时会造成泄漏。

479. 不清楚制冷系统调试时要检查内容怎么办？

为保证冷库制冷系统设备的安全，冷库制冷系统安装完毕，进行调试时要检查的内容有以下几个方面。

（1）对蒸发器风机进行转向检查，保持其转向正确，其他形式的蒸发器可在运行之后进行检查。

（2）对于风冷机组，检查冷凝器风扇的转向，气流方向应朝压缩机方向；对于水冷机组，检查水泵转向和水压，阀门是否打开，应确保冷凝器有冷却水供应，同时检查冷却塔风扇专向的正确性。

（3）检查油压控制器的动作是否正常。从电控制箱内压缩机的接触器出线口将压缩机的动力线拆下，使制冷系统模拟投入运行（即控制线路投入工作，压缩机处于不运行状态），90min 后电气控制箱内压缩机接触器应断开，这说明接线方法正确。油压安全控制在以后的运行中起到保护作用。如果 90s 后（或更长时间）压缩机的接触器仍不能断开，说明控制线路有问题或油压安全控制器有问题，应找出原因并修复，否则系统不能投入运行。

（4）检查电极保护装置是否起作用。打开压缩机的接线盒，按着接线盒盖的接线图，将两根线的任何一根拆下（为了确保安全，此时不应有任何电源进入电气控制箱），同样是从电气控制箱内将压缩机接触器出线口的压缩机动力线拆下，使制冷系统模拟投入运行，即压缩机处于不运转状态，此时压缩机接触器不能合上，说明电动机保护装置起作用。

如果此时压缩机的接触器能够合上，说明电动机保护装置没起作用，要检查控制线路和电动机保护装置的问题，并进行修复，才能使系统投入运行。

第二节　冷却塔安装要求与方法

480. 冷却塔安装前怎样进行准备工作？

冷却塔安装前的准备工作主要有以下 8 个方面。

（1）冷却塔安装位置。选择通风良好的位置，筑物保持一定的距离，避免冷却塔出风与进风出现回流情况。

（2）冷却塔安装位置应远离锅炉房、变电站和粉尘过多的场所。

（3）冷却塔安装基础的位置应符合设计要求，其强度达到承重要求。

（4）冷却塔安装基础中预埋的钢板或预留的地脚螺栓孔洞的位置应正确。

（5）冷却塔安装的基础标高应符合设计要求，其允许偏差为±20mm。

（6）冷却塔的部件现场验收合格。

（7）冷却塔进风口与相邻建筑物之间的距离最短不小于 1.5 倍塔高。

（8）冷却塔安装位置附近不得有腐蚀性气体。

481. 冷却塔体安装施工前要做的工作是什么？

冷却塔体安装施工前做好的工作有以下 5 个方面。

（1）冷却水塔安装地点应处于清洁、通风环境良好的环境。

（2）检查校对冷却塔支架尺寸与基础位置是否相符，塔支架基础是否找平校正。

（3）循环水泵吸入口应放置于冷却塔集水盘标准水位以下的位置。

（4）冷却塔出水管的管路配置绝对不能高于集水盘最高水位。

（5）将欲安装的塔体分块依次进行编号，并备好连接螺栓。

482. 冷却塔安装施工要求是什么？

冷却塔安装施工要求有以下6个方面。

（1）冷却塔安装必须保持水平、不能倾斜，同时基础螺栓与塔体的地脚螺栓必须锁紧。

（2）冷却塔体顶部及塔内施工时不准使用气焊、电焊等，以免发生火灾。

（3）风扇的旋转面应与冷却塔轴心线垂直。

（4）冷却塔安装时严禁用金属重物直接敲击玻璃钢塔体，以免出现爆裂。

（5）冷却塔安装位置必须预留空间，以保证配管与主机相连接。

（6）冷却塔风扇电动机接好电源线后，应对电源线接线孔进行密封处理，以免进水。

483. 不清楚冷却塔水管、管件安装工要求怎么办？

冷却塔水管、管件安装工要求有以下7个方面。

（1）管材、管件应符合国家或部颁现行标准的质量鉴定或产品合格证。要按设计要求检验管材、管件的规格型号，符合方可使用。

（2）管道、管件安装前，必须除锈清污，安装间断时敞口处要临时封闭。

（3）管道穿过基础、墙壁和楼板，应配合土建预留穿墙空洞，管道的焊口、接口和阀门、法兰等管件不得安装在墙板内。

（4）管道穿过水池、屋顶、地下构筑物墙体时应采取防水措施，对有严格防水要求的应采用柔性防水套管，一般采用钢性套管即可。

（5）明装水管并行或上下成排安装时，水管排列直线部分应相互平行。折弯处应与直管管间距相等。

（6）管道采用法兰连接时，法兰盘应垂直于管子中心线，法兰盘表面相互平行，不得采用强行拧紧法兰螺栓的方法进行管路连接。

（7）上水管道的法兰衬垫宜采用石棉垫，回水管法兰衬垫宜采用橡胶垫。法兰的衬垫不得凸入管道内，以其外圆到法兰孔为宜。法兰垫片应带把以便于安装调整，连接螺栓不宜凸出过长，螺母安装方向一致。

484. 不知道安装冷却塔基础的要求怎么办?

安装冷却塔基础的要求有以下几个方面。

(1) 冷却塔基础最小高度应为30cm,多台冷却塔的基础必须在一个平面内。

(2) 冷却塔基础要按规定尺寸预埋好水平钢板,各基础面标高应在同一水平面上,标高的误差要求在±1mm,分角中心误差要求在±2mm。

(3) 塔体放置应保持水平,在塔体脚座与基础之间应装设避震器。

485. 不清楚冷却塔配管的要求怎么办?

冷却塔配管的要求有以下几个方面。

(1) 配管管径不得小于冷却塔的出配管出入水管的管径。

(2) 冷却塔水泵和热交换器之间的出水管上应装控制阀。

(3) 冷却塔与水泵之间的管道上应安装水过滤器。

(4) 管径大于100mm的配管,在冷却塔与水泵之间的出入水管道上应安装防振接头或防振软接头。

486. 不知道冷却塔安装位置要求怎么办?

冷却塔安装位置的要求有以下两个方面。

(1) 冷却塔入口端与相邻建筑物之间的最短距离不小于塔高的1.5倍。

(2) 冷却塔的安装位置不能靠近变电设备、锅炉房或其他有明火及有腐蚀性气体的场所。

487. 冷却塔设置的间距要求是什么?

冷却塔设置的间距要求有以下两个方面。

(1) 逆流式冷却塔。间距应大于塔高。

(2) 两塔以上塔群布局。应考虑两塔间保持一定间距,一般以塔径的1~2倍为宜。圆形逆流式冷却塔间距应大于塔体的半径,方形逆流式冷却塔间距应大于塔体长度的1/2。

488. 不了解冷却塔高低位安装怎么办?

冷却塔的安装分为高位安装和低位安装。高位安装是指将冷却塔安装在建筑物的屋顶,低位安装是指将冷却塔安装在机组附近的地面上。

冷却塔的安装分为整体安装和现场拼装两种。

冷却塔整体安装比较简单,即用起吊设备将整个塔体吊装到基础上,紧固好地脚螺栓,连接好进出水管道及电气控制系统即可。

冷却塔现场拼装是大多数冷却塔的安装方式,操作起来比较复杂一些,安装过程一般分为三部分：主体的拼装、填料的填充、附属部件的安装等。

489. 冷却塔主体安装现场怎样拼装？

冷却塔主体的现场拼装包括支架、托架的安装和塔上、下体的拼装。拼装的操作过程有以下 7 个方面。

（1）冷却塔体的主柱脚与安装基础中预埋的钢板或预留的地脚螺栓紧固好，并找平，使其达到牢固可靠。

（2）冷却塔各连接部位的紧固件应采用热镀锌或不锈钢螺栓、螺母。

（3）冷却塔各连接部位的紧固件的紧固程度应一致，达到接缝严密，表面平整。

（4）集水盘拼接缝处应加密封垫片，以保证密封严密无渗漏。

（5）冷却塔单台的水平度、铅垂度允许偏差为 2/1000。

（6）冷却塔钢构件在安装过程中的所有焊接处应做防腐处理。

（7）冷却塔钢构件在安装过程中所有焊接必须在填料装入前完成，装入填料后，严禁焊接操作，以免引起火灾。

490. 冷却塔中的填料怎样选择码放？

冷却塔中的填料选择、码放要求如下。

（1）填料片要求其亲水性好、安装方便、不易阻塞、不易燃烧。在使用塑料填料片时，宜采用阻燃性良好的改性聚乙烯材料。

（2）填料片码放时要求其间隙要均匀、上表面平整、无塌落和叠片现象，填料片不能有穿孔或破裂。填料片与塔体最外层内壁紧贴，之间无空隙。

491. 不知道冷却塔附属部件安装要求怎么办？

冷却塔附属部件包括：布水装置、通风设备等，其部件的安装要求如下。

（1）冷却塔布水装置安装的总体要求是：有效布水、均匀布水。布水系统的水平管路安装应保持水平，连接的喷嘴支管应垂直向下，并保证喷嘴底面在同一水平面内。采用旋转布水器布水时，应使布水器旋转正常，布水管端与塔体内壁间隙应为 50mm，布水器的布水管与填料之间的距离不小于 20mm，布水器喷口应光滑，旋转时不能有抖动现象，喷嘴在喷水时不能出现"中空"现象，横流冷却塔采用池式布水，要求其配水槽应水平，孔口应光滑，最小积水深度为 50mm。

（2）冷却塔通风设备安装的总体要求是：轴流风扇安装时应保证风筒的圆度和喉部尺寸，风扇的齿轮箱和电动机在安装前应检查其有无外观上的损坏，各部分的连接件、密封件不得有松动现象，可调整角度的叶片的角度必须一致，其叶片顶端与风筒内壁的间隙应均匀一致。

492. 不清楚冷却塔水泵安装要求怎么办？

冷却塔水泵安装要求有以下 8 个方面。

（1）水泵安装高度应小于允许吸上真空高度减去进水管路损失。

（2）水泵出水口法兰处应装上压力表，以便观察和控制泵的运行工况。

（3）水泵管路质量不得由水泵承受。

（4）水泵应该安装在通风的地方，室外安装应加防护罩，避免太阳暴晒及淋雨。

（5）水泵安装前，应检查其在运输过程中有无变形或损坏，紧固件有无松动或脱落。

（6）安装配置进出水口管。管路安装应尽可能减少管道流体阻力为原则。

（7）水泵进水口管处应加过滤网，以防止硬质杂质或硬质固体颗粒进入泵腔内损伤轴封或水叶，导致水泵漏水或异常。

（8）水泵进水口管处应加止回阀，以便于起动运行前向水泵内注水。

493. 冷却塔水泵安装完毕怎样起动试机？

冷却塔水泵安装完毕起动试机的方法有以下 5 个方面。

（1）水泵在起动前应打开进水闸阀和泵排气阀塞，关闭出口闸阀，泵腔内灌满水，使泵能够正常起动。

（2）对开启式水泵，要先点动水泵电动机，从电动机端看，检查转向是否符合箭头所示方向，若不一致，调换电动机电源线即可。

（3）水泵起动后逐渐打开出口闸阀，调整至所需工况点。

（4）水泵在运行过程中，运行工况点流量以不大于性能参数表中所给的大流量点的流量为宜，同时电动机运行时电流不得超过额定电流。

（5）水泵停机顺序。关闭出口管路上的闸阀→电动机→压力表。

494. 冷却塔试运行起动前要做哪些准备工作？

冷却塔试运行起动前要做的准备工作有以下 8 个方面。

（1）开启冷却塔集水盘的排污阀门，用清水冲洗冷却塔的集水盘及整个冷却塔内部。

（2）检查风扇皮带轮与电动机皮带轮的平直度与皮带的松紧度是否合适，进行适当调整；调整风扇扇叶的角度，使其一致，并使风扇扇叶与塔体外壳的间隙保持一致。

（3）用手盘动塔体内部的转动部件，检查其运转是否灵活。

（4）检查冷却塔布水器上的喷头是否堵塞，若发现堵塞要逐个拆下进行清洗，以确保每个喷头都能正常工作。

（5）用绝缘电阻表遥测一下风扇电动机的绝缘情况，若小于2MΩ时应予更换；同时还应检查风扇电动机的防潮措施是否合乎要求，若有不到位的情况应予及时排除。

（6）检查冷却塔内填料的安装是否合乎要求，对存在的问题应予及时排除。

（7）向冷却塔中注入冷却水，调整浮球阀的控制位置，使集水盘中的水位保证在溢水口以下20mm。

（8）测试冷却塔中的冷却水的水质是否合乎要求，同时向冷却水中加入适量的阻垢剂。

495. 不知道冷却塔水泵吊装方法怎么办？

水泵吊装以使用三角架配以倒链进行。其具体吊装方法是：起吊时绳索应系在水泵体和电动机体的吊环上，不能系在轴承座上或轴上，以免损伤轴承座或使轴出现变形。操作时在基础上放好垫块，将整体水泵吊装在垫板上，套上地脚螺栓和螺母，调整底座位置，使底座上的中心线和基础上的中心线一致。泵体的纵向中心线是指泵轴中心线，横向中心线应符合设计的图纸要求，其偏差在图样尺寸的±5mm范围之内，实现与其他设备的良好连接。

496. 不清楚水泵无隔振和有隔振安装要求怎么办？

水泵的安装分为无隔振要求和有隔振要求两种方式，其具体安装要求如下。

（1）无隔振要求水泵的安装方法。在安装过程中主要工作是对安装基础找平、找正，在达到要求后将水泵就位即可。

（2）有隔振要求水泵的安装方法。常用的隔振装置有两种，即橡胶隔振垫和减振器。

497. 不知道冷却塔水泵橡胶隔振垫安装要求怎么办？

冷却塔水泵橡胶隔振垫一般是由丁腈橡胶制成，具有耐油、耐腐蚀、耐老化等特点。

安装冷却塔水泵橡胶隔振垫时的要求有以下5个方面。

（1）水泵的基础台面应平整，以保证安装的水平度。

（2）水泵采取锚固方法时应根据水泵的螺钉孔位预留孔洞或预埋钢板，

使地脚螺栓固定尺寸准确。

（3）水泵就位前将隔振垫按设计要求的支承点摆放在基础台面上。

（4）隔振垫应为偶数，按水泵的中轴线对应布置在基座的四角或周边，应保证各支承点荷载均匀。

（5）同一台水泵的隔振垫采用的面积、硬度和层数应一致。

498. 不知道冷却塔水泵减振器安装要求怎么办？

冷却塔水泵减振器安装时的要求是：基础要平整、各组减振器承受荷载的压缩量应均匀，不得出现偏心；安装过程中应采取保护措施，如安装与减振器高度相同的垫块，以保护减振器在施工过程中不承受载荷，待水泵的配管装配完成后再予以拆除。

499. 不知道冷却塔水泵安装时找正与调平方法怎么办？

水泵找正的方法是：安装时将水泵上位到规定位置，使水泵的纵横中心线与基础上的中心线对正。水泵的标高和平面位置的偏差应符合规范要求。泵体的水平允许偏差一般为 0.3～0.5mm/m。用钢板尺检查水泵中心线的标高，以保证水泵能在允许的吸水高度内工作。

水泵调平的方法有以下 3 个方面。

（1）在水泵的轴上用水平仪测轴向水平度。

（2）在水泵的底座加工面或出口法兰上用水平仪测纵、横水平度。

（3）用吊线测量水泵进口法兰垂直面与垂线平行度。

在水泵调平中，如采用无隔振安装方式，应采用垫铁进行调平，如采用有隔振安装方式，应对基础平面的水平度进行严格的检查，达到要求后才能安装。

当水泵找正、找平以后，可向其地脚螺栓孔和基础与水泵底座之间的空隙内灌注混凝土，待凝固后再拧紧地脚螺栓，并对水泵的位置和水平度进行复查，以防在灌注混凝土，拧紧地脚螺栓过程中发生位移。

500. 不知道水泵管道安装的要求怎么办？

水泵管道安装的要求是：安装水泵的进水管路时，水平管道部分处于水平或向上翘状态都是不允许的。因为这样做会使水泵进水管内聚集空气，降低水管和水泵的真空度，使水泵吸水扬程降低，出水量减少。正确的做法是：水泵的水平管道部分应向水源方向稍有倾斜，不应水平，更不得向上翘起，以减少进水管内聚集空气，提高水管和水泵的真空度。

501. 不清楚水泵进水管路上不允许弯头多怎么办？

水泵进水管路上不允许弯头多是因为，如果水泵的水系统在安装时进水管路上使用的弯头多，会增加局部水流阻力，增大水泵的功耗。在实际工程中若切实需要安装弯头，只能将弯头在垂直方向转弯，不允许在水平方向转弯，以免聚集空气，降低水管和水泵的真空度。

502. 当水泵的进水管直径大于水泵进水口时怎么办？

当水泵进水管直径大于水泵进水口时，应安装偏心变径管。偏心变径管平面部分要装在上面，斜面部分装在下面，否则会聚集空气，使水泵的出水量减少，并伴有撞击声。若水泵进水管与水泵进水口直径相等时，应在水泵进水口和弯头之间加一段直管，直管长度不得小于水管直径的 2～3 倍。

503. 当水泵安装完毕，不知电源线连接要求怎么办？

水泵安装完毕，最后一道工序是连接电源线。水泵连接电源线的要求是：必须按铭牌要求正确接线，接线时，接线端必须牢固，不允许有松动，否则，会造成接触不良而导致缺相烧机。其接线线路上必须有过载保护装置，并根据电动机铭牌上的电流要求调整过载保护装置动作设定值的大小。

第三节　装配式冷库安装要求与方法

504. 怎样选择活动冷库安装地点？

活动冷库安装地点选择的基本要求是：冷库不要建在有阳光直射和温度过高的场合，应建在阴凉处最佳，小型冷库最好建造在室内。冷库四周应有良好的排水条件，地下水位要低，冷库底下最好有隔层且保持通风良好，保持干燥对冷库很重要。另外，在冷库建造之前应根据冷库制冷机组的功率先架设好相应容量的三相电源，若冷库制冷机组是水冷的，应铺设好水管，建造好冷却塔。

505. 怎样选择活动冷库保温材料？

选用活动冷库保温材料的要求是：既要有较好的隔热性能，又要经济实用。冷库保温材料有几种类型，一种是根据长度、宽度和高度加工好四面带钩的库板，可根据库体安装的需要选择相应规格的库板。高、中温冷库一般选用 10cm 厚的库板，低温冷库及冻结冷库一般选用 12cm 或 15cm 厚的库板。

保温材料有聚氨酯、聚苯酯等。聚氨酯不吸水，隔热性较好，但成本较高；聚苯酯吸水性强，隔热性较差，但成本较低。现代冷库的结构正向装配式冷库发展，制成包括防潮层和隔热层的冷库构件，做到现场组装，其优点是施工方便、快速且可移动，但造价比较高。

506. 怎样选择冷库的制冷压缩机？

选择冷库制冷压缩机时主要是考虑冷库压缩机经济效益。要求在满足制冷能力需要的基础上，选择耐用、好用，运行和维护费用都低的压缩机。一般情况下，小型冷库选用全封闭压缩机为主。因全封闭压缩机功率小，价格相对便宜；中型冷库制冷量较大，一般以选用多缸半封闭压缩机为主。

507. 怎样选择冷库制冷系统蒸发器？

冷库制冷系统蒸发器的选择方法是：高温冷库以选用冷风机为蒸发器，其特点是降温速度快，但易造成冷藏物品的水分损耗；中、低温冷库选用铝材制作的排管式蒸发器为主，其特点是恒温效果好，并能适时蓄冷和保持库内湿度稳定。

508. 不清楚装配式冷库安装前准备工作怎么办？

装配式中小型冷库安装前必须要做好的准备工作有以下几个方面。

（1）施工的组织准备。准备好施工图纸及相关设备、工具，制订好施工计划，所有参加施工人员既有分工又有合作，密切配合工作。

（2）进入施工现场。清点全部设备和附件，数量上是否齐全，质量上是否符合设计要求，若有缺，则应补齐；若有不符合要求的，则应调换或修改图纸。

（3）地坪保温施工。冷库不同于一般的工业与民用建筑，冷库内外温度差和水蒸气分压力差影响着冷库的正常运行，应认真做好地坪隔气防潮和保温工程；施工人员到达施工现场后，应认真对照设计图纸，检查地坪是否符合图纸设计要求，隔气防潮层是否平整完整，尺寸是否符合图纸要求，保温材料 XPS 的密度、外形尺寸是否符合图纸要求和产品规范。铺设保温板时应错缝排布，过大的缝隙应打发泡剂，予以补缝处理。墙板安装槽应平直，杂物应清理干净。

（4）准备好安装工具。起重设备和各种必要的物质资料。

（5）要考虑冷库的库温。可以根据要求选择温度，如低温库、高温库、中温库，比如存放肉类的，可以选择 $-18℃$，存放蔬菜的可以选择 $0\sim5℃$。

（6）库板的卸车及码放。运送库板的车辆到达施工现场后，应做到有组织地卸车，按照库板的类型和规格尺寸分类整齐码放，地面及库板每层之间放置防划伤保护材料。卸车堆码过程中，应轻拿轻放，严禁抛扔、拖拉等野蛮搬运，避免库板及外层保护膜划伤；应检查库板的外观质量，看有无划伤、凹坑和鼓胀等质量缺陷；冷库库板的堆码必须分类摆放整齐，并做好标记。

509. 不了解装配式冷库的库板特点怎么办?

装配式小型冷库库板的特点是:库板块一般使用导热系数低的硬质聚氨酯泡沫塑料作为保温材料,其具有吸水率低、耐腐蚀等特点。库容一般在2~200t,库温有 0~5℃ 高温库或 -15~-18℃ 的低温冷库,也可制成 -23~-40℃ 低温速冻库。库板厚度有 75、100、150mm 和 200mm 等系列,库板尺寸可在宽 1200mm、长 800mm 以下范围内,根据需求选取。

装配式中小型冷库地板一般采用内加保温层的镀锌钢板或不锈钢板,其平均承重可达 2935kg/m²。

510. 不了解装配式冷库对冷库门的隔热性要求怎么办?

为了减少冷库库房外部空气温湿度对库内的影响,冷库门应具有较好的隔热性能(通常应与所附着的围护结构隔热性能相近),因此冷藏门的门扇应设置足够厚度的隔热层,并设置相应的隔汽层,防止受潮失效。目前,冷库门的隔热材料一般采用聚苯乙烯泡沫塑料或软木,而相应采用塑料薄膜或热沥青为隔汽层。为了减少冷库门部位的热量传递,冷库门的门扇与门框有足够的搭接宽度,并应保证门扇在关闭时具有良好的密封性。冷库门的门框在设计时也必须注意避免形成"冷桥"。

511. 不了解装配式冷库对冷库门的严密性要求怎么办?

装配式冷库对冷库门的严密性要求是:冷库门要求关闭紧密,开启灵活、结构牢固、形变小、机械强度高、刚性好。为了减轻门扇的自重,冷库门应尽可能采用容重较小的结构材料和隔热隔汽材料制作。例如,采用聚苯乙烯泡沫塑料作隔热层,外包塑料薄膜作隔汽层的冷库门比用软木作隔热层、涂沥青作隔汽层的冷藏门自重大大减轻,因此有条件时,一般均采用前者制作冷库门。

512. 不了解装配式冷库对冷库门的安全性要求怎么办?

装配式冷库对冷库门的安全性要求是:为了便于库内人员在发生意外时能迅速离开库房,库门一律采用外开的方式,关闭的库门必须从库内打开。电动门必须附设手动装置,并应在库内装设报警装置。

513. 不了解装配式冷库门受潮后的危害怎么办?

冷库门是库房货物出入的咽喉,开启频繁。当库门打开时,库内外的冷热空气就在门洞附近进行冷热交换,门洞周围的墙面、地板面、天棚底面等处很容易出现凝露、滴水、结霜、结冰现象。装配式冷库门受潮后的危害是会造成围护结构隔热材料受潮而降低隔热效能,缩短冷库使用寿命,并影响库房工人的安全操作。另外，在门窗和门框的搭接部位以及门脚处，也常因密闭不好而严重冻结，影响库门的启闭。

514. 不了解装配式冷库对冷库门的防撞性要求怎么办？

为了保护门洞，防止货物及运输工具撞坏门洞壁，装配式冷库对冷库门的防撞性要求是：应在门洞两壁做 1200～1500mm 高的金属防撞板设施，通常采用镀锌铁皮或铝板，棱角处加 L30×20×3 的角钢。

515. 不了解装配式冷库对冷库门的防冻性要求怎么办？

对装配式中小型冷库库门的防冻性要求是：库门一般应采用电热防冻技术，在门的门框边内应装有防潮发热电热装置及磁性门封条，以满足对冷库库门的防冻和密封要求。

516. 不知道普通冷库库门是否能做气调库库门怎么办？

普通冷库库门可以做气调库的库门。普通冷库库门做气调库的库门时的做法是在普通冷库门的基础上加一扣紧装置，封门时用此装置紧紧地将门扣在门框上，借着封条将门缝封死，在门下落扣紧的过程中，门下端的密封条与地面压紧而密封。气调库库门上都设有观察窗，其外框为金属构件，中间镶有双层玻璃或中空双层玻璃，若用双层玻璃，夹层内应放干燥剂或抽真空，以防夹层内结露。

517. 不了解对气调库库门的要求怎么办？

对气调库的库门的要求是：应具有良好保温性和气密性，其内部用钢骨架支撑，表面用不同材料（彩色不锈钢、镀锌钢板、铝板等）封闭，中间的空隙用硬质聚氨酯泡沫塑料发泡充填密实。

气调库库门的气密是由门框内装有高弹力、耐老化充气式密封条保证的，气调库库门启闭一般采用手动推拉平移方式。

518. 不清楚装配式中小型冷库的板选择哪种好怎么办？

国内市场目前可提供的室外型装配式冷库的库板主要有两类：① 采用塑料发泡材料作为保温隔热库板；② 采用聚氨酯发泡作为保温隔热板，正反面贴不锈钢面板或贴塑料钢板。前者容量小，导热系数大，保温性能较后者差距大，但在中、高温活动冷库中使用还是比较可靠的，而且价格也比较低；后者容重较大，导热系数小，保温性能十分好，能节约电能及延长活动冷库压缩机组使用期限，往往被采用在低温活动冷库上。

519. 不了解装配式中小型冷库安装的要求怎么办？

装配式中小型冷库安装的要求有以下 10 个方面。

（1）冷库安装在强度大、平稳的地方。

（2）主机位置离蒸发器越近越好且易维修，散热良好，如外移需安装遮雨棚，主机位四角需要安放防震垫片，安装水平牢固，不易被人碰着。

（3）组合式冷库安装需要一个水平的混凝土基座。基座出现基础倾斜、凹凸的时候，必须将基座修复平整。

（4）冷库安装的大小要根据常年储藏农产品的最高量来设计。这个容量是根据储藏产品在冷库内堆放所必须占据的体积，加上行间过道，堆与墙壁、天花板之间的空间以及包装之间的空隙等计算出来。

（5）组合式冷库是用在屋内的，在安装在屋外的时候，要安设一个挡日光、雨的房盖。

（6）机组在运行或者化霜时电线外表的温度一定要低于 40℃；电控系统安装要有条理，配电箱要安装水平垂直，照明条件要好，方便观察和查修。

（7）冷库内的排水利用排水管排出。会经常有水排出，所以要将排水导向能够顺畅流通的地方。

（8）拼板时注意在库板的凸边上完整地粘贴海绵胶带，安装冷库板时，不要碰撞海绵胶带粘贴位置。

（9）冷库在较热的地方，不但冷却效率会下降，有时还会损伤库板，另外，冷库设计保证机组正常工作的周围温度的范围是在 35℃ 以内，还要留出对机组进行检修的空间。

（10）冷库安装完毕后必须对系统进行全面的电器安全检查，排除隐患，包括接线端子或连接线接头有无松动、老化现象、金属盖有无卡伤电线等。

520. 不清楚装配式冷库安装位置要求怎么办？

装配式中小型冷库安装位置的要求是：可安装在室内或在一块地基坚实具有防雨、防晒的棚子下或通风采光条件好的室内。装配式中小型冷库一般配有成套的制冷系统和电器控制系统，压缩机一般多采用半封闭式。装配式中小型冷库安装示意如图 6-2 所示。

521. 不了解室内型装配式冷库平面布置的要求怎么办？

室内型装配式中小型冷库的平面布置要求有以下几个方面。

（1）要有合适的安装空间。室内型装配式中小型冷库安装时，在需要安装操作的地方要求其库板外侧离建筑物的墙体距离应大于等于 400mm，在不需要安装操作的地方要求其库板外侧离建筑物的墙体距离应在 50～

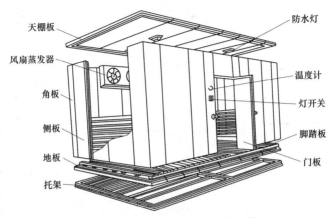

天棚板

风扇蒸发器

角板

侧板

地板

托架

防水灯

温度计

灯开关

脚踏板

门板

图 6-2　装配式中小型冷库的安装

100mm。冷库地面隔热地板应比室内地面高 100～200mm，冷库顶面隔热板应比室内建筑的屋梁底面应有大于等于 400mm 的安装距离，冷库门应与房屋建筑的墙有大于等于 1200mm 的操作距离。

（2）应有良好的通风、采光条件。

（3）制冷设备布置安装时应考虑维修和安装的操作空间。

（4）应按照装配式中小型冷库的标准，进行冷库尺寸的选择。部分装配式中小型冷库的标准规格见表 6-1。

522. 不清楚室外型装配式中小型冷库装配要求怎么办？

室外型装配式中小型冷库装配要求有以下几个方面。

（1）地坪铺设时一般要求高出周围地面 200～400mm，以利于防止雨水等侵袭库底。对库温在 −5～5℃ 的高温库应进行一般的防水、防冻处理，对于库温低于 −5℃ 以下的低温库应进行严格的防冻处理。

（2）室外型装配式中小型冷库在装配时，应设钢结构的骨架和屋盖，保证库体不受日晒雨淋和用以承受自重和雪、雨、风等载荷。

（3）室外型装配式中小型冷库的库门应背开风向，并远离污染源。

（4）室外型装配式中小型冷库地坪标高应高于周围地面，以防雨天库内进水。

表6-1 部分装配式中小型冷库的标准规格

型号	库体外形尺寸 长、宽、高 (m)	内容积 (m³)	库板厚度 (mm)	库门尺寸 (m×m)	制冷剂	库温 (℃)	储藏量 (t)	制冷量 (kW)	主机功率 (kW)
ZL-20S	3.6×2.7×2.6	20	100	0.8×1.8	R22	-18	5.0	8.7	3.7
ZL-26S	4.5×2.7×2.6	26					6.5		
ZL-28S	3.6×3.6×2.6	28					7.0		
ZL-31S	5.4×2.7×2.6	31					8.0		
ZL-35S	4.4×3.6×2.6	35					9.0	12.4	5.5
ZL-37S	6.3×2.7×2.6	37					9.0		
ZL-42S	5.4×3.6×2.6	42					10.5		
ZL-48S	8.1×2.7×2.6	48					12.0		
ZL-50S	6.3×3.6×2.6	50					12.5	17.5	7.5
ZL-57S	7.2×3.6×2.6	57					14		
ZL-65S	8.1×3.6×2.6	65					16	25.4	10.5
ZL-72S	9.0×3.6×2.6	72					18		
ZL-80S	9.9×3.6×2.6	80					20		

523. 不清楚装配式冷库库板的连接方式怎么办?

装配式中小型冷库有立式、卧式等形式。装配式中小型冷库库板的组装连接方式如图 6-3 所示。

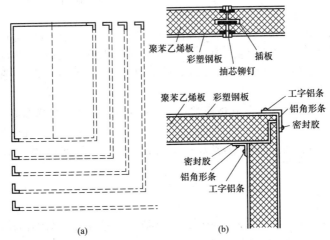

图 6-3 装配式中小型冷库库板的组装连接方式

装配式中小型冷库的库板与库板之间连接是用闭锁钩盒连接而成,为的是拆装方便。装配式中小型冷库的库门要注意安装时要连接好电源线,因为库门框里边安装有防止门框发潮的热电加热器。

524. 不了解装配式中小型冷库库体装配流程怎么办?

装配式中小型冷库库体在装配时的流程有以下 7 个方面。

(1)划定安装位置后,将木垫板(30mm 厚,60mm 宽)沿库长方向在地面摆平,垫板按 500~200mm 间距布置,垫板与地面之间缝隙用垫片调平。

(2)底板按顺序在木垫板上铺好,并旋紧挂钩,板与板接缝应紧密贴合,所有底板应使用水平仪检测是否位于同一个平面,并用垫片找平。

(3)安装角板。从一个角(通常从房间不便出入的那个墙角)的角板开始,依次向其他几面延伸(包括门框板)。再依次安装墙板,各板之间的合缝要均匀,墙板与顶部周围要找平。

(4)用环氧树脂溶液涂抹在各板接缝处粘合后,敷上铝片条,然后用铆钉铆合。库板一般是用锁紧机构进行连接的。操作时用内六角扳手深入锁紧库板的偏心连接机构，顺时针旋转是上紧，逆时针旋转是拆卸。

（5）库门安装时，应将库门从门框上卸下来，先安装门框板，最后再装库门。

（6）库体安装完毕后，装上下饰板。最后撕掉库板内外表面的保护薄膜，清洁库体。

（7）装配式中小型冷库常规库体顶板的安装顺序和底板一样，是用环氧树脂溶液涂抹在各板接缝处粘合后，敷上铝片条用铆钉铆合即可。库顶板的机械安装是用环氧树脂溶液涂抹在各板接缝处粘合后，按编号用铆钉直接固定到库梁上即可。

525. 不清楚装配式冷库常规库体在装配时注意事项怎么办？

装配式中小型冷库常规库体在装配时需要注意的事项有以下几个方面。

（1）由于冷库的库板种类繁多，安装冷库时应参照厂商提供的"冷库的拼装示意图"。

（2）拧紧挂钩时，应缓慢均匀用力，拧至板缝合拢，不可用力过度，以免钩盒拔脱。

（3）拼板时注意在库板的凸边上完整地粘贴海绵胶带，安装库板时，不要碰撞海绵胶带粘贴位置。

（4）隔墙板应用隔墙角钢固定。

（5）库体装好后，检查各板缝贴合情况，必要时，内外面均应充填硅胶封闭。

（6）管路及电气安装完成后，库板上所有管路穿孔，必须用防水硅胶密封。

526. 不清楚装配式冷库特殊库体安装时需要注意的问题怎么办？

装配式中小型冷库特殊库体安装时需要注意的问题有以下几个方面。

（1）当库板长度或高度大于4.2m时，冷库需采取加强措施，使用加强角钢在库体中央加强冷库的整体结构。

（2）无底板冷库安装时，把墙板埋于水泥中，再采用固定角铁固定。

（3）有些操作间只有顶板，此时在四周墙壁上安装角铁，库板固定于其上。并采用硅胶或发泡料密封。

527. 不知道装配式气调冷库库体密封处理方法怎么办？

对于装配式气调冷库，由于所使用的聚氨酯或聚苯乙烯夹芯板本身就具有良好的防潮、隔气及隔热性能，所以关键在于处理好夹芯板接缝处的密封，即主要对墙板与地板交接处、墙板与顶板交接处、板与板之间的拼缝进行密封处理。装配式气调冷库库体密封处理方法是在库体维护结构的墙角、内外墙交接处、墙与顶板交接处，夹芯板的连接形式应采用"湿"法连接，即在夹芯板接缝处，现场压注发泡填充密实，然后在库房内侧的接缝表面涂上密封胶，平整地铺设一层无纺布，使库体的围护结构连成一个没有间断的气密隔热整体。此外，应尽量选择单块面积大的夹芯板，尤其是顶板，以减少接缝，并尽量减少在板上穿孔吊装、固定，可将吊点设置在板接缝上，以减少漏气点。

第四节　装配式冷库制冷系统安装要求与方法

528. 不知道装配式冷库冷风机安装的技术要求怎么办？

装配式中小型冷库间冷式蒸发器（冷风机）安装的技术要求有以下 4 个方面。

（1）选择间冷式蒸发器吊点位置时，首先考虑空气循环最好的位置，其次再考虑库体结构方向。

（2）间冷式蒸发器与库板间隙要大于间冷式蒸发器的厚度。

（3）间冷式蒸发器所有吊栓应全部紧固，并用密封胶将螺栓及吊栓穿孔封闭，防止冷桥和漏气。

（4）吊顶间冷式蒸发器过重时，应用 40mm×40mm 角钢或 50mm×50mm 角钢做过梁。过梁应横跨到另一块顶板和墙板上，以减轻承重。

529. 装配式冷库压缩机组应怎样选择？

装配式冷库压缩机组的选型，是根据冷库的蒸发温度及冷库有效工作容积来确定的，另外还要参考冷冻或冷藏物品的冷凝温度、入库量、货物进出库频率等参数。

装配式冷库压缩机组选择的方法是：

高温活动冷库制冷量计算公式为：冷库容积×90×1.16＋正偏差，正偏差量根据冷冻或冷藏物品的冷凝温度、入库量、货物进出库频率确定，范围在 100～400W。

中温活动冷库制冷量计算公式为：冷库容积×95×1.16＋正偏差，正偏差量范围在 200～600W。

低温活动冷库压缩机组制冷量计算公式为：冷库容积×110×1.2＋正偏差，正偏差量范围在 300～800W。

活动冷库压缩机组的品牌选择主要根据使用者对各种品牌的了解程度、

维护方便、项目投资的数额各方面来考虑。

530. 不清楚装配式冷库制冷机组安装要求怎么办？

装配式中小型冷库制冷机组安装的要求主要有以下几点。

（1）装配式中小型冷库一般使用的半封或全封闭压缩机都应安装油分离器，并在油分内加注适量机油，蒸发温度低于－15℃时，应加装气液分离器并加装适量冷冻润滑油。

（2）制冷压缩机底座应安装减振胶座。

（3）机组的安装要留有维修空间，便于观察仪表和阀门的调节。

（4）高压表应安装在储液灌阀门三通处。

（5）机组整体布局合理，颜色一致。各型号机组安装结构应保持一致。

531. 不清楚装配式冷库制冷管路安装要求怎么办？

装配式中小型冷库制冷管路安装的要求如下。

（1）铜管管径的选择应严格按照压缩机吸排气阀门接口选择管径。当冷凝器与压缩机分离超过3m时应加大管路直径。

（2）冷凝器吸风面与墙壁保持400mm以上距离，出风口与障碍物保持3m以上距离。

（3）储液罐进出口管径按机组样本上标明的排气和出液管径为准。

（4）压缩机吸气管路和冷风机回气管路不得小于样本标明的尺寸，以减少蒸发管路内部阻力。

（5）排气管和回气管应有一定坡度，冷凝器位置高于压缩机时，排气管应坡向冷凝器并在压缩机排气口处加装液环。防止停机后气体冷却液化回流到高压排气口处，再次起动压缩机时造成"液击"故障。

（6）间冷式蒸发器的回气管出口处应加装U形弯。回气管路应坡向压缩机方向，确保顺利回油。

（7）膨胀阀应安装在尽量靠近冷风机的位置。电磁阀应安装水平，阀体垂直并注意出液方向。

（8）必要时在压缩机回气管路上安装过滤器，以防止系统内污物进入压缩机内，并除去系统内水分。

（9）制冷系统所有纳子和锁母紧固前，要抹冷冻油润滑，加强密封性。紧固后擦拭干净。各截门盘根要锁紧。

（10）膨胀阀感温包用金属卡紧固在蒸发器出口100～200mm处，用双层保温缠紧。

（11）制冷系统安装完毕后，要整体美观、颜色一致，不应有管路交叉高低不平等现象。

（12）制冷管路焊接时要留有排污口，从高低压用氮气吹污进行分段吹污，分段吹污完成后，全系统吹污直至不见任何污物为合格，吹污氮气的压力一般为 0.8MPa 左右表压力。

（13）在全系统焊接完毕后，要进行气密性实验，高压端充氮 1.8MP 左右表压力。低压端充氮 1.2MP 左右表压力。在充氮期间，可用肥皂水进行检漏，仔细检查各焊口、法兰和阀门，检漏完成后应保压 24h，保持压力不变。

532. 不知道热力膨胀阀安装要求怎么办？

热力膨胀阀安装的要求是：安装热力膨胀阀前，应检查是否完好，特别是感温机构部分。热力膨胀阀阀体的安装应尽量靠近蒸发器，一般情况下阀体应垂直安装。感温包要安装在蒸发器出口管道（吸气管）的水平部分。

安装时，应注意使感温机构内的液体始终保持在感温包内，故感温包应比阀体装得低一些。安装感温包时，应将其置于蒸发器回气管上，一般应远离压缩机吸气口 1.5m 以上，并尽可能在水平管段上，并使感温包紧贴管壁包扎紧密，接触处应将氧化皮清除干净，要求露出金属管道本色，必要时涂以铅漆以防生锈，然后用扁钢或铜片等把感温包绑扎在管道下侧呈 45°的部位上，外面包扎隔热防潮材料。

感温包安装点的选择要求：当回气管直径大于 25mm 时，感温包可扎在回气管的下侧 45°处；当直径小于 25mm 时，感温包可扎在回气管的顶部。

533. 不知道冷库中安装空气加湿器的目的怎么办？

冷库中安装空气加湿器的目的是保持冷库中的相对湿度在要求范围内。为实现这一目的可在冷却物的冷藏间安装空气加湿器，具体做法是在冷风机出口安装喷嘴或具有小孔的水管，按控制湿度给定值自动闭起水电磁阀，向室内空气中喷水雾或蒸气，使空气中的含湿量增加，也可利用现有的冲霜水装置进行喷淋加湿。喷雾方向呈水平或略向上，注意不要喷到顶棚、梁、柱或食品上，否则就发生结露。

534. 不清楚装配式冷库吊顶蒸发器安装方法怎么办？

装配式中小型冷库吊顶蒸发器安装方法是：吊顶蒸发器可用 4 根或 8 根长螺栓吊装在库内的顶板上，勿将吊顶蒸发器置于库门打开库外空气直接吸入盘管的位置。吊顶蒸发器与墙面的距离应保持在 300～400mm 以上，以利于冷库内冷气的循环和对设备的检修。

装配式中小型冷库吊顶蒸发器必须水平安装，以保证融霜排水管在库内的部分越短越好，排水管的安装应确保排水的畅通。排水管通往冷库外要有一些坡度，使融霜水能够顺利流动。

融霜水泄水的连接管应弯成 U 形，管内要保证有一定的液封，以防止大量的库外的热空气通过融霜水泄水连接管进入到冷库内。

535. 不知道冷库喷雾式加湿器的安装要求怎么办？

冷却物冷藏间如若安装水喷雾离心式加湿器，其安装时的要求是：加湿器安装在适当的位置，不能正对着风道出口安装，因为空气冷却器吹出的有速度的冷风，会使喷雾逆向返回，造成结露，也不能安装在空气冷却器吸入口附近，因为会使空气冷却器盘管结霜增多。相对两面墙上都安装加湿器时，要考虑喷雾的射程，避免相对喷雾的碰撞，故要交错安装。

536. 不知道冷库蒸发器排管的吊装和安装要求怎么办？

冷库蒸发器排管的吊装和安装要求是：冷库蒸发器排管要采取整体吊装方式进行安装。当蒸发面积较大时，由于蒸发器排管本身的刚性较差，为避免吊装时蒸发器排管发生变形，必须采取加固措施。加固的方法除按样图规定安装好各排管的角钢支数和吊装支架外，在排管底部还要利用槽钢或工字钢再做一吊装托架。吊装时根据排管长度、质量确定吊点数量和位置，起吊前应预先将楼板上预埋螺栓校正好。排管的吊装应由专人指挥，操作者要动作一致，以保证整体排管水平上升。当排管上升到预定位置时，上好预埋螺母。排管吊装的螺栓，在拧紧螺母后应伸出螺母 4 个螺距，在拧紧螺栓时校正排管的水平及坡度。排管的水平和坡度可在吊装螺栓处加垫圈来调整。

排管的安装有一定的基本技术要求，墙排管中心与墙壁内表面间距离不小于 150mm，顶排管中心（多层排管为最上层管子中心）与库顶距离不小于 300mm。

537. 不知道制冷管道吊支架安装要求怎么办？

制冷管道吊支架安装要求是：冷库中制冷管道吊支架，要采用角铁做支撑，用 U 形双头螺栓管卡做固定，用圆钢或角铁做吊接。对管道有隔热层的，为防止冷桥，管与螺栓处用一块涂过沥青的木板夹住，木板的大小要与隔热层厚度相适应。

冷库中制冷管道吊支架安装的具体要求如下。

（1）根据管道数量、布置形式，分析支架、吊架受力情况，选择合理的支架、吊架形式，确定支架、吊架的材料和断面。

（2）根据管道受力情况，决定吊、支架间距，布置吊架。

（3）根据吊架受力情况及管道在梁、柱、墙的布置情况，决定支架的固定方式。

（4）在建筑物内预埋合理的金属物件，以连接吊架和支架。

538. 装配式冷库想处理好冷桥怎么办？

装配式冷库处理冷桥的做法是：装配式冷库的库板搭建时应当注意隔热夹芯板的外表面为金属面板，导热性能良好，在施工时，库内与库外不同库温间的金属面板不得直接相通。跨越不同库体间的隔热夹芯板的内贯通金属面板，采用切割工具，能够很好地解决不同库温间通过金属导热的问题。库体拐角，库顶板吊点的冷桥处理，内隔墙与外墙板采用聚氨酯发泡，主要是考虑到安装精度及施工的可行性，在外部墙体安装定位后，内隔墙的安装与墙体间很难做到紧密连接。

另外，冷库运行中，如果发现库板固定处有结露和结霜情况，可在外部进行局部聚氨酯发泡处理。

539. 冷库冷风机安装前检查工作内容怎么做？

冷库冷风机安装前要做的检查工作的内容如下。

（1）在冷库冷风机拆开外包装后应检查各部件有无松动，如有松动应重新紧固。

（2）检查轴流风扇的扇叶安装在电动机轴上是否牢固，扇叶和防护罩是否相碰。

（3）如因运输而造成冷风机有损坏或变形时，应修复后才能吊装。

（4）冷风机在出厂前均有氮气保压，毛细管封口。安装前先去掉封口毛细管，如有气流声表示冷风机蒸发管密封良好，可放心使用；如无气流声则表示冷风机蒸发器管有泄漏，应查验再安装。

（5）冷风机吊顶安装时螺栓应吊装在库内顶板上，孔距参照厂商提供的冷风机说明书。

（6）冷风机安装位置与墙面距离（风扇直径400mm或小于400mm）应保持250～300mm，以利于冷空气在冷库内循环流动和对冷风机的维护检修。

（7）安装后吊顶式冷风机应保证水平。

（8）冷风机的泄水管通往冷库外应有一定的坡度，使融霜水顺利地排出库外，在库外的连接管应弯成U形，管内保持一定的液封，以防止大量的库外热空气进入冷库内。

（9）在冷库内泄水管外应加保温，对库温低于－20℃的情况下泄水管内应加电热管以防止融霜水在泄水过程中结冰。

（10）在安装膨胀阀时，感温包必须扎紧在水平回气管上部并保证与回气管接触良好，在回气管外应加以保湿，以防止感温包受库温的影响。

（11）冷风机出口应避免冷库的梁或立柱，以免影响送风射程。

（12）冷风机电器接线匣设计在冷风机正面的左侧，电器接线匣有两种规格：第一种规格是22m²以下小功率融霜电热管接线柱，第二种规格是30m²以上的冷风机融霜电热管接线柱，两者均采用Y形接法，由于三相电热管负载不平衡，在接线时必须接上中性线，防止若有一相电热管过热烧毁也不至于导致另两相电热管过载。

（13）当融霜电热管接通时，风机电源必须断开以防止融霜过程中将热风吹入库内。

（14）冷库融霜周期由化霜器来调节为每昼夜应融霜1～4次，每次化霜时间根据结霜厚薄速冻来调整。

（15）融霜器应具有延时功能，当融霜结束时冷风机风扇不能立即起动以防止电加热管余热吹入库内，使库温升高，影响库内物品的储藏质量。

540. 不知道冷库排水管安装要求怎么办？

冷库排水管的材料应采用PVC或PPR工程塑料管。

冷库排水管的安装要求如下。

（1）步骤。连接水管→铺设加热丝→检查水泄漏→绝热。

（2）管道安装前必须将管内的污物及锈蚀清除干净，安装停顿期间对管道开口应采取封闭保护措施。

（3）排水管在库内有效距离越短越好，水平管应向排水口倾斜，坡度为1/100至1/50。

（4）库内机托盘排水口与排水管之间最好做一段软连接，并且库内机冷凝水托盘排水口应高于排水管接口，PVC管路采用专用PVC胶连接。排水水系统的渗漏试验可采用充水试验，无渗漏为合格。

（5）管道安装后应进行系统冲洗，系统清洁后方可连接。

541. 不清楚吊顶蒸发器的膨胀阀安装要求怎么办？

装配式中小型冷库吊顶蒸发器膨胀阀安装的要求是：在安装膨胀阀时，膨胀阀的感温包应安装在尽可能地靠近吊顶蒸发器回气管的水平位置上，感温包绝不能安装在吸气管的底部，感温包必须扎紧在水平回气管的上部，并保证与回气管接触良好，必须安装在所有液封管的前面，不得放置在极冷或极热的位置上，在回气管外应加以保温，以防止膨胀阀的感温包受到库温的影响。

542. 不知道截止阀应安装要求怎么办？

截止阀的安装要求是：压缩机的吸气管排气管上除已有操作阀外，各辅助设备的每一个接管口，均应设截止阀。阀门安装应使流体自阀芯下部进入，不能倒装。在水平管段上安装时，阀杆应垂直向上或倾斜某一个角度，禁止阀杆朝下。如果阀门位置难以接近或位置较高，为了操作简便，可将阀门装成水平。

543. 不知道安全截止阀应安装要求怎么办？

安全阀的安装要求是：安全阀安装时不得随意拆卸，同时注意检查安全阀规定压力与设计压力是否相等，如不符合应更换符合要求的阀门或按规定将阀门进行调整，经检查合格后进行铅封，并做好记录。安全阀应垂直安装于设备的出口处，一定要按照图纸规定的位置安装。

544. 不知道止回阀应安装要求怎么办？

安装止回阀时的要求是：应保证阀盘能自动开启，对于升降式止回阀应保证阀盘心线与水平面互相垂直，对于旋启式止回阀应保证其摇板的旋转，并与驱动轴装成水平。电磁阀必须垂直安装在水平管路上，阀体的箭头应与工质流动方向一致，电磁阀若安装在节流阀前，二者之间应有不小于100mm 的间距。

第五节　装配式冷库配电系统安装要求和方法

545. 不了解冷库制冷系统配电系统安装要求怎么办？

装配式中小型冷库制冷系统配电系统安装的要求如下。

（1）每个触点安装线号以便检修。

（2）严格按照图纸要求制作电控箱，并接电做空载实验。

（3）在每个接触器上标明名称。

（4）将各电气元件导线用绑线固定。

（5）电器触点压紧电线接头，电动机主线接头，应用线卡卡紧，必要时挂锡。

（6）各设备连接要铺设线管，并用卡子固定，PVC 线管连接时用胶粘结，管口用胶布封缠。

（7）配电箱安装水平垂直，环境照明良好，屋内干燥便于观察与操作。

（8）电线在线管内所占面积不得超过 50％。

（9）电线的选用要有安全系数，机组运行或化霜时电线外表的温度不得超过 40℃。

（10）电路系统必须五线制，没有地线的要加装地线。

（11）电线不应暴露在露天，以免长期日晒风吹线皮老化，发生短路漏电等现象。

（12）线管安装应美观牢固。

546. 不清楚冷库的照明线路安装要求怎么办？

装配式冷库的照明线路的安装要求是：采用防潮型白炽灯具，外壳防护等级为 IP54（IP54 是 GB 4208—2008 IP 防护等级试验中的防尘和防水等级要求），冷间内灯具必须加防护罩且应布置在顶排管的两侧，灯具控制开关集中装于该冷间门外远离门口的干燥场所。

547. 不知道冷库照明导线的要求怎么办？

为了适应装配式小型冷库低温高湿的特殊环境，对冷库中使用的照明电路导线的要求是：橡皮绝缘电线电缆耐低温性能好，温度低于 0℃的冷间内电气线路必须采用铜芯耐低温橡皮绝缘电缆明敷；温度高于 0℃的冷间，如果线路明敷设，可采用铜芯全塑电缆，如果穿管暗敷，必须采用铜芯橡皮绝缘电线，穿线管两端要密封。

548. 不了解冷库制冷系统充氟、调试的技术要求怎么办？

装配式中小型冷库制冷系统充氟、调试的技术要求如下。

（1）测量电源电压，看其是否在 380（1±10％）V 范围内。

（2）测量压缩机电动机的三相绕组电阻值是否正常，电动机的绝缘是否在 2MΩ 以上。

（3）检查制冷系统各阀门开闭情况。

（4）抽真空后用加液法向制冷系统注入制冷剂至标准充灌量的 70％～80％，然后再起动运转压缩机，从低压加注气态制冷剂至满足充注量为止。

（5）开机后首先听压缩机的声音是否正常，看冷凝器、冷风机运转是否正常。压缩机三相电流是否平稳。

（6）当制冷系统平稳降温后，检测制冷系统各部分，排气压力、吸气压力、排气温度、吸气温度、电动机温度、曲轴箱温度、膨胀阀前温度，观察蒸发器、膨胀阀结霜情况，观察油镜油位及颜色变化，设备运转的声音有无异常。

（7）根据冷库结霜和使用情况设定电脑内工作参数和膨胀阀开启度。

（8）将整个设备擦拭干净，并打扫干净，保持环境卫生。

549. 不了解三相异步电动机的结构怎么办？

中小型冷库使用的三相笼型异步电动机结构如图 6-4 所示，主要由定子和转子两大部分组成。三相异步电动机的转子安装在定子腔内，定子、转子之间有一缝隙成为气隙，此外，还有端盖、轴承、机座、风扇等部件。

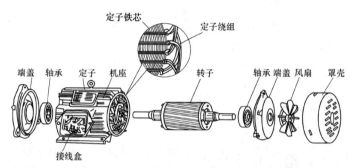

图 6-4　三相笼型异步电动机结构

电动机的定子部分主要由定子铁芯、定子绕组、机座三部分组成。

电动机的定子铁芯一般由导磁性能好、厚度为 0.5mm 的硅钢片叠压而成，安装在机座内。

三相异步电动机的定子绕组是一个三相对称绕组，它由三个完全相同的绕组组成，每一绕组为一相，三个绕组在空间互差 120°电度角，每相绕组的两端分别由 U1—U2、V1—V2、W1—W2 表示。

550. 不知道三相异步电动机接线要求怎么办？

在中小型冷库制冷设备中使用异步电动机的接线要求是：将三相绕组的 6 个出线头都引到接线盒上，接线时是需要接成星形还是接成三角形，看电动机铭牌上如图 6-5 所示的接线图即可。

551. 不知道三相异步电动机的工作原理怎么办？

三相异步电动机的工作原理是：三相对称绕组中通入三相对称电流，就会产生一个圆形的旋转磁。图 6-6 为三相异步电动机的工作原理。在对称三相绕组被施以对称的三相电压，就会对称有三相电流流过绕组，并在电动机的气隙形成一个旋转的磁场。

磁场的转速 n_1 称为同步转速，它与电网频率 f_1、电极的磁极对数 P 的

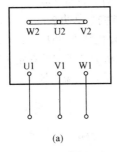 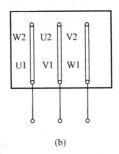

图 6-5 接线柱的连接

（a）星形联结；（b）三角形联结

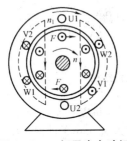

图 6-6 三相异步电动机工作原理

关系为

$$n_1 = \frac{60f_1}{P}$$

旋转磁场的转向与三相绕组的排列以及三相电流的相序有关，若 U、V、W 三绕组是以顺时针方向排列的，那么它产生的定子旋转磁场为顺时针转向。

552. 不了解中小型冷库制冷循环原理怎么办？

中小型冷库制冷系统循环原理如图 6-7 所示。

冷库制冷循环的基本原理是：由冷凝器流出的液体制冷剂经过储液器、视液镜和干燥过滤器后，被过滤掉水分和杂质后，经电磁阀进入热力膨胀阀中降压后，进入蒸发器蒸发，吸收冷库内食品的热量后，成为干饱和蒸气被压缩机吸回，进行再循环。

这个典型制冷系统的特点是：在每个热力膨胀阀前都装有电磁阀，并由温控器分别控制。温控器根据感温包处的温度变化来启闭电磁阀。在低温库的回气管路上装有止回阀，目的是在压缩机停机时防止制冷剂回流到低温库的蒸发器中，影响低温库蒸发器的工作参数；在高温库的回气管路上装有蒸发压力调节阀，目的是维持其蒸发压力稳定在设置的参数上；在压缩机的吸排气管路上装有压力继电器，目的是防止压缩机在运行过程中高低压压力不稳定时进行保护，以保护压缩机的安全运行。

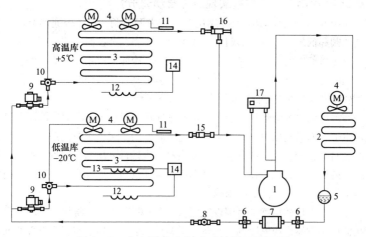

图6-7　中小型冷库制冷系统循环原理图

1—压缩机；2—冷凝器；3—冷风机；4—风机；5—储液器；6—截止阀；
7—干燥过滤器；8—视液镜；9—电磁阀；10—热力膨胀阀；11—热力膨胀阀感温包；
12—库温传感器；13—化霜传感器；14—温控器；15—止回阀；
16—蒸发压力调节阀；17—压力继电器

553. 中小型冷库怎样实现温度自动调节？

如图6-7所示，中小型冷库用热力膨胀阀、温度控制器、电磁阀及低压压力控制器四大元件组成了温度调节控制系统。

中小型冷库实现温度自动调节的方法是：在冷库制冷系统运行中，各个库温都逐渐下降，当其中某个库温下降到设定值时，温度控制器切断该库房制冷系统的电磁阀电路，使其停止向该库房蒸发器供应制冷剂。当5个库房的温度都达到设定值时，5个电磁阀的电路都被切断，全部停止向库蒸发器供应制冷剂。此时，压缩机仍然在运转，使制冷系统的低压压力持续下降，当低压压力下降到低压压力控制器设定值时，低压压力控制器断开，压缩机停止工作。

随着停机时间的推移，各库房的温度逐步回升，使制冷系统低压压力也随之逐步升高，当制冷系统低压压力升高超过其设定值时，压缩机控制电路被接通，压缩机恢复制冷运行。这样往复动作，使冷库各库房的温度控制在所需范围内。

554. 中小型冷库怎样实现压力自动调节？

如图 6 - 7 所示，中小型冷库用蒸发压力调节阀、气体旁通调节阀、水量调节阀和低压压力控制器四大元件组成了压力调节控制系统。

中小型冷库实现压力自动调节的方法是：冷库制冷系统的疏菜库、乳品库、饮料库三个高温库蒸发器出口处都安装了蒸发压力调节阀，目的是保证5 个库房的蒸发器在各自所需的蒸发压力下工作。

在冷库制冷系统运行过程中，当 5 个库房中只剩下一个库房的库温没达到设定值，而吸气压力下降到某一设定值时，为了避免压缩机停机，气体旁通阀会自动打开，让一部分高压制冷剂蒸气直接进入压缩机的吸气管道，使压缩机的低压压力维持在设定值之上，以保证没达到库温要求的库房中的蒸发器继续工作，直到达到要求为止。

当 5 个库房的温度都达到设定值后，5 个电磁阀的电路都被切断，全部停止向库蒸发器供应制冷剂。此时，压缩机仍然在运转，使制冷系统的低压压力持续下降，当低压压力下降到低压压力控制器设定值时，低压压力控制器断开，压缩机停止工作。

在冷却水进水管道上安装水量调节阀的目的，是把系统冷凝压力控制在设定范围内，保证压缩机安全运行。

555. 中小型冷库怎样实现安全保护自动调节怎么办？

如图 6 - 7 所示，中小型冷库用高压压力控制器、安全阀、压差控制器、液体旁通阀和止回阀组成了安全保护自动调节系统。

中小型冷库实现安全保护自动调节的方法是：高压压力控制器监控压缩机排气压力，当压缩机的排气压力超过设定值时，高压压力控制器断开压缩机供电电路，使压缩机保护性停机，同时接通报警电路进行报警。

在高压压力控制器控制失灵、火警及其他不明原因造成制冷系统冷凝压力过高时，安全阀自动起跳，经系统中的高压制冷剂迅速排到室外，以防止恶性事故发生。

压差继电器是用来保护压缩机工作时供油压力的。当压缩机在运行中油压小于设定值时，压差继电器断开压缩机供电电路，使压缩机保护性停机。

在制冷系统吸气管和高压排气管之间设置液体旁通阀的目的是：当制冷系统的排气温度超过允许值时，液体旁通阀自动开启，将一部分液体制冷剂经其节流减压后进入吸气管，使压缩机的吸气温度降低，从而达到降低压缩机排气温度的目的。

在鱼肉低温库管道上安装止回阀的目的是防止高温制冷剂蒸气倒流进入

鱼肉低温库的蒸发器内，避免压缩机起动时产生"液击"故障。

556. 不了解三相异步电动机的基本电气控制电路怎么办?

中小型冷库的电源为380V，基本的电气控制电路如图6-8所示。基本电气控制电路主要由压力继电器和油压继电器对压缩机进行保护，由温度控制器对压缩机进行开停控制。

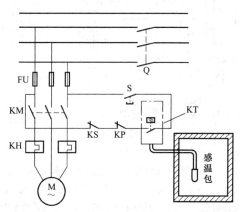

图6-8　中小型冷库基本电气控制电路

Q—电源开关；FU—熔断器；KM—起动继电器；S—手动开关；

KT—温度控制器；KP—高压继电器；KS—油压继电器；

KH—热继电器；M—压缩机电动机

温度控制器与电动机交流起动继电器的线圈串联，当电源开关和手动开关闭合时，电流通过温度控制器及高压继电器、油压继电器等触点把起动继电器线圈接通，使压缩机进行制冷运行。当库内温度达到要求后，温度控制器触点断开，压缩机停止运行。

557. 不了解中小型风冷式冷库基本电气控制系统怎么办?

中小型冷库风冷式机组电气控制系统的电路组成如图6-9所示。

558. 不了解中小型冷库制冷系统怎样实现自动控制怎么办?

中小型冷库制冷系统的自动控制是由控制对象和控制器件组成的。现以图6-10为例看一下一个简单的一机二库冷库制冷系统的自动控制系统，了解一下电路是怎样实现自动控制的方法。

图6-10为一机二库制冷系统，其系统中各部件的工作原理是：水量调节阀、电磁阀和节流阀主要用来控制制冷系统中制冷剂流量和冷却水流量。

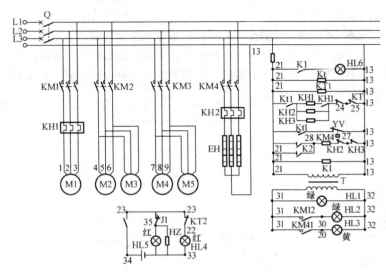

图6-9　中小型冷库风冷式机组电气控制系统的电路图

KT—电子温控器；K1—时间继电器；KM—交流接触器；Q—低压断路器；

EH—化霜电热管；KH—热继电器；M4-5—蒸发器风扇电动机；

M2-3—冷凝器风扇电动机；M1—压缩机电动机；HL6—库内照明灯；

HL1~HL5—工作指示灯；KH1—温度报警温控器；T—交流变压器；

K—中间继电器；KH2—化霜热保护器；KP—压力控制器

　　高低压压力继电、油压继电器和蒸发压力调节阀主要来控制制冷系统的工作压力，保证整个制冷系统正常起动、安全运行和自动停机。

　　温度控制器主要用来控制制冷系统的工作温度和冷库的库温，以控制制冷系统的正常运行。单向阀安装在相邻库房中的蒸发器管道上，防止压缩机停机时，制冷剂倒流。

559. 不清楚典型中小型冷库手动控制电路怎么办？

　　装配式中小型冷库控制电路如图6-11所示。

　　装配式中小型冷库控制电路的工作原理是：闭合电源开关K，将转换开关置于手动位置时，交流接触器的QC12线圈通电，电动机CD起动运行，常闭交流接触器的QC12触头也闭合，电磁阀FDF1、FDF2开启向蒸发器供液，制冷系统投入正常运行。

　　当库温达到设定值时，温度控制器WT通过中间继电器J的常闭触头断开，使电磁阀FDF1、FDF2的线圈断电，阀孔关闭，停止向蒸发器供液，

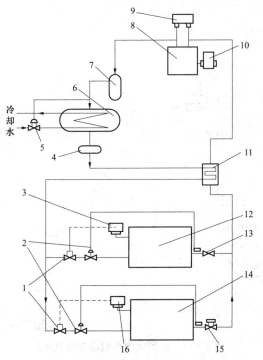

图6-10 冷库制冷系统的自动控制原理图

1—电磁阀；2—热力膨胀阀；3—温度控制器；4—储液器；5—水量调节阀；

6—冷凝器；7—油气分离器；8—制冷压缩机；9—高低压压力继电器；

10—油压继电器；11—气液热交换器；12—冷库①；13—单向止回阀；

14—冷库②；15—蒸发压力调节阀；16—温度控制器

压缩机的电动机也同时停止工作。

当库温逐渐回升，温度控制器 WT 达到设定值时，通过中间继电器 J 的触头闭合，交流接触器的 KM12 线圈通电，电动机 CD 起动运行，常闭交流接触器的 KM12 触头也闭合，电磁阀 FDF1、FDF2 再次开启向蒸发器供液，制冷系统又投入制冷运行。

压力控制器 FD 和热继电器 FR 作为保护用电气元件，在电路中的作用是：当电路因某种原因引起运行压力偏离设定值或出现过载现象时动作，对电气系统进行强制保护。

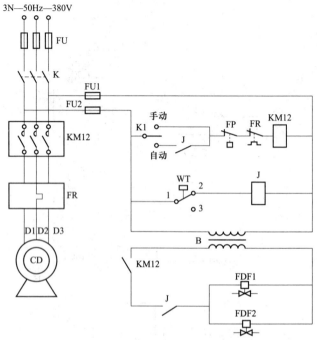

图 6 - 11 装配式中小型冷库控制电路

CD—电动机；KM12—交流接触器；FR—热继电器

560. 不了解典型冷库电脑控制典型电路主要功能怎么办?

中小型冷库电脑控制典型电路如图 6 - 12 所示。

中小型冷库电脑控制典型电路主要功能如下。

(1) 压缩机保护功能。为保护压缩机的运行安全，本电路由压缩机延时起动时间设计，确保压缩机在其他设备运行正常的情况下，才能起动运行。其延时时间的多少，由运行管理者自行调节。

(2) 除霜控制功能。电路设计有手动和强制除霜和定时自动除霜功能。可由运行管理者自行设置或解除自动除霜程序。

自动除霜受库温和设定化霜时间控制，当库温达到设定的化霜时间时，电脑检测库温，若此时库温达到设定的储藏温度时便开始进行化霜，若电脑检测到库温没有达到库温时，便不执行化霜指令。但此时电脑开始计时，当再运行 30min 库温还没达到设定库温时，电脑便强制执行化霜指令，以防止

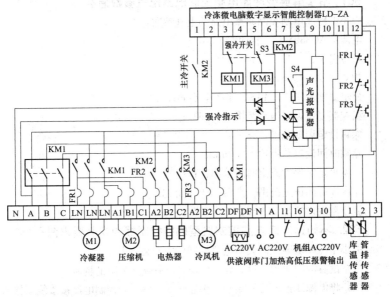

图6-12　中小型冷库电脑控制典型电路

冷风机蒸发器结霜过厚，造成"霜堵"故障。

（3）温度控制功能。控制范围-4～+40℃。温差控制范围：1～6℃（可根据操作要求设定）。

（4）超温监视。本控制系统具有提供高温、低温设定值作为超温检测功能使用。

（5）库内蒸发器风扇控制。除霜时库内蒸发器风扇停止运转，除霜结束后，待蒸发器温度低于库温后库内蒸发器风扇重新起动运行。

（6）异常状态监视。本控制系统具有监视机组高低压参数是否异常等功能。

（7）显示器及指示灯。两位半数字显示，可显示负数，备有异常显示灯，高、低压异常报警灯，压缩机保护计时灯，机组正常运行指示灯，蒸发器风扇运行灯及除霜提示灯。

（8）开机自检功能。本控制系统能显示故障类型和故障部位功能，一旦出现故障，会显示相应故障信号，以方便操作者检测判断故障，迅速排除故障。

561. 不了解典型冷库电脑控制电路电气参数怎么办？

中小型冷库电脑控制典型电路的电气参数：

电源：AC380V、三相四线、50Hz。

环境温度：－40～＋40℃。

相对湿度：≤85％。

显示温度范围：－40～＋40℃，分辨率1℃。

温控器复位设定温差范围：1～6℃。

除霜设定周期范围：1～24h。

除霜时间设定范围：0～50min。

压缩机延时保护设定时间范围：1～99s。

库内高低温设定范围：高温40℃，低温－40℃。

管排温度设定范围：－40～＋40℃。

562. 不知道冷库电脑控制典型电路控制板的安装要求怎么办？

中小型冷库电脑控制典型电路控制板的安装要求如下。

（1）没有剧烈振动、没有导电尘埃、没有爆炸危险的场所。

（2）将电源线接入接线端子，接好地线。各部分控制电器按接线图接入相应的出线，检查热继电器动作电流值是否符合电动机额定值。

（3）将压力继电器、供液电磁阀、冷库门电加热器按图纸标示接入相应的接线端子，检查接地螺栓并接好控制箱、机组、冷风机接地线。

（4）库温传感器导线为白色，连接时不能拉得过紧，要避开与电源线的缠绕及其他电磁干扰，置于冷库内蒸发器回风位置。管排传感器导线为黑色，连接时应避免装于高温位置，与管排连接应紧密牢固。最佳位置在蒸发器回气管出口 200mm 处。

（5）通电前，检查电路控制板的各元器件及连接导线是否牢固，有无松脱现象。

（6）操作时应先闭合电脑箱主令开关，根据使用要求输入各种数据，并检查库温传感器是否接好，用手握住库温传感器探头，此时应看到数码管显示的温度有所变化，否则说明传感器接线有问题。

（7）闭合主回路空气自动开关，电脑控制板进入工作状态，同时数码管显示实际库温。

（8）电脑控制电路的配电箱不能靠近冷凝器或其他高温物体，要避免阳光直接照射和强受磁场干扰，不能让凝结水或液体物质直接侵入箱内。

第七章 Chapter7

中小型冷库制冷系统的调节

第一节 充注制冷剂的要求与方法

563. 不了解中小型风冷式冷库制冷系统怎么办?

中小型风冷式冷库制冷系统的典型结构如图 7-1 所示。

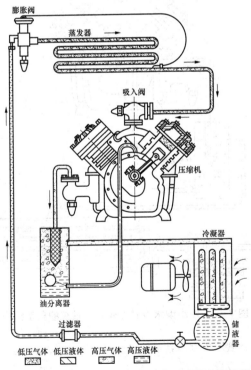

膨胀阀
蒸发器
吸入阀
压缩机
冷凝器
油分离器
过滤器
储液器
低压气体 低压液体 高压气体 高压液体

图 7-1 中小型风冷式冷库制冷系统的典型结构

中小型风冷式冷库制冷系统主要由制冷压缩机、风冷式冷凝器、储液器、过滤器、膨胀阀及蒸发器等组成。

564. 不了解中小型水冷式冷库制冷系统怎么办？

中小型水冷式冷库制冷系统的典型结构如图7-2所示。

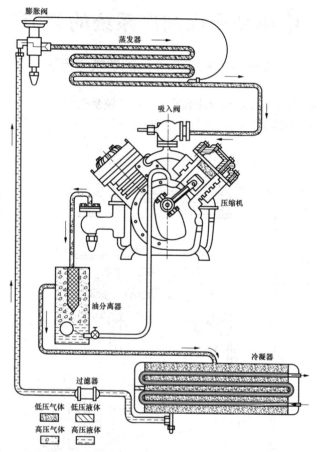

膨胀阀
蒸发器
吸入阀
压缩机
油分离器
冷凝器
过滤器
低压气体　低压液体
高压气体　高压液体

图7-2　中小型水冷式冷库制冷系统的典型结构

中小型水冷式冷库制冷系统主要由制冷压缩机、水冷式冷凝器、过滤器、膨胀阀及蒸发器等组成。

565. 制冷系统安装后为什么要进行吹污?

制冷系统安装后进行吹污的原因是:制冷系统在系统安装或维修过程中,其内部难免有焊渣、铁锈、氧化皮等杂质残留在系统内,如果不加清除干净,制冷装置在运行时,杂质会使阀门阀芯受损;杂质经过汽缸,会使汽缸的镜面"拉毛";杂质经过膨胀阀、毛细管和过滤器等处,会发生堵塞故障。残留在系统内污物与制冷剂、润滑油发生化学反应还会导致腐蚀。因此,中小型制冷系统在完成系统维修后,为防止异物残存在系统内部,应进行吹污操作。

566. 制冷系统安装后想进行吹污怎么办?

制冷系统安装后进行吹污的方法是:分段进行制冷系统的吹污。程序是先吹制冷系统高压部分污垢,再吹制冷系统低压部分的污垢。制冷系统的排污口应分别选择在各段的最低点,每段的排污口应事先用木塞堵住,并用钢丝将木塞拴牢。

具体操作步骤如下。

第一步是将压缩机高压截止阀备用孔道与氮气瓶之间用耐压管道连好,把干燥过滤器从系统上拆下,打开氮气瓶阀,用 0.6MPa 表压力的氮气吹系统的高压段,待充压至 0.6MPa 表压以后,停止充气。然后将木塞迅速拔去,利用高速气流将系统中的污物排出。并用一张白纸放在出气口检测有无污物。视其清洁程度而定,若白纸上较清洁,表明随气体冲出之污物已无,可停止吹污。

第二步是将压缩机低压截止阀备用孔道与氮气瓶之间用耐压管道连好,仍用干燥过滤器接口为检测口,打开氮气瓶阀,用 0.6MPa 表压力的氮气吹系统的低压段,仍用白纸放在出气口检测有无污物,确认无污物后,吹污过程结束。

小型制冷系统在完成系统吹污后,应进行压力试漏工作。方法是在压缩机高压截止阀的备用孔道上,装一只量程为 0~2.5MPa 压力表;在压缩机低压截止阀的多用孔道上,装一只量程为 -0.1~1.6MPa 压力表。

567. 不清楚制冷系统需要进行气密性试验的部位怎么办?

制冷系统的气密性实验的方法是用氮气进行压力检漏,或用制冷剂进行仪器检漏。

制冷系统安装后需要进行气密性检漏的部位主要有以下几个方面。

(1) 管道:法兰螺钉连接处;焊缝。

（2）压缩机：轴封；视油镜；汽缸盖安装螺栓处；主轴承座安装螺栓处；法兰螺钉连接处；与管道连接处；密封垫处。

（3）冷凝器：进出口的法兰螺钉连接处；与管道的连接处。

（4）蒸发器：U形管焊口；管道自身；进出口的法兰螺钉连接处；与管道的连接处。

（5）膨胀阀：感温包、感温管；阀体与阀盖的连接处。

（6）其他：电磁阀、视液镜、出液阀、安全阀、压力继电器等部件的接口及本身的填料处。

568. 制冷系统安装后想对外观检漏怎么办？

制冷系统安装后外观气密性检漏操作方法：因为氟利昂与润滑油有一定互溶性，当氟利昂有泄漏时，润滑油也会渗出或滴出。用目测油污的方法可判定该处有无泄漏。当泄漏量较小，用手指触摸不明显时，可戴上白手套或用白纸接触可疑处，油污较明显查出。

569. 制冷系统安装后想用卤素检漏灯检漏怎么办？

卤素检漏灯是一种简便有效的检漏工具。由于制冷剂密度比空气大，因此使用卤素检漏灯进行检漏时其橡皮管进气口应朝上，当氟利昂气体被吸入检漏灯时，卤素检漏灯的火焰即变成紫罗兰色或深蓝色，以至火焰熄灭。因此，观察检漏灯火焰的色变即可判断系统有无泄漏，并确准泄漏部位。

570. 制冷系统安装后想用电子卤素检漏仪怎么办？

电子检漏仪在使用时要将其探口在被检管道接口、阀门等处缓慢移动，若有氟利昂泄漏，电子检漏仪即可自动报警。检漏时，探口移动速度不大于50mm/s，被检部位与探口之间的距离应为3～5mm。由于电子检漏仪的灵敏度很高，所以不能在有卤素物质或其他烟雾污染的环境中使用。

571. 制冷系统安装后想用压力检漏怎么办？

制冷系统安装后使用高压氮气进行气密性压力检漏可分两步进行：第一步，将压缩机高压截止阀备用孔道与氮气瓶之间用耐压管道连好，打开氮气瓶阀向系统中打入表压为0.8MPa左右的高压氮气，然后关闭系统的出液阀，继续向系统打压至表压1.3～1.5MPa左右的高压氮气。关闭好氮气瓶阀后用肥皂水对系统的所有接口、阀门及焊口处进行检漏。确认无泄漏后，记下高低压力表的数据，保压18～24h，在保压期间系统高低压段根据环境温度变化，允许压降9.8～19.6kPa。24h后系统压降在允许范围可认为系统密封良好。

572. 制冷系统安装后想利用压缩机自身抽真空怎么办？

　　制冷系统安装后想利用压缩机自身抽真空时，可利用装有三通阀截止阀的压缩机自身进行。利用压缩机自身进行抽空时，要关闭高压检修阀，并按图7-3所示在丝座上接一排气管，将低压三通阀截止阀打开，起动压缩机运行。当排气管不排气后，插入油盆，在5min内若无气泡出现，则抽空完毕，同时也说明系统无泄漏，即可充注制冷剂。

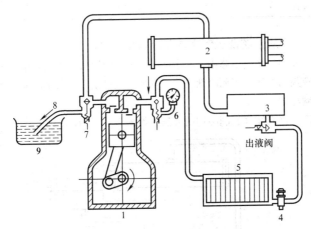

图7-3　系统抽真空操作

1—压缩机；2—冷凝器；3—储液器出液阀；

4—膨胀阀；5—蒸发器；6—吸气截止阀；

7—排气截止阀；8—排气管；9—油盆

573. 想估算制冷系统制冷剂的充注量怎么办？

　　制冷系统制冷剂充注量应适当，过多或过少都会影响制冷系统的正常工作。

　　向制冷系统充灌制冷剂，其充注量应依据设备种类和结构形式的不同而不同，通常可按设备说明书或制冷系统设计文件的规定进行充注。若无根据可查，可按表7-1所示内容来估算系统制冷剂的充灌量。

表 7-1   制冷系统制冷剂的充灌量的估算

设备名称	液体制冷剂量 (占容积%)	设备名称	液体制冷剂量 (占容积%)
冷凝器	15	顶排管	50
储液器	50	冷风机	50
蒸发器	70~80	中间冷却器	30
油分离器	15	过冷器	100
墙排管	60	供液器	100

574. 想从系统低压侧充注制冷剂怎么办?

在冷库制冷系统维修中,大多情况下可以使用从低压侧采用气态充注法进行制冷剂的充注,当制冷剂充注量较大时也可使用从高压侧采用液态充注法充注制冷剂。

从低压侧充注气态制冷剂的方法,如图7-4所示。

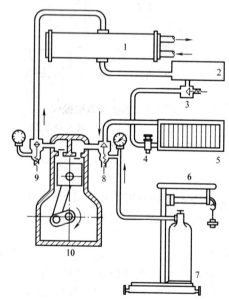

图 7-4   低压侧充注气态制冷剂

1—冷凝器;2—储液器;3—出液阀;4—膨胀阀;5—蒸发器;

6—磅秤;7—R12钢瓶;8—低压检修阀;9—高压检修阀;10—压缩机

从低压侧充注气态制冷剂操作时，先将低压三通截止阀逆时针方向旋至端点，再将氟瓶的加氟管接于低压三通截止阀的旁通丝座上，将氟瓶置于磅秤上并记录质量。然后，打开 R22 氟瓶的瓶阀，将三通截止阀的旁通丝座的接头稍微松开，用 R22 气体将加氟管内的空气赶出，在听到接头处有"咝、咝"的气流声时立即将其锁紧。然后开启高压三通截止阀，起动冷却水系统向冷凝器中供应冷却水或起动风冷式冷凝器的风机运行，再起动压缩机运行之后，按顺时针方向旋转低压三通截止阀杆 1～2 圈，气态制冷剂即注入制冷系统。当注入达到规定的质量后，立即关闭氟瓶截止阀，将低压三通截止阀按逆时针方向旋至端点，关闭 R22 氟瓶的瓶阀，拆下加氟管，加氟工作结束。

575. 想从系统高压侧充注制冷剂怎么办？

冷库制冷系统从高压侧充注液态制冷剂的方法，如图 7-5 所示。

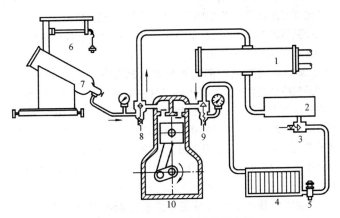

图 7-5　高压侧液态制冷剂充注

1—冷凝器；2—储液器；3—出液阀；4—蒸发器；5—膨胀阀；6—磅秤；
7—制冷剂钢瓶；8—高压检修阀；9—低压检修阀；10—压缩机

从高压侧充注液态制冷剂操作时，要先将 R22 氟瓶放置在高于制冷系统储液器的位置上，以保持氟瓶与系统之间的液位差。充注 R22 前，应先将系统的高压三通截止阀按逆时针方向旋至端点，卸下旁通丝座丝堵，用铜管将氟瓶连接到旁通丝座上。连接铜管应有一定的松弛度，以防影响称重时的准确度。然后，开启氟瓶瓶阀，将旁通丝座的连接锁母稍微松开，用液体制冷剂将管内的空气赶出。当看到接口处有白色制冷剂烟雾喷出时，应立即锁紧锁母，记录磅秤指示的质量。之后，按顺时针方向将高压三通截止阀调至三通状态，液态制冷剂在压差作用下，即可注入系统。当注入量达到规定的充注量时，立即关闭氟瓶瓶阀，并用热毛巾对连接铜管加热，以使制冷剂全部进入系统。充注结束后，要将高压三通截止阀按逆时针方向旋至端点，拆下氟瓶连接管，安装好丝堵。要特别注意的是，利用液态充注法充注时绝对不不允许起动压缩机。以防止压缩机发生"液击"故障。

576. 想用观察方法判断制冷剂加注量怎么办？

在冷库制冷系统维修时，除了用测试压力或称重方法判断制冷剂量是否合适外，在积累了一定经验的基础上，可以用观察方法判断制冷剂加注量是否合适。

用观察方法判断制冷剂加注量是否合适时，主要是观察液体管道上视液镜中制冷剂的流动情况。当液体流动清晰可见时，就可认为制冷剂加注基本合适。若出现气泡通常说明制冷剂不足，但也可能是视液镜线的液管存在缩放部分或冷凝压力的快速变化使制冷剂压力下降。因此可以待制冷系统运行1h 后再观察，即可确定加注量是否合适。

577. 加注制冷剂时想防止水分混入怎么办？

氟利昂制冷剂的含水量，要严格控制在 0.002 5% 以下，因为超过这一标准的水分，进入制冷系统会造成膨胀阀冰堵，使制冷系统无法正常工作。更为严重的是，水分会与其他物质生成酸性成分，腐蚀制冷系统部件，影响机组运行安全。加注制冷剂时想防止水分混入可这样做：在加注制冷剂时，在加注制冷剂的管道中装一个干燥过滤器，用以过滤加注制冷剂过程中可能混入的水分。

578. 维修时找不到制冷系统中原有的制冷剂怎么办？

在维修冷库制冷系统时，一时找不到制冷系统中原有的制冷剂，不可以用其他制冷剂替代。这是因为制冷系统中制冷剂的比容、流量、冷凝压力和单位容积制冷量等参数都随制冷剂的种类的不同而改变。若随意更换制冷剂会引起运行参数的变化，甚至会造成制冷机组的损坏。

第二节　制冷系统调试的要求和方法

579. 不清楚制冷系统充注制冷剂后膨胀阀调试原则怎么办？

冷库制冷系统充注制冷剂后膨胀阀调试原则是：膨胀阀的容量应与制冷

系统相匹配。国产热力膨胀阀的铭牌上，一般都标出了热力膨胀阀的孔径或某工况下（如标准工况或空调工况）的制冷量，而正确的标出应是以规定工况下的额定开启度下的制冷量。

580. 不清楚制冷系统充注制冷剂后膨胀阀调试要求怎么办？

冷库制冷系统充注制冷剂后膨胀阀调试要求有以下两个方面。

（1）蒸发器出口过热度太大，制冷量降低；太小产生液击。调节膨胀阀使蒸发器出口工作过热度以 3～6℃为宜，装置有回热器时，最小稳定过热度可稍减小。

（2）在系统运行时，可以从蒸发压力值的高低来判断膨胀阀调整方向和范围。蒸发压力高于给定值，即膨胀阀的流量偏大，应当调小；蒸发压力低于给定值，即膨胀阀的流量偏低，应适当增大。

581. 制冷系统充注制冷剂后想进行膨胀阀调试怎么办？

冷库制冷系统充注制冷剂后膨胀阀调试方法如下。

（1）开机，让压缩机运行 15min 以上，进入稳定运行状态，使压力指示和温度显示达到一稳定值。蒸发器出口设温度计或利用吸气压力来校核过热度。将数字温度表的探头插入到蒸发器回气口处（对应感温包位置）的保温层内。将压力表与压缩机低压阀的三通相连。

（2）读出数字温度表温度 T_1 与压力表测得压力所对应的温度 T_2，过热度为两读数之差 T_1-T_2。注意：必须同时读出这两个读数。热力膨胀阀过热度应在 5～8℃，如果不是，则进行适当的调整。

（3）若过热度太小（供液量太大），可将调节杆按顺时针方向转动半圈或一圈（即增大弹簧力，减少阀开度），此时制冷剂流量减少；调节杆螺纹一次转动的圈数不宜过多（调节杆螺纹转动一圈，过热度改变 1～2℃），经多次调整，直至满足要求为止。

（4）当蒸发器出口处制冷剂蒸气的过热度稳定以后，进行调节，并使过热度稳定在一定范围。调节方法分为粗调和精调。粗调时，每调一次可使调节杆旋转 1～2 圈，调节时间每次间隔 20～30min。精调时，每调节一次可使调节杆旋转 1/2～1/4 圈，时间间隔 20～30min。

582. 制冷系统充注制冷剂后需用经验法调试膨胀阀怎么办？

冷库制冷系统充注制冷剂后用经验法调试膨胀阀的操作方法是：用棘轮扳手转动调节杆螺纹改变阀的开度，使蒸发器回气管外刚好能结霜或结露。对蒸发温度低于 0℃的制冷装置，若结霜后用手摸，有一种将手粘住的阴冷的感觉，此时开度适宜；对蒸发温度在 0℃以上的，则可以视结露情况判断。

583. 不清楚充注制冷剂后膨胀阀调试要注意的问题怎么办？

冷库制冷系统充注制冷剂后膨胀阀调试要注意的问题是：热力膨胀阀的调整工作，必须在制冷装置正常运行状态下进行。由于蒸发器表面无法放置测温计，可以利用压缩机的吸气压力作为蒸发器内的饱和压力，查相应的压焓图得到近似蒸发温度。用测温计测出回气管的温度，与蒸发温度对比来校核过热度。调整中，如果感到过热度太小，则可把调节螺杆按顺时针方向转动（即增大弹簧力，减小热力膨胀阀开启度），使流量减小；反之，若感到过热度太大，即供液不足，则可把调节螺杆朝相反方向（逆时针）转动，使流量增大。由于实际工作中的热力膨胀阀感温系统存在着一定的热惰性，形成信号传递滞后，运行基本稳定后方可进行下一次调整。因此整个调整过程必须耐心细致，调节螺杆转动的圈数一次不宜过多过快（直杆式热力膨胀阀的调节螺杆转动一圈，过热度变化大概改变1~2℃）。

584. 不清楚中小型冷库制冷系统起动前要做的准备工作怎么办？

中小型冷库制冷系统起动前的准备工作主要有以下内容。

（1）检查压缩机曲轴箱的油位是否合乎要求，油质是否清洁。

（2）通过储液器的液面指示器观察制冷剂的液位是否正常，一般要求液面高度应在示液镜的1/3~2/3处。

（3）开启压缩机的排气阀及高、低压系统中的有关阀门，但压缩机的吸气阀和储液器上的出液阀可先暂不开启。

（4）检查制冷压缩机组周围及运转部件附近有无妨碍运转的因素或障碍物。对于开启式压缩机可用手盘动联轴器数圈，检查有无异常。

（5）对具有手动卸载—能量调节的压缩机，应将能量调节阀的控制手柄放在最小能量位置。

（6）接通电源，检查电源电压。

（7）开启冷却水泵（冷凝器冷却水、汽缸冷却水、润滑油冷却水等）。对于风冷式机组，开启风机运行。

（8）调整压缩机高、低压力继电器及温度控制器的设定值，使其指示值在所要求的范围内。压力继电器的压力设定值应根据系统所使用的制冷剂、运转工况和冷却方式而定，一般在使用R12为制冷剂时，高压设定范围为1.3~1.5MPa；使用R22为制冷剂时，高压设定范围为1.5~1.7MPa。

585. 想起动中小型冷库制冷系统怎么办？

中小型冷库制冷系统的起动可以按以下程序操作。

（1）起动准备工作结束以后，向压缩机电动机瞬时通、断电，点动压缩机运行 2～3 次，观察压缩机、电动机起动状态和转向，确认正常后，重新合闸正式起动压缩机。

（2）压缩机正式起动后逐渐开启压缩机的吸气阀，注意防止出现"液击"的情况。

（3）同时缓慢打开储液器的出液阀，向系统供液，待压缩机起动过程完毕，运行正常后将出液阀开至最大。

（4）对于没有手动卸载—能量调节机构装置的压缩机，待压缩机运行稳定以后，应逐步调节手动卸载—能量调节机构，即每隔 15min 左右转换一个挡位，直到达到所要求的挡位为止。

（5）在压缩机起动过程中应注意观察。压缩机运转时的振动情况是否正常；系统的高低压及油压是否正常；电磁阀、自动卸载—能量调节阀、膨胀阀等工作是否正常等。待这些项目都正常后，起动工作结束。

586. 压缩机开机后要保证安全运行怎么办？

为确保制冷压缩机安全运行，制冷压缩机开机运行后应注意观察下述问题，发现不正常现象，应及时予以纠正。

（1）检查回油情况和冷冻油的清洁度，冷冻油面在压缩机视镜的 1/4～3/4 为正常，如果发现冷冻油脏应及时换油，冷冻油面在视镜 1/4 以下，要及时补充冷冻油。

（2）注意吸排气压力的变化，刚开机时吸排气压力都比较高，随着运行时间的增长，库温或被冷却物质的温度下降，吸排气压力也会逐渐降低。

（3）检查制冷剂的充注量是否合适，当制冷剂充注量合适时，制冷剂的气泡从管路上的视液镜消失后再充注 10%，如发现视镜有气泡产生，需再补充制冷剂。

（4）补充制冷剂时，应以气态形式从压缩机吸气阀接口处进行补充，要一直补充到视液镜中的气泡消失为止。

587. 冷库制冷系统运行正常后，需要做调整工作怎么办？

冷库制冷系统运行正常后，需要做的调整工作可以按以下程序进行。

（1）冷库制冷系统运行正常后需要调整高、低压压力继电器的控制参数：对于风冷式机组高压压力继电器的工作参数控制在 2.0MPa；对于水冷式机组高压压力继电器的工作参数控制在 1.8MPa。对低压高压压力继电器的工作参数，则按蒸发温度的高低而定。

（2）调整温度控制器，确定低温温度范围，使压缩机在控制温度下运行。

（3）系统管路保温：管路保温是由蒸发器出口至压缩机吸气阀（如带有气液分离器的系统，包括气液分离器）进行保温。如果是高温库或其他高于－10℃的制冷设备可将供液管和吸气管并在一起进行保温。

588. 活塞式制冷压缩机运行中要管理怎么办？

中小型冷库活塞式制冷压缩机运行中要做的管理工作有以下7个方面。

（1）在运行过程中压缩机的运转声音是否正常，如发现不正常应查明原因，及时处理。

（2）在运行过程中，如发现汽缸有冲击声，则说明有液态制冷剂进入压缩机的吸气腔，此时应将能量调节机构置于空当位置，并立即关闭吸气阀，待吸入口的霜层溶化后，使压缩机运行5～10min，再缓慢打开吸气阀，调整至压缩机吸气腔无液体吸入且吸气管底部有结露状态时，可将吸气阀全部打开。

（3）运行中应注意监测压缩机的排气压力和排气温度，对于使用R12或R22的制冷压缩机，其排气温度不应超过130℃或145℃。

（4）运行中，压缩机的吸气温度一般应控制在比蒸发温度高5～15℃范围内。

（5）压缩机在运转中各摩擦部件温度不得超过70℃，如果发现其温度急剧升高或局部过热时，则应立即停机进行检查处理。

（6）随时检测曲轴箱中的油位、油温。若发现异常情况应及时采取措施处理。

（7）压缩机运行中润滑油的补充。活塞式制冷压缩机在运行过程中，虽然大部分随排气被带走的冷冻润滑油，在油气分离器的作用下，会回到压缩机，但仍有一部分会随制冷剂的流动而进入整个系统，造成曲轴箱内冷冻润滑油减少，影响压缩机润滑系统的正常工作。因此，在运行中应注意观测油位的变化，随时进行补充。

589. 制冷系统运行时发现压缩机润滑油缺少怎么办？

中小型冷库制冷系统运行时发现压缩机润滑油缺少时，应及时予以补充。其具体操作方法是：当看到压缩机曲轴箱中的油位低于油面指示器的下限时，可采用手动回油方法，观察油位能否回到正常位置。若仍不能回到正常位置，则应进行补充润滑油的工作。补油时应使用与压缩机曲轴箱中的润滑油同标号、同牌号的冷冻润滑油。加油时，用加氟管一端拧紧在曲轴箱上端的加油阀上，另一端用手捏住管口放入盛有冷冻润滑油的容器中。将压缩机的吸气阀关闭，待其吸气压力降低到 0 时（表压），同时打开加油阀，并松开捏紧加油管的手，润滑油即可被吸入曲轴箱中，待从视油镜中观测油位达到要求后，关闭加油阀，然后缓慢打开吸气阀，使制冷系统逐渐恢复正常运行。

590. 制冷系统运行时发现有空气怎么办？

中小型冷库制冷系统运行时会因各种原因使空气混入系统中，由于系统混有了空气，将会导致压缩机的排气压力和排气温度升高，造成系统能耗增加，甚至造成系统运行事故。因此，应在运行中及时排放系统中的空气。

制冷系统中混有空气后的特征为：压缩机在运行过程中高压压力表的表针出现剧烈摆动，排气压力和排气温度都明显高于正常运行时的参数值。

对于氟利昂制冷系统，由于氟利昂制冷剂的密度大于空气的密度，因此当氟利昂制冷系统中有空气存在时，一般会聚集在储液器或冷凝器的上部。所以，当发现制冷系统运行时有空气混在制冷系统中，要进行制冷系统的"排空"操作。其具体操作方法如下。

（1）关闭储液器或冷器的出液阀（事先应将电气控制系统中的压力继电器短路，以防止它的动作导致压缩机无法运行），使压缩机继续运行，将系统中的制冷剂全部收集到储液器或冷凝器中，在这一过程中让冷却水系统继续工作，将气态制冷剂冷却成为液态制冷剂。当压缩机的低压运行压力达到 0（表压）时，停止压缩机运行。

（2）在系统停机约 1h 后，拧松压缩机排气阀的旁通孔的丝堵，调节排气阀至三通状态，使系统中的空气从旁通孔逸出。若在储液器或冷凝器的上部设有排气阀时，可直接将排气阀打开进行"排空"。在放气过程中可将手背放在气流出口，感觉一下排气温度。若感觉到气体较热或为正常温度，则说明排出的基本上是空气；若感觉排出的气体较凉，则说明排出的是制冷剂，此时应立即关闭排气阀口，排气工作可基本上告一段落。

（3）为检验"排空"效果，可在"排空"工作告一段落后，恢复制冷系统运行（同时将压力继电器电路恢复正常），再观察一下运行状态。若高压压力表不再出现剧烈摆头，冷凝压力和冷凝温度在正常值范围内，可认为"排空"工作已达到目的。若还是存有空气的现象，就应继续进行"排空"工作。

591. 不知道膨胀阀开度大小对制冷的影响怎么办？

制冷系统中的膨胀阀开度大小对制冷系统的影响是：膨胀阀开度过小，就会造成供液量的不足，则蒸发温度和压力下降。同时由于供液量的不足，则蒸发器上部空出部分蒸发空间，该部分空间面积将会成为蒸发气体的加热器，使气体过热，从而使压缩机的吸、排气温度升高。

相反，如果膨胀阀开度过大，则制冷系统的供液量过多，使蒸发器内充满制冷剂液体，则蒸发压力和温度都升高，压缩机还可能发生湿冲程（液击故障）。

因此，在小型冷库制冷系统运行中，恰当和随时调节蒸发器的蒸发温度和压力是保证系统正常运行，满足小型冷库制冷系统运行所需，经济合理的重要措施之一。

592. 怎样调节冷凝温度和压力？

在中小型冷库制冷系统运行中一般应避免冷凝压力和温度的过高，因为过高的冷凝压力和冷凝温度，不但会降低系统的制冷量，还会消耗过多的电能。小型冷库制冷系统运行中常采用降低冷凝温度和压力来提高系统的制冷量，降低压缩机的功耗。

在实际中小型冷库制冷系统运行管理中，调节冷凝温度和压力时可采用增加冷却水量或降低冷却水温，或同时增加冷却水量而又降低冷却水温来实现小型冷库制冷系统运行中冷凝温度和压力的调节。

在中小型冷库制冷系统运行中，冷凝温度一般并不是直接用温度计测量出来的，而是通过冷凝器上的压力表读数，其运行参数可从压缩机运行特性曲线图表中查出。

593. 压缩机运行时吸气温度多少为合适？

制冷压缩机的吸气温度一般是从吸气阀前的温度计读出，它稍高于蒸发温度。吸气温度的变化主要与制冷系统中节流阀的开启大小及制冷剂循环量的多少有关，另外吸气管路的过长和保温效果较差也是吸气温度变化的一个因素。

制冷剂在一定压力下蒸发吸收冷库内的热量而成为干饱和制冷剂蒸气，在压缩机的作用下，干饱和制冷剂蒸气沿吸气管路变成过热制冷剂蒸气后进入压缩机。

对压缩机而言，吸入干饱和蒸气是最为有利的，效率最高。但在实际的运行中，为了保证压缩机的安全运行，防止压缩机出现"液击"故障和避免吸气管路保温层的造价过高，一般要求吸气温度的过热在3~5℃范围内较合适。吸气温度过低说明液态制冷剂在蒸发器中气化不充分，进入压缩机的湿蒸气就有造成液压缩的可能。

594. 压缩机排气温度怎样调节？

在中小型冷库制冷系统运行中，制冷压缩机的排气温度与系统的吸气温度、冷凝温度、蒸发温度及制冷剂的性质有关。在冷凝温度一定时，蒸发温度越低，蒸发压力也越低，制冷压缩比 p_k/p_0 就越大，则排气温度就越高；若蒸发温度一定时，冷凝温度越高，其压缩比也越大，排气温度也越高；若蒸发温度与冷凝温度均保持不变，则因使用的制冷剂性质不同，其排气温度也不同。

各种型号的活塞式制冷压缩机，为了保证运行的安全、可靠，都规定了各自的最高排气温度。小型冷库制冷系统使用的活塞式制冷压缩机的排气温度不超过 130~145℃，如无资料可查时，小型冷库制冷系统的活塞式压缩机的排气温度可按下式计算（t_0、t_k 计算时只取其绝对值）：

$$t_p=(t_0+t_k)\times 2.4℃$$

中小型冷库制冷系统活塞式制冷机组在运行中，如果排气温度太高，会给制冷压缩机带来不良的后果，如耗油量增加。当排气温度接近润滑油的闪点温度时，将会使润滑油发生炭化，形成固体状而混入制冷系统中，造成压缩机的吸、排气阀关闭不严密，直接影响压缩机的正常工作状态。同时也会使压缩机的零部件在高温状态下疲劳，加速老化，缩短其使用寿命。

595. 怎样进行压缩机过冷温度的调节？

在中小型冷库制冷系统的运行中，为提高制冷循环的经济性和制冷剂的制冷系数，同时有利于制冷系统的稳定运行，对进入制冷压缩机吸气腔的低压蒸气进行过热，可以防止进入压缩机汽缸中的低压蒸气携带液滴，避免"湿冲程"现象的产生。通过换热器后制冷剂液体的过冷度与进入蒸发器的低温低压制冷剂气体的温度和蒸气量有直接关系，而经过蒸发器后进入压缩机中气体的过热度与通过蒸发器管道中液态制冷剂的温度和液体量有直接关系。因此，压缩机过冷温度的调节可用减小蒸发器的液体制冷剂与气态制冷剂之间的温差来满足液态的过冷度和气态的过热度的要求。

596. 压缩机运行中发生湿冲程怎么办？

在中小型冷库制冷系统运行中，活塞式制冷压缩机在运行中发生湿冲程是因为大量制冷剂的液体进入汽缸形成的。若不及时进行调整，将会导致压缩机毁坏。

活塞式制冷压缩机正常运行时发出轻而均匀的声音，而发生湿冲程时，制冷压缩机的声音将会变得沉重且不均匀。

制冷压缩机在运行中发生湿冲程时的处理方法是：立即关闭制冷系统中

的供液阀，关小压缩机的吸气阀。如果此时湿冲程现象不能消除，可关闭压缩机的吸气阀，待压缩机排气温度上升，可再打开压缩机吸气阀，但必须注意运转声音与排气温度。

若在系统的回气管中存有液体制冷剂时，可采用压缩机间歇运行的办法来处理，同时注意吸气阀的开度大小，以避免"液击"的发生，使回气管道中的制冷剂液体不断气化，以至最后完全排除。当排气温度上升达70℃以上后，再缓慢地、时开时停地打开压缩机吸气阀，恢复压缩机的正常运行。

若在处理湿冲程的过程中，压缩机的油压和油温明显降低，使润滑油的黏度变大，润滑条件恶化，为避免压缩机机件的严重磨损，一般可采取加大曲轴箱中油冷却器内水的流量和温度，使进入曲轴箱的液态制冷剂迅速气化，提高曲轴箱内油的温度，防止油冷却器管组的冻裂。

第三节 制冷系统运行要求与常见问题的处理方法

597. 不了解冷库制冷系统负压停车法怎么办？

制冷系统负压停车控制法是指：当冷库库温达到库温设定值时，通过关闭制冷剂供应电磁阀，切断向蒸发器供应制冷剂的通道，使制冷机组处于抽真空状态，形成系统低压压力低于高低压控制器的低压设定值，使制冷机组停止运转，这种控制方式称为制冷系统负压停车控制法。

598. 不清楚负压停机控制法的原理怎么办？

负压停机控制法的原理是：当冷库库温低于设定值时，温度传感器得到信号，通过温度传感器来控制电磁阀关闭。这是由于关闭了电磁阀，制冷系统形成了抽真空工作状态，当系统内的压力低于压力继电器低压压力设定值时，低压压力继电器动作，切断向压缩机供电电源，压缩机停止工作。

停机后随着制冷系统低压压力的回升，当低压压力回升到高于压力继电器低压压力设定值时，低压压力继电器复位，接通向压缩机供电的电源，压缩机又重新开始工作。这样周而复始的控制过程，达到了自动控制压缩机开停的目的。

599. 不清楚冷库制冷系统负压停车法的优点怎么办？

冷库制冷系统负压停车法是一种值得推广的控制方法，其优点如下。

（1）每次冷库库温达到库温设定值时，都进行了一次抽真空，使系统中的冷冻油全部回到压缩机，这样，蒸发器内的油膜减少，传热系数增加，使蒸发器保持当初的设计要求。

(2) 抽真空使压缩机起动是在无负荷下起动，这样对电网冲击很少。

(3) 抽真空使压缩机起动是在无负荷下起动，这样，对压缩机的线圈和机械部分起到保护的作用，使压缩机正常使用寿命更长。

600. 不知道活塞式压缩机正常工作时参数怎么办？

冷库活塞式压缩机正常工作时的参数有以下 6 个方面。

(1) 水冷式机组冷却水的水压应达到 0.12MPa 以上。

(2) 润滑油压力应比吸气压力高 0.15~0.3MPa。

(3) 氟利昂压缩机曲轴箱中的润滑油温度应低于 70℃。

(4) 氟利昂压缩机使用 R12 的排气温度≤110℃，使用 R22 的排气温度≤135℃。

(5) 氟利昂压缩机使用 R12 制冷剂时，其水冷式冷凝器时冷凝压力 p_K ≤1.18MPa，使用 R22 制冷剂时，其水冷式冷凝器时冷凝压力 p_K ≤1.37MPa。

(6) 开启时压缩机轴封和轴承的温度不能超过 70℃。

601. 不清楚活塞式压缩机正常运行时的标志怎么办？

活塞式压缩机正常运行时标志如下。

(1) 压缩机运行过程中无异常声响。

(2) 压缩机运行时霜可结到吸气管口处。

(3) 压缩机曲轴箱视油镜油位不能低于 1/2。

(4) 氟利昂制冷系统的油分离器的自动回油管，应时冷时热，冷热周期在 1h 左右。

(5) 干燥过滤器前后应无明显温差，更不能出现结霜现象。

(6) 用手摸卧式壳管式冷凝器，应明显感觉到上部热、下部凉，冷热交界处为制冷剂液面，应在冷凝器直径的 1/3 左右。

(7) 用手摸氟利昂制冷系统的油分离器，应明显感觉到上部热，下部不太热，为正常。

(8) 制冷系统热力膨胀阀应结有斜线霜为正常。

602. 想看出来冷库制冷系统是否正常怎么办？

想看出来冷库制冷系统活塞式制冷压缩机运行中是否正常，注意以下参数即可。

(1) 看压缩机在运行时其油压应比吸气压力高 0.1~0.3MPa。

(2) 看曲轴箱上若有一个视油孔时，油位不得低于视油孔的 1/2；若有两个视油孔时，油位不超过上视孔的 1/2，不低于下视孔的 1/2。

（3）看曲轴箱中的油温一般应保持在 40～60℃，最高不得超过 70℃。

（4）看压缩机轴封处的温度不得超过 70℃。

（5）看压缩机的排气温度，视使用的制冷剂的不同而不同。采用 R12 制冷剂时不超过 130℃，采用 R22 制冷剂时不超过 145℃。

（6）看压缩机的吸气温度比蒸发温度高 5～15℃。

（7）看压缩机电动机的运行电流稳定，机温正常。

（8）看自动回油装置的油分离器能否自动回油。

603. 冷库制冷系统想手动停机怎么办？

中小型冷库制冷系统手动控制停机操作，可按下述程序进行。

（1）在接到停止运行的指令后，首先关闭储液器或冷凝器的出口阀（即供液阀）。

（2）待压缩机的低压压力表的表压力接近于零，或略高于大气压力时（大约在供液阀关闭 10～30min 后，视制冷系统蒸发器大小而定），关闭吸气阀，停止压缩机运转，同时关闭排气阀。如果由于停机时机掌握不当，而使停机后压缩机的低压压力低于 0 时，则应适当开启一下吸气阀，使低压压力表的压力上升到 0，以避免停机后，由于曲轴箱密封不好而导致外界空气的渗入。

（3）在制冷压缩机停止运行 10～30min 后，关闭冷却水系统，停止冷却水泵、冷却塔风机工作，使冷却水系统停止运行。

（4）关闭制冷系统上各阀门。

（5）若冬季要大修冷库的制冷系统，停机时间过长时，为防止冬季可能产生的冻裂故障，应将冷却水系统中残存的水放干净。

604. 冷库制冷系统运行过程中突然停电怎么办？

冷库制冷系统在正常运行中，若出现突然停电情况，首先应立即迅速关闭系统中的供液阀，停止向蒸发器供液，避免在恢复供电而重新起动压缩机时，造成"液击"故障。接着应迅速关闭压缩机的吸、排气阀。

冷库制冷系统恢复供电以后，可先保持供液阀为关闭状态，按正常程序起动压缩机，待蒸发压力下降到一定值时（略低于正常运行工况下的蒸发压力），可再打开供液阀，使小型冷库制冷系统恢复正常运行。

605. 制冷系统运行过程中冷却水断水怎么办？

中小型冷库制冷系统在正常运行时，因某种原因，突然造成冷却水供应中断时，应首先切断压缩机电动机的电源，停止压缩机的运行，以避免高温高压状态的制冷剂蒸汽得不到冷却，而使系统管道或阀门出现爆裂事故。之后关闭供液阀、压缩机的吸、排气阀，然后再按正常停机程序关闭各种设备。

在中小型冷库制冷系统冷却水恢复供应以后，可先保持供液阀为关闭状态，按正常程序起动压缩机，待蒸发压力下降到一定值时（略低于正常运行工况下的蒸发压力），可再打开供液阀，使冷库制冷系统恢复正常运行。但如果因停水而使制冷系统冷凝器上的安全阀动作过，在恢复冷库制冷系统运行之前，还须对安全阀进行一次试压，以确保其灵敏程度没受到损坏。

606. 制冷系统运行过程中出现火警怎么办？

在中小型冷库制冷系统正常运行情况下，制冷机房或相邻建筑发生火灾危及系统安全时，应首先切断电源，按突然停电的紧急处理措施使系统停止运行。同时向有关部门报警，并协助灭火工作。

当火警解除之后，可按突然停电后又恢复供电时的管理方法进行处理，恢复冷库制冷系统的正常运行。

607. 制冷系统运行过程中出现特殊情况怎么办？

在中小型冷库制冷设备运行过程中，会发生下述问题。

（1）油压过低或油压升不上去。

（2）油温超过允许温度值。

（3）压缩机汽缸中有敲击声。

（4）压缩机轴封处制冷剂泄漏现象严重。

（5）压缩机运行中出现较严重的液击现象。

（6）排气压力和排气温度过高。

（7）压缩机的能量调节机构动作失灵。

（8）冷冻润滑油太脏或出现变质情况。

在发生上述问题时，采取何种方式停机，可视具体情况而定，可采用紧急停机处理，或按正常停机方法处理。

第八章 Chapter8

中小型冷库的运行管理

第一节 食品存放的基本要求

608. 冷冻库和冷库想互换使用怎么办？

虽然冷冻库和冷库都属于冷库范畴，但是，由于两者在使用性能及设计规范上差别较大，因此，在实际使用过程中，要严格按照库房的设计用途来使用，不得互换使用。否则，不仅会造成冷库资源的极大浪费，还有可能给储存物品造成损害。如果确有需要对冷库的使用用途进行改变时，必须按照新的用途的要求，对库房的制冷能力、保温材料、设施设备类型及结构进行全面改造，以满足新的用途的需要。

609. 不清楚冷冻、冷藏物品入库的要求怎么办？

冷冻、冷藏物品入库作业前，除了按照普通仓库入库作业所进行的点验、检查、抽查等作业之外，还要对送达货物的温度及冷冻、冷藏状况进行测定，同时查验物品的内部状态，并进行详细的记录；对于已霉变或已腐败的物品，不得接收入库；物品入库前，要进行预冷处理，以保证物品或物品单元的温度能够均匀地下降到规定的温度；未经预冷冻结的物品，不得直接进入冷冻库，以免高温物品大量吸冷，造成库内温度升高而影响库内其他冷冻物品。

610. 不清楚冷冻、冷藏物品搬运入库的要求怎么办？

冷冻、冷藏物品搬运作业时要使装运车辆尽量靠近库门，以缩短物品露天搬运的距离，防止隔车搬运。应采用推车、叉车、输送带等机械进行搬运，同时尽量采取托盘等单元化作业，以加快搬运作业速度。搬运中不得将物品散放在地坪，以避免物品、托盘等冲击地坪、内墙、冷管等。作业中的起吊机具所起吊的重量，不得超过机具本身所设计的负荷标准。

611. 不清楚冷冻、冷藏物品入库后码垛的要求怎么办？

冷冻、冷藏物品在库内的堆码要严格按照冷库作业规章制度进行。要根据物品的属性及需要储存的期限等条件，选择合适的货位，比如，将储存期较长的物品存放在冷库靠里端的货位，将储存期较短的物品存放在靠近库门的货位，将易升温的物品放在接近冷风口或排水管附近的货位，要根据物品或包装的形状，采用合理的堆垛方式。

如冻白条肉码垛时应采用肉皮向下、头尾交错、腹背相连、长短对齐、码平码紧的方式堆垛。货垛的堆码不能影响冷风的流动或者堵塞冷风口。货垛要堆码整齐、稳固，货垛间距要合理。

612. 不清楚冷库内货位堆垛的距离的要求怎么办？

冷库内货位堆垛的距离要求是：距冻结物冷藏间顶棚 0.2m；距冷却物冷藏间顶棚 0.3m；距顶排管下侧 0.3m；距顶排管横侧 0.2m；距无排管的墙 0.2m；距墙排管外侧 0.4m；距冷风机周围 1.5m；距风道底面 0.2m。

低温冷冻库的货垛顶端与顶棚的间距应不小于 0.2m；冷库的货垛顶端与顶棚的间距不应小于 0.3m；货垛顶端距库顶排水管下侧的间距、货垛顶端与库顶排水管横侧的间距均不得小于 0.3m；货垛侧面与没有装设冷排管的墙壁的间距不得小于 0.2m；货垛与冷风机各个面的间距不应小于 1.5m。

613. 不清楚气调库中码放货物的要求怎么办？

气调库中码放货物的要求是：果蔬包装箱堆放时，相互之间必须留有一定的空间，以利于库内空气流通，使储藏物品的温度与设计控制温度相同。储藏物堆放不能太高，与冷库顶面有 60~120cm 的空间、与周边墙面有 50~80cm 的距离，保持四周通风，有利于库内气体流通，使温度分布均匀。

614. 不清楚冷冻冷藏物品入库后养护的要求怎么办？

冷冻、冷藏物品养护的要求是：由于冷库中储存的物品都是食品，同时考虑到库内环境条件对制冷效果的影响，冷库内必须保持清洁、卫生。库房内的地面、墙面、顶棚、门框上不能有积水、结霜、挂冰等情况，一旦出现应立即扫除，以保证冷库的制冷效果。

应定时、经常性地对冷库内的温度、湿度进行测试，并严格按照物品保存所需要的温度、湿度来控制冷库的温度、湿度，尽可能减少温度波动，以防止物品因温度、湿度的异常变化而引起变质，或者因非正常解冻而发生货垛倒塌现象。

615. 不清楚冷冻冷藏物品出库的要求怎么办？

由于在冷库内储存的大都是相同品种的物品，因此，在物品出库时的要求是：应认真核对每件物品的标识、编号、批次等项目，以防止错取、错发。

对于出库时需要升温处理的物品，应严格按照作业规程进行加热升温，不得采用自然升温的方法。拆垛作业时，应自上而下提取物品或物品单元，严禁在货垛中间抽取商品或物品单元。提取物品或物品单元时，要注意防止对冻结而粘在一起的物品或物品单元采取强行拆分的做法，以免扯坏包装或物品体。

616. 不清楚在冷库中作业要注意的问题怎么办？

在冷库中作业过程中需要注意以下几个问题，以确保作业人员的安全。

（1）防止冻伤。进入冷库内的作业人员，必须采取保温措施，穿戴好保暖服装，尽量减少身体裸露部分，必须裸露的部位，不得与商品、排管、货架、作业工具等物品直接接触，以防冻伤。

（2）防止作业人员缺氧窒息。由于冷库尤其是冷库内的物品大多是生鲜品，仍然存在一定的呼吸作用，加上库内微生物的呼吸作用，使库内二氧化碳的浓度大大增加，有时冷凝剂也会发生泄漏而进入库内，这就使得冷库内的氧气量不足。作业人员如果较长时间在库内作业，就会发生窒息事故。因此，作业人员在进入冷库之前，需要对冷库特别是长期封闭的库房进行通风，补充库内氧气，避免人员伤亡。

（3）加强管理，明确责任，避免作业人员被封闭在冷库内。冷库的库门前应设置专门的安全岗，由专人负责库门的开关，严禁非作业人员入库。在有作业人员入库作业时，应在库门外悬挂警示牌；冷库人员作业期间，必须明确负责核查作业人数的责任人，随时查点入、出库作业人数；在确定所有作业人员均已出库后，才能将库门外悬挂的警示牌摘除。

（4）严格按照规定妥善使用冷冻、冷藏及相关作业设备。在冷库内作业所使用的设备，必须抗冷而且已经过必要的保温防护处理。禁止使用在低温条件下会发生损害的设备和用具，以防止发生事故。

617. 不清楚冷库的日常管理的要求怎么办？

冷库的日常管理要求有以下15个方面。

（1）冷库的使用。应按设计要求，充分发挥冻结、冷藏能力，确保安全生产和产品质量，养护好冷库建筑结构。库房管理要设专门小组，责任落实到人，每一个库门，每一件设备工具，都要有人负责。

（2）冷库是用隔热材料建成的，具有怕水、怕潮、怕热气、怕跑冷的特性，要把好冰、霜、水、门、灯五关。

（3）穿堂和库房的墙、地、门、顶等都不得有冰、霜、水，有了要及时清除。

（4）库内排管和冷风机要及时扫霜、冲霜，以提高制冷效能。冲霜时必须按规程操作，冻结间至少要做到出清一次库，冲一次霜。冷风机水盘内和库内不得有积水。

（5）没有经过冻结的货物，不准直入冻结物冷藏间，以保证商品质量，防止损坏冷库。

（6）要严格管理冷库门的启闭，货物出入库时，要随时关门，库门如有损坏要及时维修，库门要做到开启灵活、关闭严密、防止跑冷。凡接触外界空气的库门，均应设置空气幕，减少库内外冷热空气的对流。

（7）各类冷库库房必须按设计规定用途使用，冷却物、结冻物冷藏间不能混淆使用。

（8）空库时，冻结间和冻结物冷藏间应保持在-5℃以下，防止冻融循环。冷却物冷藏间应保持在零点温度以下，避免库内滴水受潮。

（9）不得把商品直接散铺在地坪上或垫上席子等冻结；拆肉垛不得采用倒垛的方法；脱钩和脱盘不准在地坪上摔击，以免砸坏地坪，破坏隔热层。

（10）商品堆垛、吊轨上货物的悬挂，其质量不得超过设计负荷。

（11）没有地坪防冻措施的冷却物冷藏间，其库温不得低于0℃，以免冻鼓。

（12）冷库地下自然通风道应保持畅通，不得积水、有霜，不得堵塞，北方地区要做到冬堵春开。采用机械通风或地下油管加热等设备，要指定专人负责，定期检查，根据要求，及时开启通风机、加热器等装置。

（13）冷库必须合理利用仓容，不断总结、改进商品堆垛方法，安全、合理安排货位和堆垛高度，提高冷库利用率。堆垛要牢固、整齐，便于盘点、检查、进出库。

（14）库房要留有合理的走道，便于库内操作、车辆通过、设备检修，保证安全。

（15）库内电器线路要经常维护，防止漏电，出库房要随手关灯。

618. 不清楚冷库库房内货物存放的要求怎么办？

库房内货物存放的要求有以下6个方面。

（1）冷库要加强货物保管和卫生工作，重视货物养护，严格执行《食品卫生法》，保证商品质量，减少干耗损失。冷库要加强卫检工作。库内要求无污垢、无霉菌、无异味、无鼠害、无冰霜等，并有专职卫检人员检查出入库货物。肉及肉制品在进入冷库时，必须有卫检印章或其他检验证件。严禁未经检疫检验的社会零宰畜禽肉及肉制品入库。

（2）为保证货物质量，冻结、冷藏货物时，必须遵守冷加工工艺要求。货物深层温度必须降低到不高于冷藏间温度3℃时才能转库，如冻结物冷藏间库温为−18℃，则货物冻结后的深层温度必须达到−15℃以下。长途运输的冷冻货物，在装车、船时的温度不得高于−15℃。外地调入的冻结货物，温度高于−8℃时，必须进行复冻，达到要求温度后，才能转入冻结物冷藏间。

（3）根据货物特性，严格掌握库房温度、湿度。在正常情况下，冻结物冷藏间一昼夜温度升降幅度不得超过1℃，冷却物冷藏间不得超过0.5℃。在货物进出库的过程中，冻结物冷藏间温升不得超过4℃，冷却物冷藏间不得超过3℃。

（4）对库存商品，要严格掌握货物储存保质期限，定期进行质量检查，执行先进先出制度。如发现货物有变质、酸败、脂肪发黄现象时，应迅速处理。

（5）鲜蛋入库前必须除草，剔除破损、裂纹、脏污等残次蛋，并在过灯照验后，方可入库储藏，以保证货物的产品质量。

（6）下列货物要经过挑选、整理或改换包装，否则不准入库。

1）货物质量不一、好次混淆者。

2）货物污染和夹有污物。

3）肉制品和不能堆垛的零散货物，应加包装或冻结成型后方可入库。

619. 不知道冷库储藏食品货物保质期怎么办？

想知道冷库储藏食品货物的保质期是多少，可以参考表8-1所示内容。

表8-1 储藏食品货物保质期

食品货物品名	库房温度	保质期
带皮冻猪白条肉	−18℃	12个月
无皮冻猪白条肉	−18℃	10个月
冻分割肉	−18℃	12个月
冻牛羊肉	−18℃	11个月
冻禽、冻兔	−18℃	8个月

续表

食品货物品名	库房温度	保质期
冻畜禽副产品	−18℃	10 个月
冻鱼	−18℃	9 个月
鲜蛋（相对湿度 80％～85％）	−1.5～−2.5℃	6～8 个月
冰蛋（听装）（相对湿度 80％～85％）	−18℃	15 个月

在冷库运行管理中，对于刚过超期储存的货物，应经过卫生检疫合格后才能出库。

620. 使用表面式蒸发器（冷风机）时要防止干耗怎么办？

要防止冷库使用表面式蒸发器（冷风机）时库存食品干耗，可以从冷藏工艺方面采取措施：将食品加以包装、镀冰衣、加覆盖等，这无疑是减少食品干耗的一个方面。但是，如何确定冷风机的各项运行参数，改善室内空气循环的气流组织，以控制食品干耗，仍是制冷工艺设计方面的重要课题。对于冻结物冷藏间采用冷风机时，通常希望室内风速保持在 0.5m/s 以下，而且控制冷风机蒸发温度与进出风平均温度的温差在 6～8℃ 以内，冷风机进出风温度差在 2～4℃ 以内。

在气流组织方面，希望冷风机送出的低温空气，沿冷藏间的平顶及外墙形成贴附射流，使冷藏货物处于循环冷风的回流区内，这样也有利于减少食品干耗。

第二节　消毒与鼠害处理

621. 不知道冷库管理中有哪些东西不能入库怎么办？

为保障冷库中的货物的冷藏环境不受到污染，有下述情况之一的货物不能进入冷库。

（1）变质腐败、有异味、不符合卫生要求的商品。

（2）患有传染病畜禽的肉类商品。

（3）雨淋或水浸泡过的鲜蛋。

（4）用盐腌或盐水浸泡，没有严密包装的商品，流汁、流水的商品。

（5）易燃、易爆、有毒、有化学腐蚀作用的商品。

（6）供应少数民族的商品和有强挥发气味的商品应设专库保管，不得混放。

（7）要认真记载商品的进出库时间、品种、数量、等级、质量、包装和生产日期等。要按垛挂牌，定期核对账目，出一批清理一批，做到账、货、卡相符。

622. 不清楚冷库库房内部的消毒要求怎么办？

冷库内存放的物品多数都是食品，冷库因为需要经常进出货物，不可避免地会有细菌进入到冷库中，虽然冷库内的温度很低细菌不容易生长，但时间长了细菌还是会滋生，使冷库产生异味，让食品受到污染。所以冷库内的消毒工作就非常必要了。

冷库库房内部的消毒要求是：为做好冷库卫生管理工作，保证食品和烹饪原料的冷藏质量，要定期（每月一次）进行冷库卫生消毒工作。冷库进行除霉杀霉与消毒操作时，可先用酸类消毒剂进行消毒处理。酸类消毒剂的杀菌作用，主要是凝固菌体中的蛋白。常有的消毒剂有乳酸、过氧己酸、漂白粉、福尔马林等。

623. 冷库想用高锰酸钾消毒怎么办？

冷库内使用高锰酸钾溶液消毒时的操作方法是：每立方米消毒沸水加入15～25ml 福尔马林，将混合液稀释成 10%～20% 的高锰酸钾溶液，喷洒在冷库内，让消毒液持续一段时间后对冷库进行开窗换气。需要注意的是，在喷洒消毒液的时候要将冷库内的物品暂时搬离，不可污染食品。

624. 冷库用臭氧消毒后怎么办？

臭氧是一种强氧化气体，它可以杀菌除异味，控制好臭氧的浓度就可以轻松实现冷库的带货消毒。用臭氧杀菌消毒后，不用特意对臭氧进行处理。臭氧会自动分解无须通风换气，这种方法高效便捷无死角无残留，是冷库消毒的理想方法。

625. 冷库想用抗霉剂消毒怎么办？

霉菌比细菌繁殖速度快，因此库房四壁及库房顶等外露表面可涂刷抗霉剂。常用的抗霉剂种类和使用要求有以下几种。

（1）氟化钠法。在白陶土中加入 1.5% 的氟比钠或 2.5% 的氟化铵，配成水溶液进行粉刷，白陶土中钙盐含量不得超过 0.7% 或最好不含钙盐。

（2）羟基联苯酚钠法。当发现库房发霉严重时，在正温库房内可用 2% 的羟基联苯酚钠溶液进行粉刷或用同等浓度的药剂溶液配成刷白混合剂进行粉刷。消毒后，地墙要洗刷并干燥通风后，库房才能使用。用这种方法消毒，不能与漂白粉交替或混合使用，以免墙壁呈现褐红色。

（3）硫酸铜法。硫酸铜 2 份与钾明矾 1 份混合，取 1 份混合物加 9 份水在桶中溶解，粉刷时再加入 7 份石灰，用 2％过氧酚钠盐水与石灰混合粉刷。

626. 冷库想用消毒剂消毒怎么办？

冷库可选用漂白粉、次氯酸钠和乳酸作为消毒剂进行消毒。具体做法如下。

（1）漂白粉消毒。用漂白粉配制成含有效氯 0.3％～0.4％的水溶液（一升水中加入含 16％～20％有效氯的漂白粉 20g），在库内喷洒消毒，或与石灰混合粉刷器壁。配制方法是先用少量水将漂白粉制成糊浆，再加水稀释到要求浓度。

另外，用漂白粉加碳酸钠混合液消毒效果较好，配法是在 30L 热水中溶入 3.5kg 碳酸钠，在 70L 水中溶入 2.5kg 含 25％有效氯的漂白粉。将漂白粉溶液澄清后，再加入碳酸钠溶液。使用的时候再加两倍的水稀释。用石灰粉刷时，可加水来稀释消毒剂。

（2）次氯酸钠消毒。在 2％～4％次氯酸钠的溶液中加入 2％的碳酸钠，在低温库内喷洒后，关闭库门数小时即可完成消毒。

（3）乳酸消毒。每立方米库房中间用 3～5ml 粗制乳酸，每份乳酸再加1～2 份清水，放在瓷盘内，再用酒精灯加热，关闭库房数小时即可完成消毒。

627. 不清楚冷库内异味产生的原因怎么办？

冷库中产生异味，一般说来有以下几个方面的原因。

（1）食品在没有进入冷库前就有异味存在。这是因为入冷库前的食品（如变质的蛋、肉、鱼等）存在腐败变质现象。

（2）存放过鱼虾等水产品的冷库，清库后未进行认真的清洗，使微生物大量繁殖，产生异味。

（3）冷库内部空气流动不畅或温、湿度过大，致使霉菌大量繁殖，产生霉气味。

（4）冷库库温达不到要求，致使肉类食品腐坏变质产生腐败味。这种情况多发生在鲜肉未冻结、冻透即转库储藏。

（5）不同气味的食品存在一个冷库库房内，导致食品串味互相感染。

628. 冷库想防止产生异味怎么办？

防止冷库产生异味可以这样做：入冷库前的食品，必须经过检验，没有变质的方可入库存放。冷库库房在进货前不得有异味存在。若有异味，必须经过技术处理，排除异味后方可使用。平常要加强冷藏设备的维护，严禁倒堆卸货，防止因此砸坏管路，造成制冷剂外泄。食品在冷加工过程中，必须使冷库库房保持一定的温度，不得将冻制食品进行转库或存放。若冷库库房温度降不下来，应查找原因，待排除后再进行食品加工。冷库内不得混合存放互相感染的食品。

629. 冷库要排除异味怎么办？

冷库要排除异味可以采用下述方法。

（1）臭氧法。臭氧具有强烈的氧化作用，不但能消除冷库库房异味，还能制止微生物的生长。采用臭氧发生器，可实现对库房异味的排除。若冷库内存放含脂肪较多的食品时，则不宜采用臭氧处理，以免脂肪氧化而产生酸败现象，产生更多的异味。

（2）甲醛法。将冷库库房内的货物搬出，用2％的甲醛水溶液（即福尔马林溶液）进行消毒和排除异味。

（3）食醋法。装过鱼的冷库库房，鱼腥味很重。不宜装其他食品，非得经彻底清洗排除鱼腥味后方可装入其他食品。一般清除鱼腥味的方法是采用食醋的方法。具体方法为：鱼类食品出冷库后，要将蒸发管组上的冰霜层清除干净，并保持库房温度在5℃以下，然后按冷库库房每一立方米容积用食醋量50～100g配制，用喷雾器向库内喷射，先将库房门关闭严密，断断续续地开动鼓风机，让食醋挥发并在库内流动，使食醋大量吸收鱼腥味。一般经4～24h断续吹风后，可打开冷库库门，再连续鼓风数小时可将醋味吹出库外。

630. 不清楚鼠类入藏库途径与危害怎么办？

鼠类由冷库周围环境条件，如库门没安装防鼠板、冷库排水道等途径潜入冷库，有时会与准备冷藏的食品一同进入冷库。冷库内的鼠害会造成巨大的经济损失，它不仅咬食肉品、污染食品，而且能传播疫病，破坏冷库的隔热结构，损坏建筑设施。由于被老鼠咬破电线而引起冷库火灾也时有发生，故应经常检查，发现鼠害立即采取灭鼠措施。

目前，冷库内常用的灭鼠方法有器械电子捕鼠器、化学药物灭鼠和CO_2气体灭鼠。

631. 不清楚冷库电子捕鼠器功能怎么办？

冷库采用器械灭鼠时，现在多采用电子捕鼠器进行灭鼠。电子捕鼠器的功能是用220V电压为电源，经转换产生可调控1500V电压。电子捕鼠器有三根输出电线，三根单线各能延长1000m，可分别安置在三个方向上，同时进行捕鼠。老鼠接触电子捕鼠器的导线后即可毙死，电子捕鼠器同时发出命中信号，告诉人们及时清理死鼠，电子捕鼠器捕鼠命中率可达100%。

632. 不了解冷库化学药物灭鼠效果好怎么办？

冷库采用化学药物灭鼠时敌鼠钠盐灭鼠效果较好。使用敌鼠钠盐灭鼠的配方是先将药物用开水溶化成5%溶液，然后按0.025%~0.05%浓度与食饵混匀即可。

另外，广谱灭鼠剂也是目前国内外冷库灭鼠一种比较有效的药剂。老鼠吃进少量广谱灭鼠剂后，一般会在8h内死亡，而其他动物、鸟类误食后无毒。

633. 不了解冷库 CO_2 气体灭鼠怎么办？

冷库采用二氧化碳气体灭鼠，是因为二氧化碳无毒，在使用时不用搬开食品，但对操作人员有窒息作用，因此操作时人员要戴上二氧化碳呼吸器。二氧化碳灭鼠，不但对食品无毒副作用，而且灭鼠效果显著。

二氧化碳气体灭鼠做法是：$1m^3$ 的库房空间用浓度25%的二氧化碳0.7kg，或用浓度35%的二氧化碳0.5kg，紧闭库门24h即可达到彻底灭鼠的目的。同时二氧化碳也具有灭菌的性能。冷库采用二氧化碳气体灭鼠时库内温度和食品的堆放皆不需要改变，这种灭鼠方法比较经济实用。

第三节 制冷量的调节

634. 不了解冷库日常运行要注意的问题怎么办？

冷库日常运行要注意的问题有以下6个方面。

(1) 冷库维护检修工作要列入其管理工作日程，配备专人负责。要将冷库的定期检修和日常维护相结合，以日常维护为主，切实把建筑结构、机械设备等维护好，使其经常处于良好的工作状态。

(2) 为掌握建筑结构和机械设备的技术性能状况，便于管理和维修，要按标准建立完善的技术档案。

(3) 要定期对冷库屋面和其他各项建筑结构进行检查，检查的主要内容如下。

① 屋面漏水，油毡层鼓起、裂缝，保护层损坏，屋面排水不畅，落水管损坏或堵塞，库内外排水管道渗水，墙面或地面裂缝、破损、粉面脱落，冷库门损坏等，应及时修复。

② 地坪冻鼓，墙壁和柱子裂缝时，应查明原因，采取措施，不应使其继续发展。

③ 松散隔热层有下沉，应以同样材料填满压实，发现松散隔热材料受潮要及时翻晒或更换。

④ 冷库平顶和月台罩棚顶，不得做其他用途，库房顶有积雪、长草时应及时清除。

（4）冷库的维修必须保证质量。积极采取新工艺、新技术，力求维修后的使用效果达到或超过原设计要求。要认真做好维修的质量检查，竣工后要组织验收。

（5）冷库的机械设备发生故障和建筑结构损坏后，应立即检查，分析原因，制定解决办法和措施，并认真总结经验教训。对于那些玩忽职守、违章操作造成事故的人员，要追究责任，依据法规进行处理。

（6）冷库发生重大事故要立即逐级向主管部门报告。一般事故也要建立登记制度，报主管安全部门备案。

635. 不清楚装配式冷库制冷机组日常操作维护的要求怎么办？

装配式冷库制冷机组日常操作维护要求有以下 6 个方面。

（1）对压缩机的维护：在试运行 30d 以后需更换一次冷冻油和干燥过滤器中的干燥剂；在正式运行 180d 以后再更换一次冷冻油和干燥过滤器中的干燥剂，之后再视实际情况决定冷冻油和干燥过滤器中的干燥剂更换时间。

（2）仔细倾听制冷压缩机、冷却塔、水泵或冷凝器风机运转声音，发现异常需及时处理。同时检查压缩机、排气管及地脚的振动情况。

（3）制冷机组安装后机组初期运转时，要经常观察压缩机的冷冻润滑油面、回油情况及清洁度，发现冷冻润滑油过脏或油面下降要及时换冷冻润滑油或补充冷冻润滑油，以免造成压缩机润滑不良。

（4）经常观察压缩机运行状态，检查其排气温度，在换季运行时要特别注意系统的运行状态，如发现异常，应及时调整制冷系统制冷剂的供液量和冷凝温度参数值。

（5）对于风冷机组，要经常清扫风冷器，使其保持良好的换热状态，同时经常检查冻库冷凝器的结垢问题，要及时清除水垢。

（6）对于水冷机组，要经常检查冷却水的混浊程度，如冷却水太脏，要进行更换，检查供水系统有无跑、冒、滴、漏问题。检查水泵工作是否正常、阀门开关是否有效，冷却塔、风机运转是否正常。如发现有异常，应及时予以处理解决。

✎ **636. 不清楚热力膨胀阀使用过程中是否需要调整怎么办?**

冷库制冷设备组装完毕投入运行后,热力膨胀阀是不用调整的。但是在制冷系统连续使用几年后,由于阀针的磨损、系统有杂质、阀孔部分有堵塞及弹簧弹力减弱等原因,影响了热力膨胀阀的开启度,使得热力膨胀阀偏离了它的工作点,表现为热力膨胀阀开启度偏小或过大,这时候就需要进行适当的调整了。

✎ **637. 不清楚热力膨胀阀开启度太小对蒸发器的影响怎么办?**

热力膨胀阀开启度太小对蒸发器的影响是很大的。制冷系统膨胀阀开启度太小,会使蒸发器的制冷效果严重不足。因为热力膨胀阀开启度太小的话,就会造成供液不足,使得没有足够的氟利昂在蒸发器内蒸发,制冷剂在蒸发管内流动的途中就已经蒸发完了,在这以后的一段,蒸发器管中没有液体制冷剂可供蒸发,只有蒸汽被过热。因此,相当一部分的蒸发器未能充分发挥其效能,造成制冷量不足,降低了设备的制冷效果。如果热力膨胀阀开启度不够,轻者由于系统的回压缩机气体减少,造成低压端吸气压力太低,制冷压缩机因低压过低而停机;重者由于蒸汽过热度过大,对压缩机冷却作用减小,压缩机的排气温度会增高,润滑油变稀,润滑质量降低,压缩机的工作环境恶化,会严重影响压缩机的工作寿命甚至烧毁压缩机。

✎ **638. 不清楚热力膨胀阀开启度太大对蒸发器的影响怎么办?**

热力膨胀阀开启度太大对蒸发器的影响也是很大的。制冷系统膨胀阀开启度太大,会使蒸发器的制冷效果大打折扣。因为如果热力膨胀阀开启过大,即热力膨胀阀向蒸发器的供液量大于蒸发器负荷,会造成部分液态制冷剂来不及在蒸发器内蒸发,同气态制冷剂一起进入压缩机,引起湿冲程,甚至造成"液击"事故,损坏压缩机。同时,热力膨胀阀开启过大,使蒸发温度升高,制冷量下降,压缩机功耗增加,增加了耗电量。因此,有必要定期检查调整热力膨胀阀,尽量让热力膨胀阀工作在最佳匹配点。

✎ **639. 不清楚热力膨胀阀调整前要做哪些检查怎么办?**

在调整热力膨胀阀前要做的检查是:确认制冷系统制冷异常是由于热力膨胀阀偏离最佳工作点引起的,而不是因为氟利昂少、干燥过滤器堵塞、滤网、风机等其他原因所引起的。同时,必须保证感温包采样信号的正确性,感温包必须水平安装在回气管的下侧方 45° 的位置,绝对不可安装在管道的正下方,以防管子底部积油等因素影响感温包正确感温。更不能安装在立管上。检查冷凝器风机控制方式,尽量采用调速控制,以保证冷凝压力恒定。

640. 不清楚热力膨胀阀调整要求怎么办？

热力膨胀阀调整的要求是：必须在制冷装置正常运行状态下进行。由于蒸发器表面无法放置测温计，可以利用压缩机的吸气压力作为蒸发器内的饱和压力，查相应制冷剂的压焓图得到近似蒸发温度。用测温计测出回气管的温度，与蒸发温度对比来校核过热度。调整中，如果感到过热度太小，则可把调节螺杆按顺时针方向转动（即增大弹簧力，减小热力膨胀阀开启度），使流量减小；反之，若感到过热度太大，即供液不足，则可把调节螺杆朝相反方向（逆时针）转动，使流量增大。由于实际工作中的热力膨胀阀感温系统存在着一定的热惰性，形成信号传递滞后，运行基本稳定后方可进行下一次调整。因此整个调整过程必须耐心细致，调节螺杆转动的圈数一次不宜过多过快（直杆式热力膨胀阀的调节螺杆转动一圈，过热度变化大概改变 1～2℃）。

641. 想测量热力膨胀阀过热度怎么办？

测量热力膨胀阀过热度可以按以下程序进行操作。

（1）停止压缩机运行。将数字温度表的探头插入到蒸发器回气口处（对应感温包位置）的保温层内。将压力表与压缩机低压阀的三通相连。

（2）起动压缩机运行，让压缩机运行 15min 以上，进入稳定运行状态，使压力指示和温度显示达到一稳定值。

（3）将数字温度计测量出的温度设为 T_1，压力表测得压力所对应的温度设为 T_2，过热度为两读数之差 $T_1 - T_2$。注意：必须同时读出这两个读数。

热力膨胀阀过热度应在 5～8℃，如果不是，则进行适当的调整。可以看到调整后压缩机机壳的温度较调整前会有明显的变化。

642. 不清楚热力膨胀阀检测周期怎么办？

热力膨胀阀偏离工作点的情况通常发生在使用寿命的中后期，因此，决定对热力膨胀阀的检查调整应放在其使用寿命的中后期上，热力膨胀阀检查周期可以这样设定：使用前 4 年时 2 次/年；5～8 年 3 次/年；第 9 年以后 3 次以上。

643. 热力膨胀阀流量过大怎么办？

当检测到热力膨胀阀在使用中出现其流量过大时，可以按以下程序进行处理。

（1）在压缩机吸气截止阀上加装低压压力表。

（2）起动压缩机，运行一段时间后，观察压力表数值的变化情况和蒸发器的结霜情况。正常情况下，凝霜应结至吸气管道。如观测到低压压力偏高，且蒸发器的前半部分不结霜不均匀，而后半部分结霜至压缩机的吸气截止阀，甚至结到压缩机的汽缸盖上，表明制冷剂的流量过大。

（3）用扳手拧开热力膨胀阀阀帽，把方榫扳手的方榫套入到热力膨胀阀的调节阀杆中，顺时针方向旋转阀杆的 1/4 至 1/2 周，然后继续观察低压压力表值及蒸发器和热力膨胀阀的结霜情况。

（4）若流量仍然过大则继续顺时针旋转阀杆的 1/4 周。再继续观察低压压力表值及蒸发器及热力膨胀阀的结霜情况。

（5）当压力正常，热力膨胀阀和蒸发器结霜符合标准后，调整结束。

（6）拧紧热力膨胀阀阀帽。

644. 不清楚热力膨胀阀与制冷系统不匹配的危害怎样办？

热力膨胀阀与制冷系统不匹配时的危害是：会使系统的制冷剂流量时多时少，导致热力膨胀阀的制冷量时大时小，当制冷量过小时，会使蒸发器供液不足，产生过大热度，对系统性能会造成不利的影响；当制冷量过大时，会引起震荡，间歇性地使蒸发器供液过量，导致压缩机的吸气压力出现剧烈波动，甚至有液态制冷剂进入压缩机，引起湿冲程（液击）现象。

645. 想让热力膨胀阀与制冷系统匹配怎么办？

冷库制冷系统选配热力膨胀阀的原则是：应根据制冷系统所使用的制冷剂种类、蒸发温度要求范围和蒸发器过热负荷的大小选择。

想让热力膨胀阀与制冷系统匹配，可以按以下程序进行操作。

（1）确定系统的制冷剂型号。

（2）确定蒸发器的蒸发温度、冷凝温度及制冷量。

（3）热力膨胀阀进出口的压力差。

确定上述参数后，查询膨胀阀相关资料，即可确定选配膨胀阀的具体型号和规格了。

646. 怎样判断膨胀阀感温机构是否泄漏？

判断膨胀阀感温机构是否泄漏可以这样做：

（1）看：膨胀阀感温机构泄漏时，压缩机低压吸气压力会急剧下降，同时原先正常工作时热力膨胀阀阀体上所结的霜层很快融化。

（2）听：用耳朵仔细听膨胀阀体中没有正常运转时的气流声音。

（3）试：用开水冲淋加热阀体数分钟也无反应。

（4）拆：拆下热力膨胀阀进行检查时，用嘴对膨胀阀进出口吹气，发现热力膨胀阀呈不通状态，用手指即可按动传动膜片（未泄漏时用手指是按不动的）即可确定为感温系统泄漏了，可以用更换膨胀阀的方法予以排除。

647. 想知道热力膨胀阀进口的过滤器是否堵塞怎么办?

判断膨胀阀进口的过滤器是否堵塞可以这样做：

（1）看：热力膨胀阀正常工作时，靠近节流孔和阀的出口端部位结霜正常（常呈以斜线状霜层），而阀的进口段和小过滤器部位不结霜的，吸气压力表值正常。

（2）听：用耳朵仔细听膨胀阀体中没有正常运转时的气流声音；

（3）试：用开水冲淋加热阀体数分钟也无反应；

（4）修：将热力膨胀阀的小过滤器拆下，用无水乙醇进行清洗，干燥后再重新装上，膨胀阀即可恢复正常使用。

第四节　果蔬库的运行管理

648. 装配式冷库库板使用中应注意哪些?

装配式冷库库板使用中，应避免硬物对库体的碰撞和刮划。因为碰撞和刮划可能会造成库板的凹陷和引起锈蚀，严重的会使库体局部保温性能严重降低。

649. 装配式冷库密封部位使用中应注意什么?

由于装配式冷库是由若干块保温板拼接而成，因此库板与库板之间存在一定的缝隙，安装过程中，这些缝隙被用密封胶密封，目的是防止空气和水分通过库板间隙进入冷库内，造成其保温保湿能力变化。所以在冷库使用过程中，应对装配式冷库库板间隙的密封状态经常进行检查，若发现有密封胶失效的部位应及时进行修补。

650. 不清楚装配式冷库地面保养要求怎么办?

一般装配式冷库的地面使用保温地库板，在日常使用冷库时对地板的保养要求是：应防止其地面存有大量的冰和水，如果有冰，应及时予以清理，但在清理时切不可使用硬物敲打装配式冷库的地面，以免造成装配式冷库地面的损坏，形成不可修复的故障。

651. 蔬菜水果储前准备要做哪些准备工作?

蔬菜水果储前要做的准备工作有以下 6 个方面。

（1）对制冷系统、气调系统、加湿系统等进行检查：入储前应着手做好储前的准备工作。检查制冷系统、气调系统等是否能正常工作，发现故障及时修理。并且在入储前 3 天，开启制冷系统对库房进行梯度降温，达到储藏要求的温度。

（2）库房的消毒灭菌：库房的卫生是影响果蔬储藏质量的一个很重要的因素。库房必须保持清洁卫生、无毒、无异味。入储前应进行彻底灭菌，以免其浸染果蔬，引起果蔬腐烂。

（3）原料的采收：最适采收期的确定；把握好果蔬的成熟度和最适采收期的确定，对果蔬气调储藏是至关重要的。必须严格要求，采收过早或过迟，都会对果蔬储藏不利。采收过早，不仅果蔬的大小和重量达不到标准，而且风味、品质和色泽也不好。采收过晚，果蔬已经成熟衰老，不耐储藏和运输。果蔬最适采收期的确定应考虑到果蔬采后的用途、它们本身特点、储藏时间长短、储藏方法等。对用于储藏的果蔬应适当早采，对一些有呼吸高峰的果实应在达到生理成熟和呼吸跃变前采收。采收期的确定方法，可采用感官测定、物理测定、化学测定，并根据日历气象与果蔬生长发育的关系综合判断。

（4）预冷和整理：收购来的原料，应及时预冷。预冷的目的是迅速除去田间热，使其急速降温，冷却到适宜的温度，以有效地抑制腐败微生物的生长，抑制酶活性和呼吸强度，减少产品的失水和乙烯的释放。预冷可用专门的预冷车间或冷库，但预冷必须有计划地进行，安排好原料入库量，加快入库进度，缩短入库时间。

（5）整理：按照储藏原料质量标准对原料进行严格的挑选，剔除异形、病虫、伤残等果蔬，并按一定质量标准，进行捆绑包装。整理加工可在预冷库进行，工作力求快捷。没有预冷间应在阴凉处进行。

（6）防霉保鲜处理：在预冷阶段，应对入库的原料及时进行灭菌保鲜药物处理，由于原料在田间带有许多真菌和细菌，另外，原料在采收、运输及装卸过程会造成一部分机械损伤，这样就更容易被浸染。如果有效地进行化学药物处理，病源菌发展就会受限制，否则就会造成一定储藏损失。

652. 不清楚果蔬库储藏管理要求怎么办？

果蔬储藏管理是果蔬储藏效果好坏的关键。果蔬储藏管理过程中要求是：必须调节控制好库内的温度、相对湿度、气体成分，通气循环系统等，做好各项监测工作；果蔬库内温度波动不能超过 $0.5℃$；对相对湿度管理重点是加湿器及监测系统，适时开机增湿；果蔬库内气体成分管理应在封库后迅速降氧，最终使氧气、二氧化碳、氮气三者之比达到一个适宜的平衡状态。

653. 不清楚果蔬库储藏管理要注意的问题怎么办？

在果蔬储藏期内，管理是该阶段的主要任务。果蔬库储藏管理中要注意的问题是：对果蔬的感观性状、硬度、总糖含量、失水率、病烂等情况进行实时观测，并作好各项记录，总结分析，控制好库内的温度、相对湿度、气体成分、通风循环系统等，随时调整果蔬库的储藏参数，以适应库内储藏果蔬的参数变化。

654. 不清楚果蔬冷库对果蔬的采收与库内堆放的要求怎么办？

果蔬冷库对果蔬的采收与库内堆放要求如下。

（1）用于冷藏的水果、蔬菜都应是质量上佳、在适宜的成熟度时采收，不带机械伤，检查剔除病伤个体，并尽量进行预冷和冲洗。

（2）冷藏的果蔬必须进行合适的包装，并在库内成条成垛有序堆放，垛条与垛条、垛条与墙及顶之间要留有一定空间，底部最好用架空的垫板垫起，以便冷气尽快通达。每天的出入库数量宜控制在总库容的 20% 以内，以免库温波动过大。

（3）果蔬在储藏过程中会释放一些气体，累积到一定程度会使藏品生理失调，变质变味。因此，在使用过程中要经常通风换气，一般应选择在气温较低的早晨进行。

（4）冷库在使用一段时间后蒸发器就会结上一层霜，不及时清除会影响制冷效果，除霜时，要盖住库内藏品，用扫帚清扫积霜，注意不能硬敲。

655. 怎样做果蔬冷库的储藏管理？

果蔬冷库的储藏管理要做好以下几点工作。

一是根据果蔬自身的条件控制冷库中的温度。因为不同种类的果蔬，它能忍受低温的能力是各不相同的，不适宜的低温和冷冻，会影响果实正常的生理功能，引起风味品质的变化或生理病害的产生，这对储藏是不利的。以水果来讲，一般产于南方或夏季成熟的水果，适宜的储藏温度较高。例如，菠萝适宜在 +5℃ 左右储藏，柑橘宜在 3～6℃ 储藏，香蕉如在 +12℃ 以下储藏时间太久便不能催熟。而北方生长的，又是秋冬成熟的苹果、梨等果实，一般都可在 0℃ 左右的温度中储藏。例如，金冠、红星苹果宜在 0.5～1.0℃ 储藏，鸡冠、国光苹果宜在 -1～0℃ 储藏，刀豆、青豆宜在 1～3℃ 储藏。因此高温冷藏储藏水果蔬菜，应根据不同种类，控制不同的储藏温度。

二是要对果蔬挑选和整理。因为果蔬中含有大量的水分和营养物质，是微生物生活的良好培养基。首先要把机械伤、虫伤的产品剔除，否则会被微生物污染的果蔬很快就会全部腐烂变质。不同成熟度的果蔬也不宜混在一起保藏。因为较成熟的果蔬，再经过一段时间保藏后会形成过熟现象，其特点是果体变软，并即将开始腐烂。有些果蔬经过挑选后，质量好的、可以长期冷藏的应逐个用纸包裹，并装箱或装筐。包裹果蔬用的纸，不要过硬或过薄，最好是用经过对果蔬无任何不良作用的化学药品处理过的纸。有柄的水果在装箱（筐）时，要特别注意勿将果柄压在周围的果体上，以免把别的水果果皮碰破。在整个挑选整理过程中，都要特别注意轻拿轻放，以防止因工作不慎而使果体受伤。

三是果蔬入库后要采取进一步降温的办法。果蔬在采收后，最好在原料产地及时进行冷却把果蔬内部的热量散出。冷却后的果蔬若用冷藏车运到冷库，可直接入库进行冷藏。如果原料产地未经冷却的果蔬，进入冷藏间后，要采取逐步降温的办法，防止某些生理病害的发生。例如，红玉苹果先在2.2℃储藏，然后再降到0℃储藏，可减少红玉斑点和虎皮病的发生。

656. 不明白气调库要定期打开库门怎么办？

气调库要定期打开库门的目的是使气调库内果蔬释放的气体，如乙烯、二氧化硫等气体得以排出，有利于气调库内果蔬的保鲜，因为这些气体浓度过高，会对果蔬有加快后熟的作用，减少果蔬的储藏期。

657. 不清楚果蔬储藏工艺的要求怎么办？

果蔬储藏工艺要求是：适时采收→分选、包装→预冷（在0℃条件下预冷48h）→储藏（按储藏指标进行条件控制）→储藏管理（温湿度、气体成分、物料观测）→出库→分选→包装→销售。

658. 不清楚果蔬储藏湿度调节的方法怎么办？

果蔬中含有大量的水分，这是维持果实生命活动和新鲜品质的必要条件。采摘后的果蔬，不能再从母体上获得水分的供给，在长期储藏过程中，逐渐蒸发水分。大多数水果蔬菜其干耗（重量损失）超过5%时，就会出现枯萎等鲜度下降的明显特征。特别是水果，当干耗达5%以后就不可能恢复原状。果蔬的水分蒸发，一方面是由于呼吸作用，散发出一部分水分；另一方面是储藏环境的空气湿度过低，引起果蔬枯萎，降低了商品价值。

因此，果蔬储藏库的湿度要随时进行调节，一般要求湿度保持在85%～90%。果蔬储藏湿度调节的方法是：当果蔬储藏库的湿度过低时，可在自动喷雾器前安装鼓风机，喷雾时起动鼓风机运行，让细微的水雾随冷风送入库房空气中，加湿储藏果蔬气调库内的空气。

没有设计自动喷雾器的果蔬储藏库，也可在地面上洒些清洁的水，或将湿的草席盖在包装容器上，来增加冷藏间的相对湿度。

如果果蔬储藏库湿度过高，果蔬的表面过于潮湿，有时还凝有水珠，会给微生物滋生创造条件，使果蔬容易腐烂，这时可在果蔬储藏库内放些干石灰、无水绿化钙或干燥的木炭吸潮。

果蔬储藏库冷藏间的温度和相对湿度都应尽量保持稳定，不得有较大幅度波动，否则会刺激果蔬的呼吸作用，增加消耗，另外果蔬还会"出汗"，降低了它的储藏性。

659. 不清楚果蔬储藏温度的要求怎么办？

各种蔬菜水果都有一个最适宜的储藏温度。多数的根茎、叶菜类蔬菜适宜储藏于接近冰点的温度；原产于温带、寒带的多数蔬菜水果要求的储藏温度为0℃左右，如苹果、梨、桃、菜花、芹菜等；原产于热带和亚热带的蔬菜水果多数温度要求高于0℃，如香蕉为13℃，芒果为10℃，黄瓜为12～13℃，青椒为9～12℃等。

如果储藏温度高于最适温度，将会加快后熟衰老过程，缩短储藏期；如果储藏温度低于最适温度，将导致冷害和冻害的发生。储藏的温度因品种不同而异，主要果蔬的储藏温度要求见表8-2。

表8-2　　　主要果蔬储藏温度及推荐储存时间表

品种	储藏温度（℃）	储藏时间	品种	储藏温度（℃）	储藏时间
黄瓜	8～10	1～2周	胡萝卜	0～1	4～8个月
甜瓜	5～10	1～4周	红萝卜	0～1	1～4周
西瓜	10～12	2～3周	白萝卜	0～1	4～5月
南瓜	10～13	2～5周	茴香	0～1	1～2周
丝瓜	5～8	1～3周	干洋葱	-1～0	6～8个月
苦瓜	5～8	3～4周	大蒜	-4～1	6～12个月
冬瓜	10	1～3周	蒜薹	-1～0	6～10个月
佛手瓜	7	4～6周	青葱	0～1	1～2周
东西葫	10～13	2～6周	姜	13	4～6个月
夏西葫	8～10	1～2周	蘑菇	0	7～10天
绿番茄	12～15	1～2周	甜玉米	0～1	4～8天
红番茄	8～10	1周	嫩马铃薯	4～5	1～2个月

续表

品种	储藏温度（℃）	储藏时间	品种	储藏温度（℃）	储藏时间
茄子	8～12	3～4 周	老马铃薯	4～5	4～9 个月
青椒	7～10	2～4 周	大白菜	0～1	1～3 个月
绿甘蓝	0～1	3 个月	豌豆	0～1	1～3 周
白甘蓝	0～1	6～7 个月	青豆	7～8	1～2 周
花椰菜	0～1	2～4 周	蚕豆	0～1	2～3 周
芹菜	0～1	1～3 个月	四季豆	2～4	2～3 周
莴笋	0～1	1～4 周	干豆	2～4	2～3 周
菊苣	0～1	2～4 周	甜菜头	0～1	3～8 个月

660. 想控制冷库的相对湿度怎么办？

想控制冷库中的相对湿度，可以用调节冷库制冷系统蒸发温度的方法来实现。如想将冷库中相对湿度控制在 90％时，可将冷库制冷系统蒸发温度调节到比库温低 5～6℃；想将冷库中相对湿度控制在 80％时，可将冷库制冷系统蒸发温度调节到比库温低 6～7℃；想将冷库中相对湿度控制在 75％时，可将冷库制冷系统蒸发温度调节到比库温低 7～9℃。

661. 不清楚果蔬出库要求和储藏技术指标怎么办？

果蔬出库是储藏的最后一个环节，何时出库，每次多少，都要根据市场的需求进行合理安排。由于气调间库门一旦打开后，储藏环境被破坏，这样会引起果蔬呼吸加快，失水增加等，因此应做到开一间，销售一间。如暂时发运不走，应将出库的果蔬转入冷库。出库后应进行必要的挑选、分级、包装，使果蔬具有良好的外观，提高其产品档次。

果蔬储藏的技术指标：

（1）温度：0℃±1℃。

（2）湿度：90％～95％。

（3）气体成分：氧气 8％～10％，二氧化碳 0～1％。

（4）储藏期：4～6 个月。

662. 不清楚超市冷鲜肉库管理的要求怎么办？

超市冷鲜肉库管理的要求如下。

（1）冷库门应随时做到随手关门。一般情况下冷热空气相遇会发生冷热对流现象。冷空气在下流出，热空气在上流入。将会导致冷库温度迅速失温，即使有 PVC 门帘间隔，失温也在所难免。而关闭库门后，温度再次均衡又要花费很长的时间。随着冷库门的开启与关闭、温度的上升与下降，冷库内的肉品就会随温度的不断变化而导致品质下降。同时制冷风机不停地运转也会浪费电能，造成不必要的经济损失。因此冷库门的开启与关闭一定要迅速，切不可有库门大敞的现象发生。

（2）冷冻冷库内应分区管理。成品、半成品、不同分类之商品应分区放置。一有利于商品管理，二避免不同分类商品堆放在一起造成交叉污染。

（3）冷库的温度应控制在 $-2\sim4℃$。肉的结冰点的温度为 $-1.7℃$，这一温度是冷藏肉品保存的最佳温度。而超市因其行业的特殊性做到这点比较困难，所以应将温度控制在 $4℃$ 以下。应有专人每日不少于 3 次对温度记录表作检查，并签字确认。如温度发生异常升至 $4℃$ 以上，当班人员应马上联系维修人员紧急检查并做相应处理。

（4）冷藏、冷库的商品应离墙放置，以利于冷空气的流通。现在冷库的墙角均为直角，很容易积存污垢，且不利于清洁。可考虑将直角改为半径 5cm 圆弧，一方面有利于清洁，另一方面也可很好地执行离墙放置商品的原则。

（5）各类杂物如备品、棉衣、胶靴、清洁用品等应严格禁止存入冷库，最大限度地减少微生物的污染源。

663. 不清楚中小型冷藏保鲜库中肉类食品存放要求怎么办？

中小型冷藏保鲜库中肉类食品存放要求如下。

（1）白条猪的存放要求。冷藏温度：鲜肉 $-2\sim-5℃$；湿度：40%～60%；层次：分割后最高摆放三层。

（2）羊肉存放要求。

冷藏温度：$-3\sim0℃$；湿度：40%～60%；层次：一层。

存放原则：肉类和骨类分开，肉类不能挤压，尽量摊开。

（3）牛肉存放要求。

冷藏温度：$-3\sim3℃$；湿度：40%～60%；层次：一层。

存放原则：肉类和骨类分开，肉类不能挤压，尽量摊开。

（4）鸭产品存放要求。

冷藏温度：$-3\sim3℃$；湿度：40%～60%；层次：一层。

存放原则：分割品和副品分开摆放，注意副品容易烂，不能挤压，摆放层次不能过高。

(5) 鸡产品存放要求。

冷藏温度：−3~3℃；湿度：40%~60%；层次：一层。

存放原则：分割品和副品分开摆放，注意副品容易烂，不能挤压，摆放层次不能过高。

664. 不清楚中小型冷库中肉类食品存放期限怎么办？

中小型冷库中各种肉类食品在不同温度下储藏期分别为：

牛肉在−1.5℃至0℃温度环境下，可储藏28~35d。

羊肉在−1℃至0℃温度环境下，可储藏7~14d。

猪肉在−1.5℃至0℃温度环境下，可储藏7~14d。

鸡肉在0℃温度环境下，可储藏7~11d。

665. 不清楚中小型冷库中茶叶的储存要求怎么办？

中小型冷库中茶叶的储存要求有以下5个方面。

(1) 茶叶必须干燥。茶叶包装前含水量必须控制在5%~6%。当茶叶中的含水量达到7%时，任何保鲜技术和包装材料，都无法保持茶叶的新鲜风味。茶叶含水量达到10%时，茶叶的霉变速度就加快。

(2) 低温储藏。低温可以降低茶叶变质的速度。经验表明，茶叶储藏温度一般应控制在5℃以下，最好是在−10℃的冷库中储藏，才能较长时间地保持茶叶风味不变。

(3) 低湿环境。茶叶具有疏松多孔、表面极易吸附水分的特性。在湿度高的环境中，茶叶因吸潮而使含水量增加。因此，茶叶包装应选用防水材料好的产品，并将茶叶储藏在相对湿度为30%~50%的环境中。

(4) 低氧环境。氧气会使茶叶中的化学成分如脂类、茶多酚、维生素C等氧化，使茶叶变质。因此，茶叶包装储藏容器内的氧气含量应控制在0.1%，基本上处于无氧状态为好。

(5) 避光储藏。光能引起茶叶中叶绿素等物质的氧化，使茶叶的绿色退去而变为棕黄色。光还能使茶叶变为"日晒味"，导致茶叶香气降低。因此，茶叶应避光保存。

666. 不清楚冷库中茶叶怎么存储好怎么办？

茶叶冷库中的茶叶要存储好，可以这样做：

(1) 名优绿茶最好放入温度设定在5~8℃冷库保存，天气越热设定温度尽可能调高从而减少茶叶与空气间的温差，同时也让保鲜设备减少了运转时间，不会超负荷运转延长使用寿命，也节约了用电量。名优绿茶在冷藏过程中，由于库内外湿度相差较大，从库内取茶叶时，应先将茶袋搬出库房，待袋内茶叶逐步升温至接近室温时才可拆开袋口。如果出库后随即打开茶袋,空气中的水蒸气遇温度较低的茶叶,会液化成小水珠而使茶叶受潮,加速茶叶陈化。

(2)有条件的客房可配装过渡间或直接在保鲜库内包装(本条件对已包装好入库的用户不适用)。在国外某些国家的做法是:茶叶从采摘鲜叶到售出产品的全部过程全是在冷藏环境下的,从而保证了茶叶的品质,这一做法可以予以借鉴。

(3)茶叶在库内要有序码放。茶叶保鲜库是采用冷风机作为蒸发器的。冷风机强制循环库内的空气,从而能够达到降温除湿的目的。为使冷风机发挥正常的功效,必须要求库内有序码放,以保障空气流动循环,使库内降温均匀,如果无序放置储藏的茶叶,阻塞了风道,将会大大降低其储藏品质。

(4)茶叶库标准的温度探头安装位置应该是在冷风机后的吸风口处,不能随意安装,当探头安装不当和风道阻塞两种情况并存时,茶叶长时间处于高温环境下,会发生变质。

(5)茶叶在库内摆放的原则是:订购专用货架摆放产品,最好的茶放在茶叶冷库的冷风机的附近。

667. 不清楚保鲜库如何储藏百合怎么办?

百合一般在 11 月初采收,多用锹掘出鳞茎,及时除去茎秆、泥土,剪掉须根。百合不耐风吹、日晒,新掘起的鳞茎不可在田间风吹、日晒,以防外层鳞片变色、失水。

采后的百合应及时装运到阴凉处,均匀地摊铺在地面上摊晾,散去田间带来的热量,进行预冷,以免产品发热。

储藏的百合应选色白、个肥大、球形圆整、抱合紧密、无散瓣、焦瓣的鳞茎,操作时应轻拿轻放,避免伤损。

可将选好并经预冷后的百合装箱或装塑料薄膜袋密封再装箱,送入保鲜冷库堆码或上架储存。保鲜冷库储藏温度控制在 0℃左右,相对湿度 65%～75%,可储至翌年春天出库。

也可以将选好百合放在装有干泥炭的聚乙烯薄膜箱中,将库温设置在 -0.5℃ 温度左右,可以使百合储藏期延长到半年以上。这是因为塑料薄膜可防止百合失水,在泥炭和低温条件下可以抑制其生根、萌芽和病害发展。

668. 气调库怎样储藏保鲜大萝卜?

利用气调库保鲜大萝卜可储藏到翌年 5 月,还能使萝卜保持鲜嫩。利用气调库保鲜大萝卜时,首先将萝卜在储藏前晾晒 1 天,然后装入筐内,在储藏间内码成方形垛，每垛 48 筐，在筐外用聚乙烯塑料帐密封，采用自然降氧法进行储藏。帐内氧气控制在 2%～5%，二氧化碳在 5%以下。库内温度控制在 1℃±0.5℃，库温不应波动太大，防止出现凝结水而引起大萝卜腐烂。

669. 气调库怎样储藏保鲜蒜薹？

蒜薹冷库储藏方法一般在收了半月到两个月之间，外皮干了再储藏。蒜薹喜低温，温度在 10℃以上很容易变黄，大蒜最适储存温度：0～5℃，相对湿度：95%以上，大蒜无冷害现象，只要在冰点以上（接近 0℃），温度越低，储存期限越长。相对湿度在 80%～85%，以免蒜薹脱水变干，不要大堆堆放，以防止大堆中间升温过高，而引起蒜薹腐烂。并保持一定的通风。与其他叶菜类相似，蒜薹也需要较高的相对湿度，以避免脱水萎凋，造成损失。

670. 气调库储藏保鲜大蒜前应做好哪些工作？

大蒜气调储藏方法以塑料帐密封人工气调法最经济、最简单。冷库与气调相结合是最好的储藏方式。气调储藏塑料帐结构：一般用 0.23～0.4mm 厚的耐压聚乙烯薄膜压成长方形帐，像蚊帐一样，帐的大小视容量而定，帐底是一块塑料薄膜，帐的四壁留有取样小孔。

气调库储藏保鲜大蒜前应做好的工作是：大蒜气调冷库建造好之后，先铺帐底，帐底上再铺草帘或刨花、枕木等。根据需要大蒜在气调储藏中可以挂藏，也可架藏，还可以堆垛。根据其储藏方式安装相应的设施。装完货后，罩上帐子，最后封帐。封帐时，把帐的下边多余部分与帐底边卷起，用沙或土封好，一定要把帐底边卷封严，以防空气渗入，影响气调储藏效果。

671. 不清楚气调库影响大蒜储藏的因素怎么办？

大蒜收获以后，休眠期一般为 2～3 个月，休眠期内即使在适宜的温度、湿度和气体成分等环境条件下，也不会发芽。休眠期过后，在 3～28℃的气温下，大蒜便会迅速发芽、长叶，消耗茎中的营养物质，导致鳞茎萎缩、干瘪，食用价值大大降低，甚至腐烂。

影响大蒜储藏的主要因素有以下几个方面。

（1）温度：大蒜鲜藏的最低温度为 -5～-7℃，最适宜的储藏温度为 -1～-4℃。

（2）相对湿度：不应高于 80%，60%～70%较适宜。

（3）气体成分：氧气不低于 1%，较适宜的为 1%～3%；二氧化碳最高不超过 18%，可控制在 12%～16%。另外，储藏环境中某些气体，如乙烯、乙醇、乙醛等，影响大蒜的保鲜，应设法避开或排除这些气体。

（4）采收期：大蒜采收过早或过晚对其保鲜都不利，适宜的采收期是在蒜薹收后15～20d左右，叶片枯萎，假茎松软为宜。

672. 不清楚保鲜大蒜入库什么时间好怎么办？

大蒜入库时间应在大蒜生理休眠期结束之前即7月底或8月初完成，入库时一般采用高密度塑料编织袋，既能减少磕碰，又有一定保湿、保气作用，大蒜忍受低温的能力很强，短时间内－7℃也不会产生冻害，一般大蒜储藏温度应控制在－2.5～3.5℃，后期在－3.5～4.5℃。温差控制在1℃之内，温差过大容易刺激大蒜中酶的活性，引起大蒜生命活动激发，继而生芽或消瘦。

673. 不清楚气调库储藏保鲜大蒜入库前要做的工作怎么办？

气调库储藏保鲜大蒜入库前要做的工作是：

大蒜的品质、质量。用于储藏的大蒜应严格控制质量，选择无机械伤、无虫蛀、无糖瓣、无霉变、外皮颜色正常、个头匀称、不散瓣的蒜头，而且要充分曝晒以至干燥。机械损伤对储藏保鲜的质量影响很大，因为受损伤的大蒜，其呼吸作用会急剧增强，蒸腾作用也会加剧，同时损伤处还容易受到青霉菌的侵害，并逐渐侵害到整个蒜瓣。

大蒜入库前应先进行设备的检修、库房的清扫，然后对库房及所用包装容器等进行杀菌消毒。在入库前3d，对库房进行降温，使库温达到－1～－2℃。采后大蒜先去除根须，留1～1.5cm的假茎，对大蒜进行挑选分级，去除机械伤和病虫害的蒜头，然后装箱、装筐、网袋或按出口要求等进行包装入库。大蒜冷藏的最适温度－1～－4℃选择温差不应大于1℃，相对湿度为60%～70%，最高不要超过80%。储藏过程中应保持库温的恒定。产品出库应缓慢升温，防止蒜鳞茎表层结露。

674. 气调库储藏保鲜大蒜怎样保持库内湿度？

大蒜的储藏保鲜相对湿度不要过高，一般在70%～80%，湿度过高易生霉，过低易失水、失重造成"发糠"。在储藏过程中，由于冷凝器结霜等原因，库内环境湿度将逐渐下降，因此需要经常补充一些水分，俗称"上水"，气调库储藏保鲜大蒜保持库内湿度常用的方法是"上水"。"上水"方法是地面喷洒饱和石灰水或食盐水，这种水冰点低，还有一定的杀菌作用。

675. 气调库储藏大蒜怎样管理？

大蒜冷库建造好之后，其储藏的管理方法如下。

（1）预藏处理，并且入帐前要进行消毒，并检查气密性。

（2）测定冷库帐内气体指标。当氧气的浓度低于 2% 时，调氧至 3.5%～5.5%；当二氧化碳浓度高于 16% 时，适量加入消石灰。为了使帐内气体均匀，可以通过用鼓风机鼓风，使气体在帐内强制循环。

（3）定期对气调冷库内的大蒜进行抽检，处理掉霉变、腐烂的蒜头。

（4）大蒜出冷库前要进行强制通风，使大蒜逐步适应环境后，方能出库。

676. 冷藏苹果怎样管理？

苹果适宜冷藏气调储藏，尤其对中熟品种最适合。气调储藏时最好单品种分别单库储藏。气调储藏苹果的要求是：苹果采摘后应在产地树下挑选、分级、装箱（筐），避免到库内分级、挑选，重新包装。入冷库前应在走廊（也称穿堂）散热预冷一夜再入库。码垛应注意留有空隙。尽量利用托盘、叉车堆码，以利于堆高，增加库容量。一般库内可利用堆码面积 70% 左右，折算库内实用面积每平方米可堆码储藏约 1t 苹果。

苹果冷库储藏管理主要是加强温湿度调控；一般在库内中部、冷风柜附近和远离冷风柜一端挂置 1/5 分度值的棒状水银温度表，挂一支毛发温度计，每天最少观测记录三次温、湿度。通过制冷系统经常供液、通风循环，调控库温上下幅度最好不超过 1℃，最好安装电脑遥测，自动记录库内温度，指导制冷系统及时调节库内温度，力求稳定适宜。冷库储藏苹果，往往相对湿度偏低，所以，应注意及时人工喷水加湿，保持相对湿度在 90%～95%。冷库储藏元帅系苹果可到新年、春节，金冠苹果可到 3～4 月，国光、青香蕉、红富士等可到 4～5 月，质量仍较新鲜。但若想保持其色泽和硬度少变化，最好是利用聚氯乙烯透气薄膜袋来衬箱装果，并加防腐药物，有利于延迟后熟、保持鲜度、防止腐烂。

677. 怎样气调储藏苹果？

苹果最适宜气调冷藏，尤以中熟品种金冠、红星、红玉等适宜气调冷藏。目前国际和国内的气调库基本上是储藏金冠苹果用的。气调冷藏比普通冷藏能延迟储期约一倍时间。可储至下年的 6～7 月份，保持质量仍新鲜如初期。可供远途运输和调节淡季供应。

气调储藏苹果的方法是：可在普通冷库内安装碳分子筛气调机来设置塑料大帐罩封苹果，调节其内部气体成分，塑料大帐可用 0.16mm 左右厚的聚乙烯或无毒聚氯乙烯薄膜加工热合成，一般帐宽 1.2～1.4m、长 4～5m、高 3～4m，每帐可储苹果 5～10t。

苹果最适宜气调储藏，还可在塑料大帐上开设硅橡胶薄膜窗，自动调节帐内的气体成分，以适于苹果的气调储藏。一般帐储每吨苹果需开设硅窗面积 $0.4\sim0.5\text{m}^2$。因塑料大帐内湿度大，因此，不能用纸箱包装的苹果，只能采用木箱或塑料箱装，以免纸箱受潮倒垛。

气调储藏的苹果要求后 $2\sim3$ 天内完成入储封帐操作，并即时调节帐内气体成分，使氧降至 5% 以下，以降低其呼吸强度，控制其后熟过程。一般气调储藏苹果，温度在 $0\sim1℃$，相对湿度 95% 以上，调控氧在 2%～4%、二氧化碳 3%～5%。气调储藏苹果应整库（帐）储藏，整库（帐）出货，中间不便开库（帐）检查，一旦解除气调状态，即应尽快调运上市。

第五节 冷库的消毒方法

678. 不清楚装配式冷库的保养要求怎么办？

装配式冷库保养要求主要有以下 4 点。

一是冷库安装完毕或长期停用后再次使用，降温的速度要合理：每天控制在 $8\sim10℃$ 为宜，在 0℃ 时应保持一段时间。

二是冷库库板保养，注意使用中应注意硬物对库体的碰撞和刮划。因为可以造成库板的凹陷和锈蚀，严重的会使库体局部保温性能降低。

三是冷库密封部位保养，由于装配式冷库是由若干块保温板拼装而成，因此板之间存在一定的缝隙，施工中这些缝隙会用密封胶密封，防止空气和水分进入。所以在使用中对一些密封失效的部位及时修补。

四是冷库地面保养，一般小型装配式冷库的地面使用保温板，使用冷库时应防止地面存有大量的冰和水，如果有冰，清理时切不可使用硬物敲打，损坏地面。

679. 不清楚冷库管理的"四要""四勤""四及时"的内容怎么办？

冷库管理操作人员要做到"四要""四勤""四及时"。

（1）"四要"是指：要确保安全运行；要保证库房温度；要尽量降低冷凝压力，R22 的表压力最高不超过 1.5MPa；R12 的表压力最高不超过 1.2MPa；要充分发挥制冷设备的制冷效率，努力降低水、油、电、制冷剂及辅助材料的消耗。

（2）"四勤"是指：勤看仪表；勤查机器温度；勤听机器运转有无杂音；勤了解进出货情况。

（3）"四及时"是指：及时放油；及时除霜；及时放空气；及时消除冷

凝器水垢。

680. 不清楚库房管理中"四防"内容怎么办？

库房管理中的"四防"指的是：防水、防潮、防热气、防跑冷。为落实这"四防"要从下述几个方面做起。

(1) 穿堂和库房的墙、地坪、门、顶棚等部位有了冰、霜、水要及时清除。

(2) 库内排管和冷风机要及时扫霜、融霜，以提高制冷效能，节约用电，冷风机水盘内不得积水。

(3) 未经冻结的"热货"不得进入冻结物冷藏间，以防止损坏冷库温度环境，保证库存货物质量。

(4) 要管好冷库门，商品进出要随手关门，库门损坏要及时维修，做到开启灵活，关闭严密，不逃冷，风幕要正常运转。

681. 不清楚冷库库房内货物存放的要求怎么办？

冷库库房内货物存放的要求是：要合理利用仓容，改进货物的堆存方式，在地面承载能力允许的范围内，充分利用单位面积的堆存能力，但货堆必须整齐，以便于货物进出和检查。在冻结间内堆存的货物与库顶排管的距离应为 0.2m，而冷却间内货物与吊顶冷风机的间距应为 0.31m，货物距墙上排管外测距离应有 0.4m。库内要留有便于操作、确保安全的通道。

682. 不清楚冷库日常管理要注意的问题怎么办？

冷库日常管理时要注意的问题有以下 7 个方面。

(1) 放置冷库的库房中，如果墙、地、门、顶出现了冰、霜、水，要及时予以清除。

(2) 冷库是空的时候，冻结间和冻结物冷藏间应保持在 −5℃ 以下，防止冻融循环。冷却物冷藏间应保持在零点温度以下，避免库内滴水受潮。

(3) 库内排管和冷风机要及时扫霜、冲霜，以提高制冷效能。冲霜时必须按规程操作，冻结间至少要做到出清一次库，冲一次霜。冷风机水盘内和库内不得有积水现象。

(4) 要严格管理冷库门，商品出入库时，要随时关门，库门如有损坏要及时维修，做到开启灵活、关闭严密、防止跑冷。凡接触外界空气的门，均应设空气幕，减少冷热空气对流。

(5) 没有地坪防冻措施的冷却物冷藏间，其库温不得低于 0℃，以免发生冻鼓现象。

(6) 不要把物品直接散铺在地坪上或垫上席子进行冻结；脱钩和脱盘不

准在地坪上摔击，以免砸坏地坪，破坏隔热层。

（7）库内的电器线路要经常维护，防止漏电。

683. 不知道冷库日常使用保养要做的主要工作怎么办？

冷库日常使用保养要做的主要工作有以下 4 项。

一是冷库安装完毕或长期停用后再次使用，降温的速度要合理：每天控制在 8～10℃为宜，在 0℃时应保持一段时间。

二是冷库库板保养，注意使用中应注意硬物对库体的碰撞和刮划。因为可以造成库板的凹陷和锈蚀，严重的会使库体局部保温性能降低。

三是冷库地面保养，一般小型装配式冷库的地面使用保温板，使用冷库时应防止地面存有大量的冰和水，如果有冰，清理时切不可使用硬物敲打，损坏地面。

四是冷库密封部位保养，由于装配式冷库是由若干块保温板拼装而成，因此板之间存在一定的缝隙，施工中这些缝隙会用密封胶密封，防止空气和水分进入。所以在使用中对一些密封失效的部位及时修补。

684. 冷库运行中想为冷库消毒怎么办？

想为运行中冷库进行消毒可以这样做：

（1）对低温冷库可以使用的消毒药品和方法：过氧乙酸：用过氧乙酸加 33％的甲醇，具有较强的抗冻力，−35℃仍不结冰。消毒前测量库房容积，并将库内出空和冰霜扫打干净。福尔马林：每立方米用 15～25ml 福尔马林，加入用沸水稀释成的 10％～20％高锰酸钾液，置于锅中，任其自然发热蒸发。也可将定量的福尔马林装在密闭的铁桶内放在库外，在铁桶上面接一橡皮管通至冷库内，然后在铁桶下面加热，使福尔马林蒸气通过橡皮管进入冷库内。

（2）对高温的果蔬冷库，可以使新陈代谢产物氧化，从而抑制新陈代谢过程。在果蔬储藏过程中，会产生乙烯。会影响到其他果蔬，使果蔬进一步成熟。该过程的起始现象是表皮变褐，果肉变软，最终腐烂。利用臭氧可使乙烯氧化，变成二氧化碳和水。臭氧发生器产生臭氧的同时，也产生大量的负离子，负离子也有抑制果蔬新陈代谢的作用。因此，定期或临时（发生疫情时）消毒和医药冷库管理就显得尤为重要。

685. 冷库运行中想用紫外光除霉怎么办？

紫外光除霉是一种冷库除霉较好的方法，这种方法既能杀菌，又能除霉，还有一定的除臭作用。使用紫外光进行除霉时，要将紫外光除霉装置的放射口直接照射冷库内的墙壁，一般每立方米用 0.33～3W 的紫外光辐射，在距离 2m 的面积上照射 6h 可以起到杀灭微生物的作用。

686. 想用机械方法为运行中的冷风机除霉怎么办？

用机械清除冷风机蒸发器上的霉菌的操作方法是：在冷库的冷风机的进风口处装一个自动喷雾器，除菌时，停止制冷系统运行，只让冷风机的风扇电动机运行，并开启自动喷雾器向冷风机的蒸发器表面进行喷雾，利用空气在循环时通过喷水器的水帘，而将附着在冷风机蒸发器的霉菌的孢子洗去，可以起到减少霉菌的效果。

687. 冷库运行中想用乳酸消毒法除霉怎么办？

冷库乳酸法是一种可靠的消毒方法，它能除霉，能杀菌，也能除臭。使用乳酸法除霉的操作方法是：先将库房出清打扫干净，每立方米用 1ml 粗制乳酸，每份乳酸再加 1～2 份清水，将混合液放在搪瓷盆内，置于电炉上加热蒸发，一般要求将药液控制在半小时至 3 小时左右蒸发完。然后关闭电炉，密闭库门达 6～24 小时，使乳酸充分与细菌或霉菌作用，以期达到消毒的目的。使用乳酸消毒剂对冷库进行消毒时，其配比方法是：以每立方米一毫升乳酸消毒剂配比即可对库房除霉杀菌有一定的效果，经消毒后的库房细菌和霉菌都可下降 70% 左右。

第六节　常见问题的处理方法

688. 气调储藏库要取得满意的储藏效果怎么办？

气调储藏库若想取得满意的储藏效果，单纯靠硬件设备是不行的。还应加强储藏前、中、后期的管理。在储藏前期，一方面，抓好原料的选择，如果原料本身已经发病或者成熟度很高，无论怎么高级的储藏方式都不可能获得满意的储藏效果；另一方面，入库时，除留出必要的通风、检查通道外，尽量减少气调间的自由空间。这样，可以加快气调速度，缩短气调的时间，使果蔬尽早进入气调储藏状态。因此要充分考虑货源问题；同时，进入气调库储藏室的农产品，要求采收后不得超过 4～8h，最多不能超过 48h（部分北方水果）应及时入库储藏，才能保证新鲜度；储藏过程中，定期检查库内气体、湿度等变化，及时进行调节。这个对技术要求比较高，否则会造成很大的损失。因此，建议采用全自动气调储藏库，虽然投资高一些，但可以降低一些风险；另外，气调储藏要求速进整出。不能像普通果蔬冷库那样随便进出货，库外空气随意进入气调间，否则不仅破坏了气调储藏状态，而且加快了气调门的磨损，影响了气密性。因此，果蔬出库时，最好一次出完或在短期内分批出完。

689. 想提高冷库的经济效益怎么办？

冷库投入运行以后，想提高其经济效益，关键要在节能上下功夫，不妨从以下几个方面做起以达到冷库节能的目的。

（1）建设冷库时选择隔热性能好的保温材料，以减少冷库维护结构冷量损失。保温材料聚氨酯发泡板、聚苯乙烯泡沫板及挤塑板等要选用优质产品，同时要增加保温材料的密度及厚度，做好保温库体的密封及防水。

（2）选择能效比高、质量可靠的制冷设备，冷库设计配置要合理，满足冷库实际使用要求。选择能效比高的进口或合资半封闭、全封闭及涡旋式制冷压缩机。同时要考虑冷凝方式、冷凝器的散热量、蒸发器的面积、膨胀阀的冷量等配套，以使制冷达到最佳循环，避免冷量不足或不匹配。

（3）制冷设备的安装与调试要精益求精，以使制冷设备达到最佳的工作状态：制冷设备的安装、管道的布局、保压检漏、抽真空、冷冻油的添加、制冷剂的充注、膨胀阀的调节、温控器的设定等是否合理都直接影响制冷设备的正常运行，制冷设备只有在最佳状态下运转才能达到最佳节能效果。

（4）减少制冷系统制冷剂的蒸发温度与库房温度之间的温差：在库房温度一定的条件下，若将温差缩小，蒸发温度可以相应地提高，冷凝温度不变时，制冷设备的制冷量就会有所提高，相应节省了电能（蒸发温度每升高 1℃，省电 4%）。不仅如此，温差小还会使库内的相对湿度提高，减少冷藏食品的干耗。

（5）不同的物品采用不同的冷藏温度和冷藏周期：由于冷库建成后制冷能力已经相对固定，而储藏物品会有所不同，因此要根据不同的物品选择合适的温度。一般来说，温度达到储藏需要即可，温度太低增加功耗，温度太高又影响储存食品效果。

（6）冷库选择盘管蒸发器温度回升慢：可以节能保湿，减少食品干耗，同时噪声也小。

（7）采用包装化冷藏可以减少食品干耗，减少蒸发器的融霜次数，实际上也起到了节能的作用。

（8）选择水冷却方式比风冷方式会降低冷凝温度，冷凝温度降低会增加制冷机组制冷量。当冷凝温度在 25～40℃ 时，每降低 1℃，可节电 3.2%。

（9）冷库日常运转、管理使用时的节能措施：避免频繁开关库门，开门时打开风幕机，注意存放物品的方式，及时清理冷凝器污垢、蒸发器灰尘等，都可以节约冷量，保持制冷效果。

690. 不清楚冷库防潮隔气层处理不当的危害怎么办?

如果冷库围护结构的防潮隔气层处理不当,外界空气中的水蒸气就会不断地侵入库内,使冷库设计安装后遭受不同程度的危害。

冷库防潮隔气层处理不当的危害有以下 4 个方面。

(1) 降低冷库保温层的保温性能。

(2) 影响库内温度的稳定性,由于冷库冷间温度上升,使制冷设备运转时间延长,增加了电耗和冷库设计安装成本。

(3) 由于冷库围护结构两侧(库内、外两侧)的温度不同,伴随着热量的传递,还发生湿气流移动。这种湿气的移动叫作水蒸气的渗透。要阻断水蒸气渗透是有一定难度的。甚至比阻断热流还困难。

(4) 腐蚀保温材料,造成保温材料霉烂、崩溃而失去保温作用。

因此,在冷库维护过程中,做好冷库围护结构的防潮隔气层保养,对提高冷库效率,降低能耗,有着十分重要的意义。

691. 冷库中的"冷桥"怎样形成?

冷库中的"冷桥"实际上是传递热量的"冷桥"。在相邻不同库温冷库之间,由于建筑结构的联系构件或隔热层中断都会形成"冷桥"。在"冷桥"处容易出现结霜结冰现象,如果不及时加以处理,会使其结霜结冰面积不断扩大造成"冷桥"附近隔热层和结构件损坏。

692. 想防止相邻冷库间出现"冷桥"怎么办?

在相邻冷库间温差相差 5℃ 以上时,想防止形成"冷桥",应当将两个库房间隔墙的隔热材料相连,做成一个整体,这样就可以将相邻冷库之间"冷桥"的破坏力降到最低。

693. 土建式冷库墙体出现裂缝怎么办?

土建式冷库墙体出现裂缝时,应先查明裂缝出现的原因及开裂的程度,以便有针对性地进行处理。若裂缝是由于应力产生的,裂缝宽度没有引起防潮层破坏,并不再发展时,可将裂缝用钢凿打出沟深比原缝深 3～4mm,加宽 10～15mm 的缝隙,然后用建筑油膏、沥青麻丝、环氧树脂砂浆或水泥砂浆填满缝隙即可。

694. 土建式冷库地面出现小裂缝怎么办?

土建式冷库地面出现裂缝很小,又不继续发展时,可将地面裂缝上的油污、冰霜和杂物清除干净,然后将裂缝附近地面砸成麻坑,其宽度应比原裂缝宽 20～50mm,清扫干净后,用喷灯加热裂缝后再刷上冷底子油,之后填塞热沥青或沥青麻丝，表面加贴玻璃丝布即可完成修复。

695. 土建式低温库停用时怎么办？

土建式低温库停用时，不能停止制冷系统运行后就什么也不管了。为防止冻融循环，造成库体损坏，土建式低温库停用时，库温要维持在-5℃以下，这是因为低温库在使用时库内温度在-18℃以下。若库房暂时停止使用，让库温回升到0℃以上，会导致冷库出现冻融循环现象，造成冷库建筑材料受潮，热导率增加，隔热效果降低，影响建筑结构使用质量和耐久性。因此，要求土建式低温库停用时库温要维持在-5℃以下。

696. 想保证气调库的气密性怎么办？

想保证气调库的气密性可以采取下述措施。

（1）在施工前严格选择气密材料。气调库使用的气密材料要求材质均匀密实，具有良好的气密性能，抗老化，耐腐蚀，无异味，易检查，易修复，易黏结等特点。

（2）在冷库内所有接缝和穿越管道的地方均应设置一层密封良好的气密层，内设增强材料，提供库体的气密性能。

（3）装配式气调库板可在接缝处压注现场发泡，以提高装配式气调库围护结构的气密性及整体强度。

（4）装配式气调库板材要尽量选用单块面积大的，以减少冷库库体接缝，并尽量减少在板材上打孔，吊装设备。应尽量将吊装点设计在接缝处，以减少整体漏气处，避免降低板材的隔热性能。

（5）所有穿过冷库库体的管线，在保证气密性的基础上，均应采取弹性结构，以免因振动给冷库库体密封性造成不利影响。

（6）气调库的冷库门、观察窗等都要选用专门为气调库设计使用的产品，以保证其密封性。

697. 不知道冷库制冷系统投入运行初期要做的工作怎么办？

冷库制冷系统投入运行初期要做的工作如下。

（1）制冷系统机组运转初期，要经常观察压缩机的油面及回油情况及油的清洁度，发现油脏或油面下降要及时解决，以免造成润滑不良。

（2）对于风冷制冷机组要经常清扫风冷器使其保持良好的换热状态；对于水冷制冷机组要经常检查冷却水的混浊程度，若发现冷却水太脏，要及时进行换水。

（3）要认真检查制冷系统机组冷却水的供水系统有无跑、冒、滴、漏问题。水泵工作是否正常，阀门开关是否有效，冷却塔、风机是否正常。

（4）对于冷风机组要经常检查冷凝器进出水温差是否合乎要求，以判断其是否出现结垢问题，若出现结垢严重时要及时清除水垢。

（5）对于冷库中的间冷式蒸发器要经常检查其自动除霜情况，除霜是否及时有效，是否会影响制冷效果，导致制冷系统出现"液击"故障。

（6）经常观察制冷压缩机运行状态，检查其排气温度，尤其是在换季运行时，要特别注意系统的运行状态，及时调整系统供液量和冷凝温度。

（7）仔细倾听压缩机、冷却塔、水泵或冷凝器风机运转声音，发现异常及时处理，同时检查压缩机、排气管及地脚的振动情况。

（8）投入运行初期制冷系统内部清洁度较差，在运行 30d 后要清洗一次制冷系统干燥过滤器中的过滤网，更换一次压缩机的冷冻油和干燥过滤器中的干燥剂，在运行半年之后再更换一次压缩机的冷冻油和干燥过滤器中的干燥剂。

698. 不清楚冷库的每日的进货量应遵守的规定怎么办？

冷库的每日的进货量应遵守下列规定。

（1）冷冻、冷库应按设计能力进货。

（2）存放水果、蔬菜、鲜蛋的保鲜库，每日的进货量不大于总容量的 10%。

（3）冷库调入冷冻肉的入货量不大于库容量的 30%。冷却肉的入货量不大于库容量的 10%。

（4）冷库鲜肉进货量不得超过总容量的 5%。

第九章 Chapter9

中小型冷库的维护与保养

第一节 维护与保养基本要求

699. 冷库设备日常维护保养怎么办?

冷库设备日常维护保养可以这样做:

(1) 定期检查及确认电源的电压是否符合要求,电压应为 380V±10%(三相四线)。冷库设备长期不用时,应关断冷库的总电源,并确保制冷机组不受潮、不被灰埃等其他物质污染。

(2) 制冷机组上的冷凝器定期清洗。以保持良好的传热效果。制冷机组周围不要堆放杂物。

(3) 冷库的电器设备应避免受潮,以免漏电造成触电事故。

(4) 冷库的门的铰链、拉手、门锁应根据实际情况定期添加润滑油。

(5) 冷库的电器设备检修应由持有维修电工操作证的人员来操作,任何检修都必须切断电源,以确保安全。

(6) 定期检查制冷机组的各连接管、阀件上的连接管是否牢固,是否有制冷剂渗漏(一般渗漏的地方会出现油迹)。检漏最实用的方法是:用海绵或软布沾上洗涤剂,揉搓起沫,然后均匀涂在要检漏的地方,观察数分钟。若渗漏会有气泡出现。在渗漏的地方做上记号,然后做紧固或气焊修补处理。

(7) 装配式冷库的上面(顶板)不应堆放杂物,否则冷库的库板会变形而影响保温性能,并保持冷库周围通道畅通无阻,只有确保散热良好,制冷才能良好。

(8) 安放冷库的位置应保持干燥、洁净、无易燃易爆物品,确保没有任何安全隐患。

(9) 冷库中蒸发器前不得堆放物品(预留一定的空隙),以免影响制冷效果。

(10) 冷库的库内温度、温差等参数,是根据冷库的设计或实际需要而设定的，在运行中不可任意改变参数。

（11）制冷压缩机在运转过程中应尽量避免过大振动。因为振动除了增加制冷压缩机的机械磨损外还会导致机组上连接管松动或断裂。制冷压缩机在运转过程中若发现噪声异常，应停机检查，排除后再运行。

（12）在冷库运行过程中若因空气湿度过大、化霜间隔时间长、库温设定不正常等原因，都会导致库内蒸发器上霜层增厚，库温不降。这时就应进行化霜或除霜处理。待蒸发器上霜层消失立即停止化霜，稍等片刻后再起动制冷设备运行。

700. 冷却塔日常维护保养怎么办？

冷却塔日常维护保养可以这样做：

（1）每次开机运行前，要将冷却塔集水盘和塔体内部杂物清除干净；

（2）更换新风扇与电动机之间的传动皮带后，要认真检查其松紧程度，皮带过紧会导致轴承损坏，过松则会导致皮带打滑发热从而降低耐久度；

（3）冷却塔经过一个星期运转后，必须重新更换循环水，以便清除管路中的尘垢和杂物；

（4）冷却塔经过5～6d的运转，若皮带出现松弛的话，需重新调整皮带的松紧度；

（5）冷却塔若长期停机时，应松开皮带，使之避免承受不必要的张力，造成皮带劳损；

（6）冬季时冷却塔若长期停机，必须将管路系统中的循环水全部排除，避免冬季结冰造成龟裂，集水盘的排水管阀门调成开启状态，以便雨水、融雪能够流出；

（7）日常运行时，应留意冷却塔底盘中的水位，集水盘水位要保持一定高度；

（8）冷却塔若停机一段时间后重新运转，必须检查电动机的绝缘是否正常，若发现绝缘下降，需进行维修后才能使用，以避免出现重大事故。

701. 速冻冷库日常保养怎么办？

速冻冷库日常保养可以这样做：

（1）一般小型速冻冷库的地面使用保温板，使用速冻冷库时应防止地面存有大量的冰和水，如果有冰，清理时切不可使用硬物敲打，损坏地面。

（2）速冻冷库的绝热工作需按设计要求选材，施工时一起把保温套管穿好，留出焊接口处，最后处理焊口。施工时绝对禁止绝热层出现断开现象，保温套管搭接处一定要用胶带捆扎好。

（3）制冷机组上的冷凝器很容易被污染，应定期清洗。根据实际情况，在没有杂物制冷机组，保持良好的换热效果，良好的散热，制冷是必要的。

（4）冷冻冷藏设备，储藏温度，湿度和其他参数，这些都应根据速冻冷库安装技术要点而定，不可任意改变参数。

（5）冷库库板在使用中应注意硬物对冷库库体的碰撞和刮划。因为可以造成速冻冷库板的凹陷和锈蚀，严重时会使冷库库体局部保温性能降低。

702. 不清楚影响冷库制冷效果的因素怎么办？

影响冷库制冷效果的因素有很多，主要有以下 9 个方面。

（1）冷库制冷压缩机运动机构磨损严重，造成其制冷效率下降。

（2）库外环境因素影响制冷压缩机的制冷量。压缩机的冷凝压力在夏季（7、8、9 三个月），最佳是 1.1～1.2MPa，若超过 1.4MPa，将使压缩机的效率严重下降。

（3）风冷式冷凝器翅片间隙中污垢太多或冷凝器表面不清洁。

（4）水冷式冷凝器使用的冷却水质变差，影响传热效果。

（5）蒸发压力设置的不适合。蒸发压力越低制冷压缩机的制冷量就越少，蒸发压力高，冷库降不到需要温度，蒸发压力低，制冷量减小，降温慢甚至不降温。

（6）蒸发器供液不足。由于冷凝器散热不好，使制冷剂不能完全液化，使蒸发器制冷剂处于气态量大于液态量，造成蒸发器制冷效果变差。

（7）排管式蒸发器表面霜层过厚。排管式蒸发器表面霜层过厚，会影响排管的换热系数和库内冷热空气循环，并使蒸发压力降低。

（8）蒸发器内含过量的冷冻油，使蒸发面积变小，达不到制冷效果。

（9）冷库进货时货物温度过高，或一次进货量太大，造成冷库热负荷突然增大，制冷机组无法满足负荷陡然增大的需要。

703. 不知道库温与蒸发温度关系怎么办？

对采用排管式蒸发器的冷库，其库内空气处于自然对流状态，库温与蒸发温度关系是：要求其蒸发温度比库温低 10～15℃；对采用冷风机蒸发器的冷库，其库内空气处于强制对流状态，要求其蒸发温度比库温低5～10℃。

704. 不清楚冷凝温度与冷却介质温度关系怎么办？

冷库制冷系统冷凝温度的大小取决于冷却介质冷却水或空气的温度。当冷库制冷系统采用水冷设备时，制冷系统冷凝温度 t_k 与冷却水进入水冷式冷凝器的温度 t_w 关系是

$$t_k = t_w + \Delta t_1 + \Delta t_2$$

式中　t_w——冷却水进入温度，℃；

　　　Δt_1——冷却水在冷凝器中的温升（即进出水温差），一般取 2~4℃；

　　　Δt_2——冷凝温度与冷却水出水口水温之差，一般情况下冷凝温度比冷却水温度高 5~9℃。

当冷库制冷系统采用风冷设备时，冷凝温度应比空气温度高 8~12℃。

一般情况下，冷凝温度越低，制冷系统的冷却效果越好，但考虑到降低冷却水温度或加大冷风量是要消耗电能的，所以，从设备运行安全和经济角度考虑，要求用 R12 做制冷剂的冷库制冷系统的冷凝温度≤50℃，最好在 40℃以下比较理想；用 R22 做制冷剂的冷库制冷系统的冷凝温度≤40℃，最好在 38℃以下比较理想。

从制冷压缩机运行特性可知，制冷系统冷凝温度 t_k 每增加 1℃，制冷系统的制冷量 q_0 就减少 1%~2%，耗电量就增加 2%~2.5%，所以将冷凝温度控制好，可提高冷库制冷系统运行的经济效益。

705. 压缩机的吸气温度多少为合适？

冷库制冷系统压缩机的吸气温度是指压缩机吸气阀处的制冷剂气体温度。为了保证中小型冷库使用的活塞式压缩机安全运行，防止压缩机出现"液击"故障，要求压缩机的吸气温度比制冷系统的蒸发温度高一些，使吸入压缩机的气体为过热蒸汽状态。一般要求氟利昂制冷系统制冷剂的过热度在 5℃左右比较合适。

706. 压缩机的排气温度多少为合适？

冷库制冷系统压缩机的排气温度是指压缩机排气阀处的制冷剂气体温度。为了保证中小型冷库使用的活塞式压缩机安全运行，规定用 R12 做制冷剂的冷库制冷系统的活塞式压缩机排气温度不能超过 130℃；用 R22 做制冷剂的冷库制冷系统的活塞式压缩机排气温度不能超过 150℃。

压缩机的排气温度过高，会引起润滑油的温度升高而黏度降低，使其润滑效果变差，易造成压缩机运行部件损坏。排气温度过高，会接近润滑油的闪点，将会发生一系列问题。

707. 制冷剂的过冷温度多少为合适？

在冷库制冷系统运行中，为了防止液体制冷剂在膨胀阀前面的管道中产生散发气体，保证进入膨胀阀的制冷剂全部是液体，要求制冷剂在节流前有一定的过冷度。一般情况下，冷库制冷系统的过冷度取 3~5℃比较合适，具体要看冷库制冷系统使用的制冷剂种类和运行状态，才能决定制冷系统的过冷度取值。

708. 不清楚冷库使用过程中要注意的问题怎么办？

冷库使用过程中要注意的问题有以下4个方面。

（1）随时检查制冷机组的各个部分连接部位是否有螺钉松动、管道开焊或者零件损坏等情况，发现问题要及时予以处理，防止问题扩大化。还要定期对制冷系统进行检漏，如果发现有渗漏的地方要及时处理，否则将造成冷库不能正常使用。

（2）冷库在长期不使用的情况下，要切断冷库的总电源，确保制冷机组的安全。

（3）根据实际情况定期对风冷式冷凝器散热片进行清洁。清洁操作时一定要用软毛刷清理，以保持冷凝器散热片良好的传热效果。

（4）定期对冷风机、水泵和冷却塔风扇电动机等各部件添加润滑油，以保证处于良好的润滑状态。

709. 不清楚气调库维护中进行气密性实验的要求怎么办？

气调库在使用一段时间后，要对库体进行气密性试验，以确保其安全运行。按照国标 GB 50274—2010《制冷设备、空气分离设备安装工程施工及验收规范》有关气调冷库在库体安装后，应进行库体气密性试验，试验应符合下列要求：起动鼓风机，当库内压力达到 100Pa（10mmH$_2$O）后停机，并开始计时，当试验到 10min 时库内压力大于 50Pa（5mmH$_2$O），即半压降时间为 10min。土建式冷库的密封试验也应按此标准执行。

气调库在库体进行密封性试验时，应注意以下问题。

（1）试验前将库门打开，库内外空气应充分交换，时间不应小于24h。

（2）要测试的库房及相邻的库房在测试前及试验中，应尽量保持温度的恒定。为避免外界气温的变化对库内温度的影响，应选择外界气温变化最小的时刻，即选在清晨进行测试。

710. 冷库设备运行中应做些什么？

为了保证冷库设备能安全正常运行，在其运行过程中应做好下述工作。

（1）经常检查及确认电源的电压是否符合要求，电压应为 380V±10%（三相四线）。冷库设备长期不用时，应截断冷库的总电源，并确保冷库设备不受潮、不被灰尘等其他物质污染。

（2）制冷机组的风冷式冷凝器很容易被污染，应根据实际情况定期清洗，以保持良好的传热效果。

（3）冷库设备的电器设备应避免受潮，以免漏电造成触电事故。

中小型冷库的维护与保养

（4）冷库的门的铰链、拉手、门锁应根据实际情况定期添加润滑油。

（5）冷库设备的电器设备检修都必须切断电源，以确保人身安全。

（6）制冷机组在运行过程中应避免过大的振动。因为，过大的振动除了增加机械磨损外还会导致机组上连接管松动或断裂。制冷设备在运转过程中若发现噪声异常，应停机检查，排除后再运行。特别要注意的是，制冷压缩机组的保护功能均已事先设定好，在运行过程中无须调整。

（7）定期检查制冷机组的各连接管、阀件上的连接管是否牢固，是否有制冷剂渗漏（一般渗漏的地方会出现油迹）。运行中检漏最实用的方法是：用海绵或软布沾上洗涤剂，揉搓起沫，然后均匀涂在要检漏的地方，观察数分钟。若渗漏会有气泡出现。在渗漏的地方做上记号，然后紧固阀件或管道焊接处理。

（8）冷库设备的上面（顶板）不应堆放杂物，否则冷库的库板会变形而影响保温性能。安放冷库的位置应保持干燥、洁净、无易燃易爆物品，确保没有任何安全隐患。蒸发器前不得堆放货物（预留一定的空隙），以免影响制冷效果。

（9）空气湿度过大、化霜间隔时间长、库温设定不正常，所有这些都会导致库内蒸发器上霜层增厚，导致库温降不下来。遇到这种情况应进行化霜（除霜）处理。等霜层消失立即停止化霜，稍等片刻后再起动制冷设备运行。

（10）冷库设备的库内温度、温差等参数，应根据冷库的实际情况而设定，不可任意改变参数。冷库安装时已根据使用要求设定了工作参数，要了解冷库的技术参数再进行控制器上各项参数的改动。

（11）压缩机应避免频繁起动，每次停机间隙时间不应少于6min。发现压缩机视油镜油位下降或油变脏时，需及时添加或更换冷冻润滑油。不能加入牌号不对和长期暴露在空气中致使含水量多的不合格冷冻润滑油，否则会引起高温炭化、低温析蜡、电动机绝缘受损、系统回油困难等故障。

（12）定期检查电源电压是否正常（380V±10%），检查电源总闸的保护功能是否有效。

✦ 711. 冷库夏季怎样运行管理？

夏季冷库运行管理应这样做：在使用冷库的时候要注意每天尽量少开关门，在出入冷库的时候记得随手关门，夏季冷库的使用时间长，所以需要定期地进行运行状态的检查，每天早晚要进行巡检，检查制冷机组、冷风机是否正常工作，检查冷风机结、化霜的情况，如果发现有故障要及时进行处理，以免影响机组正常工作。

禁止随意调整冷库的开机温度，禁止调整化霜时间和化霜周期，如果需要进行调整要请专业人员进行，冷库若存放货物可以选择使用货架区分放置。

712. 不清楚装配式冷库库体保养注意事项怎么办？

装配式冷库库体保养要注意以下几点。

（1）装配式冷库新安装完毕或长期停用后，再次使用，降温的速度要合理：每天控制在8～10℃为宜，在0℃时应保持一段（8～12h）时间。

（2）装配式冷库保养中应注意，不要在搬运货物过程中碰撞和刮伤冷库的库板，以免造成库板出现凹陷、断裂和锈蚀导致库体保温性能明显变差。

（3）由于装配式冷库是由若干块保温板拼装而成，因此板之间存在一定的缝隙，这些缝隙在安装时用密封胶进行了密封，可防止空气和水分进入库内。在冷库保养过程中，要随时检查其密封性，对使用中出现的一些密封失效的部位及时修补。

713. 装配式冷库库体怎样养护？

装配式冷库库体养护要做到以下几点。

（1）冷库板的保护：注意使用中应注意硬物对库体的碰撞和刮划，以免造成冷库板的凹陷和锈蚀。

（2）密封的保护：在日常维护保养时，要重点对密封部位进行检查，发现密封失效的部位要及时修补。

（3）地面的保护，一般小型装配式冷库安装的地板使用保温板，使用冷库时应防止地面存有大量的冰和水，如果有冰，可停止制冷机组运行，用清水冲洗地板。清理时切不可使用硬物敲打，或用铁锹等硬器物铲碎冰，以免损坏冷库地面的保温板。

714. 想清洁装配式冷库外表面怎么办？

清洁装配式冷库外表面时应用软布沾柔性清洗剂和温水进行清洗，以保证表面光洁度，切勿使用含有研磨剂的清洗剂或摩擦垫进行擦洗，以免造成对冷库库体表面光洁度的破坏。

715. 想清洁装配式冷库内表面怎么办？

清洁装配式冷库内表面时可用家用清洁剂、氨基清洁剂以及消毒溶液等清洗冷库内表面，这样不会损坏表面，不允许使用含有研磨剂的清洗剂或摩擦垫对库内表面进行擦洗，否则会损坏冷库内表面。在清洁过程中不准将水溅到冷库的电气控制元件上，以免造成漏电危险；不允许使用溶剂、油或酸性清洗剂对冷库内表面进行擦洗。

716. 想减少冷库门跑冷怎么办?

冷库门是冷库的咽喉,工作人员进出,货物进出,甚至冷热空气的交换,都要通过它,所以冷库门是"跑冷"的主要部位。热空气通过库门开启过程渗入库内,不仅造成热量增加,库温升高,而且大量的热湿交换,使冷风机或蒸发器排管结霜过程加快,导致库内温、湿度大幅波动,影响食品储藏质量。

减少库门"跑冷"应从以下几个方面入手。

(1) 对冷库门进行有效的维护,确保冷库门无故障启闭,定期检查库门密封条和电热丝的状态,随时处理冰、霜、水,保持冷库门的严密性,防止运输工具碰撞库门。

(2) 尽量减少开门次数和开门时间,做到进、出冷库随手关门。

(3) 在房门内侧加挂棉门帘或 PVC 软门帘。

(4) 在库门外侧设高效空气幕,并保证安装正确,运转正常。

717. 想从库房照明控制上节能怎么办?

想从库房照明控制上节能,应首先控制冷库中的照明设备的启闭,控制不好冷库库房内部的照明设备的启闭,不仅增加冷库的电能消耗,同时也增加了冷库内热量。想从库房照明控制上节能,冷库库房照明应按前、中、后分组控制,工作人员进库后应尽量减少开灯数量和时间,并做到人走灯灭。

718. 想从冷风机运行角度节能怎么办?

冷库内冷风机上的风扇电动机运转,就会产生热量,从节能的角度来考虑,应尽量减少冷风机开机的时间和开机台数,在实际冷库运行管理中既经济,又能保证库藏货物质量。可以这样做:在冷藏货物刚入库时为保证快速降温,将冷风机全部开启,待库温稳定后,减少其开启台数,并且对温度要求严格的储藏货物,为了使其上下温度均匀,在制冷系统停止工作时仍然保留 1~2 台冷风机运转,这样既做到了节能,又保证了冷藏货物的品质。

719. 想减少相邻库房的相互影响怎么办?

果蔬冷库在储藏淡季,会有部分空库,还有时各个库房储藏的货物不同,温度要求不一致,由于有的冷库各库房之间的隔墙无隔热层,如果空闲库与储藏商品的库房相邻,或相邻两个库房储存不同温度的货物,两者之间温度相关较大,会互相影响,温度难以保证,进而影响储藏质量。想减少相邻库房的相互影响,应在冷藏货物的安排上,尽量让有储藏货物的几个库房相邻;让储藏温度相同或相近的库房相邻;这样既可减少相邻库房的相互影响,又能达到节能运行的目的。

720. 想通过调整制冷系统控制降低冷库运营成本怎么办？

想通过调整制冷系统控制降低冷库运营成本，可以采取下述具体措施。

（1）防止制冷系统蒸发温度过低。

蒸发温度与库房温度的温差增大，就会使制冷系统的蒸发温度过低，这会导致制冷系数下降，能耗增加。据有关实验数据，在其他条件不变的情况下，当冷库制冷系统的蒸发温度每降低 1℃，则要多耗电 1%～2%。所以在满足库温要求的条件下，要尽量提高制冷系统的蒸发温度，以达到节能的目的。另外，温差增大，还会使冷风机的除湿量增大，库房湿度减小，从而引起食品干耗增大，食品品质下降。

（2）确定合适的蒸发温度与库房温度差值。我国通常采用的冷库制冷系统的蒸发温度与库房温度之差一般为 10℃，果蔬冷库的蒸发温度一般设计为 −10℃左右，而很多冷库实际运行中，许多果蔬储藏库的温差在 15℃左右，而欧洲等经济发达国家，蒸发温度与库房温度之差一般为 3～5℃。因此，在条件允许的情况下，应将蒸发温度与库房温度差值调节到 3～5℃即可满足冷藏要求。

721. 不清楚气调库"高装满堆"的意义怎么办？

气调库的容积利用系数要比普通冷库高，称为"高装满堆"，这是气调库建筑设计和运行管理上的一个特点。

所谓"高装满堆"，是指装入气调库的果蔬应具有较大的装货密度，除留出必要的通风和检查通道外，尽量减少气调库的自由空间。因为，气调库内的自由空间越小，意味着库内的气体存量越少，这样一方面可以适当减小气调设备，另一方面可以加快气调速度，缩短气调时间，减少能耗，并使果蔬尽早进入气调储藏状态。

722. 不清楚气调库"快进整出"的意义怎么办？

在气调库管理中，"快进整出"是指气调储藏要求果蔬入库速度快，尽快装满、封库并及时调气，让果蔬在尽可能短的时间内进入气调状态。平时管理中也不能像普通冷库那样随便进出货物，否则库内的气体成分就会经常变动，从而减弱或失去气调储藏的作用。果蔬出库时，最好一次出完或在短期内分批出完。

723. 不清楚气调库"良好的空气循环"的意义怎么办？

在气调库管理中，"良好的空气循环"是指气调库在降温过程中，推荐的库内空气循环速率范围为：在果蔬入库初期，每小时空气交换次数为 30～50 倍空库容积，所以常选用双速风机或多个轴流风机可以独立控制的方案。在冷却阶段，风量大一些，冷却速度快，当温度下降到初值的一半或更小后，空气交换次数可控制在每小时 15～20 次。

724. 不清楚气调库中平衡袋和安全阀的作用怎么办？

气调库是一种密闭式冷库，当库内温度升降时，其气体压力也随之变化，常使库内外形成气压差。当库外温度高于库内温度 1℃ 时，外界大气将对维护库板产生 40Pa 压力，温差越大，压力差越大。

为了保证气调库的安全运行，通常在气调库上装置有平衡袋和安全阀，以使压力限制在设计的安全范围内。

气压平衡袋（简称气调袋）的体积约为库房容积的 0.5%～1.0%，采用质地柔软不透气又不易老化的材料制成。国外推荐的安全压力数值为 ±190Pa。

气调库的每间库房还应安装一个气压平衡安全阀（简称平衡阀），在库内外压差大于 190Pa 时，库内外的气体将发生交换，防止库体结构发生破坏。平衡阀分为干式和水封式两种，直接与库体相通。在一般情况下平衡袋起调节作用，只有当平衡袋容量不足以调节库内压力变化时，平衡阀才起作用。

725. 气调库的催化燃烧降氧机有了故障怎么办？

气调库的催化燃烧降氧机的常见故障大致有以下几个。

一是打开电源开关，工作指示灯不亮，风机不转。造成这一故障的原因，一般是催化燃烧降氧机电源的熔断器有问题。这种故障的排除方法是：检查更换总电源熔断器即可排除故障。

二是风机能运行，但风压指示灯不亮。造成这一故障的原因，一般是风机的气流量不够使风压指示灯不亮。这种故障的排除方法是：可将风量调节阀开到最大，并检查风道有无拥瘪、漏风点，即可消除故障。

三是预热温度升不上去。造成这一故障的原因，一般是电热丝的接头与接线柱之间接触不良，使其电阻过大，电热丝功率上不去。这种故障的排除方法是：用细砂纸打磨一下电热丝接线柱，然后重新接好电热丝即可消除故障。

四是催化燃烧降氧机运行时出现高温报警。造成这一故障的原因，一般有两个：一个是冷却水量过小，另一个是冷却水温过高。出现高温报警这种故障的排除方法是：可加大一下冷却水流量或降低一下冷却水温度至 30℃ 以下，即可消除故障现象。

五是催化燃烧降氧机运行时出现低温报警。造成这一故障的原因，一般有库内气流短路、库内空气中含氧量低于1.5%、催化燃烧降氧机的燃料耗尽。这种故障的排除方法是：可先检查燃料是否短缺，补充好燃料；然后打开库内搅拌风机，使库内空气流畅起来看是否能消除故障现象，若不行可打开库门几分钟，向库内补充些氧气，故障现象即可消除。

726. 气调库的二氧化碳脱除机有了故障怎么办？

气调库的二氧化碳脱除机的常见故障大致有以下几个。

一是按一下启动按钮，鼓风机不工作，所有指示灯不亮。造成这一故障的原因，一般是二氧化碳脱除机总电源或熔断器有问题。这种故障的排除方法是：检查更换总电源熔断器即可排除故障。

二是鼓风机运转，但指示灯不是全亮。造成这一故障的原因，一般是指示灯的控制器件有接触不良或指示灯本身损坏。这种故障的排除方法是：检查指示灯控制电路，修复接触不良部位；更换损坏的指示灯即可消除这一故障现象。

三是气调库中二氧化碳含量下降太慢或不下降。造成这一故障的原因有多个，要逐项检查有针对性地进行排除。

（1）二氧化碳脱除机的鼓风机电源线相位接反，造成库内气流很小。这种故障的排除方法是：将三相电动机的任意两根电源线互换位置，即可恢复鼓风机正常工作。

（2）鼓风机的管道太长，使其阻力过大。这种故障的排除方法是：更换管径粗一些的管道，减少阻力，即可消除故障现象。

（3）输气管道中积存过多冷凝水，堵塞管道。这种故障的排除方法是：放掉积存的冷凝水，并将阀门开到最大，即可消除故障现象。

（4）库内气流流动不畅顺。这种故障的排除方法是：安装一台气体搅拌机，即可消除故障现象。

（5）二氧化碳脱除机的循环延时计时器延时时间过长。这种故障的排除方法是：重新设置延时计时器的延时时间，即可消除故障现象。

（6）二氧化碳脱除机活性炭失效。这种故障的排除方法是：检查活性炭失效原因，再生一下或更换活性炭即可消除故障现象。

727. 什么时候给果蔬冷库通风换气？

果蔬采后仍然是活的有机体，在储存过程中不断地进行新陈代谢，因而储存果蔬的冷库需要定期进行通风换气。通风换气是由库外引入新鲜空气，排出库内的污浊空气，当外界气温较高时，能量损失很大。因此，给果蔬冷库进行通风换气，应选在气温较接近库温时进行，换气次数和每次换气时间，可根据储存货物的种类和要求确定。

第二节　制冷机组的维护保养

⬧ 728. 冷库制冷机组日常怎样养护?

冷库制冷机组日常养护要做的工作有以下 7 个方面。

（1）制冷机组运转初期要注意从视油镜处观察压缩机的油面是否在 1/2 处；润滑油的清洁度是否良好。若发现油面下降超过标准或润滑油过脏要及时解决，以免造成润滑不良。

（2）对于风冷机组：要经常清洁风冷器的表面使其保持良好的换热状态。

（3）对于水冷机组：要经常观察冷却水的混浊程度，若看到冷却水太脏，要进行更换。

（4）要注意检查机组冷却水供水系统有无跑、冒、滴、漏现象，若有应及时予以处理。

（5）水泵工作状态是否正常；冷却水系统的阀门开关是否有效；冷却塔及风机工作状态是否正常。

（6）对于风冷机式的蒸发器：要经常检查除霜状态是否正常；除霜效果是否良好，若出现问题应及时予以处理。

（7）要注意观察压缩机运行状态，检查其排气温度和压力值是否在正常范围内，若有问题要及时予以处理。

⬧ 729. 不知道冷凝器的工作状态是否正常怎么办?

不知道冷凝器的工作状态是否正常，可以通过检测冷凝器与冷却介质之间的温度差，来检验其工作是否正常。对于水冷式冷凝器冷凝温度比冷却水出水温度高 4~6℃，蒸发式冷凝器冷凝温度与空气的温度有关，大约比室外的湿球温度高 5~10℃。风冷式冷凝器冷凝温度比空气温度高 8~12℃。

⬧ 730. 不知道压缩机吸气温度控制范围怎么办?

制冷系统中压缩机的吸气过热度一般应控制在 5~15℃ 范围内，氟利昂制冷系统中压缩机的吸气温度一般应比蒸发温度高 15℃ 左右，但原则上不能超过 15℃。不同冷库的制冷系统由于蒸发温度不同，其吸气温度值也就不同。

⬧ 731. 不清楚压缩机吸气温度过高过低的危害怎么办?

压缩机吸气温度过高过低的危害是：

压缩机吸气温度过高，将使压缩机吸气比容增大，制冷量减少，排气温度升高；

若压缩机吸气温度过低可能使制冷系统供液太多，液体制冷剂在蒸发器内气化不完全，会产生湿冲程，所以应尽量避免压缩机吸气温度过低，并在运行过程中随时注意调节。

732. 不清楚空气进入制冷系统途径怎么办？

空气进入制冷系统的途径主要有以下三个。

一是制冷系统在充注制冷剂之前，没有彻底进行抽真空操作，使空气残存在系统中。

二是制冷系统在补充润滑油时，被带入空气。

三是制冷系统处于负压下工作时，空气通过制冷系统密封不严处渗入制冷系统中。

733. 不清楚制冷系统中残存空气的危害怎么办？

制冷系统中残存空气的危害主要有以下 4 个。

一是导致制冷系统中的冷凝压力升高。依据道尔顿定律，一个容器内，气体总压力等于各气体分压力之和。所以，当空气进入制冷系统中时，其总压力为制冷剂和空气的压力之和。

二是由于空气在冷凝器中存在，使冷凝器的传热面上形成气体层，增加了热阻作用，降低了冷凝器的传热效率。同时由于空气会将水分带进系统，造成对系统的腐蚀。

三是由于空气在冷凝器中存在，导致制冷系统中的冷凝压力升高，使压缩机的制冷量下降，能耗增加。

四是制冷系统中冷凝压力升高，会使机组的排气温度升高，易使机组发生意外事故。

734. 想知道制冷系统中是否存在空气怎么办？

制冷系统中存在空气可以按以下方法进行检查。

（1）观察机组压力表的摆动情况。制冷系统中存在空气时，其压力表会出现指针大幅度摆动，摆动的频率也较慢。

（2）机组运行时的压力和温度值都高于正常值范围。

（3）利用计算冷凝压力的方法，检测系统中空气的含量。根据系统中有空气会使冷凝压力升高的特点，设含有空气的冷凝器总压力为 p，冷凝压力为 p_k，则空气在冷凝器中的含量 g

$$g = \frac{p - p_k}{p}$$

式中　g——冷凝器中空气含量；

　　　p——冷凝器总压力；

　　　p_k——冷凝压力。

✎ 735. 制冷系统中有了空气怎么办？

制冷系统中有了空气可以这样处理：关闭制冷系统冷凝器或储液器上的阀门，然后启动压缩机运行一段时间，观察压缩机的低压压力表值，当表压达到"0"时，停止压缩机的运行，打开冷凝器顶部的放气阀（若冷凝器的位置比压缩机低，则选择开启压缩机排气三通截止阀的多用通道），让气体流出几秒钟再关。几分钟后重复这一操作。因为空气比制冷剂轻，静置后聚在容器顶部，分次操作可减轻扰动，减少制冷剂的流失。每次放气后注意排出压力表，该压力应有所下降，如降后又渐渐回升到放气前数值，则表明放掉的已是制冷剂，应结束放气。也可以在放气时，用手触摸气流，若是冷风就继续放，如有凉气感觉，说明有制冷剂跑出，应堵上堵头。这里需要指出，氟利昂冷凝器放空气时，氟气跑出往往是过热气体，不一定会有凉的感觉。因此，氟利昂系统放空气时，应首先对系统是否有空气作出明确判断，确有空气时才进行放空气，否则就会浪费氟利昂。

✎ 736. 冷库制冷系统亏氟了怎么办？

在冷库制冷系统运行过程中，很多情况下因为系统不严密或者在维护操作（如换油、放空气、换过滤干燥器等）过程中不慎使制冷剂外泄，造成制冷系统中制冷剂不足，此时应予以及时补充，以保证制冷系统正常运行。

制冷系统补充充注制冷剂，其充注前的准备与新制冷系统充注的主要点相同，只不过充注前系统中已有制冷剂，而且压缩机还能运行。

制冷系统补充充注制冷剂，一般从压缩机的低压端进行充注。

冷库制冷系统亏氟了操作方法是：在压缩机停机的状态下，将制冷剂钢瓶正置在地上，加注制冷剂时要用两根加氟管，在其中间串接一个修理阀，然后将加氟管的一头接于钢瓶，另一头虚接到压缩机吸入阀的多用通道上。先开启氟利昂钢瓶瓶阀，用制冷剂蒸气将加氟管内空气排净后，拧紧加氟管与压缩机吸入阀的多用通道的接口。

开启压缩机吸入阀的多用通道成三通状态，当看到修理阀上的压力表值稳定后，暂时关闭氟利昂钢瓶瓶阀。启动压缩机运行 15min 左右，观察运行压力是否在要求范围内，若达不到运行压力要求，可再次开启氟利昂钢瓶瓶阀，向制冷系统内，继续补充制冷剂，直到达到运行压力值要求。由于这种补充制冷剂的方法是制冷剂以湿蒸气形式充入的，所以打开氟利昂钢瓶阀时要适当，以防压缩机发生液击。当充注到满足要求时，马上关闭氟利昂钢瓶阀，然后让接管中残留的制冷剂尽可能被吸入系统，最后关闭多用通道，停止压缩机运行，充注制冷剂工作基本结束。这种方法充注速度较慢，但在制冷系统制冷剂不足需要补充时安全性好。

✈ 737. 想从压缩机排气截止阀取出制冷剂时怎么办？

在中小型冷库制冷系统维护修理，需要将制冷剂从系统中取出时，可采用从高压排气阀或储液器取出制冷剂。其操作方法如图9-1所示。

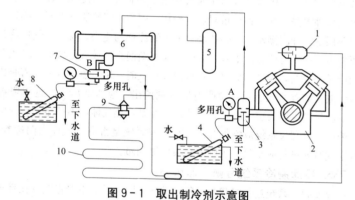

图9-1 取出制冷剂示意图

1—吸气截止阀；2—压缩机；3—排气截止阀；4、8—氟利昂钢瓶；

5—油分离器；6—冷凝器；7—出液阀；9—膨胀阀；10—蒸发器

从高压排气阀或储液器取出制冷剂的操作方法又称为高压侧取出法。其特点是：制冷剂以蒸汽形式被压入制冷剂钢瓶，靠池水冷却，因此取出的速度比较慢，具体操作步骤如下。

（1）准备好已抽过真空的氟利昂空钢瓶，放置在磅秤上，并记下瓶重。

（2）将排气截止阀的调节杆旋至到底（即全开位置），将排气截止阀多样排管通道旋至关闭状态。

（3）拆卸其上的闷堵，装上收氟管，收氟管的另一端与已抽过真空的氟利昂空钢瓶虚接好。

（4）将排气截止阀的调节杆旋至最上端（即全关位置），用机组中制冷剂气体将收氟管的空气赶出后，拧紧收氟管与氟利昂空钢瓶接口。

（5）打开氟利昂空钢瓶阀门，并向瓶体冲浇冷水。

（6）起动压缩机运行，开启一点出液阀，使制冷剂蒸气从压缩机排气截止阀多用通道处压入氟利昂空钢瓶中。

（7）在收取制冷剂过程中要注意在适当时候称一下瓶重，当达到其额定容量80％时，要更换制冷剂钢瓶。

（8）观察压缩机低压压力值，当达到0刻度时，要关闭瓶阀，停止压缩机运行。待5min后，看低压压力表值是否回升，若回升，应再次重复进行抽取，若不回升，说明系统的制冷剂基本上回收干净。

（9）关好制冷剂钢瓶阀门，将排气截止阀的调节杆旋至到底，拆下收氟管，从压缩机排气截止阀多用通道处取出制冷剂的工作结束。

738. 想从储液器出液阀取出制冷剂时怎么办？

想从储液器出液阀多用通道取出制冷剂时，要事先将制冷系统出液阀关闭，起动压缩机运行，将制冷系统内的制冷剂收到储液器中。然后按下列步骤进行操作。

（1）准备好已抽过真空的氟利昂空钢瓶，放置在磅秤上，并记下瓶重。

（2）拆卸储液器出液阀多用通道上的闷堵，装上收氟管，收氟管的另一端与已抽过真空的氟利昂空钢瓶阀虚接好。

（3）稍微开启一点储液器出液阀多用通道上的阀门，用制冷剂冲出收氟管内的空气后，随即拧紧收氟管与氟利昂空钢瓶阀间的接口。

（4）开启已抽过真空的氟利昂空钢瓶阀，储液器内的制冷剂液体，在压差作用下进入氟利昂空钢瓶内。

（5）为防止在收取过程中，进入氟利昂空钢瓶内的制冷剂液体气化，也要向瓶体冲浇冷水，以保证进入瓶中的制冷剂为液体。

（6）在收取制冷剂过程中要注意在适当时候，称一下瓶重，当达到其额定容量80％时，要更换制冷剂钢瓶。

（7）完成从储液器出液阀多用通道取出制冷剂的工作后，氟利昂制冷剂钢瓶瓶阀关闭，然后再将通道关闭，拆下收氟管，从储液器出液阀多用通道处取出制冷剂的工作结束。

739. 想用低压吸入法补充冷冻润滑油时怎么办？

用低压吸入充注方法补充冷冻润滑油，是从压缩机吸气截止阀多用通道注入。其操作方法的步骤如下。

（1）将润滑油倒入一个清洁、干燥的容器内。在压缩机吸入阀多用通道上装"T"形三通接头，并在"T"形三通接头上分别接一压力表和一根清洁、干燥的软管。

（2）用棘轮扳手将压缩机吸气截止阀多用通道稍微开启一点，排出少量制冷剂气体，把软管内空气赶走。随即用手指按住管口，并迅速将管口浸入盛油容器油面以下。

（3）将压缩机吸气截止阀调至全关状态，起动压缩机运行，待低压达到300～400mmHg 真空度时，停止压缩机运行。

（4）放开手指，瞬时冷冻润滑油在压差作用下，被吸入压缩机，并经吸气腔的回油孔流入曲轴箱中。

（5）观察曲轴箱示油镜，待油量达到油面视油镜中线以后，用棘轮扳手将压缩机吸气截止阀多用通道调至全开状态，压缩机补充加油工作完毕。

740. 想对压缩机进行不停机加油时怎么办？

想对压缩机进行不停机加油，只有通过装有充放油三通阀的压缩机能够实现。具体操作步骤如下。

（1）压缩机正常运转，把油三通阀置于运转位置（阀芯应退足）旋下外通道螺塞，接上加油管，油管通至盛油容器。盛油容器的油面应高于曲轴箱的油面。

（2）关小吸入阀，使曲轴箱压力（即低压值）略高于"0" MPa。将油三通阀芯向前（右）旋转少许，置于放油位置，让曲轴箱内的油流出，赶走管内的空气。然后迅速将阀芯向前（右）旋至极限位置，处于装油位置，盛油器内的油就被油泵吸入。

（3）待油加至要求油位时，把油三通阀转至运转位置。然后拆下油管，并把装置调整在正常的运转工况。

741. 想对压缩机进行强制压入补油时怎么办？

用强制压入法对压缩机补充冷冻润滑油的原理是：在注油管压力较曲轴箱油面压力（低压压力）更高的条件下，将润滑油强行注入曲轴箱。整个过程要借助于补油器来完成。注油管连接于补油器和曲轴箱之间，而补油器中的压力一般来自油泵或压缩机的排气端。

用强制压入法对压缩机补充冷冻润滑油的操作方法是：补油器初次使用时，要利用压缩机的低压制冷剂蒸气来驱赶补油器中空气，空气驱赶后干净，方可向补油器中灌入符合要求的润滑油，在必须向压缩机曲轴箱补油时，只要打开连接于压缩机排气端和注油管上的阀门，就可利用压缩机的排气压力强行将润滑油压入曲轴箱，当油位至要求时关阀。

742. 欲从曲轴箱上部加注润滑油时怎么办?

有些冷库用的活塞式压缩机,既没有加油三通阀,吸气阀上也没有多用通道,而在压缩机曲轴箱上部设有注油孔,此时,就可以用常压加油。从曲轴箱上部加注润滑油的操作方法是:先起动压缩机,关闭吸入阀,待低压压力降至表压 0MPa 或稍高时,使压缩机停车,关闭排出阀,然后拆下注油孔闷头,用清洁干燥的漏斗直接将清洁油注入曲轴箱。因注油孔位置较高,曲轴箱内又有稍高于大气压力的压力,所以此时,曲轴箱内充满比空气重的氟利昂气体,空气不容易进入曲轴箱内。待注油量达到要求,拿出漏斗,旋紧闷头,然后开启压缩机吸、排气阀,重新起动压缩机,加油工作即告结束。

743. 不知道给全封闭式压缩机加注多少润滑油时怎么办?

全封闭式压缩机由于没有视油镜,故很难判断是否缺油。判定给全封闭式压缩机加注多少润滑油时,一般在修理时可以这样做:将原有润滑油倒入有刻度的容器中,记下油量,重新充注时要再多加 10% 即可。若压缩机没有进行大修即没有开壳,则可在系统抽真空后,在工艺管处吸入润滑油。

744. 欲更换压缩机冷冻润滑油时怎么办?

开启式或半封闭式活塞式制冷压缩机,在累计运行 1000h 以后,就要从压缩机视油镜处,认真观察其润滑油颜色了。若发现润滑油污蚀而颜色变深,就需要更换压缩机冷冻润滑油了。

更换活塞式制冷压缩机冷冻润滑油时的操作方法是:先关闭活塞式压缩机的排气口的三通截止阀,并使其多用通道与大气相通。关闭活塞式压缩机的吸气口的三通截止阀,起动压缩机将曲轴箱抽空,使溶解在滑油中的氟利昂逸出。此时由于曲轴箱压力迅速降低,其曲轴箱内的润滑油呈沸腾状态,有可能被吸入汽缸,如听到机内有液击声,应立即停机,稍停片刻,再瞬时起动二三次,至液击声消失,再继续运转,抽至真空度稳定后,停机。将压缩机的排气口的三通截止阀的多用通道上好丝堵。在压缩机放油口下面放好接油容器后,稍开压缩机吸入阀,使曲轴箱内压力回升到大气压力或稍高再关闭;打开曲轴箱的放油孔和注油孔闷头,放尽脏油;打开曲轴箱侧盖,清洁曲轴箱内部,清洗时应用棉布擦洗而不允许用棉纱,以免留下线头;清洗完毕,旋紧放油孔闷头,从注油孔注入合格润滑油,至油位镜一半高度,然后拧紧注油孔闷头;最后像拆修装复的压缩机一样,使压缩机排出阀多用通道上的接管通大气,继续起动压缩机,使曲轴箱抽空,把空气排净,再关闭此多用通道,并停机检查压缩机的真空性能。若真空性能合格,则在多用通道上复装压力表和压力控制器,并开启压缩机吸、排气阀。至此,压缩机冷冻润滑油更换冷冻润滑油操作完毕，压缩机即可重新开起压缩机运转。

↗745. 分不清制冷系统是冰堵还是脏堵怎么办？

分不清制冷系统是冰堵还是脏堵时，可以从制冷系统的运行状态看出制冷系统是冰堵还是脏堵。

当制冷系统冰堵时：制冷系统的压缩机工作正常，但制冷效果差，高压排气压力比正常值偏低，低压回气压力比正常值也偏低甚至为负值。制冷系统发生冰堵后，制冷剂不能循环，造成冷库内温度升高，蒸发器上出现自动融霜现象。

当制冷系统出现"脏堵"时，制冷系统上干燥过滤器"脏堵"的外壳可能出现发冷、凝水或结霜等现象，这就说明干燥过滤器的滤网已严重脏堵。

↗746. 干燥过滤器脏堵了怎么办？

干燥过滤器脏堵时，可以这样做：

（1）将制冷系统中干燥过滤器两端的截止阀关闭。

（2）用两把开口扳手（呆扳手），一把卡住干燥过滤器，一把卡住其在管道上的纳子，将干燥过滤器从制冷系统上拆下。

（3）将干燥过滤器夹在台钳上，用梅花扳手拧下干燥过滤器端盖螺栓，拆下端盖，取出过滤网，放到盛有煤油或汽油的容器中，清洗滤网和过滤器内部的污物，待其内部干燥后，换上新的硅胶，装上端盖。

（4）按原方位将干燥过滤器装回制冷系统的管路中，然后微开干燥过滤器接进口端的截止阀，再拧松干燥过滤器出口端与另一截止阀接头螺母，把过滤器内的空气赶出。然后拧紧螺母，开启干燥过滤器前、后截止阀，恢复制冷系统的正常工作。

↗747. 想防范制冷系统冰堵怎么办？

防范干燥过滤器冰堵可以这样做：

（1）在加压检漏时抽真空要认真，严格按规范操作，彻底将系统中的空气排干净，这是防止出现冰堵的关键环节。

（2）在加注制冷剂时，应在加氟管道上串接一只干燥过滤器，用以滤除加注制冷剂中的水分。

（3）规范更换冷冻润滑油的操作：制冷循环系统在维护保养更换冷冻润滑油时，应先用电磁炉对冷冻机油加温至100℃以上，使冷冻机油内残余水分挥发干净后再进行更换。

（4）制冷循环系统管道问题：更换损坏管道或补焊漏点，以确保管路高压试压检测无泄漏。将制冷循环系统管道分为高压段和低压段，用氮气吹净密封，确保系统内部的干燥。

（5）制冷循环系统在开放式保养维护时间较长时，应对正在维修保养设备的管口进行及时封闭，防止空气渗入系统。最好不要选择在阴雨天气进行维修保养。

（6）若在制冷系统－15℃工作状态下出现冰堵情况，先不要放制冷剂，等几小时后再去开机，冰堵现象可能就消失了。这是因为经过一段时间停机，再开机时，干燥过滤器中的干燥剂才能吸掉系统冰堵的水分。

748. 硅胶干燥剂想再生使用怎么办？

硅胶干燥剂的吸湿率为 30％左右，它是一种无毒无臭无腐蚀的半透明结晶块，并有粗孔、细孔及原色、变色之分。粗孔硅胶吸湿速度快，易饱和，使用时间短；细孔硅胶吸湿慢，使用时间较长；变色硅胶干燥状态时为海蓝色，吸湿后逐渐变为淡蓝色、紫红色、最后变为褐红色而失去吸湿能力。

硅胶干燥剂的再生可以这样做：将准备进行干燥再生硅胶放到烘箱中进行加热再生。将烘箱温度设置为 120～200℃，加热时间定为 3～4h。经再生处理后，硅胶干燥剂即可脱去内部所吸收的水分，还原成初始状态，筛去碎粒后，可装入干燥过滤器中继续反复使用。

第三节　冷库除霜的要求与方法

749. 不清楚制冷系统结霜的危害怎么办？

冷库制冷系统运行时，其蒸发器表面温度低于库温 6～8℃，冷库中食品空气的水分会析出，凝结在蒸发器表面。霜是热的不良导体，导热系数只有 0.58W/（m·℃），比紫铜 372.16W/（m·℃）、铝 203.5W/（m·℃）的导热系数要小得多。制冷系统结霜的危害是：蒸发器表面结霜大大降低了其热交换能力，严重影响蒸发器的热传递效果。当蒸发器上的霜层厚度达到 10mm 时，传热效率将下降 30％以上，并会使冷库温度上升，制冷压缩机运转时间延长，耗电量增加，甚至会导致压缩机出现故障。

750. 不清楚冷库自然化霜如何做怎么办？

冷库制冷系统进行自然化霜的做法是：停止冷库制冷系统设备运行，清理干净冷库内的货物，然后把库门打开，让库外热空气以自然对流方式进入冷库，使蒸发器上的冰霜自然融化。这种方法化霜时间长，库温回升大，适用于冷库准备进行彻底清理的时候。

751. 不清楚高温冷库停机化霜原理怎么办？

高温冷库停机化霜的原理是：让冷库制冷压缩机停止工作，冷风机的风扇电动机继续工作，利用库内流动空气的热量将冷风机翅片表面的霜除掉。这种除霜方式适用于库温高于＋3℃的冷库使用，除霜过程比较缓慢，库内湿度比较大。

752. 不知道人工除霜要注意什么怎么办?

人工除霜，也叫扫霜。这种除霜方式，一般用在冷却排管蒸发器制冷系统的除霜操作中。除霜时，可以用扫帚直接扫除冷却排管蒸发器上的霜层，或用月牙形除霜铲等专用工具对冷却排管蒸发器上的霜层进行铲除。这种除霜方式，操作简便，特别适合小型直冷式冷库除霜操作。人工除霜的缺点是劳动强度大，除霜不宜均匀。

人工除霜特别要注意的是：在人工除霜时，不能用坚硬的器物击打蒸发器，以免造成蒸发器变形或损坏。为了使人工除霜的效果好些，可以在扫霜前停止压缩机运行一段时间，将库温升高一些，使蒸发器达到半融化状态，这样扫除起来劳动强度会减小许多，除霜效果也会提高。由于人工除霜的操作时间较长，使库温变化较大，对食品的储存不利，因此，采用人工除霜方式除霜时要选择空库或冷库内食品较少时进行。

753. 不清楚热制冷剂除霜原理怎么办?

热制冷剂除霜也叫作热冲霜，是一种适用于直冷式和间冷式制冷系统的除霜方式。热制冷剂除霜原理是：除霜时，压缩机排除的高温过热制冷剂蒸气，经油分离器分离后，通过切换控制阀门或电磁四通阀，将高温过热制冷剂蒸气导入蒸发器内。利用高温过热制冷剂蒸气的热能融化蒸发器表面的霜层。图9-2为氟利昂制冷系统热融霜示意图。

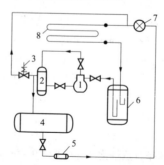

图9-2　氟利昂制冷系统热融霜示意图

1—制冷压缩机；2—油分离器；3—融霜电磁阀；4—冷凝器；5—干燥过滤器；

6—气液分离器；7—膨胀阀；8—蒸发器

进行氟利昂制冷系统热融霜操作时,首先打开融霜电磁阀 3,制冷压缩机 1 排除的高温过热制冷剂蒸气,经油分离器 2,将润滑油分离后,经过融霜电磁阀 3 进入蒸发器 8,进行融霜。高温过热制冷剂蒸气放出热量后,冷凝为液体,排入到气液分离器 6 中。在气液分离器中进行气液分离后,被压缩机吸回,进行循环。融霜结束后,关闭融霜电磁阀 3,制冷系统将恢复正常的制冷运行状态。

754. 不清楚电加热除霜原理怎么办?

电加热除霜也叫全自动化霜。这种化霜方式,主要用于冷库中翅片盘管式蒸发器的化霜。采用电热除霜的翅片盘管式蒸发器管道间隙中装有电热管。电加热除霜原理是:需要进行化霜时,关闭制冷系统的出液阀后,按下化霜控制电路的按钮。使翅片盘管式蒸发器的风扇电动机与压缩机都停止运转,接通翅片盘管式蒸发器中电加热器的电源,开始进行电加热除霜。当翅片盘管式蒸发器上的霜融化,翅片盘管式蒸发器表面温度达到 13℃后,电路自动切断化霜加热器电源,同时接通翅片盘管式蒸发器的风扇电动机和压缩机电动机的电源,使风扇电动机和压缩机电动机起动运行。此时,要缓慢打开制冷系统的出液阀,并随着压缩机运转进入正常,将其开至最大,恢复制冷系统正常运行。

电加热除霜操作简便,自动化程度高,耗电量较大,冷库内温度波动较大。

755. 不知道冷库制冷系统水除霜操作方法怎么办?

冷库制冷系统水除霜的操作方法,就是用水管直接对蒸发器表面进行冲洗,从而达到融霜的效果。这种方法操作简单、使用成本低。但有很多弊端和局限性。如冷库内部出现大量水分容易造成库内起雾,空气湿度变大,库内地面积水量大,排水工作劳动强度大。

756. 不清楚冷库冲霜用水温度多少合适怎么办?

冷库排管式蒸发器冲霜用水温度最低应高于 10℃以上,若有条件,可以使用 25~35℃的水冲霜效果最佳。但温度不能再高了,温度过高易产生大量"雾气"使冷库内的维护结构表面产生凝结水,形成腐蚀库体的隐患。

第四节　热力膨胀阀常见故障的处理方法

757. 不清楚热力膨胀阀的堵塞原因怎么办?

冷库制冷系统中热力膨胀阀的堵塞故障是经常发生的,包括"脏堵"和

"冰堵"。

脏堵的主要原因是系统中的细微杂质，穿透干燥过滤器的滤网，在膨胀阀入口的过滤网处形成脏堵。

冰堵的原因是系统中含有过多的水分（湿气），使干燥过滤器失效形成冰堵。

制冷系统产生湿气的途径有以下几个方面。

（1）在安装时系统抽真空时间不够，没能把管路内的湿气抽干净。

（2）管路连接处的焊接工艺处理得不好，有砂眼，使空气渗入制冷系统。

（3）维护过程中在向制冷系统充注制冷剂时，没把加氟软管内的空气吹出来，使其进入制冷系统中。

（4）维护过程中在向制冷压缩机补充润滑油时，操作不谨慎，使空气混入制冷系统。

758. 不知道制冷系统脏堵塞位置怎么办？

一般情况下，冷库制冷系统的脏堵塞会发生在干燥过滤器上，制冷系统运行中产生的杂质被干燥过滤器中的过滤网拦截住，积存在干燥过滤器内部的滤网上，制冷系统形成了堵塞现象，即成为"脏堵"。

759. 不知道制冷系统冰堵塞位置怎么办？

冷库制冷系统的冰堵塞，一般发生在膨胀阀的节流孔处，因为这里是整个系统中温度由正温突然降为负温的地方，制冷剂中携带的水分由于突遇降温而凝结为冰粒，堵塞了膨胀阀的出口，即成为"冰堵"。

760. 制冷系统脏堵塞或冰堵塞了怎么办？

对于冷库制冷系统脏堵塞，如果不是很严重，换一个干燥过滤器就可以了。如果非常严重，就要抽出制冷系统中的制冷剂，并用四氯化碳溶液清洗制冷系统管路，然后重新对制冷系统抽真空和充注制冷剂。

对于冷库制冷系统轻微冰堵，可用热毛巾敷在冰堵处，化开冰堵点即可。如果冰堵程度比较严重，已影响了系统的正常运行，可多次更换过滤干燥器中的干燥剂，过滤掉系统中的水分，即可恢复制冷系统正常运行。

761. 热力膨胀阀感温包会有哪些故障？

当冷库制冷系统中热力膨胀阀出现供液时多时少或膨胀阀关不小，过热度、过冷度不正确等现象时，原因可能就是其感温包出了故障。主要有以下两点。

（1）感温包毛细管断裂，使感温包内的充注物漏掉，导致不能把正确的信号传给热力膨胀阀的执行机构。遇到这种问题时只能更换新的热力膨胀阀了。

（2）热力膨胀阀感温包包扎位置不正确。遇到这种问题时，只要按要求重新正确绑扎热力膨胀阀的感温包，即可排除故障。

762. 膨胀阀工作时发出"咝咝"的响声怎么办？

在冷库制冷系统的运行过程中，有时候会听到膨胀阀工作时发出"咝咝"的响声。造成这一故障的原因：一是因为制冷系统中制冷剂不足，造成气液混合物流过膨胀阀的节流孔时形成鸣叫声；二是因为制冷剂物过冷度不够，液管阻力损失过大，在膨胀阀前管道中产生"闪气"形成鸣叫声。

遇到这一故障时可以这样处理：先检查制冷系统中的制冷剂是否亏损，若亏损，补充至额定值；若制冷剂基本不亏损，调节一下制冷系统的过冷度，使进入膨胀阀的制冷剂液体有 $3\sim5℃$ 的过冷度，即可消除膨胀阀工作时发出的"咝咝"响声。

763. 膨胀阀供液一会儿多一会儿少怎么办？

在冷库制冷系统的运行过程中，有时候会看到膨胀阀工作时供液一会儿多，一会儿少的故障现象。造成这一故障的原因：一是在选配膨胀阀时，选大了，使其供液量大于制冷系统实际需求；二是膨胀阀调节不合适，将过热度调得过小，使其供液量小于制冷系统实际需求；三是膨胀阀的感温包放置的位置不合适，造成膨胀阀工作时供液一会儿多，一会儿少的故障。

遇到这一故障时可以这样处理：一是改用合适的膨胀阀；二是正确调整过热度；三是重新绑扎膨胀阀的感温包放置的位置。

764. 膨胀阀的感温包有了故障怎么办？

冷库制冷系统中热力膨胀阀的感温包故障，可以这样处理：

一般情况下，感温包尽量装在蒸发器出口水平段的回气管上，应远离压缩机吸气口而靠近蒸发器，而且不宜垂直安装。当水平回气管直径小于 $7/8''$（$\phi22$）时，感温包宜安装在回气管的顶上端，即吸气管的"一点钟"。当水平回气管直径大于 $7/8''$ 时，感温包要安装在回气管轴线以下与水平轴线成 $45°$ 左右，即吸气管的"3 点钟"位置。目的是感温包感受的温度是气态，不受液态物质影响，因为把感温包安装在吸气管的上部会降低反应的灵敏度，可能使蒸发器的制冷剂过多，把感温包安装在吸气管的底部会引起供液的紊乱，因为总有少量的液态制冷剂流到感温包安装的位置，而导致感温包温度的迅速变化。

安装时，感温包需用铜片包扎好，回气管表面要除锈，如果是钢管，表面除锈后涂银漆，以保证感温包与回气管的良好接触。感温包必须低于阀顶膜片上腔，而且感温包的头部要水平放置或朝下，当相对位置高于膜片上腔时，毛细管应向上弯成 U 形，以免液体进入膜片上腔。为了避免系统突然停机时，制冷剂液体或油积在感温包所在的水平管段而影响感温包的性能，感温包后的管段应该做成 U 字形的存油弯。

765. 不知道正确调整膨胀阀的要求怎么办?

正确调整膨胀阀的要求是：在调整热力膨胀阀之前，必须确认冷库制冷异常是由于热力膨胀阀偏离最佳工作点引起的，而不是因为氟利昂少、干燥过滤器堵塞、冰堵等其他原因所引起的。同时，必须保证感温包采样信号的正确性，感温安装位置必须正确，绝对不可安装在管道的正下方，以防管子底部积油等因素影响感温包正确感温。

766. 不知道调整膨胀阀时要注意的问题怎么办?

热力膨胀阀调整时要注意的问题是：热力膨胀阀的调整工作，必须在制冷装置正常运行状态下进行。由于蒸发器表面无法放置测温计，可以利用压缩机的吸气压力作为蒸发器内的饱和压力，查表得到近似蒸发温度。用测温计测出回气管的温度，与蒸发温度对比来校核过热度。调整中，如果感到过热度太小，则可把调节螺杆按顺时针方向转动（即增大弹簧力，减小热力膨胀阀开启度），使流量减小；若感到过热度太大，即供液不足，则可把调节螺杆朝相反方向（逆时针）转动，使流量增大。由于实际工作中的热力膨胀阀感温系统存在着一定的热惰性，形成信号传递滞后，运行基本稳定后方可进行下一次调整。因此整个调整过程必须耐心细致，调节螺杆转动的圈数一次不宜过多过快。

767. 不知道调整膨胀阀具体调整步骤怎么办?

热力膨胀阀调整的具体步骤如下。

（1）停止压缩机运行。将数字温度表的探头插入到蒸发器回气口处（对应感温包位置）的保温层内。将压力表与压缩机低压阀的三通相连。

（2）开启压缩机运行，待压缩机运行 15min 以上，进入稳定运行状态后，使压力指示和温度显示达到稳定值。

（3）读出数字温度表温度 T_1 与压力表测得压力所对应的温度 T_2，过热度为两读数之差 $T_1 - T_2$。

调整时要注意，必须同时读出这两个读数。热力膨胀阀过热度应在 5～8℃，如果不是，则进行适当的调整。调整步骤是：首先拆下热力膨胀阀的防护盖，然后转动调整螺杆 2～4 圈，等系统运行稳定，重新读数，计算过热度，是否在正常范围，如果不是的话，重复前面的操作，直至符合要求，调节过程必须小心仔细。

768. 想调整制冷系统的过热度怎么办？

当热力膨胀阀的过热度偏大或偏小，需要对过热度进行调整时，可通过热力膨胀阀静态过热度调整杆进行调整。

通过对调整杆的扭转可对弹簧压力进行调整，进而调整静态过热度。调整过热度时，要先取下保护帽，然后顺时针扭转调整杆，制冷剂流量减小，过热度增大；逆时针扭转调整杆，制冷剂流量增大，过热度减小。调整杆旋转一周过热度变化 1～2℃。热力膨胀阀调整时应耐心、细致，当调整后可能需要 30min 时间，制冷系统才能稳定。调整完后，应将热力膨胀阀的保护帽上好。

769. 不知道冷却塔水泵日常维护内容怎么办？

冷却塔水泵日常维护内容如下。

（1）应经常检查泵在运行过程中是否平稳，有无机械密封磨损及泄漏情况，及时更换密封件，防止压力水进入电动机。

（2）经常检查电动机外壳的温度变化，其最高温度应不超过 85℃。如发现温度过高，应立即停机检查。

（3）泵长时间停用时，应排净内部积水；进行除锈作业后，要涂上防锈油脂，以便下次再使用。

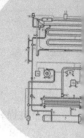

第十章 Chapter10

中小型冷库制冷系统 维修器具使用方法

第一节 常用工具及使用方法

770. 铜管怎样正确切割?

制冷系统使用的铜管,有压力继电器使用的直径很细的毛细管,也有制冷系统使用的直径较粗的吸、排气管。

对于压力继电器使用的毛细管的切断,可用专用的毛细管钳切割,也可以如图 10-1 (a) 所示,用左手拿着毛细管,右手拿着剪刀,轻轻转动毛细管,划出整圈的刀痕,在将要划透的时候,放下剪刀,双手捏住划痕处的两端。这样操作可以防止断口处出现收口、影响制冷剂正常流动的现象。

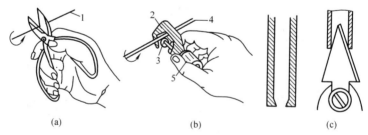

图 10-1 铜管的切割

(a) 用剪刀切断毛细管;(b) 用切管器切断铜管;(c) 去毛刺

1—毛细管;2—支架;3—切轮;4—铜管;5—调整钮

对于直径稍粗的铜管,可以用切管器(割刀)切断,如图 10-1 (b) 所示。操作时要将切刀与管子垂直,用滚轮和刀刃将被切割的管子夹住,刀刃与被切割面要顶紧。然后用切割器调整进刀量的调整钮顺时针转动切管器，旋转时用力要均匀，每旋转一圈，可随之旋紧调整钮 1/4 圈，使刀刃始终保持压紧被切管的状态，直至切断。在切管的过程中，切口要始终垂直于铜管，切口要少吃刃多转动，以保证切口光滑整齐，变形小。切断管子后要用切管器自身配带的绞刀将切口边缘上的毛刺去掉，如图 10-1（c）所示。

771. 制冷管道涨套口怎样操作？

在冷库制冷系统的维修工作中，要把两根铜管连接起来，可以采用焊接或接头连接的方法，这两种连接方法都需要对铜管进行涨口。

由于铜管焊接不能采用管口对管口的对焊法，因为这种方法易造成焊口强度变低，容易出现裂痕和形成焊堵故障。因此，一般要采用套接的方法，如图 10-2 所示。这样在焊接前就需要对作为套管的铜管进行涨套口。为了增加焊口的焊接强度，一般要使套管套口的内径大于被套管外径

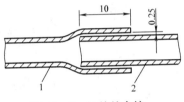

图 10-2 铜管的套接
1—套管；2—被套管

0.5mm 左右，套口的长度应在 10mm 左右，以便焊料熔液能够流入套口间隙中，形成能满足需要的焊接面。

对于 $\phi16$ 以上的铜管涨套口时，需要一个专门冲子和一个夹具。涨套口冲子分三段构成，如图 10-3（a）所示。前段长 10mm，直径等于套管内径，作导向用，保证冲子在涨口操作中不歪斜。中段长约 10mm，直径为涨后管的内径，作涨套管用。后段较粗，作冲子的手柄用。夹具由两块夹板组成，用螺栓紧固，如图 10-3（b）所示。夹具上有几个直径不同的孔，用来夹紧不同规格的铜管。

操作时，先把要涨的一端约 20mm 长的管头用气焊焊火焰加热，在空气中自然冷却后，用夹具夹于相应直径的孔内，铜管露出高度要稍大于管径。铜管被夹紧后，把夹具夹持在台钳上，然后在冲子头上涂上一层冷冻油，将冲头插入管内后，用锤子轻轻敲击，每敲击一下，要将冲子转动一个角度，直到冲好为止。

合格的制冷管道套口的要求是：杯型口光滑圆正，无毛刺，无裂纹。

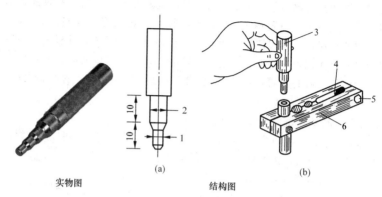

实物图　　　　　　　　　结构图

图 10-3　涨套口冲子和涨套过程

（a）涨套口冲子；（b）涨套过程

1—套口内径①；2—套口内径②；3—冲子；

4—夹扁用腭；5—紧固螺栓；6—夹具

772. 不会使用杠杆式胀管器怎么办？

在冷库制冷系统的维修工作中，遇到管径较大的管道需要胀套口时，要使用如图 10-4 所示杠杆式胀管器。

图 10-4　杠杆式胀管器

杠杆式胀管器使用的操作步骤如图 10-5 所示。

（1）用图 10-6 所示的倒角器去除被胀管内部的毛刺。

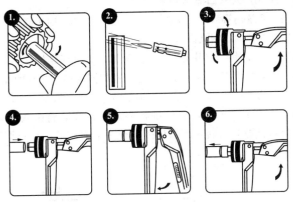

图 10-5　杠杆式胀管器操作步骤

（2）将准备胀管的铜管管口用气焊进行退火或选用熟铜管进行胀管。

（3）将杠杆式胀管器的手柄拉到 90°的位置，选择一个合适的胀头（见图 10-7），插到杠杆式胀管器上，并旋紧。

（4）将被胀管道的末端插到胀头上。

（5）将杠杆式胀管器的杠杆向下推到底。

（6）把杠杆式胀管器拉回到 90°的位置，即可取下胀好的铜管。

图 10-6　倒角器

图 10-7　杠杆式胀管器的胀头

↗773. 不会涨喇叭口怎么办?

冷库制冷系统铜管活接或安装压力表、压力继电器时为确保连接处的密封性，管口需要扩大成喇叭口形状。

涨喇叭口需要使用专用工具——扩管器，其外形结构如图 10 - 8（a）所示。操作时，将已退火的铜管放入与管径相同孔径的夹具的孔中，铜管露出的高度应为喇叭口深度的1/3，如图 10 - 8（b）所示，然后在扩管器的翻边锥头上涂上冷冻油，旋转手柄将螺杆旋紧，将锥头压紧在管口上，缓慢旋转螺杆，每转一下需稍微倒转一下再旋转，直到将螺杆旋紧为止。

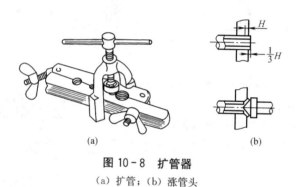

(a) (b)

图 10 - 8 扩管器

（a）扩管；（b）涨管头

扩出的喇叭口应是平整的45°角，不能扩成带弧度的45°喇叭口，如图10 - 9所示。喇叭口扩成后应圆整、平滑、无裂纹。

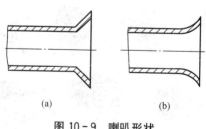

(a) (b)

图 10 - 9 喇叭形状

（a）正确；（b）错误

774. 合格的喇叭口是什么样的?

制作好的喇叭口做成图 10 - 10 所示的样子时为合格。

图 10 - 10 合格喇叭口

扩胀口后合格的具体要求如下。

(1) 扩胀后的尺寸应达到表 10 - 1 所示要求。

表 10 - 1 喇叭口外径尺寸

管原外径 D (mm)	6	8	9	10	12	16	19	22	25
扩管后管外径 ϕ (mm)	9	11	13	13	15	19	23	26	32
	允许偏差 0~0. 15								

(2) 尽量保持同心圆。

(3) 表面清洁平整无毛刺、无裂痕。

喇叭口外径太大会造成紧固管道接口时纳子的丝口不能紧到位,易形成泄漏;喇叭口外径太小会造成紧固纳子时因喇叭口圆周面积过小,稍有偏差就无法压紧,而形成泄漏。

775. 合格的胀管接头是什么样的?

合格的胀管接头应如图 10 - 11 所示。

合格的胀管接头首先要保证管端扩胀后的同心度,胀口内径 $\phi = D^{+0.1 \sim 0.25}$ (mm),胀口有效深度 $h = D$ (D 为管子的外径)。只有达到这样的要求,才能保证管道焊接时的密封性和牢固性。

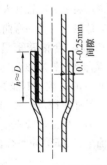

图 10 - 11 合格的胀管

776. 弯管器怎么使用？

铜管弯曲时的操作：弯曲铜管时，要先用气焊火焰把铜管加热退火，在空气中自然冷却后，使用如图 10-12 所示的弯管器进行弯曲操作。

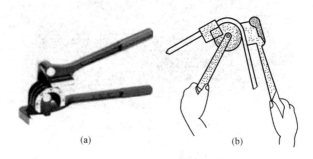

(a)   (b)

图 10-12　用弯管器弯曲管子
（a）弯管器；（b）使用方法

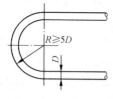

图 10-13　弯曲半径

在进行弯管时，不同管径的管子弯曲要选择不同规格的弯管器；为了不使管子弯曲时内侧的管壁凹瘪，各种管子弯曲半径应不小于管径的 5 倍，如图 10-13 所示。操作时，把退好火的管子放入弯管器中，用搭扣扣住管子，慢慢旋转柄杆使管子弯曲，当管子弯曲到所需角度后，将弯管退出。

对于管径较小的铜管，在维修操作时，也可采用将弹簧套管套入铜管外，徒手直接弯曲的方法进行管子的弯曲。

777. 合格弯管是什么样的？

合格弯管应该如图 10-14 所示，管子的弯曲平滑过渡，不能有突变和压扁或开裂现象，尺寸应符合要求。

为了保证弯管不出现压扁、裂痕等现象，弯曲半径（R）应符合表 10-2 要求。

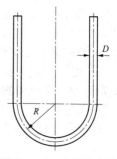

图 10-14　合格的弯管

中小型冷库制冷系统维修器具使用方法

表 10 - 2 弯管最小半径 （mm）

铜管外径 D (mm)	6	8	10	12	12	16	19	22	25	28	30	32
	12	16	20	24	28	32	38	65	32	85	90	95

🖋 778. 不知道怎样使用方榫扳手怎么办？

方榫扳手是专门用于旋转各种制冷设备阀门调节杆的工具，其结构如图
10 - 15 所示。

图 10 - 15 方榫扳手
1—棘轮；2—活动方榫孔；3—固定方榫孔

方榫扳手的大头一端有可调的方榫孔，其外圈为棘轮，棘轮下方有一个
由弹簧支撑的撑牙，用以控制棘轮上板孔作顺撑牙所指方向带力，反方向空
转的单向转动。方榫扳手使用时，它的主体杆上有一大一小的两个固定方榫
孔，小榫孔可用来调节膨胀阀的阀杆，用以调整膨胀阀的开启度大小；大榫
孔可用来控制活塞式压缩机上三通截止阀的开启与关闭，也可以用来拆装丝
堵等螺栓。

🖋 779. 钢锯怎么使用？

钢锯是冷库制冷系统维修时经常要用到的工具。钢锯的结构和使用时的
安装方法如图 10 - 16 所示。

钢锯使用前首先要将锯条安装好，其要求是：要将锯条的锯齿的斜向方
向朝向锯的前进方向，然后将锯条用锯弓上的蝴蝶扣拧紧，锯条拧紧的松紧
度要适当，拧得过紧，使用过程中易崩断，拧得过松，使用过程中易产生
扭曲。

钢锯使用时，应在锯条上涂抹一层机油，以增加锯条运行时的润滑性，
起锯压力要轻，动作要慢，推锯要稳。运锯时要向前推时要用力，往回拉时
不要用力，锯口要由短逐渐变长。切锯圆管道时，要先锯透一段管壁，然后
转动管子，沿管壁继续锯割，以免锯条管壁被夹住。

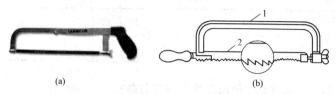

图 10 - 16　钢锯的结构和使用时安装方法

（a）外形；（b）结构

1—框架；2—锯条

780. 锉刀怎么使用？

锉刀也是冷库制冷系统维修时经常要用到的工具。锉刀在使用之前，应根据被加工金属材质和需加工的形状，选择平板锉、方锉、圆锉、三角锉或是半圆锉，在锉齿选择上应根据加工程序选择粗、中、细锉齿。锉刀的使用方法如图 10 - 17 所示。

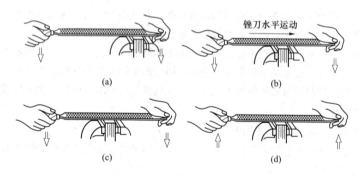

图 10 - 17　锉刀的使用方法

（a）锉削开始；（b）锉削中；（c）锉削终结；（d）锉刀返回

使用锉刀加工工件时，要用右手的拇指压在锉刀的手柄上，用掌心顶住锉刀柄的端面，左手手掌轻压锉刀前部的上面。操作时用右手向前推，左手引导前进方向，要稳而有力，加工过程中锉刀往复的距离越长越好。

制冷设备维修时还会经常用到什锦锉，使用时可根据加工表面的要求，用单手操作即可。

781. 活扳手怎么使用？

活扳手又称通用扳手。它由扳手体、固定钳口、活动钳口和调整螺母组成，如图 10 - 18 所示。

活扳手的规格以扳手的长度和最大开口宽度来表示，其系列规格见表 10 - 3。

图 10 - 18　活扳手

表 10 - 3　　　活 扳 手 的 规 格

长度	米制（mm）	100	150	200	250	300	375	450	600
	英制（in）	4	6	8	10	12	15	18	24
最大开口宽度（mm）		14	19	24	30	36	46	55	65

活扳手的开口宽度可以在一定的范围内进行调节，每种规格的活扳手适用于一定尺寸范围内外六角头、方头螺栓和螺母的调节。

使用活扳手时的要领如下。

（1）使用时要握紧活扳手的手柄部的后端，不可在使用时套上长管增加其力矩，以免造成扳手损坏。

（2）使用时应使扳手开口的固定部分承受主要作用力，即把扳手开口的活动部分位于受压方向。

（3）不能将扳手当作锤子用来砸楔东西，以免造成扳手零件的损坏。

（4）活扳手使用时，其开口宽度应调整到与被紧固部件尺寸一致，并紧紧卡牢。

782. 不清楚开口扳手的规格怎么办？

开口扳手又称呆扳手，如图 10 - 19 所示，分为单头和双头两种。

开口扳手的特点是其开口是固定的，使用时其开口的大小应与螺母或螺栓头部的对边距离相适应。常用的开口扳手一般为十件套双头的居多，其规格系

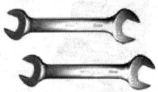

图 10 - 19　开口扳手

列为：5.5mm×7mm；8mm×10mm；9mm×11mm；12mm×14mm；14mm×17mm；17mm×19mm；19mm×22mm；22mm×24mm；24mm×27mm；30mm×32mm。

使用时一把双头开口扳手只适用于两种尺寸的外六角或方头螺母或螺栓。

783. 整体扳手是什么样？

整体扳手有正方形、六角形、十二角形等形式。其中，十二角形整体扳手就是我们平常所说的梅花扳手，如图10-20所示。

图 10-20　整体扳手

整体扳手是用来旋紧制冷系统上螺栓用的，使用整体扳手旋紧制冷系统上螺栓，可以避免螺栓端头损伤。

784. 内六角扳手是什么样？

内六角扳手也叫艾伦扳手，其形状如图10-21所示。

图 10-21　内六角扳手

图 10-22　套筒扳手

内六角螺钉与扳手之间有6个接触面，受力充分且不容易损坏。可以用来拧制冷系统特殊阀门的调节杆。

785. 套筒扳手是做什么用的？

套筒扳手如图10-22所示，多用于压缩机地脚螺栓和水泵设备安装等制冷设备安装与维护工作中。

786. 钩形扳手怎么使用？

钩形扳手如图 10 - 23 所示，钩形
扳手有多种形式，多用来安装或拆卸
制冷设备上的圆螺母。使用钩形扳手
应根据不同结构的圆螺母，选择对应
形式的钩形扳手，使用钩形扳手时将
其钩头或圆销插入圆螺母的长槽或圆
形孔中，左手压住扳手的钩头或圆销

图 10 - 23　钩形扳手

端，右手用力沿顺时针或逆时针方向转动其手柄，即可旋紧或松开圆螺母。

第二节　常用仪器、仪表使用方法

787. 怎样连接普通修理阀？

普通修理阀是在冷库制冷系统进行维修时经常用的修理阀。其结构如图
10 - 24 所示。

图 10 - 24　普通修理阀

普通修理阀有三个接口，使用普通修理阀时压力表右侧的接口与制冷设
备连接，与阀体垂直的接口与真空泵或制冷剂钢瓶连接，进行制冷状态的打
压试漏、抽真空和充注制冷剂工作。

788. 不知道压力表使用时要注意的问题怎么办？

在工程中，用于测量高于大气压的压力仪表称为压力表；用于测量低于
大气压的压力仪表称为真空表；两者皆可测的压力仪表，称为真空压力联
程表。

真空压力联程表一般是以 MPa 为单位，表上的刻度有正、负之分，正

刻度从0开始向右依次为0.1、0.2、0.3……其单位为MPa；负刻度从0开始向左至-0.1，其单位也为MPa（或刻度从0到760mmHg），如图10-25所示。压力表的外壳直径多采用60mm、100mm、150mm和200mm等系列。精度等级有1级、1.5级、2.5级。一般用于制冷设备维修的压力表直径多采用60mm，精度等级2.5级的压力表。

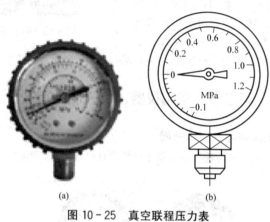

图 10-25　真空联程压力表

（a）外形；（b）结构

789. 怎么读取压力表值？

制冷设备维修中使用压力表要注意事项及读取方法如下。

（1）压力表在使用前要检查表的铅封有无损坏，表针是否指在零位。

（2）压力表应在-40～60℃，相对湿度小于80%的环境下使用。

（3）压力表数值的读取方法：压力表一般有英制压力单位和国际压力单位，读取压力表数值时，要选择国际单位来读取。读取压力表数值时应待表针稳定后，将目光与指针垂直，先读小数，再度整数。

790. 不清楚真空泵的结构与工作原理怎么办？

真空泵是对制冷系统进行抽真空的专用设备。制冷系统维修时使用的真空泵为旋片式，其结构如图10-26所示。

机械真空泵的工作原理：从图10-26可以看出，旋片式真空泵的转子外圆与泵腔内旋片式真空泵内表面相切。工作时，靠离心力和弹簧张力使旋片顶端与泵腔内的空腔内壁保持接触。转子旋转时带动旋片沿泵腔内壁滑动。当旋片处于水平位置时，将泵内空腔分割成A、B、C三部分，而当旋

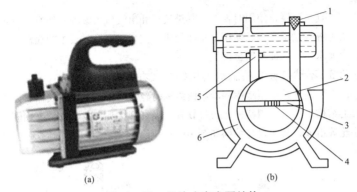

(a)   (b)

图 10 - 26   旋片式真空泵结构

(a) 真空泵实物；(b) 内部结构

1—进气口；2—偏心转子；3—旋片；4—弹簧；5—排气口；6—泵体

片处于垂直位置时，将外圆泵内空腔分割成 A、C 两部分。

真空泵工作时，旋片始终将泵的进气口和排气口分开。A 空腔叫吸气空腔；C 空腔叫排气空腔。真空泵在顺时针旋转时，A 空腔的空气体积逐渐增大，压力逐渐降低，空气从进气口被吸入泵体内部。与此同时，C 空腔的空气体积逐渐减小，压力逐渐增高，达到一定的压力后，顶开排气阀，空气穿过泵内的润滑油后，从排气口被排出泵体。

791. 不会用真空泵对制冷系统抽真空怎么办？

用真空泵对冷库制冷系统抽真空的操作方法是：用一根加氟管将真空泵的进气口与制冷系统的高压三通截止阀工艺口连上，另一根管与修理阀连好，并将修理阀阀至最大，将高压三通截止阀调整到与制冷系统断开，只与修理阀导通，然后起动真空泵运行即可。待达到抽真空目的后，先将修理阀的阀门关闭，然后稍微松开修理阀的加氟管与真空泵进气口的接口，听到真空泵运行声有变化时，立即切断真空泵电源，拆下加氟管与真空泵接口，抽空工作结束。

792. 不知道使用真空泵抽真空时的注意事项怎么办？

使用真空泵抽真空时的注意事项如下。

（1）放置真空泵的场地周围要干燥、通风、清洁。

（2）真空泵与制冷系统连接的加氟管要尽量短一点，以避免出现打折等问题，影响使用；使用中要观察加氟管与真空泵进气口的接口处是否有漏气现象。

（3）真空泵停止使用时，要将其进气口和出气口用塑胶塞塞好，以免空气与灰尘进入泵中影响其使用；每次使用真空泵前要检查泵中的润滑油位是否符合要求，以保证其安全使用。

793. 不清楚卤素检漏灯的结构怎么办？

卤素检漏灯是小型冷库制冷系统维修时经常要用到的检漏仪器。卤素检漏灯的结构由底盘、酒精杯、吸气软管、吸气管接头、吸风罩、火焰圈、调节手轮等组成，其实物与结构如图 10-27 所示。

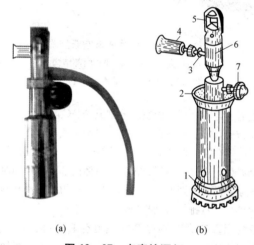

（a）　　　　　　　　（b）

图 10-27　卤素检漏灯

（a）实物；（b）结构

1—底盘；2—酒精杯；3—吸气软管；4—吸气管接头；

5—火焰圈；6—吸风罩；7—调节手轮

794. 不清楚卤素检漏灯的检漏原理怎么办？

卤素检漏灯的基本原理是：当含有 5%～10% 氟利昂气体的空气与检漏灯火焰接触时，就会分解为氟、氯元素的气体，而氯气与灯内炽热的铜火焰圈接触时，便生成氯化铜气体（$Cu+Cl_2 \longrightarrow CuCl_2$），这时火焰的颜色就会由蓝色变成绿色或紫色。泄漏量从微漏到严重泄漏，火焰的颜色相应的变化为：微绿→浅绿→深绿→紫绿色。以 R12 氟利昂气体检漏为例，看一下火焰颜色与 R12 泄漏量关系，见表 10-4。

表 10 - 4 　　　卤素检漏灯火焰颜色与 R12 泄漏量的关系

序号	R12 泄 漏 量		火焰颜色	备 注
	g/24h	L/24h		
1	0. 13	0. 03	不变	不能检出
2	0. 80	0. 16	微绿色	
3	1. 07	0. 21	淡绿色	
4	1. 40	0. 28	深绿色	
5	3. 80	0. 76	紫绿色	
6	5. 43	1. 09	深紫绿色	
7	16. 67	3. 33	强紫绿色	

795. 怎么使用卤素检漏灯?

卤素检漏灯可以这样使用:

(1) 先将卤素检漏灯倒置,旋下座底盘处螺丝塞,向酒精筒中加注浓度为 99%的乙醇或甲醇,使其达到筒体容积的 80%,然后再将底盘螺丝塞旋紧后,正立过来。

(2) 再将手轮向右旋转,关紧调节阀,然后向酒精杯中倒入一点乙醇或甲醇,点燃,对酒精筒中的酒精加热,使其气化压力升高。

(3) 当酒精杯内的酒精接近烧完时,将手轮向左转,使手轮调节阀稍微松开,让酒精蒸气从喷嘴中喷出,并在喷嘴口立即燃烧。由于酒精蒸气形成高速射流,在喷嘴区内形成低压区,因此,与旁通孔相连的吸气管便可吸入周围空气,进行检漏了。

(4) 将吸气软管靠近制冷系统,无泄漏时,检灯的火焰呈淡蓝色;如遇泄漏,火焰的颜色将会随着泄漏量的不同,而变化成不同颜色。

796. 怎么维护保养卤素检漏灯?

卤素检漏灯维护保养的方法有以下 5 个方面。

(1) 灯的喷嘴孔很小 (0.2mm),为防止其脏堵,一定要加纯净的乙醇或甲醇,并在使用前用通针插入喷嘴孔中,将脏物清除,保持喷嘴畅通。

(2) 灯头内铜片或铜丝必须清洁,上面的污垢和氧化物应擦除干净,以免氟利昂气体无法与炽热的铜直接接触，火焰的颜色不改变而引起检漏失误。

(3) 由于氟利昂气体的比重大于空气，吸气管口应放在检漏部位的下方。操作吮吸气软管应在检漏部位缓慢移动，使泄漏气体被全部吸入，以便准确查出泄漏部位。当看到火焰颜色变化时，应仔细检查，以确定泄漏的位置。

(4) R12、R22 遇明火时，其蒸气能分解出有毒光气（$COCl_2$），因此，检漏时若发现火焰颜色呈紫色，就停止用卤素检漏灯检漏，以免发生光气中毒，可改用其他方法检漏。

(5) 检漏灯用毕熄灭时，不要将阀门关得过紧，以防止冷却后收缩使阀门处裂开。

检漏灯检漏速度快，但检漏的灵敏度较低，可测得的气体泄漏量为300g/年。而且当系统泄漏严重时，采用检漏灯不但检查困难，而且明火与氟利昂接触产生光气，可能使操作人员中毒。

当系统泄漏严重，而一时又难找到泄漏处时，可以适当提高系统压力，分段检漏。如果怀疑冷凝器内部泄漏，则可以引出排出端的冷却水，把检漏灯软管靠近冷却水出口检查。

由于制冷剂比空气密度大，因此，检漏灯的橡皮管进气口应朝上，才能接受制冷剂。进气口放在被测部位至少要 10s。

797. 不清楚电子卤素检漏仪的工作原理怎么办？

电子卤素检漏仪是一种精密的氟利昂制冷系统的检漏仪器，灵敏度可达5g/年以下，灵敏度高的电子检漏仪可检漏出 0.5g/年左右的氟利昂的泄漏量。电子卤素检漏仪是小型冷库制冷系统维修时精检制冷系统是否有泄漏问题时要用到的检漏仪器。

电子卤素检漏仪的结构如图 10-28 所示。用铂丝作阴极、铂罩作阳极构成一个电场，通电后铂丝达到炽热状态，发射出电子和正离子，仪器的探头（吸管）借助微型风扇的作用，将探测处的空气吸入，并通过电场。如果被吸入的空气中含有卤素（如 R12、R22、R134 等），与炽热的铂丝接触即分解成卤化气体，电场中一旦出现卤化气体，铂丝（阴极）的离子的放射量就要迅猛增加，所形成的离子流随着吸入空气中的卤素多少成比例地增减。因此，可根据离子电流的变化来确定泄漏量的多少。离子电流经过放大并通过仪表显示出量值，同时发出音响信号。

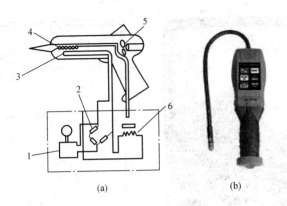

图 10 - 28　电子卤素检漏仪结构示意图

(a) 原理图；(b) 实物外形图

1—放大器；2—电桥；3—阳极；4—阴极；

5—风扇；6—变压器

798. 电子卤素检漏仪怎样使用?

由于电子检漏仪的灵敏度很高，用电子卤素检漏仪进行精确检漏时，必须在空气新鲜的场所进行。检漏仪的灵敏度是可调的，由粗检到精检分为几挡。在有一定污染的环境中检漏时，可选择适当挡位。

使用电子检漏仪检漏时，应使探头与空调器制冷系统被检部位保持 3～5mm 的距离，探头移动的速度不应超过 50mm/s。使用过程中应严防大量氟利昂气体吸入检漏仪，因为过量的氟利昂会对检漏仪的电极造成短时或永久性污染，使其探测的灵敏度大大降低。

799. 不清楚指针式万用表面板上常用字母与符号表示意义怎么办?

指针式万用表的面板如图 10 - 29 所示。

从图 10 - 29 中可以看到指针式万用表前面板安装有表头、转换拨子旋钮、测量表笔插孔及欧姆调零旋钮。其表头上经常可以看到一些符号及字母，它们的含义见表 10 - 5。

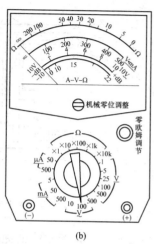

(a)   (b)

图 10-29 指针式万用表实物及面板外形图

（a）实物外形；（b）结构

表 10-5 万用表常用字母与符号

符号与字母	表示意义	符号与字母	表示意义
∩	表头转动是永磁动因式	5000Ω/V~	交流电压挡灵敏值
⊬	交流显示为整流式	-2.5	直流电压挡准确度值（±2.5%）
Ω	欧姆值刻度	~4.0	交流电压挡准确度值（±4.0%）
DC 或 —	直流电量测量	3kV	电表的绝缘等级值
AC 或 ~	交流电量测量	+，—	测量表笔的正、负极性
20 000Ω/V—	直流电压挡灵敏值		

▶ 800．不清楚指针式万用表工作原理怎么办？

指针式万用表由表头（指示部分）、测量电路和转换装置三个部分组成。

指针式万用表的表头通常是一种高灵敏区的磁电式直流微安表，其构造如图 10-30 所示。在马蹄形永久磁铁的磁极间放有导磁能力很强的极掌，它的圆柱孔内有纯铁制成的圆柱形铁芯，极掌与圆柱形铁芯之间的空隙中放有活动线圈。活动线圈上面固定有轴座，轴座上安装有轴尖、游丝和指针。当活动线圈中有电流通过时，电流产生的磁场与永久磁铁的磁场相互作用，产生转动力矩，使线圈旋转。线圈转动力矩的大小与通过活动线圈中的电流大小成正比。当活动线圈的转动力矩与游丝的反作用力矩相等时，指针就处于平衡状态，这样就可以根据指针所指的刻度直接读出被测量的参数（如电流、电压、电阻等）的大小。

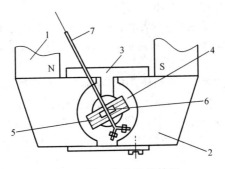

图 10-30　表头结构简图

1—永久磁铁；2—极掌；3—铁芯；4—空隙；

5—活动线圈；6—轴座；7—游丝和指针

万用表的测量电路和转换装置是根据被测对象（电流、电压、电阻）而设置的。万用表的简单测量原理电路如图 10-31 所示。转换开关 1 置于"1"时，是测量电阻的电路。万用表在测量电阻时，需有一个直流电源供给表头，使其工作，一般用万用表内部安装的电池作为电源。有时为了扩大电阻的量程（如 10k 挡），还需要在高量程电路中另加高电压（9V）的电池。测量电阻的电路可用来测试压缩机电动机的绕组、起动继电器、过载保护器及温控器等部件的好坏。

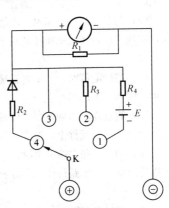

图 10-31　万用表的
简单测量原理

转换开关 K 置于"2"时，是直流电压测量电路，可测量直流电源或电路中元件两端的直流电压，多用于对电子线路的测量。

转换开关 K 置于"3"时，是直流电流测量电路，可测量电路中的直流电流，多用于对电子线路的测量。

转换开关 K 置于"4"时，是交流电压测量电路，可测量交流电源或交流电路中元件两端的交流电压。

801. 不知道指针式万用表使用方法怎么办？

指针式万用表可这样使用：

（1）每次测量前应把万用表水平放置，观察指针在表盘左侧电压挡的零刻度上，若指针不指零，可用旋具微调表头的机械零点螺钉，使指针指零。

（2）将红、黑色表笔正确插入万用表插孔。根据被测对象（电流、电压、电阻等）的不同，将转换开关拨到需要测量的挡位上，绝不能放错。如果对被测对象的测量范围大小拿不准，则应先拨到最大量程挡试测，以保护表头不致损坏，然后再调整到适宜的量程上进行测量，以减少测量中的误差。

（3）测量直流电压或直流电流时，如果不清楚被测电路的正、负极性，可将转换开关旋钮放在最高一挡，测量时用表笔轻轻碰一下被测电路，同时观察指针的偏转方向，从而判定出电路的正、负极。

（4）测量时，如果不清楚所要测的电压是交流还是直流，可先用交流电压挡的最高挡来估测，得到电压的大概范围，再用适当量程的直流电压挡进行测量，如果此时表头不发生偏转，就可判定为交流电压，若有读数则为直流电压。

（5）测量电流、电压时，不能因为怕损坏表头而把量程选择很大，正确的量程选择应该使表头指针的指示值在大于量程一半的位置上，此时测量的结果误差小。

（6）测量电压时，一定要正确选择挡位，绝不能放在电流或电阻挡上，以免造成万用表的损坏。

（7）测量高阻值的电器元件时，不能用双手接触电阻两端，以免将人体电阻并联到待测元件上，造成大的测量误差。

（8）测量电路中的电阻时，一定要先断掉电源，将电阻一端与电路断开再进行测量。若电路待测部分有容量较大的电容存在，应先将电容放电后再测电阻。

（9）测量电阻时，每改变一次量程，都应重新调零。若发现调零不能到位，应更换新电池。

（10）万用表每次使用完毕后，应将转换开关旋钮换到交流电压最高挡处，以防止他人误用造成万用表的损坏。若长时间不用，应将表中的电池取出，并将其放在干燥、通风处。

802. 不清楚数字式万用表主要技术性能怎么办？

数字万用表的面板如图 10-32 所示。

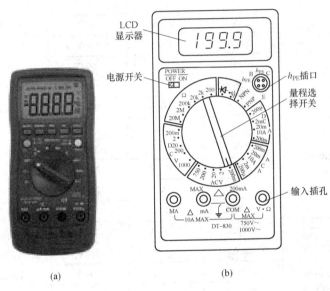

图 10-32 数字万用表外形与面板图

（a）外形；（b）结构

用数字显示测量电参量数值的万用表叫作数字万用表。它能对多种电参量进行直接测量并把测量结果用数字形式显示，与指针式万用表相比，其各项性能指标有大幅度提高。

数字万用表种类很多，便携式数字万用表有 DT—830、DT—890 型等，每一种又有若干序号。表 10-6 为 DT830 型和 DT890A 型数字万用表的主要技术性能。

表 10 - 6　　　**DT830 型和 DT890A 型数字万用表的主要技术性能**

测量项目	DT830 型		DT890A 型	
	量　程	分辨率	量　程	分辨率
直流电压	200mV	0.1mV	200mV	$100\mu V$
	2V	1mV	2V	1mV
	20V	10mV	20V	10mV
	200V	100mV	200V	100mV
	1000V	1V	1000V	1V
	输入阻抗：10MΩ		输入阻抗：10MΩ	
交流电压	200mV	0.1mV	200mV	$100\mu V$
	2V	1mV	2V	1mV
	20V	10mV	20V	10mV
	200V	100mV	200V	100mV
	750V	1V	700V	1V
	输入阻抗：10MΩ		输入阻抗：10MΩ	
直流与交流电流	$200\mu A$	$0.1\mu A$	$200\mu A$（直流）	$0.1\mu A$
	2mA	$1\mu A$	2mA	$1\mu A$
	20mA	$10\mu A$	20mA	$10\mu A$
	200mA	$100\mu A$	200mA	$100\mu A$
	10A	10mA	10A	10mA
	超载保护：0.5A/250V 熔丝		超载保护：0.5A/250V 熔丝	
测量项目	DT330 型		DT890A 型	
	量　程	分辨率	量　程	分辨率
电阻	200Ω	0.1Ω	200Ω	0.1Ω
	2kΩ	1Ω	2kΩ	1Ω
	20kΩ	10Ω	20kΩ	10Ω
	200kΩ	1000	200kΩ	100Ω
	2000kΩ	1kΩ	2MΩ	1kΩ
	2MΩ	10kΩ	20MΩ	10kΩ

续表

测量项目	DT330 型		DT890A 型	
	量　程	分辨率	量　程	分辨率
电　容			200pF	1pF
			20nF	10pF
			200nF	100pF
			2μF	1nF
			20μF	10nF
线路通断检查	被测电路电阻小于 $\pm10\Omega$ 时，蜂鸣器发声		被测电路电阻小于 30Ω 时，蜂鸣器发声	
显示方式	液晶 LCD 显示，最大显示		液晶 LCD 显示，最大显示 1999	

▲ 803. 不清楚数字式万用表面板上各功能口的意义怎么办？

数字式万用表面板上各功能口的意义是：

以 DT830 型（见图 10-32）为例，前面板装有数字液晶显示器、电源开关、量程选择开关、三极管放大倍数测量口、输入插孔等。

电源开关：在字母"POWER"下边有"OFF"（关）和"ON"（开），把电源开关拨至"ON"，接通电源，显示屏显示数字，使用结束，把开关拨到"OFF"。

显示屏（LCD）：最大显示 1999 或－1999，有自动调零和自动显示极性功能。

量程转换开关：为 6 刀 28 掷，可同时完成测试功能和量程选择。开关周围用不同的颜色和分界线标出各种不同测量种类和量限。

输入插口：有"10A""mA""COM""V·Ω"4 个孔。面板插口附近还有"10AMAX"（或"MAX200mA"）和"MAX750V～1000V－"标记，前者表示在对应的插口间所测量的电流值不能超过 10A 或 200mA；后者表示测交流电压不能超过 750V，测量直流电压不能超过 1000V。h_{FE} 插孔：采用四芯插座，为测试晶体三极管的专用插口。测试时，将三极管的三只管脚相应插入，显示屏即可显示出放大系数 β。

▲ 804. 不知道数字式万用表使用方法和需要注意问题怎么办？

数字式万用表使用方法和需要注意的问题有以下几个方面。

（1）电压测量：将红表笔插入"V·Ω"孔内，根据直流或交流电压合理选择量程；然后将红黑两表笔与被测电路并联，即可进行测量。

（2）电流测量：将红表笔插入"mA"或"10A"插孔（根据测量值的大小），合理选择量程，然后将红、黑两表笔与被测电路串联，即可进行测量。

（3）电阻测量：将红表笔插入"V·Ω"孔内，合理选择量程，然后将红、黑两表笔与被测元件的两端并联，即可进行测量。

（4）h_{FE}值测量：根据被测管的类型（PNP 或 NPN）的不同，把量程开关转至"PNP"或"NPN"处，再把被测管的三只管脚插入相应的 B、C、E 孔内，此时，显示屏将显示出放大系数 β。

（5）电路通、断的检查：将红表笔插入"V·Ω"孔内，量程开关转至标有"·）））"符号处，让表笔触及被测电路，若表内蜂鸣器发出叫声，则说明电路导通，反之，则不通。

805. 不清楚钳形电流表在制冷系统维修中的作用怎么办？

钳形电流表是专门测量制冷系统运行时电流值大小的专用电工仪表。用钳形电流表测量空调器运行电流时，不必将其接入电路，只需将被测导线置于钳形电流表的钳形窗口内，就能测出导线中的电流值。钳形电流表多与万用表组合在一起，形成多用钳形表，如图 10-33 所示。

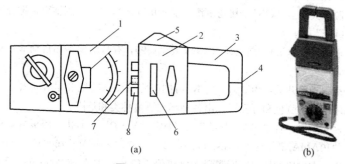

（a） （b）

图 10-33 多用钳形表

（a）结构；（b）外形

1—万用表；2—钳形互感；3—钳形铁芯；4—钳形铁芯的开口；

5—铁芯开口按钮；6—钳形互感器与万用表的连接旋钮；

7—连接螺钉；8—钳形互感器线与万用表电极的连接插头

806. 不知道钳形电流表如何使用怎么办?

用钳形电流表测量制冷系统电路参数的操作方法是:

被测导线夹入钳形电流表钳口后,钳口铁芯的两个面应很好地吻合,不能让污垢留在钳夹表面。

一般测量冷库制冷系统电流参数的钳形表的最小量程是 5A,当测量较小电流时显示误差会较大。为能得到正确的读数,可将被测的通电导线在钳形铁芯上绕几圈后再进行测量,然后将测出的读数再除以放入钳口内的导线根数。

钳形表在测量时,只能测量电路的一根导线,不可同时钳住同一电路的两根导线,因为这两根电线的电流虽然相等,但方向相反,所以它们的磁效应互相抵消,不能在电流互感器的铁芯中产生磁力线,因此电流表的读数为零。

钳形电流表在使用时,要注意电路的电压,一般应在低压(400V)范围内使用。

钳形电流表每次测量完毕后,应将量程转换开关放在最大量程位置。

807. 不清楚绝缘电阻表的工作原理怎么办?

绝缘电阻表又称摇表,它是一种简便、常用的测量高电阻的直读式电工仪表。可用来测量空调器电路、电动机绕组、电源线等的绝缘电阻。

绝缘电阻表主要由高压直流电源和磁电式流比计两部分构成,如图 10 - 34 所示。

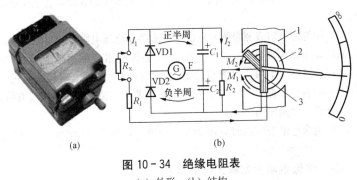

(a)   (b)

图 10 - 34   绝缘电阻表

(a)外形;(b)结构

1—极掌;2—铁芯;3—线圈

绝缘电阻表的工作原理是：交流发电机 F 转动时，交流电的正半周电流通过 VD1 对 C_1 充电，负半周时，VD1 不导通，交流电流通过 VD2 对 C_2 充电，这样，在 C_1、C_2 串联电容的两端便形成了直流高电压。手摇发电机等产生的直流高电压，一路经 B 线圈和限流电阻 R_2 形成 I_2 电流，另一路经被测电阻 R_x、限流电阻 R_1 以及 A 线圈形成 I_1 电流。R_x 被测电阻未接上时，A 线圈中的电流为零，B 线圈中的电流 I_2 在永久磁铁磁场的作用下产生逆时针方向的转动力矩 M_2，转到 C 形铁芯的缺口处时停止，这时指针处于电阻刻度的无穷大处。当接上被测电阻 R_x 时，A 线圈中的电流 I_1 在永久磁铁磁场的作用下产生顺时针方向的转动力矩 M_1。当 M_1、M_2 两个转动力矩相等时，线圈停止转动，指针即指出被测电阻 R_x 的电阻值。磁电式流比计指针的偏转是由 A、B 线圈通过电流 I_1、I_2 所形成的。只要被测电阻 R_x 不变，I_1 和 I_2 电流的大小虽然与高电压的高低有关，但是 I_1 和 I_2 的比值不变。手摇发电机供给的电压稍有高低变化时，通过 A、B 线圈中的电流 I_1、I_2 将同时按比例增加或减少，致使指针的阻值读数仍维持不变。

808. 不知道绝缘电阻表使用前的准备工作怎么办？

为保证绝缘电阻表的正确测量和安全使用，使用前要做的准备工作有以下 5 个方面。

（1）切断被测空调器的电源，任何情况下都不准带电进行测量。

（2）切断电源后，应对带电体进行放电，以确保操作者人身和设备的安全。

（3）被测零件的表面应擦拭干净，以免被测零件的表面放电造成测量的误差。

（4）用绝缘电阻表测量被测零件前，应摇动绝缘电阻表的摇把，使其发电机的转速达到额定转速，即 120r/min，绝缘电阻表的指针应指在"∞"处，然后将"L"和"E"两测试棒短接，缓慢摇动绝缘电阻表的摇把，绝缘电阻表的表针应在"0"处。若达不到上述要求，说明绝缘电阻表有故障，应作检修后，才能使用。

（5）绝缘电阻表使用时应放置在平稳处，以免在摇动时出现不稳定的晃动。

809. 绝缘电阻表怎样正确使用？

绝缘电阻表测量时方法正确与否，不仅关系到测量数值的准确与否，还关系到绝缘电阻表使用时自身的安全。绝缘电阻表的正确使用方法是：

使用时要弄清楚它的正确接线要求：绝缘电阻表的外壳上一般设有三个

接线柱，分别标有（L）线路、（E）接地、（G）保护线记号。（L）、（E）接线柱上分别接有测试棒。测量时被测电路接 L 端，电器外壳、变压器铁芯或电机底座接 E 端。测量电缆芯与电缆外皮绝缘电阻时，将 L 端接缆芯、E 端接电缆外皮，将芯、皮之间的绝缘材料接 G 端。在测量绝缘电阻以前，应先切断被测设备的电源，然后将其接地进行放电。测量时绝缘电阻表应水平放置，切断外部电源。转动绝缘电阻表手把，将转速保持在 90～150r/min。发现指针指零就停止摇动，以指针稳定时的读数为准确测量数据。

要求绝缘电阻等级不同的电器应选用不同规格的绝缘电阻表进行测量。一般测量小型冷库的电气控制系统的绝缘性能时，可采用工作电压为 500V，测量范围为 0～2000MΩ 的绝缘电阻表。

810. 电子温度计怎样使用？

电子温度计是用于冷库制冷系统维修时测量制冷系统吸排气管道温度、使用环境温度、冷库内部各测试点温度的设备。电子温度计的外形如图 10-35 所示。

（1）电子温度计的使用要求。

① 使用前应对电子温度计的满度进行调整，测温区开关放在 0～30℃ 处，液晶屏显示出环境温度。按下校准旋钮，调整满度旋钮，使读数为 30℃。根据测量温区不同，校正时也可把量程开关放在 −30～0℃ 位置。

图 10-35　电子温度计外形图

② 测量制冷系统表面温度时应将温度计的传感器与被测位置紧密接触，若用于测量冷库内部空气温度时应将温度计的传感器放在冷库的中间位置。

③ 使用温度时，要注意不要使其传感器与管道等部件相碰，以免造成损坏。

④ 在电子温度计使用过程中若出现显示器字迹不清楚或满度不能校准时，应及时更换温度计的电池。

⑤ 电子温度计不用时，应放在干燥、阴凉通风处。

（2）电子温度计的使用方法。

① 在关机状态下按 FSW 键一下开机，在开机状态下按住 POWER 键 3

秒不放关机。

②在开机状态下按 FSW 键一下可切换显示室内温度、室外温度、时间。

③在时间显示状态，按 HR 键一下小时向上加 1，按 MIN 键一下分钟向上加 1。

第三节　气焊设备操作方法

811. 氧乙炔气焊设备由哪些设备组成?

氧乙炔气焊设备是一套完整的组合设备。氧乙炔气焊设备主要包括氧气瓶、乙炔气瓶、减压器、焊炬、软管，如图 10-36 所示。

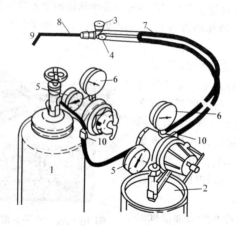

图 10-36　气焊设备

1—氧气瓶；2—乙炔气瓶；3—乙炔调节轮；4—氧气调节轮；5—高压表；
6—低压表；7—胶管；8—焊炬（枪）；9—焊炬嘴；10—胶管接头

812. 不清楚氧气的性质怎么办?

氧气是一种无色、无味、无嗅、无毒的气体。在规定条件下（温度 0℃，一个标准大气压）比重为 $1420kg/m^3$。在常压下冷却至 $-182.98℃$ 就会变成天蓝色透明而易流动的液体。在 $-218.4℃$ 凝固为蓝色晶体。临界温度为 $134.74℃$。氧是一种活泼的助燃气体，非常容易与其他物质化合生成氧化物。

当压缩状态的气态氧与矿物油脂或细微分散的可燃物质接触时能够发生

自燃。氧气几乎能与所以可燃气体和液体燃料的蒸汽混合而形成爆炸性的混合气体，且具有很宽的爆炸范围。多孔性有机物质（炭、炭黑、泥炭、羊毛钎维等）浸透了液态氧，当遇到明火或在一定的冲击力下，就会产生剧烈的爆炸。

氧气的纯度越高，则混合气体的火焰温度越高。焊接用的氧气纯度分为两级：一级纯度的含氧量不低于 99.2%；二级纯度的含氧量不低于 99.5%。

813. 氧气瓶的安全使用有哪些规定？

不清楚氧气瓶的安全使用有哪些规定，可以学习一下《气瓶安全监察规程》。具体要求如下。

(1) 氧气瓶外表的漆色应符合《气瓶安全监察规程》的要求，所有附件应完好无损。

(2) 氧气瓶平时应直立放置在专用架上，并加以固定。在个别情况下卧放时，要把瓶颈稍微垫高，并用木块垫紧。一般情况下应禁止使用平放的氧气瓶。这是因为氧气瓶平放时使用，气流会把瓶内的腐蚀锈末带入减压器，造成其损坏。

(3) 放好氧气瓶后，在装上减压器之前，最好将瓶阀缓慢打开，吹掉接口内外的灰尘或金属物质。打开时，操作人员应站在同氧气瓶接口处成 $90°$ 角的位置，以免气流射伤人体。缓慢打开瓶阀是为了防止因瓶阀开启过快产生静电火花。如果开启时产生静电火花且瓶口有油脂，就容易引起燃烧和爆炸。

(4) 减压器安装完毕后，要检查一下各部分是否漏气和管道是否畅通。

(5) 氧气瓶与乙炔气瓶并用时，两只减压器不能呈相对状态，以免气流射向另一只减压器，造成事故。

(6) 氧气瓶和操作场所应当远离高温区。任何油脂和可燃物、熔融金属飞溅物及其他明火均不得与氧气瓶接触，应距离 10m 以上。

(7) 因为氧可以和油类发生激烈的化学反应而引起发热、自燃，产生爆炸，所以操作者绝对不能用沾有各种油脂或油污的工作服、手套和工具等去接触气瓶及其附件，以免引起燃烧。

(8) 氧气瓶中气体不能完全用完，应留有 0.2MPa 压力的剩余气体，以防止可燃气体倒流入内，发生事故。

(9) 禁止用氧气充当压缩空气对制冷系统试压。

(10) 氧气瓶上应装有防震胶圈，在搬运前应检查瓶上安全帽是否拧紧，搬运中要避免碰撞和剧烈的震动。

814. 不清楚乙炔气体的性质怎么办？

乙炔 C_2H_2，又称电石气。乙炔是未饱和的碳氢化合物，在普通温度和大气压力下，是无色的气体。在工业乙炔中，因为混有许多杂质，如磷化氢及硫化氢等，具有刺鼻的气味。

乙炔的纯度为 96.5%，在 20℃ 和一个标准大气压下，乙炔的密度为 $1091kg/m^3$，在一个标准大气压下，乙炔的沸点为 $-82.4℃$，乙炔的液化温度为 $-82.4 \sim -83.6℃$，温度低于 $-85℃$ 的乙炔将变为固体，其密度为 $0.76g/m^2$。

液体和固体的乙炔，在一定的条件下可能因摩擦冲击而爆炸。乙炔是一种可燃气体，其完全燃烧的反应式如下：

$$2C_2H_2 + 5O_2 == 4CO_2 + 2H_2O + Q（产生大量的热）$$

从式中可以看出：1 体积的乙炔完全燃烧需要 2.5 体积的氧气。

乙炔的爆炸及溶解性：

乙炔是一种易燃、易爆气体，它本身为吸热的化合物，在分解时要放出其生成时吸收的全部热量。

纯乙炔的爆炸性首先取决于它在瞬间的压力和温度，同时也取决于它所含的杂质、水分、有无触媒剂、火源的性质、形状、散热条件等。

当气体温度为 580℃，压力为 0.15MPa 表压力时，乙炔就开始分解爆炸，一般来说，当温度超过 200～300℃ 时，就开始聚合作用，此时的乙炔分子就连接而形成其他化合物，如苯（C_6H_6）、苯乙烯（C_8H_8）、奈（$C_{10}H_8$）、甲苯（C_7H_8）等。聚合作用是放热，气体温度越高，聚合作用速度越大，因而放出的热量就会促成更进一步的聚合。这种过程继续增强和加快，就可以引起乙炔爆炸。

乙炔的爆炸与存放的容器形状大小有关，若容器的直径越小，则越不易爆炸，在毛细孔中，由于管壁的冷却作用及阻力，爆炸的可能性大为降低。根据这个原理，目前使用的乙炔胶管孔径都不大，管壁也比较薄，对防止乙炔管道内爆炸是有利的。

乙炔能够溶解在液体中，特别是有机液体如丙酮等。在 0.1MPa 表压和 15℃ 温度下，1L 丙酮可以溶解 23L 乙炔液体。

图 10-37
乙炔气瓶

815. 乙炔气瓶内部都装了些什么？

乙炔气瓶的外形如图 10-37 所示。

乙炔气瓶是一种储存和运输乙炔的压力容器，通常用铬铂钢制成。瓶体内浸满丙酮的多孔性填料，使乙炔稳定而又安全地储存于一瓶体内。乙炔气瓶内满额时储存有 1.5MPa 的压力。乙炔气体中除含有极微量水分外，还混有 1%的磷蒸气、0.7%氢氧化硅和 0.3%~0.8%的磷化氢，乙炔气中发出的刺鼻气味主要来自磷化氢和含量很少的硫化氢。

816. 乙炔在使用和存放中要注意什么？

乙炔由于其本身特性，在使用和存放过程中要注意以下几个方面。

一是乙炔不能与铜、银等金属或其盐酸类物质长期接触。乙炔与铜、银等金属或其盐酸类长期接触时，会分解生成乙炔铜（Cu_2C_2）和乙炔银（Ag_2C_2）等易燃物质。因此，凡供乙炔使用的器材，都不能用银和含铜量在 70%以上的铜合金。

二是乙炔在使用过程中发生意外时禁止使用四氯化碳灭火剂灭火。乙炔和氯、次氯盐酸等化合就会发生燃烧和爆炸。所以乙炔燃烧时，绝对禁止使用四氯化碳灭火剂灭火。

三是乙炔存放地点的温度不能过高。在乙炔存放或使用过程中，乙炔气体与纯氧气或空气形成了混合气体，若其中的任何一种达到自燃温度（乙炔气体与空气混合气体自燃温度为 305℃）在大气压力下也能爆炸。

817. 乙炔气瓶的安全使用有哪些规定？

乙炔化学性质很不稳定，是易燃易爆品，所以使用乙炔瓶做了许多有关安全的规定。具体如下。

（1）由于乙炔瓶内充满了硅酸钙的固体填料，并利用其孔隙装入丙酮以溶解大量乙炔气体，因此使用时瓶身应立放，切勿横卧倒置，防止瓶内丙酮流入减压器、输入管道或焊炬内，发生危险。

（2）乙炔瓶的瓶阀在使用过程中必须全部打开或全部关闭，否则容易漏气。

（3）乙炔气瓶的放置地点应离明火距离 10m 以上。

（4）严禁在烈日下曝晒和靠近热源，一般瓶体温度不得超过 30~40℃。

（5）乙炔减压器与瓶阀的连接必须可靠、严密，严禁乙炔减压器与瓶阀的连接处漏气时使用。

（6）乙炔气瓶内气体不得用完，至少应保留 0.05MPa 以上的压力，并将阀门关紧，防止泄漏。

（7）禁止搬运没有防震圈和保护帽的气瓶。

818. 不清楚气焊设备中减压器的作用怎么办？

由于气瓶内储存气体的压力很高，而焊接时所需的压力却较小，所以需要用减压器来把储存在气瓶内的较高压力的气体降为低压气体，并应保证所需的工作压力自始至终保持稳定状态。

减压器的作用可以归纳为以下两条。

（1）使钢瓶内的高压气体输出后变为工作用的低压气体。

（2）使气体能够保持所需要的固定工作压力，不致使压力突然上升或突然下降。

总之，减压器是将高压气体降为低压气体并保持输出气体的压力和流量稳定不变的调节装置。

819. 气焊设备中减压器怎样分类？

减压器按用途不同可分为氧气减压器和乙炔减压器等，还可分为集中式和岗位式两类；按构造不同可分为单级式和双级式两类；按工作原理不同可分为正作用式和反作用式两类。

820. 不清楚单级反作用式减压器工作原理怎么办？

在维修制冷系统过程中，气焊时使用的减压器为单级反作用式减压器，其实物外形与工作原理如图10-38所示。

单级反作用式减压器的工作原理：从气瓶来的高压气体进入高压室6，高压表11即显示此时气瓶中气体的压力，高压气体经过减压活门5减压后流入低压室7，此时气体体积增大，压力降低，由出气口供给气焊使用。

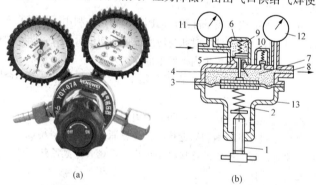

(a)　　　　　　　　　(b)

图10-38　单级反作用式减压器的工作原理

（a）实物图；（b）原理图

1—调节杆；2—工作弹簧；3—弹性薄膜；4—传动杆；5—减压活门；

6—高压室；7—低压室；8—出气口；9—副弹簧；10—安全阀；

11—高压表；12—低压表；13—外壳

低压表 12 指示的是减压后气体的工作压力值。调节杆 1 通过工作弹簧 2、弹性薄膜 3、传动杆 4 和副弹簧 9 开闭减压活门，以改变高压气体流入低压室的数量，获得需要的工作气压。

当气体用量增大时，低压室中气体压力就会下降，此时弹性薄膜 3 就会向上鼓起，使减压活门 5 开启度增大，流入低压室 7 的高压气体量增多，使低压气体压力增高；反之，当气体用量减少时，减压活门开启度逐渐缩小，减少流入的高压气体量，使低压气体维持稳定的工作压力。

当气瓶内高压气体随着消耗而降低时，减压活门 5 由于受高压气体的压力减小，而会开启得稍大些，使高压气体流入低压室气体的流量增多，维持低压室的气体压力不变，达到自动稳压的作用。

如果在使用过程中减压器发生故障，使低压室的气体压力超过允许最高压力值时，气体便从安全阀 10 处自动逸出，从而保护了减压器。

821. 不知道单级反作用式减压器如何使用怎么办？

单级反作用式减压器使用时，要将减压器拧紧到氧气的瓶阀上，再将输气胶管接到减压器低压端出口上，并用胶管扎头扎紧，然后开启氧气瓶瓶阀。调节工作气体的压力时，顺时针方向旋动调压螺钉，便可调节输出的低压氧气的压力；气焊操作时，氧气低压表指示值在 $0.1 \sim 0.49$MPa 范围内为宜，乙炔低压表指示值以不超过 $0.05 \sim 0.07$MPa 为宜。

开启减压器时，操作者不要站在减压器的正面或氧气瓶出气口前面，以免发生意外。

822. 减压器使用时要注意什么？

为保证减压器的安全使用，在制冷系统维修的焊接作业中应注意以下 7 个方面。

（1）氧气瓶放气或开启减压器时动作必须缓慢。如果阀门开启速度过快，减压器工作部分的气体因受绝热压缩而温度大大提高，这样有可能使有机材料制成的零件如橡胶填料、橡胶薄膜纤维质衬垫着火烧坏，并可使减压器完全烧坏。另外，由于放气过快产生的静电火花以及减压器有油污等，也会引起着火燃烧烧坏减压器零件。

（2）减压器安装前及开启气瓶阀时的注意事项：安装减压器之前，要略打开氧气瓶阀门，吹除污物，以防灰尘和水分带入减压器。在开启气瓶阀时，瓶阀出气口不得对准操作者或他人，以防高压气体突然冲出伤人。减压器出气口与气体橡胶管接头处必须使用退过火的铁丝或卡箍拧紧；防止送气后脱开发生危险。

（3）减压器装卸及工作时的注意事项：装卸减压器时必须注意防止管接头丝扣滑牙，以免旋装不牢而射出。在工作过程中必须注意观察工作压力表的压力数值。停止工作时应先松开减压器的调压螺钉，再关闭氧气瓶阀，并把减压器内的气体慢慢放尽，这样，可以保护弹簧和减压活门免受损坏。工作结束后，应从气瓶上取下减压器，加以妥善保存。

（4）减压器必须定期校修，压力表必须定期检验。这样做是为了确保调压的可靠性和压力表读数的准确性。在使用中如发现减压器有漏气现象、压力表针动作不灵等，应及时维修。

（5）减压器冻结的处理。减压器在使用过程中如发现冻结，用热水或蒸汽解冻，绝不能用火焰或其他明火烘烤。减压器加热后，必须吹掉其中残留的水分。

（6）减压器必须保持清洁。减压器上不得沾染油脂、污物，如有油脂，必须在擦拭干净后才能使用。

（7）各种气体的减压器及压力表不得调换使用，如用于氧气的减压器不能用于乙炔、石油气等系统中。

图 10 - 39　胶管的结构

✒823. 不清楚气焊设备中的胶管作用和结构怎么办？

气焊设备中胶管的作用是：把经减压器减压成正常工作压力的可燃气体和助燃气体，从气体来源的出口接头输送到焊炬上，保证焊炬的工作。

胶管的结构如图 10 - 39 所示，可分为三部分：核心部分是由富有弹性、能抗弯曲和气体压力的橡皮组成的，呈圆筒形，中间部分是由 2～3 层纤维组成，外层是由带色的坚韧的橡皮组成。

✒824. 怎样区分氧气管和乙炔管？

胶管根据所输送气体的不同，如图 10 - 40 所示，分为氧气胶管和乙炔胶管。

氧气胶管外表为黑色，内径常为 8mm，中间部分纤维层数较多，能承受 1.5～2.0MPa 的压力；乙炔胶管外表为红色，内径通常为 10mm，中间部分纤维层数较少，通常不耐高压。

图 10 - 40　气焊胶管

（a）氧气胶管；（b）乙炔胶管

825. 气焊设备胶管使用时要注意什么？

气焊设备的胶管使用时要注意的是：胶管平时应保持清洁，特别应避免沾染油脂，防止遇氧自燃起火，要经常检查胶管是否漏气。若有漏气则应切除或更换损坏部分，严禁用胶布或带有油脂的东西去包扎。胶管的使用长度一般以 $10\sim15\mathrm{m}$ 为宜。

826. 不清楚焊炬的作用和结构怎么办？

焊炬，俗称焊枪。它的作用是使可燃气体与助燃气体按需要的比例在焊炬中混合均匀，并由一定孔径的焊嘴喷出，进行燃烧以形成焊接所需要的火焰。

焊炬按可燃气体进入混合室的方式，可分为射吸式和等压式两种。冷库制冷系统维修时常用的焊炬为射吸式焊炬，射吸式焊炬的结构如图 10 - 41 所示。

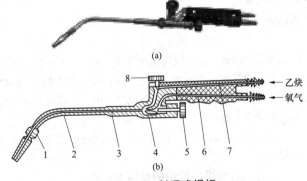

图 10 - 41　射吸式焊炬

（a）实物；（b）结构

1—焊嘴；2—混合管；3—射吸管；4—喷嘴；5—氧气阀；

6—氧气导管；7—乙炔导管；8—乙炔阀

827. 不清楚射吸式焊炬的工作原理怎么办？

射吸式焊炬的工作原理是：打开氧气阀5后，具有一定压力的氧气便经氧气导管6进入喷嘴4，并以高速喷入射吸管中，使喷嘴周围空间形成真空，在乙炔阀8打开的情况下，将乙炔导管7中的乙炔气吸入射吸管，经混合管2充分混合后，由焊嘴1喷出，点燃即形成焊接用的火焰。

828. 气焊的焊料都有哪些特点？

制冷系统的焊接使用的气焊焊条称为焊料。焊料主要有铜银焊料、铜磷焊料及钢锌焊料等。正确地选择焊料及熟练的操作是焊接质量的有效保证。

铜管与铜管之间的焊接可选用铜磷焊料或低含银量的焊料，这种焊料具有良好的漫流、填缝和润湿性能，不需使用焊剂，价格上也便宜。

铜管与钢管或钢管与钢管之间的焊接，可选用铜银焊料或铜锌焊料，并辅以适当的焊剂。采用这两种焊料焊接操作结束后，必须将焊口附近的残留焊剂用热水洗涤干净，以防止产生腐蚀。

829. 为什么要使用焊剂？

焊剂也叫焊药。它的作用是在钎焊过程中防止被焊物金属及焊料的氧化，有效地除去氧化物杂质，使焊料能够均匀地流动。同时，还可以减少已熔化了的焊料的表面张力，容易去除熔渣。

830. 氧乙炔焊火焰是怎么形成的？

使用乙炔气体作为可燃气体和使用氧气作为助燃气体混合燃烧生成的火焰，称为氧——乙炔火焰。

氧气和乙炔气体混合燃烧而发生的化学反应式为

$$2C_2H_2 + 5O_2 \longrightarrow 4CO_2 + 2H_2O$$

氧—乙炔火焰是由氧气和乙炔气互相混合后燃烧而产生的，当改变混合气体中的氧气和乙炔气相互之间的比值关系时，其火焰的形状、构造、性质也会随之改变。根据氧气和乙炔气混合比例的不同，气焊火焰可分为：氧化焰、中性焰、碳化焰三种。

焊接时火焰的大小可通过调节氧气和乙炔气阀进行控制，得到氧化焰、中性焰或碳化焰。

831. 不清楚氧乙炔焊中性焰的特点怎么办？

中性焰是由氧气和乙炔按1～1.2：1的比例混合燃烧而形成的一种火焰，它由焰芯、内焰和外焰三部分组成，内焰是整个火焰中温度最高的部分，在离焰芯末端3mm处温度达到最大值，为3050～3150℃，整个内焰呈蓝白色，有杏核形的深蓝色线条，如图 10 - 42（a）所示。进行制冷设备维修时，一般用内焰进行焊接，所以内焰又叫焊接区。

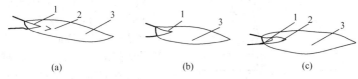

图 10 - 42　焊接的三种火焰

（a）中性焰；（b）碳化焰；（c）氧化焰

1—焰芯；2—内焰；3—外焰

根据测量，中性焰的温度分布数据为：

距焰芯末端 3mm 处：3150～3050℃；距焰芯末端 4mm 处：3050～2850℃；

距焰芯末端 11mm 处：2850 ～ 2650℃；距焰芯末端 25mm 处：2650～2450℃。

832. 焊炬怎样点火、熄火？

氧—乙炔焊火焰点火时，先将焊炬的氧气阀调到很小的氧气流量，再缓慢地打开乙炔气阀，点燃，再调节氧气和乙炔气的流量，直到将火焰调到所需大小为止，即可进行焊接操作。熄灭火焰时，应先关闭乙炔气阀，后关闭氧气阀。

833. 氧乙炔焊接中性焰怎样调节？

氧—乙炔焊中性焰的调节方法：点燃焊炬后，逐渐增加氧气流量，火焰由长变短，颜色由淡红色变为蓝白色，当焰芯、内焰和外焰的轮廓相当清楚时，就可以取得标准的中性焰。

834. 不知道氧乙炔焊的操作方法怎么办？

制冷系统焊接时应采用中性焰。焊接温度要比被焊物的熔点温度低，一般为 600～700℃。当气焊火焰将铜管烤成暗红或亮樱色时，即可向被焊接管口送入焊料，并用中性火焰的外焰继续向管口处加热保温，焊料就可以熔化，沿着焊口自动流成一圈，达到焊接的目的。

使用铜磷焊料进行焊接时，要尽快地使被焊的钢管接口处升温，焊料熔入焊缝的深度应在 3～4mm 以上，以保证接口处有足够的强度。焊接操作方法如图 10 - 43 所示。

焊接时，要反方向送入焊料，使焊料不直接接触火焰，以免在焊接过程

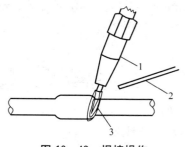

图 10－43　焊接操作

1—焊枪；2—焊料；3—工件

中产生气孔。

使用铜银焊料进行焊接时，要相对放慢对焊口的加热速度，提高焊口处的热容量，这样有利于提高焊口质量。

焊接时，当焊口的焊料没有完全凝固时，绝对不可使管口受到震动，否则将会使焊口内产生裂缝，造成渗漏隐患；焊接结束后，必须将焊口处遗留的焊剂清除干净，以防日后腐蚀管路；在全部焊接工作完成以后，要用高压氮气对整个制冷系统进行检漏，以检验焊接质量。

第十一章 Chapter11

冷库制冷与辅助设备的维修

第一节 运行问题的处理方法

835. 不清楚制冷设备的检修原则怎么办？

制冷设备的检修原则有以下 9 个方面。

（1）制冷装置运转中发现异常现象，应通过分析，判断故障发生部位，找出原因和可疑因素，避免盲目拆解。

（2）确定故障原因和部位，必须拆解时，应先把系统中的制冷剂收入储液器或取出存入钢瓶，然后停车切断电源进行拆解。

（3）拆解所有螺栓、螺母应使用专用扳手，拆解轴承或其他重要零部件应使用专用工具；对一时拆不开的零部件，应分析原因，避免盲目用力拆解、棒撬，致使零部件损坏。

（4）拆解应根据装置结构特点，以一定顺序、步骤进行，边拆解边检视。对拆的零件要按它的编号（如无编号要自行打印），有顺序地放在专用支架和工作台上，妥善存放，注意防止碰撞，以免损坏、丢失或锈蚀。

（5）对拆下的油管、气管、水管和容器的管接头均应及时包扎封口，防止进入污物。对较大的零部件（如曲轴等），在放置时，下面应放好垫木。

（6）拆解后的零部件，组装前必须彻底清洗，并不得损伤结合面。对所有结合面和精密件清洗完毕应及时干燥，并用润滑油油封。若存放时间较长，应涂防锈油油封。

（7）制冷装置特别是压缩机，其精密度要求高，在拆解、修理、组装过程中必须谨慎细致。先拆卸部件，然后再由部件拆成零件，由上到下，由外到里，防止碰伤。

（8）拆卸控制器、毛细管等细小部件时，应轻拆轻放，以防压偏、折断、损坏。

（9）对有配合公差要求的零部件，应保证在允许公差范围和规定的光洁度范围内。检修过程所有更换和装复的零部件必须技术状态良好，并保证同一型号规格零部件的互换性。

利用盐酸进行化学除垢。

836. 制冷系统蒸发器怎样检修？

对冷库盘管式制冷系统蒸发器的检修方法是：在维护或维修过程中，要用高压氮气对冷库制冷系统所有蒸发盘管进行吹污清洁工作，并对蒸发器上所有接口或焊口进行压力检漏。对锈蚀严重的部分或部位应进行更换。

对冷库翅片盘管式蒸发器的散热翅片（包括盘管冷却的盘管翅片）要观察是否完整，发现翅片翘曲时或塌陷时应用翅片梳予以修复。制冷系统的所有回气管的绝热包扎应良好，对裂损脱落处应及时予以修补。

837. 冷库制冷设备运行时检查些什么？

冷库制冷设备运行时应注意检查下述项目，以保证其安全运行。

（1）每间隔2h要检查冷库压缩机运转时高、低压压力、温度有无异常。通常情况下，低压压力为：中温＞0.1MPa，低温0～0.1MPa；高压压力为：1.0～1.5MPa，通常不超过2MPa。

（2）用红外测温仪检测一下压缩机汽缸盖温度，应在130℃左右为正常。

（3）观察压缩机油位是否合适，润滑油是否洁净，对初期运转的冷库设备机组：要经常观察压缩机的油面及回油情况及油的清洁度，正常油位在视油镜上下限之间，油不混浊，发现油脏或油面下降要及时解决，以免造成润滑不良。

（4）机组的电源线及电气零件有无绝缘老化或过热现象，导线接头有无松动，是否有异常破损情况。

（5）看制冷系统表面，检查制冷剂是否有泄漏现象，机组上不能有明显的油渍存在，以便及时发现泄漏问题。

（6）从视液镜中观察冷媒的流量，冷媒注入量合适时，只有液体流动，无白色气泡；系统内无水分（或称水分量达到标准）时，视液镜中部视芯为绿色，若制冷剂中含水量超标将为黄色或其他异常颜色。

（7）检查机组固定基座是否牢固，螺栓是否有松动现象。

（8）对风冷式机组的冷凝器翅片，要检查上面是否附着灰尘及污物，是否堵塞，要经常清扫风冷器使其保持良好的换热状态。

（9）资料机组开停是否过于频繁（起动停止应各在5min间隔以上）。

（10）制冷机组的保护装置、控制装置动作是否正常。

（11）制冷机组运行时电源电压、运行电流等参数是否异常。

838. 对制冷系统附件平时维护时应做些什么？

对冷库制冷系统附件平时维护时要做的工作是：

对制冷系统的储液器要每年进行一次彻底的吹污及外表清洁和检漏处理。

对制冷系统的分油器每年要进行一次拆解，用四氯化碳清洗内部及浮球阀组，以保证浮球阀动作灵活、关闭严密、油路畅通。清洗结束后，放入烘箱中烘干后再回装到制冷系统上。

对制冷系统的热力膨胀阀要每年用煤油进行一次滤网的清洗，检查感温包及毛细管的绑扎位置是否正确，使其保持正常的状态。

对制冷系统的干燥过滤器每年要用煤油进行一次内部的清洗，更换新干燥剂，经检漏后重新装回制冷系统。

对制冷系统上的其他阀件可根据具体条件，在可能的情况下每年应对所有阀门填料函进行一次检漏。及时处理有泄漏问题的填料函，保证各阀件处于最佳工作状态。

839. 不清楚压缩机正常运行时工况怎么办？

冷库制冷压缩机正常运行时的工况有以下 10 个方面。

（1）压缩机的吸气温度应比蒸发温度高 5～15℃。

（2）压缩机的排气温度 R22 系统最高不得超过 150℃。

（3）压缩机曲轴箱的油温最高不得超过 70℃。

（4）压缩机的吸气压力应与蒸发压力相对应。

（5）压缩机的排气压力 R22 系统最高不得超过 1.6MPa。

（6）压缩机的油压比吸气压力高 0.12～0.3MPa。

（7）经常注意冷却水量和水温，冷凝器的出水温度应比进水温度高出 2～5℃为宜。

（8）经常注意压缩机曲轴箱的油面和油分离器的回油情况。

（9）压缩机不应有任何敲击声，机体各部发热应正常。

（10）冷凝压力不得超过压缩机的排气压力范围。

840. 冷库制冷系统的制冷剂流量过大或过小怎么办？

冷库制冷系统的制冷剂流量过大或过小，一般是因为节流阀调节不当或堵塞，直接影响到进入蒸发器的制冷剂流量。当节流阀开启度过大时，制冷剂流量偏大，蒸发压力和蒸发温度也随之升高，库房温度下降速度将减缓；同时，当节流阀开启度过小或堵塞时，制冷剂流量也减小，系统的制冷量也随之减小，库房温度下降速度同样将减缓。

遇到这种情况，一般可通过观察蒸发压力、蒸发温度及压缩机吸气管的结霜情况来判断节流阀制冷剂流量是否合适。若断定不是膨胀阀堵塞造成的问题，那就是膨胀阀调节不合适，造成冷库制冷系统的制冷剂流量过大或过小，此时重新调节膨胀阀的开启度即可消除故障。

841. 冷库制冷压缩机吸入压力偏低怎么办？

冷库制冷压缩机吸入压力偏低时，一般是由于下述原因造成，可采取有针对性的措施予以处理。

(1) 制冷压缩机吸入压力偏低的原因可能是热力膨胀阀开启度过小。排除方法是查询压焓图，依据冷库需要温度，重新调节热力膨胀阀的工作压力，达到调整开启度的目的。

(2) 制冷系统供液管上的干燥过滤器的滤网或电磁阀阀芯脏堵。排除方法是关闭干燥过滤器的滤网或电磁阀两端的截止阀，将干燥过滤器的滤网或电磁阀从制冷系统上拆下来，应用煤油清洗干净后，重新装回制冷系统，恢复其正常运行。

(3) 当有过多的润滑油和制冷剂混合在一起，使制冷系统循环的制冷剂减少，造成压缩机吸气压力偏低。排除方法是检查压缩机的视油镜的液面，若看到液面过高，操作手动回油装置进行回油，若不能正常回油，检查油分离器回油装置是否正常，修复自动回油装置。

(4) 制冷系统的热力膨胀阀出现局部脏堵或冰堵。排除方法是：在关闭干燥过滤器和热力膨胀阀两端的截止阀后，拆下干燥过滤器予以更换，并对热力膨胀阀的进口过滤网进行清洗，重新装好之后，即可恢复制冷系统正常运行。

842. 冷库制冷压缩机吸入压力偏高怎么办？

冷库制冷压缩机吸入压力偏高时，一般是由于下述原因造成，可采取有针对性的措施予以处理。

(1) 制冷压缩机吸入压力偏高的原因可能是热力膨胀阀开启太大，或感温包未与制冷系统管道扎紧。遇到这个问题的解决方法是：按要求将其感温包与制冷管道绑扎好，并查询相应压焓图，依据冷库需要温度，重新调节热力膨胀阀的工作压力，达到调整开启度的目的。

(2) 可能是制冷系统的油分离器回油阀不能关闭，处于常开状态，使压缩机排除高压气体窜入曲轴箱，形成压缩机吸入压力偏高的现象。遇到这个问题的解决方法是：检修或更换油分离器回油阀。

843. 风冷式冷凝器高压压力过高怎么办?

使用风冷式冷凝器时制冷系统高压压力过高一般来说是因为风冷式冷凝器风量不足或污物堵塞造成的。遇到这个问题的处理方法是:检查风冷式冷凝器的风扇电动机的转速是否正常?若不正常,在断开电源的情况下,用指针式万用表测量一下风扇电动机的电容器是否正常?若不正常,可更换一个同规格同型号的电容器即可;若是因为风冷式冷凝器的翅片间隙中存留了大量灰尘,造成通风不畅,散热能力变差时,可用手提式鼓风机顺着风冷式冷凝器的翅片间隙进行吹拂,清除翅片间隙中的灰尘,即可修复因使用风冷式冷凝器造成系统高压侧压力过高的故障。

844. 风冷式冷凝器风扇丢转造成高压偏高怎么办?

风冷式冷凝器风扇丢转造成高压侧压力过高的原因是:风冷式冷凝器风扇电动机的电容器的损坏或容量下降。遇到这个问题的处理方法是:用指针式万用表检查风扇电动机运行电容器的容量是否减小。检测风扇电动机运转电容器好坏的方法:将电容器与冷凝器风扇电动机电路断开,用改锥的金属部分碰一下电容器的两个端子,放一下电。然后用万用表 R×100 挡进行测量。测量时,将两表笔分别接触电容器的两极,若表针不能指向低阻值的 0 欧姆挡,而是指到刻度盘中间位置不动了,说明该电容器容量已大幅下降。在确认电容器容量下降以后,可更换同型号的电容器,即可消除故障。

845. 冷库制冷系统低压偏低怎么办?

造成冷库制冷系统低压偏低的原因和处理方法有以下 4 个。

一是膨胀阀开启太小。遇到这个问题的解决方法是:适当调节开启度,使其在不改变蒸发压力的情况下,加大制冷剂的输液量。

二是液体管上过滤器和电磁阀脏堵。遇到这个问题的解决方法是:清洗过滤器和电磁阀阀芯。

三是过多的润滑油和制冷剂混合在一起。遇到这个问题的解决方法是:检查油面计,油分离器回油装置是否正常,及时放油。

四是膨胀阀局部脏堵或冰堵。遇到这个问题的解决方法是:清洗干燥过滤器中的过滤网;更换干燥过滤器中的干燥剂。

846. 高压压力过高而高压继电器不动作怎么办?

在冷库制冷系统运行过程中,有时会出现:制冷系统高压压力表显示的压力值已经远远高于高压压力继电器设定值,因为超负荷热继电器都动作了,但高压压力继电器却不动作,起不到保护作用。造成这一问题的原因主要有:继电器的动静触点粘连,使其无法断开;信号传输管道压瘪,无法传递压力变化信号。

遇到这一问题的处理方法：先检查压力继电器与制冷机组连接管道有无异常，确认正常后拆开其外壳，检查其继电器的动静触点是否粘连，发现粘连，可用小竹片挑开粘连处，然后用细砂纸打磨一下触电表面，即可恢复正常工作。

🖋 847. 不会用万用表测量电容器好坏怎么办？

中小型冷库制冷系统中全封闭压缩机和冷风机的风扇电动机都要使用电容器。而电容器的好坏将直接影响全封闭压缩机和冷风机的风扇电动机的工作状态。

判断电容器好坏，可用指针式万用表进行检测。具体判断电容器好坏的操作方法是：将电容器与全封闭压缩机和冷风机的风扇电动机电路断开，用改锥的金属部分碰一下电容器的两个端子，放一下电。然后用万用表 R×100 或 R×1K 挡进行测量。测量时，将两表笔分别接触电容器的两极，若表针先指向低阻值，并逐渐退回高阻值，说明该电容器具有充放电能力，是好的。若表针指示在低阻值而不能退回，说明电容器已短路。若表针一开始就指示在高阻值或表针根本就不动，说明该电容器已断路。

为全封闭压缩机和冷风机的风扇电动机选用新电容器时要注意其耐压情况。电容器上所标明的额定电压是允许使用电压，如果将电容器接在超过其标定的工作电压的电路中，电容器将被击穿。全封闭压缩机和冷风机的风扇电动机有使用 380V 和 220V 电压的，这一点在维修时要格外注意。

🖋 848. 看到接头、焊缝、阀门和轴封处有油迹怎么办？

在冷库制冷系统维修过程中，若看到制冷系统管道的接头、焊缝、阀门或开启式压缩机的轴封处有油迹，说明有油迹处制冷剂出现了泄漏现象。排除方法是可先观察制冷系统的压力表，若看到其高低压压力值均低于系统正常工作的压力值；眼观热力膨胀阀出口霜层过厚，再用手摸蒸发器回气管道感觉温度明显高于正常值，根据上述诸现象可以初步判断为制冷系统有泄漏处。为确定其泄漏具体位置，可向其系统内打入高压氮气进行检漏，具体做法是从制冷系统高压或低压侧截止阀处向系统内打入 1.8MPa 左右表压力的氮气，然后用肥皂水对系统的制冷系统管道的接头、焊缝、阀门或开启式压缩机的轴封处进行检漏，找到漏点后，根据不同的部件用焊接、更换、维修等方法处理即可排除故障。

🖋 849. 冷库制冷系统的油分离器不能正常工作怎么办？

在经过认真检测，确认冷库制冷系统的油分离器不能正常工作以后，可以根据不同情况分别采取不同的处理方法。

（1）若是因油分离器回油阀打不开，而导致其不能正常工作时，排除方法是检修其浮球和阀针孔，使其能灵活动作。

（2）若是因油分离器回油阀关闭不严或长期发热或发凉结霜。其排除方法是检修其浮球和阀针孔，使其能灵活动作。

（3）若是因油分离器过滤网有太多杂质造成堵塞，就只能将其从系统上拆下来，用煤油对过滤网进行浸泡清洗，待处理干净后重新装回制冷系统。

850. 活塞式压缩机发生湿冲程怎么办？

冷库使用的活塞式压缩机发生湿冲程主要是由下述因素造成的，可根据不同的问题，采用不同的方法予以处理。

（1）活塞式压缩机发生湿冲程是因为冷库的热负荷太小，而热力膨胀阀开启度过大造成的。遇到这种情况，可采取关小压缩机吸气截止阀，减少压缩机的吸气量，即可消除因为冷库的热负荷太小，活塞式压缩机发生湿冲程的问题。一般不要调节热力膨胀阀开启度，以备负荷恢复正常后系统不能正常工作。

（2）活塞式压缩机发生湿冲程是因为热力膨胀阀感温包未与蒸发器的回气管裹紧，使其受外界影响误动作，增大供液量造成的。遇到这种情况，可检查感温包与蒸发器的回气管安装情况，将其重新裹紧即可消除故障。

（3）压缩机停机后，由于制冷系统电磁阀管不严，使大量制冷剂液体进入蒸发器内，一开机即造成活塞式压缩机发生湿冲程。遇到这种情况，可采取开机时缓缓开启压缩机的吸气阀，并随着压缩机工作状态，逐步开大开启压缩机的吸气阀即可排除故障。为彻底解决问题，可清洗或更换制冷系统电磁阀。

851. 冷库蒸发器排管不结霜怎么办？

冷库蒸发器排管不结霜是由多种因素造成的，可根据不同的问题，采用不同的方法予以处理。

一是热力膨胀阀感温包内的感温剂泄漏，造成热力膨胀阀关闭，使冷库蒸发器排管不结霜或不制冷。遇到这种情况，可采取更换热力膨胀阀的方法予以解决。

二是因为热力膨胀阀内部产生"冰堵、脏堵、油堵"造成热力膨胀阀关闭，使冷库蒸发器排管不结霜或不制冷。遇到这种情况，可采取在关闭热力膨胀阀两端截止阀，断开制冷系统后，拆下热力膨胀阀的过滤网和制冷系统干燥过滤器的过滤网予以清洗，并更换干燥过滤器中的干燥剂予以解决。

三是因为活塞式压缩机汽缸盖上的密封纸垫的中筋被击穿，造成压缩机吸排气串气，而形成蒸发器排管不结霜。遇到这种情况，可采取关闭压缩机两端截止阀，断开制冷系统后，拆下压缩机，更换活塞式压缩机汽缸盖中的密封垫。

852. 接通电源压缩机不起动也没任何声音怎么办？

接通电源，制冷系统的压缩机电动机不起动也没任何声音，其故障点是出在电源或控制电路上。如电源无电；熔丝烧断；热继电器、压力继电器跳开后没有复位；温控器断路，交流接触器线圈断路等。

遇到这种情况，可采取用万用表交流 500V 挡检查电源是否有电。用万用表电阻检查接触器线圈、中间继电器线圈及过载保护器、压力继电器、温控器、手动开关等是否通路。找到问题后及时修复或更换损坏部件，完善控制电路即可排除故障。

853. 冷库由于隔热或密封性能差，导致冷量损耗大怎么办？

冷库由于隔热或密封性能差，导致气冷量耗损大的原因有以下 3 个方面。

一是由于管道、库房墙体等的保温层厚度不够，隔热和保温效果不良，它主要是设计时保温层厚度选择不当或施工时保温材料质量差所导致的。处理方法：拆除旧的保温层，更换保温效果好的保温材料。

二是库房的库门密封性能差，有较多的热空气从库房的库门漏气处侵入库房。一般若在库房门的密封条或冷库隔热壁密封处出现了结露现象，则说明该处密封不严密。遇到这种问题，采取更换冷库库门密封条即可排除。

三是频繁开关库房门或较多的人一起进入库房，也会加大库房冷量损耗。处理方法：应尽量减少库门的开启次数和每次进入冷库人员数量，防止大量源进入库房。

854. 蒸发器传热效果下降怎么办？

导致库温下降缓慢的一个重要原因是蒸发器传热效率低，这主要是由于蒸发器表面霜层过厚或积尘过多引起的。由于冷库蒸发器的表面温度大多低于 0℃，而库房湿度相对较高，空气中的水分极易凝集在蒸发器表面结霜，甚至结冰，影响蒸发器的传热效果。为防止蒸发器的表面霜层过厚，需定期对其进行除霜。冷库蒸发器较简单的除霜方法有以下两个。

一是停机融霜：即停止压缩机运转，打开库房门，让库温回升，待霜层自动融化后，再重新起动压缩机。

二是用水冲霜：将库房中的货物搬出后，直接用温度较高的自来水冲洗蒸发器排管表面，使霜层溶解或脱落。除了结霜过厚会导致蒸发器传热效果不佳外，蒸发器表面因长期未清扫而积尘过厚，其传热效率也会明显下降。

855. 蒸发器中存油过多，传热效果下降怎么办？

一旦蒸发器传热管内表面附上了较多的冷冻油，其换热系数将会明显减小，其传热效率也会明显下降，冷库库房内温度下降速度就随之减缓。要解决这一问题，可停止压缩机运行，将制冷系统中的制冷剂抽出，用四氯化碳溶液清洗蒸发器传热管内表面油污，以提高蒸发器传热效率，然后重新装回制冷剂，恢复制冷系统运行。

856. 制冷系统制冷能力不足怎么办？

制冷剂循环量不足主要有两个原因：一是制冷剂充注量不足，此时，只需补入足量的制冷剂就可以了。另一个原因是，系统制冷剂泄漏较多，遇上这种情况，应先查找漏点，重点检查各管道、阀门连接处，查出泄漏部位修补后，再充入足量的制冷剂。

857. 压缩机工作效率低怎么办？

压缩机由于长期运转，汽缸套和活塞环等部件由于磨损严重，配合间隙增大，密封性能会相应下降，压缩机的输气系数也随之降低，制冷量将减少。当制冷量小于库房热负荷时，将导致库房温度下降缓慢。可通过观察压缩机的吸、排气压力大致判断压缩机的制冷能力。若压缩机的制冷能力下降，常用的方法是更换压缩机的汽缸套和活塞环，如果更换后仍不能奏效，则应考虑其他方面的因素，甚至拆机检修，排除故障因素。

858. 想用手摸出水冷壳管式冷凝器工作状态怎么办？

用手可以摸出冷库水冷壳管式冷凝器工作状态是否正常。用手摸冷库水冷壳管式冷凝器工作状态时，水冷壳管式冷凝器的壳体在正常情况下是上半部比较热，下半部是温热。由于制冷剂量的缺少，在不正常状况下，它的整个壳体都不太热。另一种情况正好相反，整个壳体都很热，主要是因为冷却水量不足或散热效果差。

859. 想用手摸出水冷套管式冷凝器工作状态怎么办？

用手可以摸出冷库水冷套管式冷凝器工作状态是否正常。套管式冷凝器正常状态的特征是：制冷剂进气端很热，制冷剂液体出口端基本接近常温。套管式冷凝器不正常时，其套管外表全都很热，其原因是冷却水量太小或散热效果差；另一种不正常情况是整个套管外表面不太热，这是制冷系统中制冷剂量不足的明显特征。

860. 水冷式冷凝器外壳温度不一样是怎么回事？

冷库水冷式冷凝器外壳温度不一样是冷凝器正常工作状态的特征。冷凝器的温度状况正常情况是：前半部散热管很热，且其温度有缓慢的逐步下降的趋势；后半部散热管的热感程度与前半部相比有较大的降低，这是由于后半部管内制冷剂已逐步液化，已达到冷凝温度或过冷温度。

861. 水冷式冷凝器为什么要经常清洗？

冷库冷凝器需要及时的清洁是因为，冷凝器在冷却过程中，冷却水大多数富含钙、镁离子和碳酸盐。当冷却水流经金属表面时，有碳酸盐生成。另外，溶解在冷却水中的氧还会腐蚀金属，生成铁锈。由于铁锈的产生，冷凝器换热效果会降低。结垢严重时会阻塞管子，使换热效果几乎没有。相关数据显示水垢沉积物对热传输的损失影响很大，即使很薄的一层水垢也会增加制冷系统40%以上的运行费用。

862. 怎样清洗蒸发式冷凝器？

蒸发式冷凝器清洗时可以这样做：

（1）开启蒸发式冷凝器水泵循环，喷洒布水均匀，如果冷凝器上方喷水嘴堵塞，应予以疏通。循环后依次加入高效镀锌管缓蚀剂A和高效镀锌管缓蚀剂B两组分，浓度分别为蒸发式冷凝器水保有量的0.5%（即每吨水合计10kg镀锌管缓蚀剂），蒸发式冷凝器水泵循环后投加锌缓蚀剂至蒸发式冷凝器水池，待蒸发式冷凝器水循环均匀后，对镀锌管就形成保护作用。

（2）高效镀锌管缓蚀剂循环均匀后，继续开启蒸发式冷凝器的水泵和风机（风机要打开，否则药剂气味向外飘散，刺激性较大），逐渐加入与镀锌管缓蚀剂匹配的高效镀锌管水垢清洗剂，边循环、边加入、边反应，除垢剂浓度就不会很高，慢慢加药，控制适当的浓度。高效镀锌管冷凝器水垢清洗剂，适合镀锌管材料的清洗剂配方，可以清洗蒸发式冷凝器镀锌管外的硬垢，对碳酸盐水垢除垢效果很好，如果蒸发式冷凝器平时使用的是纯水或软化水，应该增加硅垢清洗剂，才能清洗干净，适当的浓度对蒸发式冷凝器镀锌管清洗基本无腐蚀。

蒸发式冷凝器镀锌管清洗干净后，马上停止加药，排污并将蒸发式冷凝器冲洗干净。

（3）清洗剂用量：一台蒸发式冷凝器如果换热面积250m²，蒸发式冷凝器水箱水容积约4t，需要高效镀锌管缓蚀剂A＋B共40kg，高效镀锌管水垢清洗剂600～700kg左右，但是如果蒸发式冷凝器镀锌管结垢严重（厚度超过1mm），需酌情增加水垢清洗剂的用量。

863. 冬季想防止蒸发式冷凝器结冰怎么办?

在我国北方地区,冬季环境温度会低于 0℃,易造成冷库使用的蒸发式冷凝器结冰,从而导致冷库不能正常运行。遇到这种情况,可以采取如下措施予以处理。

(1) 冬季当环境温度低于 0℃时,可将蒸发式冷凝器积水盘中的冷却水放干净,停止喷淋泵的运行,使蒸发式冷凝器在干工况下工作。

(2) 在蒸发式冷凝器的积水盘中安装电加热装置,当环境温度低于 0℃时,起动积水盘中的电加热装置工作,使积水盘中的水温维持在 3～5℃上,以防止其结冰。

864. 排管式蒸发器结霜不均怎么办?

冷库中排管式蒸发器结霜不均的原因有许多:膨胀阀开启度过小或膨胀阀阀孔堵塞,造成蒸发器供应液体制冷剂不足,使排管式蒸发器出现结霜不均;制冷系统内制冷剂过少,造成排管式蒸发器结浮霜或后半部不结霜;蒸发器内积存过多冷冻润滑油,占据蒸发器内部空间,造成排管式蒸发器部分管道上不结霜;与蒸发器配套分液器内部出现堵塞,造成向各排管供液不均,使排管式蒸发器出现结霜不均现象。

排管式蒸发器结霜不均的处理方法:调整膨胀阀的开启度,以满足蒸发器供液需要;测试一下制冷系统是否亏氟,若亏氟,适量予以补充,满足制冷系统运行需要;疏通或更换分液器,以保证向各个排管蒸发器供液量的均匀。

865. 铝排管蒸发器分液不均怎么办?

冷库铝排管蒸发器在冷库运行中经常出现铝排管上霜不均匀现象。表现在单组局部或整组铝排出现不结霜或结霜不均匀的情况。这种情况很有可能是铝排管蒸发器的分液器安装不正确造成的。

遇到铝排管上霜不均匀情况,要先确认分液器的莲蓬头安装是否呈水平状态;分液器毛细管连接的铜管管径是否在 16mm 以上;主供液管是否垂直向下,缓冲弯是否被拉直。这些问题中若有一项存在,都会造成铝排出现不结霜或结霜不均匀的情况。排出时要逐一检查、排除。

866. 使用铝排管蒸发器造成压缩机运行压力过低怎么办?

使用铝排管蒸发器的制冷系统运行时,出现压缩机低压压力过低,甚至有时候出现负压,有可能是铝排管蒸发器配置过小造成。遇到使用铝排管蒸发器造成压缩机运行压力过低这种情况,要先核算蒸发器铝排与压缩机匹配情况,看是否过小,如果仅仅是略小,逐个检查铝排上霜是否均匀,如果结霜不均匀，检查管路连接及分液器，排除造成分液不均的问题，使铝排管蒸发器的换热能力得以充分发挥。若是远远小于与压缩机的匹配，就要按计算结果加装冷排。

若铝排管蒸发器上霜均匀，但压缩机低压压力还是过低时，可以将分液器拆除，在主供液管上安装歧管，使每组铝排管蒸发器处于并联状态，并在每组铝排管蒸发器前单独安装一只膨胀阀，即可使压缩机运行时低压压力过低的故障得以排除。

867. 铝排管蒸发器的电热化霜系统短路怎么办？

铝排管蒸发器的电热化霜系统短路的现象是：漏电保护器，再次合闸通电时，即会断开，无法进行化霜操作。遇到这种故障时，不要为了进行化霜操作，而将漏电保护开关短接。正确的做法是：断开电热化霜系统的电源后，逐个查找铝排电热线的接头处，看是否有漏电发生，找到漏电接头，用干毛巾擦干，并用吹风机烘干，重新用防水胶粘好，再做好足够完善的绝缘，待连接部位的防水胶干固以后，即可恢复电热化霜系统正常工作。

868. 冷库使用铝排管蒸发器结冰怎么办？

铝排管蒸发器运行时正常状况下，在铝排管蒸发器的表面会出现霜层。出现结冰是一种不正常的情况。造成铝排管蒸发器结冰的原因有可能是其化霜频率过高。铝排管蒸发器出现结冰故障后，切不可用坚硬的器物敲击铝排管蒸发器，这样会破坏铝排管蒸发器表面的防腐氧化层，甚至有可能将铝排管蒸发器管道敲漏。处理铝排管蒸发器结冰问题的方法是：停止压缩机运行后，用25~35℃温度的水将铝排上的冰层冲掉，再用干布将铝排擦干，然后再重新开启压缩机运行。为防止因化霜频率过高，造成结冰问题，可重新设置化霜时间周期。

第二节　制冷设备维修的操作方法

869. 不知道冷库压缩机更换步骤怎么办？

冷库制冷系统的压缩机是制冷系统中最主要的部件。压缩机更换也是一件非常复杂的工作，如果更换没处理好的话，会影响日后制冷效果。

冷库制冷系统的压缩机更换的操作步骤如下。

第一步：在真正确定压缩机损坏后，将损坏的压缩机脱离管道搬走。在更换新压缩机的时候必须对管道系统进行氮气吹污处理，这样可以有效防止杂物混进管道。处理完毕方可连接新的压缩机系统。

第二步：在进行铜管焊接时为了不使铜管内壁生成氧化膜，必须通入氮气保护管道。

第三步：禁止将压缩机作为真空泵使用来排空外机管路中的空气，这样做即使没有烧毁压缩机也会对压缩机产生很大的损害，严重时更可能会烧毁压缩机，抽空必须使用真空泵来进行。

第四步：更换压缩机后必须灌入压缩机标准量的冷冻油。

第五步：更换压缩机之后，干燥过滤器也要一同更换。因为干燥过滤器中的干燥剂已经饱和，失去了滤水功能。

第六步：更换完成后，就可以运行试机了。

870. 不知道更换压缩机需要注意的问题怎么办？

在更换压缩机冷冻油需要注意的问题是：在更换冷冻润滑油之前要处理干净制冷管道中残留的冷冻油，因为不同牌号、批次的冷冻油不能混用，否则会造成冷冻润滑油变质，造成润滑效果不良，并导致压缩机出现拉缸故障或出现冷冻润滑油烧焦等一系列问题。

871. 膨胀阀怎样调整？

制冷系统的膨胀阀是调节和控制制冷剂流量和压力进入蒸发器的重要装置。它的调节，不仅关系到整个制冷系统能否正常运行，而且是衡量操作工技术高低的重要标志。例如，所测冷库温度为 $-10℃$，蒸发温度比维修冷库温度低 5℃ 左右，即 $-15℃$。

由于管路的压力和温度损失（取决于管路的长短和隔热效果），吸气温度比蒸发温度高 $5\sim10℃$，相对应的吸气压力应为 $0.66\sim0.23MPa$ 表压。

调节膨胀阀的方法：调节时必须仔细耐心地进行，调节压力必须经过蒸发器与库房温度产生热交换沸腾（蒸发）后再通过管路进入压缩机吸气腔反映到压力表上的，需要一个时间过程。每调动膨胀阀一次，一般需 $15\sim30min$ 的时间才能将膨胀阀的调节压力稳定在吸气压力表上。压缩机的吸气压力是膨胀阀调节压力的重要参数。膨胀阀的开启度小，制冷剂通过的流量就少，压力也低；膨胀阀的开启度大，制冷剂通过的流量就多，压力也高。根据制冷剂的热力性质，压力越低，相对应的温度就越低；压力越高，相对应的温度也就越高。

按照这一定律，如果膨胀阀出口压力过低，相应的蒸发压力和温度也过低。但由于进入蒸发器流量的减少，压力的降低，造成蒸发速度减慢，单位容积（时间）制冷量下降，制冷效率降低。相反，如果膨胀阀出口压力过高，相应的蒸发压力和温度也过高。进入蒸发器的流量和压力都加大，由于液体蒸发过剩，过潮气体（甚至液体）被压缩机吸入，引起压缩机的湿冲程（液击），使压缩机不能正常工作，造成一系列工况恶劣，甚至损坏压缩机。

872. 怎样判断膨胀阀是否正常？

为减小膨胀阀调节后的压力及温度损失，膨胀阀尽可能安装在距冷库维修入口处的水平管道上，感温包应包扎在回气管（低压管）的侧面中央位置。膨胀阀在正常工作时，阀体结霜呈斜形，入口侧不应结霜，否则应视为入口滤网存在冰堵或脏堵。

判断膨胀阀是否正常的方法是：在正常情况下，膨胀阀工作时是很安静的，如果发出较明显的"咝咝"声，说明是制冷系统中制冷剂不足。应及时补充适量的制冷剂，以保证制冷系统的正常工作。

873. 不清楚冷库制冷温度下降缓慢的原因怎么办？

冷库制冷温度下降缓慢的原因多为调整不当，其中膨胀阀调节是否合适是最为关键的。膨胀阀的开启度小，制冷剂通过的流量就少，压力也低；膨胀阀的开启度大，制冷剂通过的流量就多，压力也高。根据制冷剂的热力性质，压力越低，相对应的温度就越低；压力越高，相对应的温度也就越高。按照这一定律，如果膨胀阀出口压力过低，相应的蒸发压力和温度也过低。但由于进入蒸发器流量的减少，压力的降低，造成蒸发速度减慢，单位容积（时间）制冷量下降，制冷效率降低。相反，如果膨胀阀出口压力过高，相应的蒸发压力和温度也高。进入蒸发器的流量和压力都加大，由于液体蒸发过剩，湿蒸气（甚至液体）被压缩机吸入，引起压缩机的湿冲程（液击），使压缩机不能正常工作，造成一系列工况恶劣，甚至损坏压缩机。膨胀阀的开启度，应根据当时的库温进行调节，即在库温相对应的压力下调整。

874. 冷库温度应怎样设定？

制冷系统的蒸发温度直接决定着冷库温度。如一个使用 R22 为制冷剂的冷库，其库温要求为 $-10℃$，冷库制冷系统的蒸发温度应比库温低 $5℃$ 左右，即为 $-15℃$，相对应的蒸发压力为 $0.3MPa$（绝对压力）。这个调节压力可以从压缩机的吸气截止阀上的压力表看出来。

冷库库温的设定，可以通过调节膨胀阀开启度来实现。由于调节膨胀阀压力必须经过蒸发器与库温产生热交换沸腾（蒸发）后再通过管路进入压缩机吸气截止阀反映到压力表上的，需要一个时间过程。大约每调动膨胀阀一次，一般需 $10 \sim 15min$ 的时间才能将膨胀阀的调节压力稳定在吸气压力表上，所以调节冷库温度不能操之过急。

875. 冷库安装后冷间降温缓慢怎么办?

装配式冷库安装完毕,投入使用后其冷藏间降温缓慢,其大致故障原因和排除方法如下。

(1) 热力膨胀阀调整不合适,其制冷剂流量太小,造成蒸发压力过低。遇到这一问题的处理方法:在满足蒸发压力的要求下,用棘轮扳手缓慢调整热力膨胀阀的开度,适当加大向制冷系统的制冷剂供应量,加大制冷剂吸收库内热量的能力。

(2) 由于新装制冷系统管道中污垢过多,造成电磁阀孔被堵塞和干燥过滤器过滤网被堵塞,影响流量。遇到这一问题的处理方法:将电磁阀和过滤器两端的截止阀关闭,从制冷系统上拆下过滤网和电磁阀,并将电磁阀线圈拆下。然后将过滤网和电磁阀阀体浸泡在煤油中,洗涤电磁阀孔被堵塞眼及干燥过滤器过滤网上的油污,疏通制冷剂的流动通道。

(3) 由于制冷系统安装过程中,抽真空不彻底,有残余水分留在制冷系统中,造成干燥过滤器中的干燥剂失效,形成热力膨胀阀冰堵。遇到这一问题的处理方法是将干燥过滤器两端的截止阀关闭,从制冷系统上拆下干燥过滤器,更换干燥过滤器中的干燥剂后,先打开干燥过滤器进液口的截止阀,松开出液口的截止阀进口纳子,待有气体跑出后拧紧后再打开干燥过滤器出液口的截止阀,即可消除故障现象恢复制冷系统正常运行。

876. 不清楚制冷系统冰堵的特征怎么办?

制冷系统冰堵的特征是:制冷系统的压缩机工作正常,但制冷效果差,高压排气压力比正常值偏低,低压回气压力比正常值也偏低甚至为负值。制冷系统发生冰堵后,制冷剂不能循环,造成冷库内温度升高,蒸发器上出现自动融霜现象,蒸发器干净后,制冷系统又恢复制冷了。

877. 不清楚制冷系统脏堵的特征怎么办?

制冷系统脏堵的特征是:制冷系统的压缩机运行正常,但蒸发器不结霜,高压排气压力比正常值偏低,低压回气压力比正常值也偏低甚至为负值。制冷系统发生脏堵后,制冷剂不能循环,引起高低压力继电器低压保护动作,压缩机停机。认为再次手动开机,故障现象依然,就是典型的脏堵故障了。

878. 制冷系统脏堵了想清洗干燥过滤器怎么办?

冷库制冷系统中"脏堵"故障可以这样处理:

(1) 将制冷系统中干燥过滤器两端的截止阀关闭。

(2) 用两把开口扳手(呆扳手),一把卡住干燥过滤器,一把卡住其在管道上的纳子，将干燥过滤器从制冷系统上拆下。

（3）将干燥过滤器夹在台钳上，用梅花扳手拧下干燥过滤器端盖螺栓，拆下端盖，取出过滤网，放到盛有煤油或汽油的容器中，清洗滤网和过滤器内部的污物，待其内部干燥后，换上新的硅胶，装上端盖。

（4）按原方位将干燥过滤器装回制冷系统的管路中，然后微开干燥过滤器接进口端的截止阀，再拧松干燥过滤器出口端与另一截止阀接头螺母，把过滤器内的空气赶出。然后拧紧螺母，开启干燥过滤器前、后的截止阀，恢复制冷系统的正常工作。

879. 想更换冷冻润滑油和清洗油过滤器怎么办？

在冷库制冷系统运行过程中，若发现冷冻润滑油和清洗油过滤器损坏了，想更换冷冻油和清洗油过滤器时，可以这样做：

（1）关闭压缩机的吸气阀，手动复位油压控制器，起动压缩机，将压缩机内的制冷剂排入系统中，待压缩机的压力和大气压力平衡时，关闭压缩机和排气截止阀（此时压缩机内的压力还会有所升高），打开排气截止阀的接头，放净存气。

（2）从压缩机的放油堵口处，取出油过滤器，把脏油放入到准备好的容器中。

（3）用汽油洗净油过滤器，油堵上的金属粉末，晒干后重新装入并拧紧放油堵。

（4）将压缩机曲轴箱左上方的丝堵拧下，用加油管将其和油桶连接好后，用真空泵从压缩机高压截止阀处对压缩机进行抽真空，油桶中的冷冻润滑油靠大气压力的作用自动进入压缩机。

（5）换油量只需露出油镜1/4即可。达到加注润滑油量后，取下加油管，再拧上曲轴箱左上方的丝堵（在拧上丝堵前，丝堵重新缠上生料带）。

（6）用真空泵抽出压缩机曲轴箱中的空气或起动压缩机从排气阀接头处排出空气，当压缩机达到抽真空要求时，停止运转压缩机，稍微打开吸气截止阀，待从截止阀接头有制冷剂气体冒出10min后，即可拧上排气阀的接头帽。

（7）打开压缩机吸气截止阀，即可使压缩机投入运转。

880. 想快速判断膨胀阀是冰堵还是脏堵怎么办？

氟利昂制冷系统中冰堵和脏堵常发生在热力膨胀阀中。当含水量超过规定标准的氟利昂流经节流机构时，因节流降压引起温度下降，其中呈游离状态混合的水分即可能在热力膨胀阀节流孔处结成冰，部分或全部堵塞节流阀孔。使制冷系统中氟利昂流量急剧减小，吸排气压力下降，制冷量下降，甚至氟利昂不能通过，制冷装置不能正常工作。

判断制冷系统是冰堵还是脏堵的方法是：当热力膨胀阀出现堵塞故障，制冷系统不能正常工作时，用热水对热力膨胀阀阀体进行加热，若加热后能消除堵塞现象即为冰堵，否则就是脏堵。

881. 想防范冷库制冷系统出现冰堵怎么办？

想防范冷库制冷系统出现冰堵问题，可以从以下几方面做起。

(1) 在打加压检漏后，对制冷系统抽真空时要认真操作，严格按规范操作，彻底将系统中的空气排干净，这是防止出现冰堵的关键环节。

(2) 在加注制冷剂时，应在加氟管道上串接一只干燥过滤器，用以滤除加注制冷剂中的水分。

(3) 规范更换冷冻润滑油的操作：制冷循环系统在维护保养更换冷冻润滑油时，应先用电加热装置将冷冻机油加温至 100℃ 以上，使冷冻机油内残余水分挥发干净后再进行更换。

(4) 制冷循环系统在开放式保养维护时间较长时，应对正在维修保养设备的管口进行及时封闭，防止空气渗入系统。最好不要选择在阴雨天气进行维修保养。

(5) 若在制冷系统 -15℃ 工作状态下出现冰堵情况，先不要放制冷剂，等几小时后再去开机，冰堵现象可能就消失了。这是因为经过一段时间停机，再开机时，干燥过滤器中的干燥剂才能吸掉系统冰堵的水分。

882. 制冷系统要更换干燥过滤器怎么办？

制冷系统脏堵了更换干燥过滤器的操作方法如下。

(1) 将制冷系统中干燥过滤器两端的截止阀关闭。

(2) 用两把开口扳手（呆扳手），一把卡住干燥过滤器，一把卡住其在管道上的纳子，将干燥过滤器从制冷系统上拆下。

(3) 将干燥过滤器夹在台钳上，用梅花扳手拧下干燥过滤器端盖螺栓，拆下端盖，取出过滤网，放到盛有煤油或汽油的容器中，清洗滤网和过滤器内部的污物，待其内部干燥后，换上新的硅胶，装上端盖。

(4) 按原方位将干燥过滤器装回制冷系统的管路中，然后微开干燥过滤器接进口端的截止阀，再拧松干燥过滤器出口端与另一截止阀接头螺母，把过滤器内的空气赶出。然后拧紧螺母，开启干燥过滤器前、后的截止阀，恢复制冷系统的正常工作。

(5) 为彻底清除制冷系统中所含有的水分，可重复 1~4 操作步骤 3~

4 次。

883. 想重复使用干燥剂怎么办？

冷库制冷系统使用的干燥剂硅胶的吸湿率为 30% 左右，是一种无毒无臭无腐蚀的半透明结晶块，并有粗孔、细孔和原色、变色之分。粗孔硅胶吸湿快，易饱和，使用时间短；细孔硅胶吸湿慢，使用时间较长；变色者干燥状态时为海蓝色，吸湿后逐渐变为淡蓝色、紫红色，最后变为褐红色而失去吸湿能力。

硅胶吸湿饱和后可以放入烘箱中，将温度设为 120～200℃，加热时间为 3～4h，"再生"完成烘烤后，筛去碎粒，可继续反复使用。

活性氧化铝和分子筛的吸湿率为 20%～25%，是白色或淡黄色多孔结晶体。一般前者为圆柱状，后者为球状，均可较长时间使用，吸湿饱和后可经过 350℃±10℃ 高温加热 2h，筛去碎粒后，也可以继续反复使用。

884. 热力膨胀阀脏堵塞了怎么办？

冷库制冷系统的热力膨胀阀经常出现脏堵。其特点是，当膨胀阀的进口处出现结霜（或阀盖也结霜），进液管的温度比常温低，甚至结露。压缩机的吸气压力低于库温下的相对应的正常压力，冷库内温度下降缓慢或不下降，这说明热量膨胀阀存在脏堵现象。

遇到热力膨胀阀出现脏堵问题的处理方法是：将制冷系统的出液阀至蒸发器的截止阀关闭。拆开膨胀阀的进液口，取出滤网用煤油清洗后重新装回，更换干燥过滤器中的干燥剂后，先打开干燥过滤器进液口的截止阀，松开热力膨胀阀出液口的截止阀进口纳子，待有气体跑出后拧紧再打开热力膨胀阀出液口的截止阀，即可消除故障现象，回复制冷系统正常运行。

885. 热力膨胀阀冰堵塞了怎么办？

热力膨胀阀冰堵塞一般发生在膨胀阀的节流孔处，其故障特征是：制冷系统开始运行时制冷正常，但过了 30min 左右，蒸发器开始出现融霜现象；待融霜过程结束以后，蒸发器恢复制冷状态，过一段时间后再次出现融霜现象。

遇到热力膨胀阀冰堵塞问题的处理方法是：对于热力膨胀阀轻微冰堵，可用热毛巾敷在热力膨胀阀冰堵处，即可化开冰堵，恢复制冷系统运行；如果冰堵程度比较严重，不能恢复制冷系统的正常运行，可将干燥过滤器两端的截止阀关闭，从制冷系统上拆下干燥过滤器，更换干燥过滤器中的干燥剂后，先打开干燥过滤器进液口的截止阀，松开出液口的截止阀进口纳子，待有气体跑出后拧紧再打开干燥过滤器出液口的截止阀，即可消除故障现象，回复制冷系统正常运行。

886. 不知道新安装膨胀阀过热度是否需要调节怎么办？

热力膨胀阀的过热度不要轻易进行调整。新更换的膨胀阀若使用在标准工况条件下，膨胀阀的过热度不用调节。因为多数热力膨胀阀在出厂前把过热度调定在 5～6℃，膨胀阀的结构保证过热度再提高 2℃阀即处于全开位置。若调低 2℃，膨胀阀将处于关闭状态。控制过热度的弹簧，膨胀阀过热度调节范围为 3～6℃。

一般来说，膨胀阀调定的过热度越高，冷库的冷风机或者冷库排管的吸热的能力越低，因为这时要占去很长的一段盘管才能产生足以使膨胀阀动作的过热度。应当把过热度调到既能通过足够的制冷剂以便充分利用蒸发器表面积，又不使液态制冷剂进入冷库压缩机。

887. 遇到冷库制冷系统油堵怎么办？

冷库制冷系统油堵是指热力膨胀阀的阀孔被凝固的润滑油堵塞而阻碍制冷剂流动的现象。一般发生在蒸发温度在低温冷库的制冷系统或选用凝固点偏高并能溶解于氟利昂制冷剂润滑油的系统中。凝固点偏高的冷冻润滑油在与制冷剂混合后，流经热力膨胀阀阀孔时，因温度骤降而使部分润滑油从制冷剂中析出并冻成厚糯糊状，造成热力膨胀阀阀孔被堵塞。

遇到制冷系统油堵问题的处理方法是：用制冷剂回收机，回收制冷系统中的制冷剂后，放出压缩机中的润滑油，更换凝固点低的润滑油后，重新对系统装制冷剂即可恢复正常运行。

888. 想判断排管式蒸发器内是否积油太多怎么办？

蒸发器内积存冷冻润滑油太多会阻碍热交换效果，严重影响蒸发器的正常工作。判断排管式蒸发器是否积存冷冻润滑油太多，可在制冷系统制冷剂充足，系统运行正常时看其结霜情况：若排管式蒸发器结霜不匀，并呈浮霜状态，即可判断为其内部积存冷冻润滑油太多。

排除排管式蒸发器内积存冷冻润滑油太多的方法是：断开排管式蒸发器与制冷系统进出两端的接口，用高压氮气接到蒸发器的入口上，调整氮气加压器的表压力到 0.8MPa，向蒸发器内吹入氮气 5min，然后用喷灯加热蒸发器排管，再次向蒸发器内吹入氮气 5min 即可基本吹出内存的润滑油。

889. 压缩机中润滑油脏了想更换怎么办？

在冷库制冷系统运行过程中发现压缩机中的润滑油脏了，进行更换的方法是：先关闭活塞式压缩机的排气口的三通截止阀，并使其多用通道与大气相通。关闭活塞式压缩机的吸气口的三通截止阀，起动压缩机将曲轴箱抽空，使溶解在润滑油中的氟利昂逸出。此时由于曲轴箱压力迅速降低，其曲轴箱内的润滑油呈沸腾状态，有可能被吸入汽缸，如听到机内有液击声，应立即停机，稍停片刻，再瞬时起动二三次，至"液击声"消失，再继续运转，抽至真空度稳定后，停机。将压缩机的排气口的三通截止阀的多用通道上好丝堵。在压缩机放油口下面放好接油容器后，稍开压缩机吸入阀，使曲轴箱内压力回升到大气压力或稍高再关闭；打开曲轴箱的放油孔和注油孔闷头，放尽脏油；打开曲轴箱侧盖，清洁曲轴箱内部，清洗时应用棉布擦洗而不允许用棉纱或毛料；清洗完毕，旋紧放油孔闷头，从注油孔注入合格润滑油，至油位镜一半高度，然后拧紧注油孔闷头；最后像拆修装复的压缩机一样，使压缩机排出阀多用通道上的接管通大气，继续起动压缩机，使曲轴箱抽空，把空气排净，再关闭此多用通道，并停车检查压缩机的真空性能。若真空性能合格，则在多用通道上装复压力表和压力控制器，并开启压缩机吸、排气阀。压缩机更换冷冻润滑油操作完毕，压缩机即可重新开启运转。

890. 制冷压缩机镀铜现象是怎么发生的？

镀铜现象是半封闭或全封闭活塞式运行过程中，由于冷冻机油与氟利昂在高温和水分的存在下发生化学反应所产生酸性物质，腐蚀管道，并将腐蚀下来的铜分子镀到压缩机阀片上。镀铜现象会在制冷压缩机的阀板、活塞销、汽缸壁等零件表面形成铜原子沉积层的现象。以氟利昂作制冷剂的制冷系统，在使用过程中其钢铁零部件的表面常常形成一层铜的沉积，这就是镀铜现象。

镀铜现象会导致铜制部件（如连杆小头钢轴承、轴封等）的腐蚀，造成该部件间隙增大、密封不良，还使铜制毛细管部件的管径变细，阻碍制冷剂的流动，影响制冷剂效率等不良后果。

可使铜制零件表面产生缺陷而缩短寿命，也使运动部件磨合面间的间隙过小而损坏该部件，还会使密封面密封不良。

891. 想防止制冷压缩机镀铜现象怎么办？

想防止制冷压缩机发生镀铜现象可以这样做：

（1）使用与氟利昂制冷剂有良好热化学安定性的压缩机冷冻润滑油。

（2）在向压缩机加注冷冻润滑油时，要在加油管路上安装一个干燥过滤器，以过滤掉冷冻机油中水分。

（3）在向压缩机加注制冷剂时，要在加氟的管路上安装一个干燥过滤器，以过滤掉制冷剂中水分。

（4）在向压缩机加注制冷剂时，要认真排掉加氟管道中的空气，以保证加注的制冷剂过程中没有空气渗入，避免空气中的水分混入制冷系统。

892. 想防止活塞式制冷压缩机出现"倒霜"怎么办？

活塞式制冷压缩机"倒霜"又称"回霜"。这种故障一般会发生在活塞式压缩制冷系统中。由于制冷负荷变小，使蒸发器中的制冷剂没有完全气化，而呈液态流经回气管路进入压缩机曲轴箱，由于制冷剂在压缩机中吸热气化而在回气管及曲轴箱外产生霜层，这种现象称为"倒霜"。

"倒霜"发生的原因：一是制冷剂充注过多；二是热力膨胀阀开启度过大，造成蒸发器供液过多以及温度控制器失灵，"倒霜"严重时将引起压缩机液击现象，所以在冷库制冷系统运行中要格外注意压缩机出现"倒霜"现象。

893. 冷库制冷系统的电磁阀线圈烧坏怎么判断？

冷库制冷系统的电磁阀线圈烧坏的判断方法：

用眼睛观察制冷系统的低压压力表，若发现呈负值，用手摸电磁线圈外壳无热感，此时可用指针式用万用表 R×10Ω 测量电磁线圈的阻值，若阻值为零或无穷大则说明电磁阀线圈烧坏。

电磁阀线圈烧坏的解决方法：拆下损坏的电磁阀线圈，更换一个同规格的电磁阀的线圈。

894. 冷库制冷系统的电磁阀阀芯卡死怎么办？

冷库制冷系统的电磁阀阀芯卡死的现象多发生在曾经出现过"冰堵"或维修过的制冷系统中。冷库制冷系统的电磁阀阀芯卡死有两个极端现象：一是卡死在电磁阀阀芯关闭位置上，其现象为电磁阀线圈正常，而向制冷系统和电磁阀通电时，制冷系统的低压为负值，无制冷循环；二是卡死在电磁阀阀芯开启位置上，其现象为电磁阀线圈正常，制冷系统停机后，其高低压很快平衡，开机时回气管及压缩机低压端出现挂霜现象。

电磁阀阀芯卡死的解决方法：将电磁阀两端的直角阀关闭，从系统上拆下电磁阀，用煤油清洗电磁阀阀芯后，重新装回制冷系统，恢复制冷系统正常运行状态即可。

第三节　常见故障的判断与操作

895. 想用感官判断活塞式压缩机运行是否正常怎么办？

在冷库制冷系统运行中，为保证活塞式压缩机制冷机组在运行过程中的安全，运行维护人员可以用感官对压缩机运行状态进行基本判断，其判断方法是：

一看：即看压缩机的运行压力、温度、电流等参数的变化趋势；

二听：即听压缩机及辅助设备的运行声音；

三闻：即闻压缩机及其辅助设备在运行中有无异味；

四摸：即用手摸压缩机管道的温度变化情况，以便及早发现问题。

上述方法是基于一定经验基础上的，要做到准确判断压缩机运行状态是否正常，还需要操作者不断学习，不断积累经验。

896. 想用观察法对制冷系统进行故障分析怎么办？

为了保证冷库制冷系统安全、高效、经济的长期正常运转，在冷库制冷系统运行管理和维修中可以通过"看"来对制冷机组运行中故障进行分析和判断。

看是指看制冷机组运行中高、低压力值的大小；油压的大小；冷却水进出口水压的高低等参数，这些参数值以满足设定运行工况要求的参数值为正常，偏离工况要求的参数值为异常，每一个异常的工况参数都可能包含着一定的故障因素。

此外，还要注意看制冷机组的一些外观表象，如出现压缩机吸气管结霜这样的现象，就表示制冷机组制冷量过大，蒸发温度过低，压缩机吸气过热度小，吸气压力低。这对于活塞式制冷机组将会引起"液击"故障。

897. 想用触摸法对制冷系统进行故障判断怎么办？

为了保证冷库制冷系统安全、高效、经济的长期正常运转，在冷库制冷系统运行管理和维修中可以通过"摸"来对制冷机组运行中故障进行分析和判断。

摸是在全面观察各部分运行参数的基础上，进一步体验各部分的温度情况，用手触摸制冷机组各部分及管道（包括气管、液管、水管、油管等），感觉压缩机工作温度及振动；冷凝器与蒸发器口的进出口温度；管道接头处的油迹及分布情况等。正常情况下，压缩机运转平稳，吸、排气温差大，机体温升不高；蒸发温度低；冷凝温度高，冷却水进、出口温差大；各管道接头处无制冷剂泄漏，无油污等。任何与上述情况相反的表现，都意味着相应的部位存在着故障因素。

用手摸物体对温度的感觉特征见表 11-1。

冷库制冷与辅助设备的维修

表 11 - 1　　　　　　　　触摸物体测温的感觉特征

温度（℃）	手感特征	温度（℃）	手感特征
35	低于体温	65	强烫酌感，触 3s 缩回
40	稍高于体温，微温舒服	70	剧烫酌感，手指触 3s 缩回
45	温和而稍带热感	75	手指触有针刺感，1～2s 缩回
50	稍热但可长时间承受	80	有烘酌感，用一触即回，稍停留则有轻度酌伤
55	有较强热感，产生回避意识	85	有辐射热，焦酌感，触及烫伤
60	有烫酌感，触 4s 急缩回	90	极热，有畏缩感，不可触及

用手触摸物体测温，只是一种体验性的近似测温方法，要准确测定制冷压缩机的温度应使用点温计或远红外线测温仪等测温仪器，从而迅速准确地判断故障。

898. 想用耳听方法对制冷系统进行故障判断怎么办？

为了保证冷库制冷系统安全、高效、经济的长期正常运转，在冷库制冷系统运行管理和维修中可以通过"听"来对制冷机组运行中故障进行分析和判断。

听是通过对运行中的制冷机组异常声响来分析判断故障发生的性状和位置。除了听制冷机组运行时总的声响是否符合正常工作的声响规律外，重点要听压缩机有无异常声响。例如，运转中听到活塞式压缩机发出轻微的"嚓，嚓，嚓"声或连续均匀轻微的"嗡，嗡"声，说明压缩机运转正常；如听到的是"咚，咚，咚"声，或者有不正常的振动声音，表明压缩机发生了"液击"故障。

899. 想用测量方法对制冷系统进行故障判断怎么办？

为了保证冷库制冷系统安全、高效、经济的长期正常运转，在冷库制冷系统运行管理和维修中可以通过"测"来对制冷机组运行中故障进行分析和判断。

测是在看、听、摸等感性认识的基础上，使用压力表、万用表、钳型电流表、兆欧表、点温计或远红外线测温仪等仪器仪表，对机组的运行电流、电压、温度、压力及绝缘状态等进行测量，从而准确找出故障的原因及其发

337

生的部位，迅速予以排除。

900. 活塞式压缩机大中小修多长时间进行一次？

对冷库使用的活塞式制冷压缩机大、中、小修的时间间隔，一般应根据压缩机实际运行时间来决定，在一般正常运行情况下，压缩机累计运行 1000h 以后应进行小修；压缩机累计运行 2000h 以后应进行中修；压缩机累计运行 3000h 以后应进行大修。

901. 活塞式压缩机在运行中正常与否的参数？

中小型冷库制冷系统活塞压缩机在运行中正常与否的参数，可以通过对下列运行状态进行检查予以判断。

（1）活塞式压缩机起动运行后，应只能听到吸、排气阀片的起落声，不能有其他杂声。

（2）系统的冷凝器的进出水温差、水压应在规定的范围内。

（3）活塞式压缩机的润滑油压力值，应比吸气压力值高 0.15～0.3MPa。

（4）压缩机的吸气温度应比蒸发温度高 15℃左右。

（5）活塞式压缩机运行中其汽缸壁不能出现结露现象。

（6）活塞式压缩机曲轴箱内的润滑油温度不能超过 70℃，曲轴箱内的润滑油不能起泡沫，润滑油的液面不能低于示油镜的 1/2。

（7）制冷系统的储液器内制冷剂液面不能低于液面计的 1/3。

（8）活塞式压缩机自动回油管手摸时应时冷时热，系统的干燥过滤器两端应无明显温度差，在所有接头处不应看到有泄漏造成的油污现象。

（9）用手触摸水冷式冷凝器时，应明显感到上半部热，下半部凉。

902. 不清楚制冷系统维修后起动前的准备工作怎么办？

中小型冷库制冷系统经过安装、拆装修复或较长时间停车而重新使用时，需要人工起动。在人工起动前，应做好的准备工作有以下 8 个方面。

（1）检查压缩机与电动机各运转部位有无障碍物，对于开启式活塞压缩机要扳动皮带轮或联轴器转 2～3 圈，检验其是否有卡死现象。

（2）观察活塞式压缩机曲轴箱中的润滑油油面是否在视油镜中间或偏上的位置，若不是应予以补充。

（3）接通电源，检查电源电压是否在正常范围。

（4）检查各压力表的阀门是否打开，各压力表是否灵敏准确，对已损坏者予以更换。

（5）开启压缩机排气阀及高、低压系统有关阀门。但压缩机吸入阀和储液器出液阀可暂不开启或稍开。

338

（6）开启冷却水循环泵向冷凝器供应冷却水；对风冷式机组，开启冷凝器风扇电动机。

（7）调整压缩机高、低、油压控制器及各温度控制器的给定值（一般R12 高压为 1.2～1.4MPa，R22 高压为 1.6～1.9MPa）。装置所有安全控制设备，应确认状态良好。

（8）检查制冷循环系统管路，看有无制冷剂泄漏现象。冷却水系统各阀门及管道接口也不得有严重漏水现象。

903. 制冷系统维修后起动操作有哪些要求？

中小型冷库制冷系统维修后，起动操作的要求是：瞬时起动压缩机，并立即停车，观察压缩机、电动机起动状态和开启式压缩机轴的旋转方向。要反复试起动 2～3 次，确认起动过程中各项指标正常，将冷库制冷系统转入自动运行挡，进入正式运行状态。

在压缩机正式起动后缓慢开启压缩机吸入阀，并注意防止出现"液击"现象。然后再缓慢开启储液器的出液阀，开始向系统供液。

在起动时间内应观察：机器运转、振动情况；系统高、低压及油压是否正常；检查电磁阀、膨胀阀及回油阀的工作等，这些起动后的全面检查直到确认制冷工况稳定，运转正常为止。

904. 不清楚制冷系统维修后运行过程巡视内容怎么办？

中小型冷库制冷系统维修后的起动工作完成以后，即可转入自动运转。在其运行过程中操作人员应做好以下几个方面的巡视检查工作。

（1）运转中压缩机不应有局部激热，制冷系统各连接处不应有油渍（开启式压缩机轴封处允许有少量渗油现象）。

（2）运转中压缩机的排出压力和温度。压缩机吸、排气压力是判断系统工作是否正常的重要依据。冷库制冷装置多数为水冷冷凝器，考虑水的温度变化（夏季最高为 28～33℃）其冷凝温度多在 25～35℃范围内，故其压缩机的排气压力一般数值为：R12 是 0.8～1.0MPa，最高不应超过 1.2MPa，最低不低于 0.6MPa；R22 是 1.6～1.9MPa，最高不超过 2.0MPa。对于风冷冷凝器，随冷凝温度的提高其冷凝压力也允许相应提高一定数值，但冷凝温度（对 R12）一般不应超过 40℃，最高排气压力不应超过 1.5MPa。压缩机排气压力过高，必然造成排气温度高，而排气温度过高，又将恶化压缩机的润滑，影响运转安全。因此，国标对活塞式制冷压缩机做了最高排气温度不超过 130℃（R12）和 150℃（R22）的规定。

（3）压缩机的吸入压力与温度。通常把压缩机的吸入压力近似地看作制冷剂的蒸发压力，与此压力相应的饱和温度即为蒸发温度。在直接冷却系统中，通常要求蒸发温度比冷库保持温度低 5～10℃，所以蒸发温度为 −25℃的情况下，就能满足 −15～−20℃的库温要求。在装置运转过程，保证吸入表压力在 0MPa 以上是必要的。

（4）压缩机的润滑。润滑是压缩机正常运转的基本条件。中小型冷库制冷系统的压缩机是借助曲轴和连杆大头在曲轴箱下部的油槽里产生激烈的搅动而造成飞溅。汽缸镜面上受到飞溅油而润滑活塞、活塞销及连杆小头衬套。主轴承上部有一集油环，收集飞溅的油由此去润滑主轴承及主轴颈。连杆大头因浸在油中而有较好的润滑。此外，还应注意曲轴箱内油位变化。曲轴箱内的油温规定：开启式压缩机不超过 70℃，封闭式压缩机不超过 80℃。

（5）制冷系统运转过程中，应经常检查自动控制元件工作与指示是否正常。

（6）制冷系统运转过程还须检查各冷库降温、保温及低温冷库蒸发器结霜情况。

905. 制冷系统短时间停机怎样操作？

中小型冷库制冷系统临时停机或停机时间不长（不超过一星期）的操作方法是：只要在停机前关闭储液器（或冷凝器）出液阀，使低压表压力接近 0MPa（或稍高于大气压力）时，停止压缩机运转，关闭压缩机的吸、排气阀和冷凝器出液阀，待 2～3min 后，停止冷却水系统，切断电源即可。

906. 制冷系统长时间停机怎样操作？

中小型冷库制冷系统若是长时间停机的操作方法是：将制冷剂收集而储存于冷凝器或储液器中。即把储液器或冷凝器出液阀关闭，将蒸发器中制冷剂抽回到冷凝器或储液器中，以防止泄漏。此时除制冷系统的安全阀的截止阀、压力表阀等开启外，其他阀门均应关闭，对氟利昂制冷系统上的阀门除压紧阀杆填料外，还应旋紧阀帽。

各种制冷装置，在长期停机中，必要时应将系统中水放掉，以防因环境温度过低，而冻坏设备。若在南方地区，因气温较高，可不必放水，因为放水后会有空气渗入，对管内壁腐蚀比有水的情况要严重。

第四节　维修操作方法

907. 维修后怎样向制冷系统充注液态制冷剂？

维修后的中小冷库制冷系统在充注制冷剂之前，必须先经过全系统的气密试验，确认合格之后，才能够进行抽真空和充注制冷剂的操作。

维修后向制冷系统充注液态制冷剂的操作方法是：在制冷系统的储液器与膨胀阀间的专门设置的充注阀上进行液态充注制冷剂。充注时，先备好制冷剂的钢瓶，并将钢瓶倾斜倒置于磅秤上，记下质量。用 $\phi6\times1$mm 紫铜管一段，用专制的螺纹接头，一头接在钢瓶接头上，管子的另一头接在充制冷剂阀（或吸入阀的多用通道）的接头上（暂不旋紧）。为了防止钢瓶内制冷剂中的水分和污物进入系统，在充制冷剂时，管路中应加装过滤干燥器，使制冷剂进入系统前先被过滤干燥。然后稍开钢瓶阀，放出少许制冷剂将接管中的空气排出，随即旋紧管接头。

至此，充注准备工作就绪，可开始充注：先开启冷凝器水阀，起动压缩机，并逐步开启充制冷剂阀及钢瓶阀，这时制冷剂将不断被压缩机吸入。为了迅速充注，在此过程中可将储液器出液阀关闭，使被吸入的制冷剂储存于储液器中。根据系统所需制冷剂数量，随时注意磅秤减重或储液器内制冷剂的液位和压缩机吸、排气压力的变化。一般在充注制冷剂过程中，应使压缩机吸气表压力保持在 $0.1\sim0.2$MPa。这样待充注量达到要求后，关闭充制冷剂阀，然后再开启储液器出液阀，让压缩机继续运转一段时间，观察系统的制冷剂量是否合适。若发现不足时再继续充注。在充注过程中宁可多充几次，切不要一次充注过量。制冷剂充注达到要求后，即可关闭钢瓶阀，待吸入表压力接近 0MPa 时，关闭充制冷剂阀，开启储液器出液阀，拆去制冷剂接管及钢瓶。制冷系统即可进入正常工作。

908. 维修后怎样向制冷系统充注气态制冷剂？

向维修后的中小冷库制冷系统充注气态制冷剂，一般从压缩机低压端进行充注。其操作方法是：充注时要先准备一个磅秤，将制冷剂钢瓶正置在磅秤上，并记录质量。将加氟管的一头接于钢瓶的瓶阀上，另一头接到压缩机吸入阀的多用通道上。充注前应先把管内空气排净。此法，制冷剂是以湿蒸气形式充入的，所以打开钢瓶阀时要适当，以防压缩机发生液击。充注前若系统内呈真空状态，则钢瓶内的制冷剂就会自动注入系统，待系统内压力与钢瓶内压力平衡时，制冷剂就停止进入。这时若系统内制冷剂量还未加足，则可先关闭钢瓶阀，储液器出口阀，手动膨胀阀和压缩机的吸入阀，起动冷凝器的冷却水泵，然后起动压缩机。为了防止液击冲缸，应慢慢开启吸入阀，把系统内的制冷剂抽入储液器，系统低压部分又被抽成真空，然后打开钢瓶阀，让制冷剂再次自动充入系统。如此反复进行，直至加足系统所需的制冷剂量。当充注到满足要求时，马上关闭钢瓶阀，然后让接管中残留的制冷剂尽可能被吸入系统，最后关闭多用通道，停止压缩机运行，充注制冷工作基本结束。这种方法充注速度较慢，适用于在系统制冷剂不足而需要补充的情况下采用。

909. 制冷系统维修后气密性试验打多大压力？

中小型冷库制冷系统气密性试验一般采用氮气压力试漏方法进行。制冷系统维修后进行气密性试验打压的压力要求是：对 R12 制冷系统其高压部分试验压力为 1.6MPa，低压部分为 1.05MPa；对 R22 制冷系统高压部分试验压力为 2.0MPa，低压部分为 1.4MPa。

910. 不清楚活塞式压缩机维修后做气密性试验操作方法怎么办？

活塞式压缩机维修后做气密性压力试验的方法是向压缩机内充注高压氮气。其方法是：关闭压缩机与系统连接的截止阀。压缩机低压端截止阀的多用孔连接氮气管，向压缩机内充入氮气，待试验压力达到 1.0MPa 后，关闭氮气瓶阀，用肥皂水对压缩机体各部分进行检漏，确认无泄漏问题后，保压 4h，在保压时间内压力下降不得超过 0.02MPa。如果由于气温变化，而压力下降 0.01～0.03MPa 则属正常，即可确认压缩机无泄漏问题。

911. 不清楚用压缩机自身抽真空进行气密性实验的操作方法怎么办？

活塞式压缩机维修后利用压缩机自身抽真空的方法，检查压缩机的密封性能的操作方法是：

先关闭压缩机吸气阀与制冷系统的连接通道，并在其多用通道上安装一块低压压力表，在高压排气阀多用孔道上装一根输气管通大气。

瞬时起动压缩机，并逐步关闭排气阀与制冷系统的连接通道，让空气从多用通道排出，待吸入压力降至 600mmHg 的真空度时，把高压排气阀多用孔道上的输气管的另一端放入润滑油里。根据输气管排出气泡多少判断压缩机密封性能。如果看到气泡长时间不止，则说明压缩机达不到真空。此时，可停车观察低压压力回升情况。如果停车后低压压力微有回升，并在数分钟内即稳定在某一真空状态，且连续数小时不再回升，则说明压缩机本身密封性良好，运转时的气泡是由压缩机"内漏"（即阀片不严密）造成。反之，停车后低压压力持续回升，以至接近大气压力，则说明压缩机有"外漏"，即压缩机本身密封性能不好。

912. 不清楚制冷系统维修时进行高低压分段试漏操作步骤怎么办？

中小型冷库制冷系统维修时进行高低压分段试漏的操作步骤如下。

（1）在压缩机高、低压截止阀多用通道上接好压力表，拆去原系统中不宜承受过高压力的部件和阀件（如蒸发压力调节阀、压力控制器、热力膨胀阀等），并用其他阀门或管道代替，开启手动膨胀阀和管路上的其他各阀。

（2）从压缩机高压截止阀多用通道上向制冷系统充注氮气，当低压压力表的表压力 R12 为 1.0MPa，R22 为 1.4MPa 时即停止充注氮气。

（3）观察系统压力下降情况。若压降明显，则应用肥皂液进行找漏。

（4）在低压段试验完毕，即进行高压系统的压力试验。此时，关闭压缩机排出阀和膨胀阀前供液截止阀，继续向高压系统充氮气，使压力提高到高压试验表压力（R12 为 1.6MPa，R22 为 2.0MPa）后停止充注氮气，观察高压系统压力下降情况并再次找漏。

（5）在认为制冷系统无泄漏后，对制冷系统保压 24～48h。前 4h 压降表压力不超过 0.03MPa，而后持续稳定（试验过程中，因气温改变压力升降一般不超过表压力 0.01～0.03MPa），即可认为制冷系统试漏合格。

913. 不清楚制冷系统维修时用观察法进行气密性检漏操作怎么办？

制冷系统用观察法对氟利昂制冷系统检漏的原理及操作方法是：因为氟利昂与润滑油有一定的互溶性，当有氟利昂制冷剂泄漏时，润滑油也会随之渗出或滴出。用目测油污的方法可以初步判定该处有无泄漏。当泄漏量较小时，用手指触摸不明显时，可戴上白手套或用白纸接触可疑处，油污可较明显地查出。

914. 不清楚制冷系统维修时用卤素检漏灯进行气密性检漏操作怎么办？

卤素检漏灯是维修时氟利昂冷库制冷系统检漏时最常用的简便有效的检漏工具。使用卤素检漏灯检漏时，当氟利昂被吸入检漏灯时，卤素检漏灯的火焰即变成紫罗兰色或深蓝色，以至火焰熄灭。因此，观察检漏灯火焰的色变即可判断系统有无泄漏，并确定泄漏部位。

制冷剂密度比空气大。因此，检漏灯的橡皮管进气口应朝上，才能接受制冷剂。进气口放在被测部位至少要 10s。

915. 不清楚制冷系统维修后用电子卤素检漏仪进行气密性检漏操作怎么办？

使用电子检漏仪对维修后的氟利昂制冷系统检漏时，要将其探口放在被检管道接口、阀门等处移动，若有氟利昂制冷剂泄漏，电子检漏仪即可自动报警。用电子卤素检漏仪进行气密性检漏操作方法是：电子检漏仪探口移动速度不要大于50mm/s，被检部位与探口之间的距离应为3～5mm。由于电子检漏仪的灵敏度很高，所以不能在有卤素物质或其他烟雾污染的环境中使用。

916. 不清楚制冷系统维修时用氮气进行气密性检漏操作怎么办？

对维修时的制冷系统进行氮气气密性压力试漏，将压缩机高压截止阀多用孔道与氮气瓶用耐压管道连好，打开氮气瓶阀向系统中打入表压为0.8MPa左右的高压氮气，然后关闭系统的出液阀，继续向系统打压至表压为1.3～1.5MPa左右的高压氮气；关闭好氮气瓶阀后用肥皂水涂抹各连接、焊接和紧固等泄漏可疑部位（四周都涂）然后，耐心等待10min到30min，仔细观察，若发现欲检部位有不断扩大的气泡出现，即说明有泄漏存在应予堵漏；不过微量泄漏要仔细观察才能发现，开始时肥皂水中只是一个或几个针尖大小的小白点，过10min到半个小时后才长大到直径1～2mm的小气泡。

由于接头在壳体内或其他部件的阻挡，不能观察到检漏接头的背后时，可采用两种方法：一种是用一面小镜子到背后照看；另一种是用手指把背后的肥皂水抹到前面来观察。

确认无泄漏后，记下高低压力表的数据，保压18～24h，在保压期间系统高低压段根据环境温度变化，允许压降9.8～19.6kPa。24h后系统压降在允许范围可认为系统密封良好。

917. 不会做肥皂水怎么办？

肥皂水是配合氮气对制冷系统进行气密性检漏重要的辅助材料。制作肥皂水时要将洗衣服剩下的肥皂头切成薄片，浸泡在温热水中，使其溶为稠状肥皂水或用肥皂粉泡制。如果在肥皂水中放几滴甘油，则可以使肥皂水保持较长时间湿润，更有助于在整个检漏过程中保持其良好状态。

918. 不清楚制冷系统维修后用荧光剂如何检漏怎么办？

荧光检漏法应用于对维修后的制冷剂系统的检漏非常有效，其操作原理是利用荧光剂在检漏灯照射下发出黄绿光的原理进行检漏，可以这样操作：首先，将一定量的荧光剂加注到要检测的冷库制冷系统中，开机使制冷系统运行20min，以便荧光剂与制冷系统内的制冷剂充分混合，并迅速渗透到所有的漏点处。然后，戴上专用眼镜，打开黑光灯并照射检查，当看到制冷系统某处发出黄绿光即为漏点，这种检测方法操作起来比较简便。

919. 不清楚荧光检漏特点怎么办？

荧光检漏与传统的压力检漏、电子检漏仪检漏方法相比具有如下特点。

一是可以使用在不同种制冷剂的冷库制冷剂系统的检漏操作上。

二是操作方便，使用专用的加注工具可将荧光剂方便准确加入到冷库的制冷系统中。

三是漏点定位准确，可用黑光灯一次性找出冷库制冷系统中的所有漏点。

四是长期有效，荧光剂可长期存在于冷库制冷系统内部，便于随时进行漏点检查，可保证冷库制冷系统正常工作，并及时发现冷库制冷系统的泄漏问题，有利于冷库制冷系统的长期安全运行。

920. 维修时想用低压吸入法给压缩机加注润滑油怎么办？

维修时想用低压吸入法给压缩机加注润滑油的具体操作步骤是：

将润滑油倒入一个清洁、干燥的容器内，在压缩机吸气阀多用通道上装"T"形接头，并在"T"形接头上接一压力表和一根清洁、干燥的软管。

微开多用孔道，排出少量制冷剂把软管内空气赶走。瞬时用手揿住管口浸入盛油容器油面以下。

关闭压缩机吸入阀，开启多用通道，并起动压缩机运转，待低压达到 $300 \sim 400 \text{mmHg}$ 真空度时，停止压缩机运转。

放开手指，这时润滑油即被吸入压缩机，并经吸气腔的回油孔流入曲轴箱中。

观察曲轴箱示油镜，待油量达到油镜 1/4 位置后，即关多用通道，并开启压缩机的吸气阀，加油工作即告完毕。

921. 维修时想在不停机状态下，向压缩机补充润滑油怎么办？

维修时想在不停机状态下，向压缩机补充润滑油的具体操作步骤如下。

（1）在压缩机正常运转时，把油三通阀置于运转位置（阀芯应退足）旋下外通道螺塞，接上加油管，油管通至盛油容器。盛油容器的油面应高于曲轴箱的油面。

（2）关小压缩机的吸气阀，使曲轴箱压力（即低压值）略高于"0" MPa。将油三通阀芯向前（右）旋转少许，置于放油位置，让曲轴箱内的油流出，赶走管内的空气。然后迅速将阀芯向前（右）旋至极限位置，处于装油位置，盛油器内的油就被油泵吸入。

（3）待油加至要求油位时，把油三通阀转至运转位置。然后拆下油管，并把装置调整在正常的运转工况。

922. 维修时想彻底更换压缩机内的润滑油怎么办？

维修时若发现压缩机的润滑油，污浊而颜色变深应予以更换。具体操作方法是：关闭压缩机吸气阀，起动压缩机将曲轴箱抽空，使溶解在润滑油中的氟利昂逸出而回收。由于曲轴箱压力迅速降低，润滑油呈沸腾状态，有可能被吸入汽缸，如听到机内有液击声，应立即停机，稍停片刻，再瞬时起动二三次，至液击声消失，再继续运转，抽至真空度稳定后，停机、关排出阀；稍开压缩机吸气阀，使曲轴箱内压力回升到大气压力或稍高再关闭；打开曲轴箱的放油孔和注油孔闷头，放尽脏油；打开曲轴箱侧盖，清洁曲轴箱内部，清洗时应用棉布擦洗而不允许用棉纱或毛料；清洗完毕，旋紧放油孔闷头，从注油孔注入合格润滑油，至油位镜一半高度，然后拧紧注油孔闷头；最后像拆修装复的压缩机一样，使压缩机排出阀多用通道上的接管通大气，继续起动压缩机，使曲轴箱抽空，把空气排净，再关闭此多用通道，并停车检查压缩机的真空性能。若真空性能合格，则在多用通道上装复压力表和压力控制器，并开启压缩机吸、排气阀。到此，换油完毕，压缩机即可重新开车运转。

923. 维修时想看一下就知道制冷系统中是否残存空气怎么办？

制冷系统内的空气通常聚集在系统的高压部分，制冷系统中残存有空气时，可以看出来的方法是：压缩机排气压力表指针出现摆动，且指针摆幅略大于平时运行时的摆动幅度，摆动频率比活塞频率慢，压缩机排气压力与排气温度都明显大于正常的压力和温度。

924. 维修时想快速排除制冷系统中的空气怎么办？

维修时想快速排除制冷系统中的空气可以这样做：关闭冷凝器与储液器上的出液阀，然后打开冷凝器顶部的放气阀（若冷凝器比压缩机低，则选排气侧位置较高的某处，如排出阀多用通道或排出压力表接头等），让气体流出几秒钟再关。几分钟后重复这一操作。因为空气密度比制冷剂小，静置后空气会聚在容器顶部，分次"放空"操作可减轻对容器内制冷剂的扰动，减少制冷剂的流失。每次放气后注意观察压力表值的变化，压力表值应有所下降，若压力表值降后又渐渐回升到放气前数值，则表明放掉的已是制冷剂，应结束放气。

925. 维修时想用感觉判断"排空"效果怎么办？

维修时想用感觉判断排除制冷系统中的空气的效果，可以这样做：在放气时，用手背感觉气流的温度，若是感觉是冷风就继续放，如有发凉的感觉，说明有制冷剂跑出，表明放掉的已是制冷剂，可结束放气。

用感觉判断排除制冷系统中的空气的效果时需要注意的是，氟利昂冷凝器放空气时，氟气跑出往往是过热气体，不一定会有凉的感觉。因此，氟利昂系统放空气时，应首先对系统是否有空气作出明确判断，确有空气时才进行放空气，否则就会浪费氟利昂。

926. 维修时想对制冷系统进行吹污怎么办？

对冷库制冷系统进行吹污时要将制冷系统的所有与大气相通的阀门都关闭，不与大气相通的阀门应全部开启。

制冷系统吹污操作步骤如下。

第一步是将压缩机高压截止阀备用孔道与氮气瓶用耐压管道连好，把干燥过滤器从系统上拆下，打开氮气瓶阀，用 0.6MPa 表压力的氮气吹系统的高压段，待充压至 0.6MPa 表压以后，停止充气。然后将木塞迅速拔去，利用高速气流将系统中的污物排出。并用一张白纸放在出气口检测有无污物。视其清洁程度而定，若白纸上较清洁，表明随气体冲出之污物已无，可停止吹污。

第二步是将压缩机低压截止阀备用孔道与氮气瓶用耐压管道连好，仍用干燥过滤器接口为检测口，打开氮气瓶阀，用 0.6MPa 表压力的氮气吹系统的低压段，仍用白纸放在出气口检测有无污物，确认无污物后，吹污过程结束。

927. 维修时想把系统中残留的油污、杂质吹干净怎么办？

在冷库制冷系统全面检修时，也需要将系统中残留的油污、杂质等除干净。为了使油污溶解，便于排出制冷系统的管道，对制冷系统残存的油污、杂质等进行吹除时，可将适量的三氯化乙烯灌入制冷系统，过 4h 后，待油污溶解，再用压力为 0.5～0.6MPa 的压缩空气或氮气的吹污操作步骤进气吹污。由于三氯化乙烯对人体有害，因此，使用三氯化乙烯吹污时要注意室内通风，并要适当远离排污口。

928. 水冷式冷凝器使用多长时间需要除垢？

冷库制冷系统中水冷式冷凝器是使用冷却水来进行冷却的，因水中带有各种杂质，长期使用会在管壁内积存水垢，阻碍冷却水的传热效果，也会影响水冷式冷凝器内冷却水的流速。因此，一般壳管式水冷式冷凝器在使用 2～3 年后，必须进行一次除垢工作。若是使用深井水、山泉水的地区，应每年进行一次除垢工作。

929. 维修时想用拉刷法给水冷式冷凝器除垢怎么办？

维修时用拉刷法给水冷式冷凝器除垢的操作方法是：将水冷式冷凝器两端的端盖打开卸下，把直径与冷凝器管子内径相近的圆柱螺旋形钢丝刷的两边拴上钢丝绳，送入管道内。然后在冷凝器的两边分别拽住钢丝绳的一端，反复拉刷，边刷边用压力水清洗。之后，再用接近水管内径尺寸的圆钢棒，在棒头绑上棉丝对冷凝器内管内壁反复清擦，直到干净为止。

拉刷法清洗冷凝器内管内壁的水垢方法的特点是：工具简单，劳动强度大，适用于中小型氟立昂制冷设备。

930. 维修时想用滚刮法给水冷式冷凝器除垢怎么办？

滚刮法又称机械除垢法，这种方法是将水冷式冷凝器两端的端盖打开卸下，用特制刮刀连接到软轴上，软轴与电动机连接起来。除垢时将刮刀插入冷凝器管道内，开动电动机进行滚刮，同时用水冷却刮刀和冲洗管内污垢，其效果较好。

维修时用滚刮法除垢的具体操作方法如下。

（1）将冷凝器中的制冷剂抽出。

（2）关闭冷凝器与制冷系统连接的所有阀门。

（3）冷凝器的冷却水正常供给。

（4）用软轴洗管器连接的伞型齿轮状刮刀在冷凝器的立管内由上而下地进行旋转滚刮除垢，并借助循环冷却水来冷却刮刀与管壁摩擦产生的热量，同时将清除下来的水垢、铁锈等污物冲洗入水池。机械除垢是用软轴洗管器对钢制冷却管的冷凝器进行除垢的方法，特别适用卧式壳管式冷凝器。这种方法只适用于钢制冷却水管道，不适用于铜制冷却水管道。

在除垢过程中根据冷凝器的结垢厚度和管壁的锈蚀程度及已使用的年限长短来确定所选用适当直径的滚刀，但在第一遍除垢所选用的滚刀直径比冷却管内径要适当小一些，以防损伤管壁，而后再选用与冷却管内径接近的滚刀进行第二遍除垢，这两遍除垢就能清除冷凝器 95% 以上的水垢和污锈。这种机械除垢的方法是利用伞型齿轮状滚刀在冷却管内旋转进刀过程中的滚刀转动和震动，将冷凝器冷却管中的水垢和污锈等清除掉，待除垢结束后将冷凝水池中的水全部抽掉，从池底把清除下来的垢、锈等污物清理干净，并重新向池内注水。

（5）对冷凝器进行气密性试验（气压 1.8MPa）。

（6）确认冷凝器气密性能良好抽真空后，使制冷系统投入正常运行。

这种机械除垢方法一般对冷凝器没有损伤，而且除垢也比较干净彻底，但费时间，劳动强度大。

931. 维修时想用酸溶解法给水冷式冷凝器除垢怎么办？

维修时用盐酸溶解法清除水垢的设备工作流程如图 11-1 所示。

清洗溶液的配方是：质量分数为 10% 的盐酸水溶液 500kg，并加入

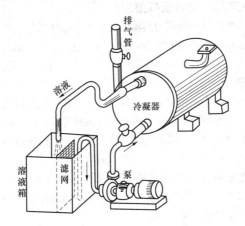

图 11-1 溶解法清除水垢的设备工作流程

250g 的缓蚀剂（其比例为 1kg 盐酸溶液加入 0.5g 的阻化剂）。缓蚀剂的作用是防止盐酸溶液侵蚀管壁。缓蚀剂采用六次甲基四胺 $[(CH_2)_6N_4]$，又称乌洛脱品。

盐酸溶解法清除水垢的具体操作方法如下。

（1）利用制冷剂回收机将冷凝器中的制冷剂全部抽出，存入制冷剂钢瓶中。

（2）关闭冷凝器上的进气阀、出液阀、平衡管阀等阀门。

（3）按图 11-1 所示，连接好除垢设备。

（4）在酸洗槽内配制好除垢溶液，开动酸洗泵，使除垢剂溶液在冷凝器的冷凝管中循环流动 24h 后，检查水垢脱落情况再确定是否继续清洗，一般情况下 24h 后水垢基本清除干净。

（5）停止酸洗泵工作后，用圆形钢刷在冷凝管器的管壁内来回拉刷，并用清水将垢、锈冲洗干净。

（6）再用清水反复清洗残留在管内的除垢剂溶液，直至彻底干净。

（7）对冷凝器进行气密性试验（气压 1.8MPa），以检查冷凝器管在除垢过程中是否有损伤管壁而造成的渗漏。

（8）待检查完毕确定冷凝器无泄漏问题后，用真空泵从出液阀处，对冷凝器进行抽真空，达到真空要求后，从压缩机高压排气截止阀的多用管道将抽出的制冷剂装回系统，使其投入正常运行。

932. 机械除垢时怎样选择滚刀？

在除垢过程中根据冷凝器的结垢厚度和管壁的锈蚀程度及已使用的年限长短来确定所选用适当直径的滚刀，但在第一遍除垢所选用的滚刀直径比冷却管内径要适当小一些，以防损伤管壁，而后再选用与冷却管内径接近的滚刀进行第二遍除垢，这两遍除垢就能清除冷凝器 95％以上的水垢和污锈。这种机械除垢的方法是利用伞型齿轮状滚刀在冷却管内旋转进刀过程中的滚刀转动和震动，将冷凝器冷却管中的水垢和污锈等清除掉，待除垢结束后将冷凝水池中的水全部抽掉，从池底把清除下来的垢、锈等污物清理干净，并重新向池内注水，再次冲洗冷凝器内部一遍即可。

933. 不清楚风冷式冷凝器脏堵的原因怎么办？

由于风冷式冷凝器工作场所是暴露在比较差的环境中，因此，在风冷式冷凝器使用过程中极易造成脏堵。

造成风冷式冷凝器脏堵的原因主要有：自然界的粉尘、烟尘、灰尘、油气以及绒毛、碎纸、破塑料袋等形成的堵塞。

934. 风冷式冷凝器清洗前要做什么准备工作？

为了有针对性地对风冷式冷凝器进行清洗，收到良好的清洗效果，在风冷式冷凝器清洗前应做好下述准备工作。

（1）检查风冷式冷凝器脏堵的成因，以便有针对性地制订清洗方案。

（2）根据脏堵成因的不同，准备好清洗的物品，如手提式鼓风机、高压气泵、铁丝钩、喷壶、毛刷等清洗器具。

（3）对油污类杂质的清洗，应准备好无腐蚀性、去油污能力强的清洗剂和中和剂。

（4）准备好收集废清洗液的容器，以备收集废清洗液，以保护冷凝器周围环境。

935. 不清楚风冷式冷凝器清洗流程怎么办？

风冷式冷凝器清洗流程如下。

（1）对脏堵风冷式冷凝器清洗。

1）先用铁丝钩将冷凝器翅片中的杂物清理出来。

2）用高压气源或手提式鼓风机对翅片间隙中的污垢进行清洗。

（2）对油污堵塞风冷式冷凝器清洗。

1）先用铁丝钩将冷凝器翅片中的杂物清理出来。

2）在风冷式冷凝器下部铺垫好收集废清洗液的容器。

3）将准备好的清洗液装入喷壶中，调节好喷嘴的大小，以便采用细喷嘴进行喷淋。

4）喷匀一遍清洗液后，静止 5min 以后，再将喷壶中换成清水，再均匀地喷洗一遍。

5）再静止 55min 以后，检查一遍，看一下还有哪些污垢，若有喷一遍清洗液，若没有就可以认为清洗干净了。

6）用高压气源或手提式鼓风机对翅片间隙进行吹干处理，防止机组因受潮而造成绝缘出问题。

（3）对由于其他原因造成堵塞的处理。

1）先用铁丝钩将冷凝器翅片中的杂物清理出来。

2）再用高压气源或手提式鼓风机对翅片间隙进行吹风，将积存在翅片间隙中杂物清理出来。

3）用细铁丝筛网将冷凝器进风口挡住，防止绒毛、碎纸、破塑料袋等杂物再次造成堵塞。

936. 维修中想清洁风冷式冷凝器表面怎么办？

风冷式冷凝器的外壁管上和冷凝器的翅片上若积有尘埃，就会影响冷凝器的散热效果，而引起冷凝压力升高，降低蒸发器的制冷效果。所以，使用时要求在其周围保证足够的空间通风散热，不能再将风冷式冷凝器放在太阳光直射下工作，在日常维护过程中应定期对冷凝器进行清洁处理。

冷凝器进行清洁处理的方法是：用鬃刷或铜丝刷将冷凝器管壁和冷却翅片上的尘埃刷净。然后用手提式吹风机对冷凝器整体进行吹尘。当冷凝器使用几年以后，应用 1~0.8MPa 压力的压缩空气或氮气对冷凝器散热表面进行吹尘，然后用清水将冷凝器散热表面冲洗干净。

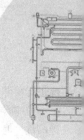

第十二章 Chapter12

冷库及制冷设备的维修操作

第一节 检修原则与操作方法

✐ 937. 冷库制冷设备多长时间做一次检修？

冷库制冷装置在连续运转的条件下，通常1～1.5年时间应进行一次全面拆解检修。如果使用季节性强，则可适当延长到2～2.5年。但每6～8个月应进行一次全面检查，主要检查压缩机吸、排气阀片，弹簧是否完好，清除油污结焦，清洗曲轴箱，更换润滑油，观察部件的磨损或损坏的情况，用修理或更换零部件的办法，恢复零部件的运转性能，以保证制冷装置的正常运行。

✐ 938. 不清楚制冷机组的检修原则怎么办？

冷库制冷机组的检修原则有以下9个方面。

（1）制冷机组运转中发现异常现象，应通过分析，判断故障发生部位，找出原因和可疑因素，避免盲目拆解。

（2）确定故障原因和部位，必须拆解时，应先把系统中的制冷剂收入储液器或取出存入钢瓶，然后停车切断电源进行拆解。

（3）拆解所有螺栓、螺母应使用专用扳手，拆解轴承或其他重要零部件应使用专用工具；对一时拆不开的零部件，应分析原因，避免盲目用力拆解、棒撬，致使零部件损坏。

（4）拆解应根据装置结构特点，以一定顺序、步骤进行，边拆解边检视。对拆解的零件要按它的编号（如无编号要自行打印），有顺序地放在专用支架和工作台上，妥善存放，注意防止碰撞，以免损坏、丢失或锈蚀。

（5）对拆下的油管、气管、水管和容器的管接头均应及时包扎封口，防止进入污物。对较大的零部件（如曲轴等），在放置时，下面应放好垫木。

（6）拆解后的零部件，组装前必须彻底清洗，并不得损伤结合面。对所有结合面和精密件清洗完毕应及时干燥，并用润滑油油封。若存放时间较长，应涂防锈油油封。

（7）制冷装置特别是压缩机，其精密度要求高，在拆解、修理、组装过程中必须谨慎细致。先拆卸部件，然后再由部件拆成零件，由上到下，由外到里，防止碰伤。

（8）拆卸压缩机阀片、活塞环等细小部件时，应轻拆轻放，以防压偏、折断、损坏。

（9）对有配合公差要求的零部件，应保证在允许公差范围和规定的光洁度范围内。检修过程所有更换和装复的零部件必须技术状态良好，并保证同一型号规格零部件的互换性。利用盐酸进行化学除垢。

939. 不清楚制冷系统辅助设备的检修原则怎么办？

冷库制冷协同辅助设备的检修原则有以下 7 个方面。

（1）蒸发器：对所有蒸发盘管进行吹污清洁，并逐段进行检漏。对锈蚀严重处应焊修或更换。具有吹风冷却的蒸发器的散热翅片（包括盘管冷却的盘管翅片）应完整，翅片翘曲者应修复。所有回气管的绝热包扎应良好，对裂损脱落处应修补。

（2）储液器：进行吹污及外表清洁和检漏。

（3）分油器：拆解清洗内部及浮球阀组，保证浮球阀动作灵活、关闭严密、油路畅通。清洗后还应进行干燥处理。

（4）膨胀阀：拆出进液滤网清洗，检查感温包及毛细管的安装。对使用性能良好的膨胀阀，检修时可不拆解。

（5）过滤—干燥器：彻底清洗，更换新干燥剂。重新严密组装，并进行检漏。

（6）阀类：根据具体条件，在可能的条件下，应对所有阀门填料函进行检漏。状态不良者应予修理或更换。

（7）其他：当制冷装置发生较大故障而引起机组损坏时，应对压缩机的活塞连杆组、曲轴等重要零部件作严格校正或送有关部门做探伤检查（曲轴尚应作动平衡校验），确保重新安装的质量。

940. 不知道压缩机小修内容怎么办？

冷库制冷系统使用的活塞式压缩机运行 1000～2500h，应进行一次小修。小修的工作内容主要如下。

（1）拆卸压缩机的汽缸盖，检查压缩机的阀片、阀簧、活塞环等磨损情况，更换其中损坏部分。用煤油对阀片、阀簧、活塞环进行清洗，然后进行严密性试验。

（2）检查压缩机两侧的截止阀，看其有无泄漏问题，若有泄漏，更换其密封填料。

（3）清洗并检查压缩机的汽缸壁光滑程度，有无划伤现象。检查汽缸的余隙容积是否在要求范围内，不合格时，予以调节。

（4）检查压缩机的连杆大头瓦上的连杆螺栓及开口销是否牢固。

（5）放干净压缩机曲轴箱中润滑油，用棉丝将压缩机曲轴箱内部擦干净。利用煤油清洗过滤器和输送管道，之后重新装填好润滑油。

（6）检查压缩机的底脚螺栓是否松动，发现有松动现象，要及时拧紧。

（7）做好小修的记录，为下次中修做技术数据准备。

941. 不知道压缩机中修内容怎么办？

冷库制冷系统使用的活塞式压缩机运行 2500～3000h，应进行一次中修。中修是除要进行小修的内容外，还要进行的工作主要有以下 6 个方面。

（1）检查压缩机排气阀的升程限位器内部有无积炭，及时予以清洗。检查压缩机吸排气阀座是否严密，更换老化的阀簧，以保证压缩机吸排气阀座严密性。

（2）检查并测量压缩机活塞环纵向和横向间隙，不符合要求时要更换活塞环。

（3）对小型开启式压缩机要检测压缩机的轴封，并用煤油清洗轴封，更换轴封的密封橡胶圈，重新组装好后，检测其是否严密。

（4）用煤油清洗压缩机的油泵机构，重新组合好。

（5）检查油分离器自动回油阀的灵活性。

（6）更换干燥过滤器中的干燥剂。

942. 不知道压缩机大修内容怎么办？

冷库制冷系统使用的活塞式压缩机运行 5000～10 000h，应进行一次大修。大修是除要进行中修的内容外，还要进行的工作主要有以下 5 个方面。

（1）测量活塞环的磨损情况，对超过密封要求的予以更换；检查活塞销的磨损情况，对磨损严重的活塞销予以更换；更换连杆的小头瓦；检查汽缸的或汽缸套的椭圆度、圆锥度，对超出密封要求者予以更换。

（2）更换吸排气阀组合件；检修吸排气截止阀的密封及启闭的灵活性，对损坏严重者予以更换；更换各阀门的密封填料或更换阀门本身。

（3）对开启式压缩机检测轴封的密封性，若损坏严重时，更换其轴封。

（4）检测压缩机的油泵本身磨损情况，对损坏严重的油泵齿轮要及时予以更换。

（5）检测压缩机的余隙容积，过大时，更换压缩机大头瓦或密封垫，以保证余隙容积在要求范围内。

943. 想用"听、摸、看"判断制冷系统故障怎么办？

冷库制冷系统故障判断是一个经验积累出来的技能。通过长期的工作实践与经验积累，冷库制冷系统故障判断可以用"听、摸、看"进行初步判断。

听：是指听压缩机、热力膨胀阀在运行过程中的声音是否正常。

摸：是指摸制冷系统压缩机吸排管温差是否明显，油分离器回油时是否一会儿冷、一会儿热，干燥过滤器两端温度是否一致？压缩机整体运行时振动是否大？水冷式冷凝器是否上部热，下部凉？风冷式冷凝器是否进气端很热，积液端常温？

看：看压缩机运行时高低压压力表指示值是否在要求范围内？压缩机润滑油油位是否合适？水冷式机组看其进出水压力是否在要求范围内？压缩机回霜是否到吸气截止阀口为止？

若通过听、摸、看三个环节得到各项参数和状态都基本正常的话，即可认为制冷系统工作正常。

944. 想从制冷系统的视液镜中看出问题怎么办？

在制冷系统运行过程中，若视液镜安装干燥过滤器之后，通过视液镜可以看出制冷系统问题是：

（1）绿色，在制冷剂中没有危险性的水分；

（2）黄色，在膨胀阀前的制冷剂中没有过多水分。

（3）气泡：干燥过滤器两端的压力将过大，制冷剂没有过冷。

（4）在整个系统中制冷剂不足。

如果视镜安装在干燥过滤器之前，通过视液镜可以看出制冷系统问题是：

（1）绿色，说明在制冷剂中没有危险性的水分。

（2）黄色，在整个系统中水分含量过高。

（3）气泡：制冷剂没有过冷，在整个系统中制冷剂不足。

945. 想快速检验压缩机效率怎么办？

想快速检验压缩机效率可以这样做：关闭压缩机的吸排气阀，打开排气旁通口（多用口），起动压缩机运转，压缩机的低压将很快形成真空，排气旁通口的出气逐渐变小，很快不再有气体排出，运转响声也逐渐变小，排气旁通口也无油排出，关闭排气旁通口（多用口）停机后压缩机的低压真空不会很快回升，高低压压力需待10～15min后才会平衡，说明该压缩机的压缩效率良好，气阀的密封性符合要求。如果压缩机的排气旁通口一直有气体排出，或者还会带出（喷出）润滑油，足以说明该压缩机的压缩性能差，气阀的气密性不严，汽缸的运转部位及油环的磨损间隙过大，需进行修理。这是检验压缩机的压缩效率及气密性试验的最基本、最简单、最实用的一种方法。

946. 想看出水冷式冷凝器结垢状态怎么办？

水冷式冷凝器水垢多了，热阻增大，传热效果大为降低，造成排气温度升高，排气压力也相应升高。水冷式冷凝器结垢状态可以从机组的压力表和温度计上看出来，在水垢多了以后，机组的冷凝压力会比正常压力高出0.1～0.2MPa，而进出水温度差明显减小。所以在制冷机组运行时要随时观察水冷式冷凝器运行压力和进出水温差变化，以便早日发现问题。

947. 想知道冷库门是否严密怎么办？

冷库门是否能关严密，关键是库门上的密封条是否良好。想知道冷库门是否严密可以这样做：把冷库门关上，用厚0.2～0.3mm，宽20～30mm的硬纸板，逐步插入冷库门缝各处，若硬纸板能插入库门缝中的某一处，说明此处缝隙较大，需要进行维修。

948. 冷库制冷系统阀门泄漏怎么办？

冷库制冷系统阀门主要是指截止阀、膨胀阀、出液阀等阀门。这些阀门为防止制冷剂泄漏，都设计有密封垫。氟利昂制冷系统阀件的密封材料多为聚四氟乙烯。聚四氟乙烯密封材料是由石墨粒子掺入聚四氟乙烯中，具有很强的扯裂强度和较高的热导性，极低的摩擦系数和稳定的长寿命。但在实际使用中由于制冷系统操作者没按规程启闭冷库制冷系统阀门，造成了对密封材料的损坏。

发现冷库制冷系统阀门泄漏时，可先用扳手旋紧一下阀件的法兰，若旋紧阀门还是泄漏，应更换阀件的密封材料。

949. 想知道活塞式压缩机高低压串气原因及特征怎么办？

活塞式压缩机高低压串气是冷库制冷压缩机常见故障。活塞式压缩机高低压串气，是因为活塞式压缩机汽缸盖的密封纸垫中部的一条如图12-1所示的中筋出现断裂现象。

活塞式压缩机汽缸盖的密封纸垫中部这条筋的作用是将压缩机的吸排气腔隔离密封。在压缩机运行过程中，它所承受的压力有时会比压缩机其他部位的压力都大。因此，在压缩机运行过程中很容易被击穿。一旦发生击穿，就会出现压缩机高低压串气现象，使压缩机不能正常工作。

活塞式压缩机高、低压串气最明显的特征是：压缩机吸气压力过高，排气压力偏低，吸排气压力之间压差

图 12-1　汽缸盖垫片中筋击穿

很小。压缩机汽缸盖整体很热，压缩机两端的截止阀也热。

950. 活塞式压缩机高低压串气了怎么办？

遇到活塞式压缩机汽缸盖的密封纸垫被击穿高、低压串气了故障时，可以这样处理：停止压缩机运行，关闭压缩机两端的截止阀，然后从高压截止阀备用通道口放出压缩机内部存留的制冷剂蒸气，拆下汽缸盖，取下被击穿的密封垫，更换新密封垫。之后重新装好压缩机汽缸盖，起动压缩机运行，用压缩机自身的排气能力将曲轴箱内的空气抽空。抽空结束后，停止压缩机运转，用丝堵拧在高压截止阀备用通道口上，然后将压缩机两端的截止阀调节成开启状态，用肥皂水检查压缩机汽缸盖周围是否泄漏，确认良好之后，重新起动压缩机运行。

951. 电磁阀本体泄漏了怎么办？

在电磁阀常见故障中经常会发现其本体出现泄漏问题。电磁阀泄漏问题一般会出现在两端位置。一是由于内部压盖的螺钉因用力不均，没有压平压盖，造成泄漏；二是电磁阀中的 O 形密封圈老化变形造成泄漏。

遇到电磁阀本体泄漏故障可以这样处理：在断电的情况下拆卸电磁阀的阀头，用电子检漏仪检测其压盖处是否有泄漏，若有泄漏，可用改锥逐个旋紧一下压盖上的螺母后，再用电子检漏仪检测其压盖处是否有泄漏，若还有泄漏，关闭电磁阀两端的截止阀，断开其与制冷系统的连接后，拆开压盖检测 O 形密封圈是否老化变形？确认电磁阀 O 形密封圈老化变形后，更换新的 O 形密封圈，重新上紧压盖，然后开启电磁阀两端的截止阀，再用电子检漏仪检测其压盖处是否有泄漏。确认无泄漏后，即可恢复制冷系统运行。

952. 不知道压缩机运行时轴封是否有问题怎么办？

开启式压缩机检测轴封在平时运行可以用观测压缩机轴封滴油速度的方法来判断其是否有问题。具体方法是：在开启压缩机运行时，观测其轴封滴油速度，若一小滴油速度超过 10 滴，说明其密封橡胶圈因老化、干缩变形、丧失弹性和密封性了，要及时进行更换。

953. 想更换截止阀密封填料怎么办?

截止阀密封填料的作用是防止压缩机或制冷系统中的制冷剂沿阀件的轴向泄漏。在制冷系统运行过程中若发现截止阀密封填料有轻微泄漏现象时,可用开口扳手拧紧一下截止阀上的法兰,一般即可排除问题。若不行,说明是截止阀中密封填料老化了,需要更换填料。

更换截止阀填料时,要将法兰松开,把其调节杆旋转到最下端,将填料取下,再将新填料上好,拧紧法兰即可。

954. 活塞式压缩机在运转中突然停机怎么办?

造成活塞式压缩机在运转中突然停机原因大致有以下几个。

(1) 吸气压力过低,低于压力继电器的低压下限值。

(2) 排气压力过高,引起高压继电器动作断电。

(3) 油压过低,油压继电器动作继电。

(4) 电动机过载,热继电器动作继电。

遇到活塞式压缩机在运转中突然停机,可以这样予以解决:

(1) 检查原因,属于管道堵塞的要畅通管道,如系统制冷剂不足就补充;

(2) 检查冷凝器的冷却量或冷却风量;

(3) 检查输油系统管道和油泵;

(4) 检查电源电压是否偏低或冷负荷过大。

第二节　活塞式压缩机易出现的问题及处理方法

955. 活塞式压缩机运转中排气压缩过高怎么办?

活塞式压缩机运转中排气压缩过高原因大致有以下几个。

(1) 水冷冷凝器冷却水量不足或风冷冷凝器的冷却风量不足。

(2) 冷凝器管簇的表面水垢过厚或油污太厚,造成散热困难。

(3) 制冷系统内有空气。

(4) 制冷剂灌注过多。

(5) 排气管道中阀门发生故障,造成压力过高。

遇到活塞式压缩机运转中排气压缩过高,可以这样予以解决:

(1) 检查阀是否全开、加大供水或检查电动机电压、转速、传动皮带是否过松;

(2) 清洗水垢,刷洗油污,使冷凝器管簇的表面清洁干净;

（3）放掉空气。

（4）适量放出多余的制冷剂。

（5）检查修正阀门。

956. 活塞式压缩机运行中出现"湿冲程"怎么办？

造成活塞式压缩机运行中出现湿冲程的原因大致有以下几个。

（1）热力膨胀阀失灵，开启度过大。

（2）电磁阀失灵，停机后大量制冷剂进入蒸发排管，再次开机时进入压缩机。

（3）系统灌注制冷剂量过多。

（4）热力膨胀阀的感温包松动未绑扎，致使热力膨胀阀开启度增大。

遇到活塞式压缩机出现湿冲程，可以这样予以解决：

（1）检查阀是否全开、加大供水。

（2）关闭供液阀，检修热力膨胀阀。

（3）检修电磁阀。

（4）放出多余的制冷剂。

（5）检查感温包的绑扎情况。

957. 活塞式压缩机运行中被"卡死"怎么办？

造成活塞式压缩机运行中被"卡死"的原因大致有以下几个。

（1）润滑油中有脏污杂质。

（2）油泵输油管阻塞，使汽缸缺油活塞卡死。

（3）油泵主齿轮插入曲柄中的柄销扭断，致使油系统断油。

遇到活塞式压缩机运行中被"卡死"，可以这样予以解决：

（1）更换新的冷冻润滑油。

（2）检修油泵的输油管路。

958. 活塞式压缩机运行中汽缸中出现"异声"怎么办？

活塞式压缩机运行中汽缸中出现"异声"的原因大致有以下几个。

（1）气缸中死点余隙过小。

（2）活塞销与连杆大小衬套间隙过大。

（3）阀片断裂。

（4）曲轴曲拐或连杆大头泼油所产生的油液击声。

遇到活塞式压缩机运行中汽缸出现"异声"，可以这样予以解决：

（1）调整加厚汽缸垫片。

（2）更换活塞销或衬套。

（3）立即停机更换阀片。

（4）检修更换油泵主齿轮轴。

959. 活塞式压缩机运行时曲轴箱中有"异声"怎么办？

造成活塞式压缩机运行时曲轴箱中有"异声"的原因大致有以下两个。

（1）连杆螺母松动。

（2）连杆大头轴瓦间隙过大。

遇到活塞式压缩机运行时曲轴箱中有"异声"，可以这样予以解决：

（1）停机重新紧固。

（2）更换瓦片。

960. 想快速知道压缩机中润滑油是否正常怎么办？

想快速知道压缩机中润滑油是否正常，可以用观察的方法来判断。压缩机内润滑油正常时，从压缩机的视油镜观察：油位在视油镜上下限之间并且润滑油油质干净，不混浊，颜色正常。

961. 想快速知道制冷系统中制冷剂是否正常怎么办？

想快速知道制冷系统中制冷剂是否正常，可以用观察视液镜中制冷剂状态的方法来判断。

从视液镜中观察判断制冷剂的流量是否充足时，若看到视液镜中只有液体流动而无白色气泡涌现时，基本可以判定制冷系统中制冷剂充足。

从视液镜中观察判断制冷剂中含水量是否过多或达到标准时，若看到视液镜中部视芯为绿色，即可判定制冷系统制冷剂含水量达标或没有超标。若看到视芯为黄色或其他异常颜色，说明制冷剂中含水量过多，超过了制冷剂含水量的标准要求，需要进行消除水分的技术处理。

962. 想看出来制冷剂充灌量是否合适怎么办？

对于有经验的操作者来说，制冷系统制冷剂的充灌量是否合适是可以看出来的。想看出来制冷剂充灌量是否合适可以这样做：对初次加灌制冷剂，对于风冷机组来说，制冷剂冲注量应超过储液器液镜的3/4，对于水冷机组来说，制冷剂的充注量应超过冷凝器视液镜的镜面。随着制冷系统运行，冷凝器中的制冷剂的液面会逐渐下降，然后根据运行稳定后冷凝器视液镜中液面的位置，判断制冷剂的多少。

963. 压缩机运行中出现吸气温度过高怎么办？

造成压缩机运行中出现吸气温度过高的主要原因是：压缩机的吸气过热度大；吸气管过长或保温效果差。

排除压缩机的吸气温度过高故障可以这样做：适当调大热力膨胀阀的开启度，增加向蒸发器的供液量，以满足制冷负荷的需求，即可降低吸气温度；做好压缩机吸气管道的保温处理，防止产生大量的有害过热，也可以降低吸气温度过高。调整一下回气管道，尽量缩短其长度，以减少有害过热的产生条件。做到这些即可消除压缩机的吸气温度过高的故障。

964. 压缩机运行中出现排气温度过高怎么办？

造成压缩机运行中出现排气温度过高的水冷式和风冷式机组的原因分别是：

对于水冷式冷凝器其原因有：冷却水量不足或水温过高；制冷系统中混有不凝性气体（空气）过多，冷凝器中水垢过多。

对于风冷式冷凝器其原因有：翅片间隙中灰尘过多；翅片表面污垢过多；翅片倒伏严重，阻碍空气对流。

排除压缩机运行中出现排气温度过高故障可以这样做：

对于水冷式冷凝器，可以增加水泵运转台数，以增大冷却水流量或加大冷却塔风扇转速，以降低冷却水温度；放出制冷系统中混入的不凝性气体；清除冷凝器管道壁上的水垢。

对于风冷式冷凝器，用吸尘器吸收翅片间隙中的灰尘；用翅片清洗剂清洗翅片上的污垢；用翅片梳，修复倒伏的翅片。

965. 压缩机运行中出现油温过高怎么办？

造成压缩机运行中出现润滑油温过高的原因：① 压缩机的吸排气温度过高；② 润滑油太脏或油质太差；③ 压缩机机件磨损严重。

排除压缩机的油温过高故障可以这样做：① 适当调节压缩机吸排气温度，使其降低到正常工作参数范围；② 更换润滑油；③ 检修压缩机的活塞环或汽缸套，使其能灵活运行，即可消除造成压缩机运行时润滑油温过高的故障现象。

966. 冷库制冷系统运行一段时间就跳闸怎么办？

冷库制冷系统运行一段时间就跳闸原因大致有三个：① 冷库制冷系统存在问题，制冷管路出现堵塞，造成高压压力过高，压缩机电动机因过载保护而跳闸；② 制冷压缩机电动机内部断相或电源缺相都会造成电动机断相保护起动开关跳闸；③ 保护装置出现问题，如过电流保护电流值的设定及电动机起动相对延时时间的设定是否在正常值，交流接触器触点某相接触不良或开路，在有制冷系统时是不能在短时间内连续起动，因为制冷系统的高低压侧的压力在没有达到相对平衡时，起动冷库制冷造成电动机过载或过电流保护装置动作。

遇到冷库制冷系统运行一段时间就跳闸问题时可以这样处理：① 检测制冷系统高压管道是否有压瘪之处，干燥过滤器是否堵塞。若发现问题要及时予以处理；② 用万用表测量压缩机电动机绕组是否有内部断相，若有更换电动机；用电压表测量电源是否缺相，要确认电源无问题；③ 检测压缩机电动机保护装置是否正常，要确认所以保护装置无问题，若发现有问题部件，予以更换。做到这三点即可消除跳闸现象。

967. 闭合电源开关后压缩机起动不起来怎么办？

造成闭合电源开关后压缩机起动不起来的原因大致有以下几个。

(1) 电源断电熔丝接触不良、烧断。

(2) 起动器的立接触点接触不良。

(3) 温度控制器失调或发生故障。

(4) 压力继电器的调定不适。

遇到闭合电源开关后压缩机起动不起来时，可以这样予以解决：

(1) 检查电源、熔丝。

(2) 检查起动器，用纱布擦净触点。

(3) 检查温度指示位置，检查各元件。

(4) 检查压力继电器各元件或调定值。

968. 活塞式压缩机运行中制冷量不足怎么办？

造成活塞式压缩机运行中制冷量不足的原因是：活塞环磨损或活塞与汽缸间隙因磨损而过大，遇到活塞式压缩机运行中制冷量不足问题时解决方法是更换新活塞环。

969. 活塞式压缩机与电动机联轴器在运行中有杂声怎么办？

造成活塞式压缩机与电动机联轴器在运行中有杂声的原因大致有以下几个。

(1) 压缩机与电动机联轴器配合不当。

(2) 联轴器的键和键槽配合不当。

(3) 联轴器的弹性圈松动或损坏。

(4) 皮带过松。

(5) 联轴器内孔与轴配合松动。

遇到活塞式压缩机与电动机联轴器在运行中有杂声时，可以这样予以解决：

(1) 按正确装配要求重新装配。

(2) 调整键与键槽的配合，换新键。

（3）紧固弹性圈或换新件。

（4）调整拉紧皮带。

（5）调整装紧联轴器。

970. 电源合闸后压缩机不运转怎么办？

电源合闸后压缩机不运转的原因有 4 个：一是电气线路故障、熔丝熔断、热继电器动作；二是电动机绕组烧毁或匝间短路；三是活塞卡住或抱轴；四是压力继电器动作。遇到这些问题的解决方法是：找出断电原因，换熔丝或揿复位按钮；测量压缩机电动机绕组各相电阻及绝缘电阻、修理电动机；打开压缩机机盖、检查活塞卡住或抱轴的原因，予以处理；检查油压、温度、压力继电器，找出故障、修复后揿复位钮。

971. 通电后压缩机不能正常起动怎么办？

通电后压缩机不能正常起动的原因有 4 个：① 线路电压过低或接触不良；② 排气阀片漏气，造成曲轴箱内压力过高；③ 温度控制器失灵；④ 压力控制器失灵。遇到这些问题的解决方法是：检查线路电压过低的原因及其电动机连接的起动元件；修理研磨阀片与阀座的密封线；校验调整温度控制器；校验调整压力控制器。

972. 压缩机起动、停机频繁怎么办？

压缩机起动、停机频繁的原因有两个：一是温度继电器开停机的幅差太小；二是排气压力过高，高压继电器动作。遇到这些问题的解决方法是：调整温度继电器的开停机的幅差使其达到 5℃；检查冷凝器的供水情况，检查冷却水的水温、流量计进出水温差是否合格，有问题时及时予以调整。

973. 压缩机一直运转不停机怎么办？

压缩机一直运转不停机的原因一般有两个：一是制冷剂充注量不足或制冷系统泄漏，造成制冷效果不好，达不到温度控制器设定的停机库温值，所以不停机；二是温度控制器感温头放置位置不对，不能正确测试温度。遇到这两个问题的解决方法是：看蒸发器的结霜情况，测量运行压力，检查制冷系统中制冷剂是否充足，发现制冷剂不足时，予以补充；重新调整温度控制器感温头放置位置，并给予固定。

974. 压缩机起动后油压上不去怎么办？

压缩机起动后油压上不去的原因一般有三个：一是供油管路或油过滤器堵塞；二是油压调节阀开启过大或阀心损坏；三是曲轴箱内有过多氟利昂液体，使油泵泵不上油。遇到这三个问题的解决方法是：将压缩机泵油系统拆开，用煤油疏通清洗油管和油过滤器，之后重新装回系统；调整油压调节阀，使油压调至需要数值，或修复损坏的阀心；打开加热器，加热曲轴箱中液体驱除氟液。

975. 压缩机运行中润滑油油压过高怎么办？

压缩机运行中润滑油油压过高的原因一般有两个：一是油压调节阀未开或开启过小；二是油压调节阀阀心被卡住。遇到这两个问题的解决方法是：调整油压达到要求值；修理油压调节阀。

976. 压缩机运行中润滑油油压不稳怎么办？

压缩机运行中润滑油油压不稳的原因一般有两个：一是油泵吸入带有泡沫的油；二是压缩机输油管路不畅通。遇到这两个问题的解决方法是：找出油起泡沫的原因，有针对性地予以排除；检查疏通压缩机输油管路。

977. 压缩机运行中润滑油油温过高怎么办？

压缩机运行中润滑油油温过高的原因一般有 4 个：一是曲轴箱油冷却器缺水；二是主轴承装配间隙太小；三是油封摩擦环装配过紧或摩擦环拉毛；四是润滑油不清洁，造成摩擦热过大。遇到这些问题的解决方法是：检查曲轴箱油冷却器水阀及供水管路，确认其畅通；调整主轴承装配间隙，使之符合技术要求；检查修理轴封；清洗油过滤器、更换新润滑油。

978. 压缩机运行中润滑油油泵不上油怎么办？

压缩机运行中润滑油油泵不上油的原因一般有三个：一是油泵严重磨损，间隙过大；二是油泵装配不当；三是压缩机输油管堵塞。遇到这些问题的解决方法是：检修更换油泵严重磨损零件，调整好间隙；拆卸检查油泵、重新进行装配；清洗过滤器和输油油管。

979. 压缩机运行时曲轴箱中润滑油起过多泡沫怎么办？

压缩机运行时曲轴箱中润滑油起过多泡沫的原因一般有两个：一是油中混有大量氟液，压力降低时由于氟利昂液体蒸发引起泡沫；二是曲轴箱中油太多，连杆大头搅动油引起泡沫。

遇到这两个问题的解决方法是：关闭压缩机低压截止阀，用压缩机自身抽真空，将曲轴箱中氟利昂液体抽空，然后换上新润滑油；从曲轴箱放油孔中放出一些润滑油，将压缩机中的油位降到规定的位置。

980. 压缩机运行中耗油量过多怎么办？

压缩机运行中耗油量过多的原因一般有 4 个：一是刮油环严重磨损，装配间隙过大；二是维修过程中将刮油环装反了，环的锁口在一条线上；三是活塞与汽缸间隙过大；四是油分离器自动回油阀失灵。遇到这些问题的解决方法是：更换刮油环重新调整间隙；更换活塞环，必要时更换汽缸缸套；检修自动回油阀，使润滑油能及时返回曲轴箱。

981. 压缩机运行中曲轴箱压力升高怎么办？

压缩机运行中曲轴箱压力升高的原因一般有 4 个：一是活塞环密封不严，高低压串气；二是压缩机排气阀片关闭不严，导致高压气体串入曲轴箱；三是汽缸缸套与机座不密封导致高压气体串入曲轴箱；四是氟利昂制冷剂液体进入曲轴箱不蒸发。遇到这些问题的解决方法是：检查活塞环密封不严的原因，修理或更换活塞环；检修压缩机排气阀片，修复高压排气阀的密封线；检查汽缸缸套与机座密封不严的原因，清洗或更换密封垫片；关闭压缩机的吸气截止阀，用压缩机自身抽真空的方法，抽空曲轴箱中的气体，使制冷剂液体完全气化。

982. 压缩机运行中排气温度过高怎么办？

压缩机运行中排气温度过高的原因一般有 4 个：一是冷凝温度太高；二是吸气温度较高；三是吸气温度过热度过大；四是活塞上止点余隙过大，残存的高压气体过多，反复压缩，造成排气温度过高。遇到这些问题的解决方法是：加大冷却水量，提高冷凝器的冷却能力，检查是否有空气混入制冷系统，若有进行"排空"；调整膨胀阀的供液量或向制冷系统补充制冷剂，使其吸气温度下降；调整压缩机的汽缸的余隙容积至要求范围。

983. 压缩机运行中回气过热度过高怎么办？

压缩机运行中回气过热度过高的原因一般有三个：一是膨胀阀向蒸发器中供液太少或制冷系统缺氟；二是压缩机的吸气阀片漏气或破损；三是吸气管道隔热材料失效。遇到这些问题的解决方法是：调整膨胀阀的开启度，加大向蒸发器的供液量，若是制冷系统亏氟，向制冷系统适量补充制冷剂；检查吸气阀片漏气原因，修复或更换吸气阀片；检查隔热材料失效原因，修补或更换隔热材料。

984. 压缩机运行中排气压力比冷凝压力高怎么办？

压缩机运行中排气压力比冷凝压力高的原因一般有三个：一是排气管道中的阀门未全开，导致排气受阻；二是排气管道内局部堵塞，使排气不顺畅；三是排气管道管径太小，导致排气受阻。遇到这些问题的解决方法是：检查系统排气管道上阀门的开启状态，将其调整到最大开启度；检查排气管道中有无堵塞物，若有予以清理；按制冷机组的实际制冷能力，重新计算排气管道需求值，更换合适管径的排气管道。

985. 压缩机运行中蒸发压力低于设定值怎么办？

压缩机运行中蒸发压力低于设定值的原因是：制冷量大于蒸发器的热负荷，使进入蒸发器的氟利昂液体未来得及蒸发吸热，即被压缩机吸入。遇到这个问题的解决方法是：调整压缩机的排气量，使制冷量与蒸发器的热负荷相一致。

986. 压缩机运行中压力表指针抖动剧烈怎么办？

压缩机运行中压力表指针抖动剧烈的原因一般有两个：一是系统内有空气，造成压力表剧烈抖动；二是压力表本身失灵，造成压力表剧烈抖动。遇到这个问题的解决方法是：对制冷系统进行"排空"；更换合格的压力表。

987. 制冷压缩机在运转中突然停机怎么办？

造成压缩机在运转中突然停机的原因有以下几个方面。

（1）吸气压力过低，低于压力继电器的低压下限值。

（2）排气压力过高，引起高压继电器动作断电。

（3）油压过低，油压继电器动作继电。

（4）电动机过载，热继电器动作继电。

遇到压缩机在运转中突然停机时可以这样处理：

（1）检查原因，属于管道堵塞的要疏通管道，若系统制冷剂不足，应及时予以补充。

（2）检查冷凝器的冷却量或冷却风量；

（3）检查输油系统管道和油泵；

（4）检查电源电压是否偏低或冷负荷过大。

988. 压缩机运行中汽缸有敲击声怎么办？

压缩机运行中汽缸有敲击声的原因有许多：活塞上死点余隙过小；活塞销与连杆小头孔间隙过大；吸排气阀固定螺栓松动；安全弹簧变形，丧失弹性；活塞与汽缸间隙过大；阀片破碎，碎片落入汽缸内；润滑油中残渣过多；汽缸与曲轴连杆中心线不正；氟利昂液体进入汽缸产生液击，等等。遇到这些问题的解决方法是：按要求重新调整压缩机汽缸的余隙；更换磨损严重的零件；紧固螺栓；更换安全弹簧；检修或更换活塞环与缸套；停机检查更换阀片；清洗压缩机的曲轴箱，更换冷冻润滑油；检查、调整汽缸与曲轴连杆中心线；关小压缩机吸气截止阀，减小压缩机的吸气量。

989. 压缩机运行中曲轴箱有敲击声怎么办？

压缩机运行中曲轴箱有敲击声的原因有许多：连杆大头瓦与曲拐轴颈的

间隙过大；主轴承与主轴颈间隙过大；开口销断裂，连杆螺母松动；联轴器中心不正或联轴器键槽松动；主轴滚动轴承的轴承架断裂或钢珠磨损等。遇到这些问题的解决方法是：调整或更换连杆大头瓦，以减小与曲拐轴颈的间隙；更换上新衬瓦，以减小主轴承与主轴颈间隙；更换开口销，紧固螺母；调整联轴器或检修键槽；更换轴承架或轴承中的钢珠。

990. 活塞式压缩机出现汽缸拉毛怎么办？

活塞式压缩机出现汽缸拉毛的原因有许多：活塞与汽缸间隙过小，活塞环锁口尺寸不正确；排气温度过高，引起油的黏度降低；吸气中含有杂质；润滑油黏度太低，含有杂质；连杆中心与曲轴颈不垂直，活塞走偏等。遇到这些问题的解决方法是：按要求重新调整活塞与汽缸间隙；调整膨胀阀的开启度，加大向蒸发器的供液量，降低排气温度；检查清洗吸气过滤器；更换冷冻润滑油；检修、校正连杆中心与曲轴颈之间的垂直度。

991. 发现压缩机的阀片变形或断裂时怎么办？

压缩机的阀片变形或断裂的原因一般有三个：一是由于压缩机运行中出现"液击"造成压缩机的阀片变形或断裂；二是阀片装配不正确，造成压缩机的阀片变形或断裂；三是阀片质量太差，造成压缩机的阀片变形或断裂。遇到这些问题的解决方法是：更换合格的新阀片；调整压缩机运行操作，避免压缩机运行中出现"液击"。

992. 发现压缩机轴封严重漏油怎么办？

压缩机轴封出现严重漏油的原因有许多：压缩机轴封装配不良；动环与静环摩擦面拉毛；橡胶密封圈变形；轴封弹簧变形、弹力减弱；曲轴箱压力过高等。遇到这些问题的解决方法是：正确装配压缩机轴封；检查校验压缩机轴封密封面；更换密封圈；更换弹簧；检修排气阀泄漏，停机前关闭吸气截止阀，待曲轴箱内压力与外界压力相等时，再停止压缩机运行，防止因停机过程中曲轴箱压力过高挤压轴封，造成漏油。

993. 压缩机运行中出现轴封油温过高怎么办？

压缩机运行中出现轴封油温过高的原因有许多：轴封的动环与静环摩擦面之间压力过大；主轴承装配间隙过小；填料压盖过紧；润滑油含杂质多或油量不足等。遇到这些问题的解决方法是：调整弹簧强度，将动环与静环摩擦面之间压力调整到适宜的范围；调整主轴承装配间隙，达到合适要求；调整填料紧固压盖螺母的压力，使其处于松紧适宜的程度；检查冷冻润滑油的油质，若过脏，更换冷冻润滑油。

994. 压缩机运行中出现主轴承过热怎么办？

压缩机运行中出现主轴承过热的原因有许多：由于油路系统有泄漏，造成冷冻润滑油不足；主轴承径向间隙过小；主轴瓦拉毛等。遇到这些问题的解决方法是：检查油路系统找出泄漏点，进行处理后，补充适量的冷冻润滑油；检修主轴承径向间隙，达到要求；检修或更换主轴承新瓦。

995. 压缩机连杆大头瓦熔化怎么办？

造成压缩机连杆大头瓦熔化的原因有许多：大头瓦缺油，形成干摩擦；大头瓦装配间隙过小；曲轴油孔堵塞；润滑油含杂质太多，造成轴瓦拉毛发热熔化。遇到这些问题的解决方法是：检修清洗油泵，换上新大头瓦；按间隙要求重新装配大头瓦；检查清洗曲轴油孔；换上新冷冻润滑油和新连杆大头轴瓦。

996. 活塞在汽缸中卡住怎么办？

活塞式压缩机出现活塞在汽缸中卡住的原因有许多：汽缸缺少润滑油；活塞环搭口间隙太少；汽缸温度变化剧烈；润滑油中含杂质多、质量差等。遇到这些问题的解决方法是：检修压缩机的油泵，使其处于良好的工作状态，疏通压缩机输油管路；按要求调整活塞环与汽缸的装配间隙，避免汽缸温度剧烈变化；更换新的冷冻润滑油。

997. 压缩机与电动机联轴器有杂声怎么办？

压缩机与电动机联轴器有杂声的原因有：

(1) 压缩机与电动机联轴器配合不当。

(2) 联轴器的键和键槽配合不当。

(3) 联轴器的弹性圈松动或损坏。

(4) 皮带过松。

(5) 联轴器内孔与轴配合松动。

遇到压缩机与电动机联轴器有杂声时可以这样处理：

(1) 按正确装配要求重新装配；

(2) 调整键与键槽的配合，换新键；

(3) 紧固弹性圈或换新件；

(4) 调整拉紧皮带；

(5) 调整装紧联轴器。

998. 冷库冷风机除霜效果不好怎么办？

冷风机在冷库内部的位置和环境，将影响其运行。一般在靠近冷库门附近的冷风机，容易结露结霜。由于其环境处于门口位置，在开门时门外热气流进入，在遇到冷风机时，发生冷凝结霜，甚至结冰。虽然冷风机可以定时自动加热除霜，但是，如果开门过于频繁，开起时间过长，热气流进入的时间长和数量大，风机除霜效果就不佳。

解决方法：尽量集中进货物进出库，缩短货物进出库时间，使热湿空气尽量少进入冷库。另外也可以采取在冷库门外设置穿堂，经需要进出库货物先放置在穿堂中，关好穿堂门后再开启冷库门，这样也可以最大限度减少热湿空气进入冷库，以保证冷风机能正常化霜。

999. 冷风机除霜水不能顺利排出怎么办？

由于冷风机在运行过程中结霜严重，必然产生大量冷凝水，风机接水盘承受不了，排水不畅，就会漏下来，流到库内地面，如果下面有存放货物，就会浸泡货物。遇到这种情况，可以在冷风机的接水盘下面再加装一个接水盘，并安装直径较粗的导流管，即可排除化霜水不能顺利排出的问题。

1000. 冷风机在运行时吹出冷凝水怎么办？

冷风机在高湿环境下运行时，会从风扇口吹出水雾来，喷洒到库内存放的货物上。造成储藏货物因而变质的问题。造成这一问题的原因是冷库内冷热空气交流过强，使冷风机扇叶在热环境下产生了大量的冷凝水，继而随风吹到了货物上。遇到这种情况时首先要检查冷库内部冷热气流大量对流问题出在何处。使用冷风机的冷库在设计上其库门内应设有隔断墙，以阻挡库内外冷热气流对流，因此要检查隔断墙是否达标，不能为了方便进出货物，而取消了隔断墙。

第三节　电气系统易出现的问题及处理方法

1001. 热继电器的触点接触不良怎么办？

在制冷控制系统热继电器最常见的问题是：触点接触不良，使电动机不能正常运行。造成这一问题的主要原因是：热继电器的触点烧坏、双金属片变形，以及动作机构被卡住。

维护与检修方法：当发现是热继电器的触点烧坏，造成触点接触不良，使电动机不能运行时，可拆开热继电器，找到触点，用双零号细砂纸将触点打磨光亮即可；若发现是双金属片变形造成的问题，可用更换双金属片变形或更换热继电器予以排除；若是因为动作机构被卡住，可用小镊子调整动作机构，效果不是很好时，应更换热继电器。

1002. 电动机出现过载时热继电器不动作怎么办?

当电动机出现过载时热继电器不动作的问题,主要是调整不合适造成的。一般多数为设定的动作电流值太大造成的。进行维护处理时,可在压缩机电动机运行时,调整热继电器的动作电流,使其能起到保护作用。

1003. 电动机运行正常时热继电器误动作怎么办?

压缩机电动机运行正常时热继电器误动作,造成控制系统不能正常工作的问题,主要是调整不合适造成的。一般多数为设定的动作电流值太小造成的。可在压缩机电动机运行时,调整热继电器的动作电流,使其能在电动机正常运行时不动作。

若因热继电器元件问题,调整修复效果不明显时,应考虑更换热继电器。

1004. 热继电器动作后不能自动复位怎么办?

遇到冷库制冷系统控制电路中热继电器动作后不能自动复位时,进行维护处理,可用万用表电阻挡测热继电器的两个常闭点之间的阻值,如为 $+\infty$,则按下热继电器的复位按钮。

1005. 交流接触器线圈通电后,接触器不动作或动作不正常怎么办?

交流接触器线圈通电后,接触器不动作或动作不正常。造成这一问题的主要原因是:线圈控制线路断路、热继电器动作后未复位、触头弹簧压力或释放弹簧压力过大。进行维护处理时,先看一下接线端子有没有断线或松脱现象,如有断线更换相应导线,如有松脱紧固相应接线端子。用万用表测线圈的电阻,如电阻为 ∞,则更换其线圈。

1006. 线圈断电后,接触器不释放或延时释放怎么办?

交流接触器线圈断电后,接触器不释放或延时释放。造成这一问题的主要原因是:磁系统中柱无气隙,剩磁过大、铁芯表面有油腻。进行维护处理时,可用细砂纸将剩磁间隙处的极面打磨一下,使间隙为 $0.1\sim0.3$mm,或在线圈两端并联一只 0.1μF 电容器。

对铁芯表面有油脂问题,进行维护处理时,可用干净的毛巾,蘸上肥皂水将铁芯表面防锈油脂擦干净,铁芯表面要求平整,但不宜过光,否则易于造成延时释放。

1007. 交流接触器线圈过热烧损或损坏怎么办?

交流接触器线圈过热烧损或损坏。造成这一问题的主要原因是:铁芯极面不平或中柱气隙过大、运动部分被卡住。维护处理时，可用细砂纸打磨极面或调铁芯，然后更换新的线圈。对运动部分被卡住问题，维护处理时，可拆开交流接触器机械部分，重新组装一下。

1008. 交流接触器使用时电磁铁噪声过大怎么办？

交流接触器使用时电磁铁噪声过大。造成这一问题的主要原因是：短路环断裂、触头弹簧压力过大，或触头超行程过大、接触器堆积尘埃太多等。维护处理时，可采用更换短路环或铁芯、调整弹簧触头压力或减小超行程；用干净的毛巾，蘸上肥皂水擦拭交流接触器的触点，使其表面清洁、干燥。

1009. 交流接触器工作中闻到电器过热的焦煳味怎么办？

交流接触器工作中能闻到一股电器过热的焦煳味。造成这一问题的主要原因是：接触器的铁芯吸合不好，产生过热，使线圈过热，产生焦煳味或触点接触不实产生过热现象，发出焦煳味。维护处理时，可拆开接触器用细砂纸打磨铁芯接触面和触点接触面，使其平滑，然后重新组装好。

1010. 制冷系统运行中配电箱有异常噪声怎么办？

制冷系统在运行过程中有时会听到配电箱中发出异常噪声。当这种情况出现时，应立即进行停机检查，检查一下故障源。一般情况下配电箱里有异常的噪声，是交流接触器发出的声音，其原因大多是由于交流接触器的运动部件局部动作不灵活，造成其动静触头不能完全吸合。遇到这个问题，可以这样处理：断开电源后来回按一下接触器的动静触头，再次接通电源即可消除噪声。

1011. 制冷系统运行中高压压力继电器动作怎么办？

冷库制冷系统运行过程中，高压压力继电器动作的原因有以下几个方面。

（1）制冷剂的充注量太多，造成压缩机的排气压力太高，使高压压力继电器动作。排除问题的方法：停止压缩机运行，从压缩机低压截止阀处，放出部分制冷剂。

（2）风冷式制冷机组的风冷冷凝器翅片间隙被堵塞；冷凝器周围散热环境不好。排除问题的方法：用低压的清水清洗冷凝器翅片间隙中的灰尘，移走冷凝器周围阻碍通风的障碍物，改善冷凝器的室内热环境。

（3）若是水冷机组，可能是冷凝器中结垢严重或冷却水水温太高，应设法降低水温或停机对冷凝器进行清除水垢的处理。

1012. 制冷系统运行中压力继电器自动变化工作压力值怎么办？

在制冷控制系统运行中压力继电器最常见的问题是：设定的工作压力值

自动变化、动作以后不能复位、系统压力过高，但其不动作。

针对自动变化工作压力值问题，进行维护处理时，可检查一下继电器的弹簧是否有变形，重新调整一下；动作以后不能复位，先看一下复位按钮是否按下，复位按钮按下后，仍不能恢复正常工作，可检查一下继电器的触点，看是否积碳，若积碳，可拆开继电器，用细砂纸打磨铁芯触点，使其平滑，然后重新组装好即可。

针对系统压力过高，但其不动作问题可能由于继电器高压部分气腔漏气，测试检查一下高压部分气腔，若确认有泄漏微调，更换新的压力继电器。

1013. 想知道高、低压压力继电器是否动作灵敏怎么办？

想知道高、低压压力继电器是否动作灵敏可以这样做：制冷系统充注制冷剂后，系统内的压力较高（如制冷系统内压力为1.0MPa），可将高压控制器高压值调至低于1.0MPa，此时控制线路应断开，否则说明控制线路有问题或高压控制器动作不灵敏，应进行重新调试。

同样将低压控制器低压值调至低于1.0MPa，此时控制线路应断开，否则说明控制线路有问题或低压控制器动作不灵敏，应进行重新调试。

1014. 库温未到设定值而制冷压缩机就停机怎么办？

在冷库制冷系统运行过程中，有时会出现库温还没达到设置温度要求，而压缩机却停机了。造成这一问题的原因，多是由于环境温度升高而导致制冷机冷凝压力过高，为了保护压缩机，压力控制继电器动作，使压缩机停止了运转。待一段时间后，按一下压力控制继电器上复位按钮，压缩机即可自动恢复运行。这就是典型的压力控制继电器高压保护停机现象。

遇到这种情况，首先要检查水（风）冷凝器是否散热良好，即进出水温差或进出风温差是否合乎要求。达不到要求时，要想办法改善其散热条件，但不可任意调节压力控制继电器上设定值，否则压力控制继电器起不到保护压缩机的作用。

1015. 电磁阀通电后不能打开怎么办？

针对电磁阀通电后不能打开问题，维护处理时，先检查电源接线是否不良，若是接线不良，重新接好供电线路。电磁阀通电后不工作，另外一个原因可能是电源电压问题。可用万用表检查电源电压是否在220V或380V±10%的工作范围内，若不在，检查供电线路，使其达到供电要求。

1016. 电磁阀断电后不能关闭怎么办？

针对电磁阀不能关闭问题，维护处理时，要先检查一下主阀芯或动铁芯的密封件是否已损坏，若损坏，更换密封件，之后看一下有无杂质进入电磁阀阀芯或动铁芯，若有进行清洗后重新装好；再测试一下弹簧，看其弹性是否变弱，若弹性不好时，应予以更换，最好检查一下电磁阀的节流孔平衡孔是否堵塞，用清水冲洗一下，要确认其通畅。

1017. 冷库电磁阀接通电源后阀门打不开怎么办？

接通电源后电磁阀阀门打不开的原因可能是电压太低，使电磁阀不能正常工作；线圈接头接触不良或线圈短路；电磁阀安装位置不正或铁芯有污物，引起铁芯卡住；进出口压力差超过开发能力，使铁芯吸不上，或者使用电磁阀的规格与设备不配套等。处理方法是调整电压，检修线圈，清洗或选用合适的电磁阀。

1018. 冷库电磁阀断开电源后阀门不能及时关闭怎么办？

电磁阀关闭不及时的原因是电磁阀阀塞侧面小孔堵塞和弹簧强度减弱。处理方法是清洗电磁阀侧面的小孔，更换电磁阀的弹簧。

1019. 冷库电磁阀断开电源后关闭不严怎么办？

电磁阀断开电源后关闭不严。其原因有：被污物杂质卡住阀塞，使阀塞不能动作，造成断开电源后关闭不严；电磁阀阀塞上密封环磨损，使其关闭不严；电磁阀安装方向错了，造成关闭不严。处理方法是清洗电磁阀阀芯、更换密封环、重新按正确方向安装电磁阀。

第四节 冷却塔易出现的问题及处理方法

1020. 风冷式冷凝器夏季散热不好怎么办？

冷库的风冷式冷凝器一般安装在库外房屋顶面上，在夏季气温较高的环境里，冷凝器的温度本身就很高，使制冷机组运行排气压力增高，散热效果变差。遇到这种情况，可以在屋顶冷凝上方加建一个凉棚，遮挡阳光，减少阳光对冷凝器散热的影响，改善冷凝器散热的环境，以达到减轻压缩机的冷凝负荷，从而保证冷库制冷系统正常工作的目的。

1021. 不清楚水冷式冷凝器多长时间除一次垢怎么办？

冷库制冷系统中水冷式冷凝器是使用冷却水来进行冷却的，因水中带有各种杂质，长期使用会在管壁积存水垢，阻碍冷却水的传热效果，也会影响水冷式冷凝器内冷却水的流速。因此，一般壳管式冷凝器在使用2～3年后，必须进行一次除垢工作。若是使用深井水、山泉水的地区，应每年进行一次除垢工作。

1022. 不知道冷却塔开机前要做哪些检查与调试怎么办？

冷却塔开机前要做的检查与调试的工作内容如下。

（1）去掉冷却塔进出风口处的遮挡物，调节风扇电动机皮带轮与电动机轴之间的顶丝，调整好皮带松紧程度。

（2）认真检查冷却塔传动系统的电动机、减速机运转是否正常。

（3）检查清理冷却塔集水盘、过滤网处污物，放水检查集水盘、塔脚的密闭性，调整浮球位置，使集水盘水位符合使用要求。

（4）调整扇叶角度，测测风扇电动机的运行电流，使其达到最佳工况标准。

（5）调节冷却塔进、出水阀门，使冷却塔水流量达到要求。

1023. 不知道冷却塔定期巡视的内容怎么办？

冷却塔运行中定期巡视的内容如下。

（1）制定冷却塔定期巡视检查时间表，认真听取运行操作者的意见，了解冷却塔整体运行情况。

（2）认真测试冷却塔进、出水温度、风扇电动机、水泵电动机运转电流等技术数据。

（3）仔细检查电动机、减速机等传动装置的运转状况。

（4）观测检查布水系统的实际工况，有无喷水口堵塞现象。

（5）巡视中若发现问题，应及时予以处理。

1024. 不知道冷却塔运行中应做哪些检查工作怎么办？

冷却塔运行中应做的检查工作主要有以下 10 个方面。

（1）观察圆形塔布水装置的转速是否稳定、均匀。如果不稳定，可能是管道内有空气存在而使水量供应产生变化所致，为此，要设法排除空气。

（2）观察圆形塔布水装置的转速是否减慢或是有部分出水孔不出水。这可能是因为管内有污垢或微生物附着而减少了水的流量或堵塞了出水孔所致，要及时做好清洁工作。

（3）浮球阀开关是否灵敏，集水盘（槽）中的水位是否合适。若有问题要及时调整或修理浮球阀。

（4）对于矩形塔，要经常检查配水槽（又叫散水槽）内是否有杂物堵塞散水孔，如果有堵塞现象要及时清除。要求槽内积水深度不能小于 50mm。

（5）塔内各部位是否有污垢形成或微生物繁殖，特别是填料和集水盘（槽）里，如果有污垢或微生物附着要分析原因，并相应做好水质处理和清洁工作。

（6）注意倾听冷却塔工作时的声音，是否有异常噪声和振动声。如果有则要迅速查明原因，消除隐患。

（7）检查布水装置、各管道的连接部位、阀门是否漏水。如果有漏水现象要查明原因，采取相应措施堵漏。

（8）对使用齿轮减速装置的冷却塔风机，要注意齿轮箱是否漏油。如果有漏油现象要查明原因，采取相应措施堵漏。

（9）注意检查风机轴承的温升情况，一般不大于 35℃，最高温度低于 70℃。温升过大或温度高于 70℃时要迅速查明原因降低风机轴承的温升。

（10）查看有无明显的飘水现象，如果有要及时查明原因予以消除。

1025. 不知道冷却塔补水量怎么办？

冷却塔在运行过程中冷却水的部分蒸发引起冷却水消耗是正常的、必需的，其消耗量不仅同冷却水本身的质量、流量、降温幅度（即热负荷）有关，同时还和入塔空气的温度（包括干球温度和湿球温度）和质量流量有关，为了及时补充冷却塔损失的冷却水量，满足冷却水循环需要，可参考下述公式，进行冷却塔补充水量的计算

$$E=G(X_2-X_1)/L\times100\%$$

式中　E——水的百分蒸发量，%；

　　　G——空气的质量流量，kg/h 或 kg/min；

　　　L——冷却水的质量流量，kg/h 或 L/min；

X_2-X_1——空气在出塔和入塔时的含湿量，kg/kg。

1026. 不清楚冷却塔停机后散水系统清洗保养内容怎么办？

冷却塔停机后散水系统清洗保养内容如下。

（1）检查冷却塔主水管、分水管、喷头有无破损松动，及时进行修补、固定。彻底清除布水管及喷头内部的污物，以保证水管畅通，喷头布水均匀。

（2）彻底冲洗冷却塔水盘及出水过滤网罩，避免水垢污物积存堵塞管道。清洗完毕应打开泄水阀门，放尽水盘内积水，以免冻坏。

（3）检查集水盘、塔脚是否漏水，如有漏点，及时补胶。

1027. 不清楚冷却塔停机后散热系统清洗保养内容怎么办？

冷却塔停机后散热系统清洗保养内容如下。

（1）清洗冷却塔所有换热材（填料），彻底清除掉热材表面、孔间的水垢污物，保证换热材的洁净。拆装换热材时进行修补更换。装填时注意布放紧密，不留间隙。

（2）清洗挡水帘、消音毯，去除污物。对破损处进行修补更换。挡水帘

码放时要求紧密，防止漂水。将冷却塔充水，检查是否漏水（特别是塔体连接处），若漏则更换密封件。

1028. 不清楚冷却塔停机后传动系统清洗保养内容怎么办？

冷却塔停机后传动系统清洗保养内容有以下几个方面。

（1）检查风扇电动机的接线端子是否完好，风扇电动机转动是否正常，风扇电动机接丝盒是否密封，风扇电动机轴承加油润滑，风扇电动机外壳重新喷漆。若冷库长期停机，每个月至少运转风扇电动机 3 个小时，以保持电动机线圈干燥，并润滑轴承表面。

（2）检查减速机转动是否正常，如有异声，立即更换减速机轴承。

（3）检查皮带、皮带轮，调节顶丝，松开皮带，延长皮带使用寿命。检查皮带有无破损、裂纹，要更换新皮带。校核皮带轮，风扇电动机架水平度，紧固松动螺栓，有锈蚀螺栓予以更换。

（4）检查风扇，清洗扇叶表面污物，检查扇叶角度，扇叶与风胴间隙，并进行调整。

1029. 不清楚冷却塔停机后塔体外观清洗保养内容怎么办？

冷却塔停机后塔体外观清洗保养内容如下。

（1）对风胴、塔、入风导板进行彻底清洗，保证外观清洁美观。

（2）重新紧固各部位螺栓，并更换生锈螺栓。

（3）检查塔体外观有无破损、裂纹，及时予以修补。

（4）检查塔体壁板立缝处是否严密，必要时重新刷胶修补。

1030. 不清楚冷却塔停机后冷却塔附件清洗保养内容怎么办？

冷却塔停机后冷却塔附件清洗保养内容有以下几个方面。

（1）检查自动补水装置——浮球有无损坏、工作是否正常。发现异常及时修理、更换。

（2）对冷却塔铁件螺栓重新紧固、更换生锈螺栓，对锈蚀铁件刷新漆。

（3）检查进、出水管，补水管的塔体法兰盘有无破损、漏水，冷却塔清洗保养完毕，用彩条围挡布将冷却塔风胴包裹密封，以防杂物进入冷却塔内部。

1031. 不知道冷却塔清洗工作流程怎么办？

冷却塔清洗的工作流程，一般可按下述程序进行。

（1）先将冷却塔集水盘水放掉，从塔上布水器开始清洗，使布水器供水孔能够正常均匀供水。

（2）清洗冷却塔，将冷却塔的沉积物、青苔、水垢彻底清除。

（3）用高压清洗枪对填料、风扇、洒水器塔身四周清洗，最后冲洗塔盘及出水过滤网、出水槽。

（4）打开系统最低点排污阀进行放水排污，打开冷却塔快速补水阀进行快速补水，直至排污阀出清水为止。

（5）起动水泵进行杀菌，从冷却塔投加杀菌灭藻剂及高级清洗剂和清洗蚀剂，控制 pH 值在 5.5～6.0 灭藻，清洗剂浓度为 200mg/L。

（6）循环清洗 1/2d 后，再次打开冷却塔快速补水阀进行快速补水，打开系统最低点排污阀进行循环放水排污，直至排污阀出清水为止。

（7）关闭排污阀，打开补水阀给冷却塔加水，水加满，将冷却塔的进、出水阀、塔连通阀打开。检查阀门，将连通塔的水位调平衡，以免溢水。

（8）将冷却塔四周的地面清洗干净。

1032. 不清楚冷却塔清洗的安全防护措施怎么办？

冷却塔清洗的安全防护措施要求如下。

（1）操作者要将劳保保护用品（安全帽、雨衣）穿戴整齐。

（2）施工前首先检查核对冷却塔风机电源是否切断，是否挂牌和有专人负责看管。

（3）带齐所需的各种清洗设备与工具。

（4）登冷却塔梯子作业时配好安全带，上梯子作业时要有专人负责监护。

（5）清洗过程要严格按照各项工序要求操作规程执行。

1033. 不知道如何清洁冷却塔外壳怎么办？

目前，中小型冷库常用的圆形和矩形冷却塔，包括那些在出风口和进风口加装了消声装置的冷却塔，其外壳都是采用玻璃钢或高级 PVC 材料制成，能抗太阳紫外线和化学物质的侵蚀，密实耐久，不易褪色，表面光亮，不需另刷油漆作保护层。因此，当冷却塔外观不干净时，只需用水或清洁剂清洗即可恢复光亮。

1034. 不知道如何清洁冷却塔填料怎么办？

冷却塔中的填料作为空气与水在冷却塔内进行充分热湿交换的媒介体，通常是由高级 PVC 材料加工而成，属于塑料的一类，很容易清洁。当发现冷却塔的填料有污垢或微生物附着时，用水或清洁剂加压冲洗或从塔中拆出分片刷洗即可恢复原貌。

1035. 想用冲洗法清洁冷却塔填料怎么办？

用冲洗法清洁冷却塔填料的操作方法如下。

（1）用人工清扫冷却塔内脱落的垢渣。

（2）用高压水枪反复冲洗填料，清除清洗下的污泥水垢等。

（3）用50℃左右热水将安全高效除垢剂在专用水箱中溶解后，用冲洗泵反复冲洗填料，直至水垢冲洗干净为止。

（4）洗干净（若填料使用期限较长，引起老化及坍塌，应更换填料）。

（5）加入杀菌灭藻剂，彻底杀灭生物藻类及细菌。

（6）确认系统各处全部清洗干净后，排去污水。

（7）用清水冲洗填料及塔身内外。

（8）恢复系统各处补水即可使用。

1036. 想浸泡法清洁冷却塔填料怎么办？

用浸泡法清洁冷却塔填料的操作方法如下。

（1）在冷却塔边上临时用塑料布搭建一个大水池，并蓄满水。

（2）将清洗剂加入清水池中，制成清洗液。

（3）将填料从冷却塔中拆下来放入清洗液池中浸泡。

（4）将浸泡干净的填料用清水冲洗干净后装回冷却塔。

（5）用粘有药剂的布放在冷却塔补水器上，将补水器口浸泡疏通。

（6）用同样的方法将冷却塔底盘水垢清除干净。

（7）用清水冲洗填料及塔身内外。

（8）恢复系统各处补水即可使用。

1037. 不知道如何清洁冷却塔的集水盘（槽）怎么办？

冷却塔中的集水盘（槽）中的污垢或微生物积存可以采用刷洗的方法予以清除。在清洗冷却塔中的集水盘（槽）时要注意的是，清洗前要堵住冷却塔的出水口，清洗时打开排水阀，让清洗的脏水从排水口排出，避免清洗时的脏水进入冷却水回水管。此种操作方法在清洗布水装置、配水槽、填料时都可以使用。

此外，可以在集水盘（槽）的出水口处加设一个过滤网用以挡住大块杂物（如树叶、纸屑、填料碎片等）随水流进入冷却水回水管道系统。

1038. 不知道如何清洁冷却塔的吸声垫怎么办？

由于冷却塔的吸声垫是采用疏松纤维型材料，在冷却塔工作过程中长期浸泡在集水盘中，很容易附着污物，所以吸声垫清洗时可以用清洁剂配以高压水进行冲洗。

1039. 不知道冷却塔定期维护保养工作内容怎么办？

为了使冷却塔能安全正常地使用一些时间，除了日常要做好上述检查工作和清洁工作外，还需定期做好以下几项维护保养工作。

（1）对使用皮带减速装置的冷却塔，每两周停机检查一次皮带的松紧度，不合适时要调整。如果几根皮带松紧程度不同则要全套更换；如果冷却塔长时间不运行，则最好将皮带取下来保存。

（2）对使用齿轮减速装置的冷却塔，每一个月停机检查一次齿轮箱中的油位。油量不够时要补加到位。此外，冷却塔每运行6个月要检查一次油的颜色和黏度，达不到要求必须全部更换。当冷却塔累计使用5000h后，不论油质情况如何，都必须对齿轮箱做彻底清洗，并更换润滑油。齿轮减速装置采用的润滑油一般多为30号或40号机械油。

（3）由于冷却塔风机的电动机长期在湿热环境下工作，为了保证其绝缘性能，不发生电动机烧毁事故，每年必须做一次电动机绝缘情况测试。如果达不到要求，要及时进行维修或更换电动机。

（4）要随时注意检查冷却塔的填料是否有损坏部分，若有要及时修补或更换。

（5）冷却塔风机系统所有轴承的润滑脂一般一年更换一次。

（6）当采用化学药剂进行冷却水的处理时，要注意风机叶片的腐蚀问题。为了减缓腐蚀，每年清除一次叶片上的腐蚀物，均匀涂刷防锈漆和酚醛漆各一道，或者在叶片上涂刷一层0.2mm厚的环氧树脂，其防腐性能一般可维持2~3年。

（7）在冬季冷却塔停止使用期间，有可能因积雪而使风机叶片变形，这时可以采取两种办法避免：一是停机后将叶片旋转到垂直于地面的角度紧固；二是将叶片或连轮毂一起诉下放到室内保存。

（8）在冬季冷却塔停止使用期间，有可能发生冰冻现象时，要将冷却塔集水盘（槽）和室外部分的冷却水系统中的水全部放光，以免冻坏设备和管道。

（9）冷却塔的支架、风机系统的结构架以及爬梯通常采用镀锌钢件，一般不需要油漆。

如果发现生锈，再进行去锈刷漆工作。

1040. 冷却塔出水温度过高怎么办？

冷却塔在运行过程中出现出水温度过高的原因有许多，如：冷却塔循环水量过大；冷却塔布水管（配水槽）部分出水孔堵塞，造成偏流；进出冷却塔空气不畅或短路；冷却塔通风量不足；冷却塔进水温度过高；冷却塔吸、排空气短路；冷却塔填料部分堵塞造成偏流；冷却塔室外温球温度过高，等等。遇到这些问题的处理方法是：调整水系统阀门开度或调整水泵电动机转速；清除输水管中的堵塞物；清除冷却塔进风口处的堵塞物；调整冷却塔通风机的转速；检查制冷机组的工作状态，进行调整，使其与冷却塔的散热能力相符；改善冷却塔周围空气循环流动的条件；清除冷却塔填料上的堵塞物；调整冷却塔冷却水量的流量，使其适应室外温球温度过高时的蒸发量，以降低冷却塔出水温度。

1041. 冷却塔运行中通风量不足怎么办？

冷却塔运行中通风量不足的原因有许多，如：风扇电动机皮带轮与风扇主轴之间皮带轮上的传动皮带松弛，造成风机转速降低；风扇叶片角度不合适，造成出风量不足；风扇叶片破损，造成出风量不足；填料部分堵塞，造成气流量不畅等。遇到这些问题的处理方法是：调整风扇电动机的地脚螺栓位置，借以调整风扇电动机皮带轮与风扇主轴之间的距离，使传动皮带松紧度适宜；调整风扇叶片角度至合适位置；更换损坏了的风扇叶片；清除填料上的堵塞物。

1042. 冷却塔的集水盘溢水怎么办？

冷却塔在运行过程中出现集水盘溢水的原因有许多，如：水盘（槽）出水口（滤网）堵塞；浮球阀失灵，不能自动关闭，使补水一直进行；冷却塔循环水量超过冷却塔额定容量。遇到这些问题的处理方法是：清除水盘（槽）出水口（滤网）堵塞物；调整浮球阀的调节杆，使其能准确启闭；减少循环水量或更换与容量匹配的水泵。

1043. 冷却塔运行中集水盘（槽）水位偏低怎么办？

冷却塔运行中集水盘（槽）水位偏低的原因有许多，如：浮球阀开度偏小，造成补水量小；补水压力不足，造成补水量小；冷却塔回水管道系统有漏水的地方，使冷却塔循环水失水过多；冷却塔循环水补水管径偏小等。遇到这些问题的处理方法是：调整浮球阀的调节杆，使开度与损耗量相适应；修理冷却塔的补水阀门，或提高水压、加大管径；找出回水管道系统漏水处，进行堵漏；调整风扇电动机转速或挡水板角度，减少冷却水的损失量；更换合适管径冷却塔循环水的补水管。

1044. 冷却塔运行中有明显飘水现象怎么办？

冷却塔运行中出现明显飘水现象的原因有许多，如：冷却塔循环水飘损量过大；冷却塔通风量过大；填料中有偏流现象；布水装置转速过快；挡水板安装位置不当等。遇到这些问题的处理方法是：调整风扇电动机转速或挡水板角度；降低风机转速或调整风机叶片角度；重新码放填料，避免偏流现象，使其均流；调整水压，使布水装置转速合适；重新调整挡水板安装角度。

1045. 冷却塔运行中布（配）水不均匀怎么办？

冷却塔运行中布（配）水不均匀的原因是：布水管（配水槽）部分出水孔堵塞，冷却循环水量过小。遇到这个问题的处理方法是：清除布水管出水孔中的堵塞物，开大循环水阀门或调整水泵电动机转速。

1046. 冷却塔运行中配水槽中有水溢出怎么办？

冷却塔运行中配水槽中有水溢出的原因是：配水槽的出水孔堵塞；冷却循环水供水量过大。遇到这个问题的处理方法是：清除配水槽的出水孔堵塞物，关小循环水阀门或调整水泵电动机转速。

1047. 想知道冷却塔补水量怎么办？

冷却塔的补水是指冷却塔在运行过程中由于蒸发、飞溅、排污和渗漏而损失的水量。　冷却塔的补水量可按下式进行计算

$$MU = E + B$$

式中　　MU——冷却塔补充水量，m^3/h；

$\quad\quad\quad E$——蒸发水量，m^3/h；

$\quad\quad\quad B$——飞溅加排污水量，m^3/h。

一般情况下，冷却塔的进、出水温差为 7℃时，蒸发水量约为冷却塔循环水量的 1%；飞溅损失一般小于 0.2%；排污损失约为冷却塔循环水量的 0.9%。

1048. 冷却塔运行中异常噪声或振动声过大怎么办？

冷却塔运行中异常噪声或振动声过大的原因有许多，如：风扇电动机转速过高，通风量过大，风扇电动机轴承缺油或损坏；风扇叶片与其他部件碰撞；风扇部件紧固螺栓螺母松动；风扇叶片螺钉松动；风扇的皮带与防护罩摩擦；风扇电动机齿轮箱缺油或齿轮组磨损等。遇到这些问题的处理方法是：降低风扇电动机转速或调整风扇叶片角度；给风扇电动机轴承加油或更换轴承；调整风扇叶片与其他部件的间隙；拧紧风扇部件紧固螺栓螺母；拧紧风扇叶片螺钉；张紧皮带，紧固好风扇防护罩的固定螺栓；给补充电动机轴承补充润滑油或更换齿轮组。

1049. 冷却塔运行中滴水声过大怎么办？

冷却塔运行中滴水声过大的原因是：填料回水偏流；冷却水量过大。遇到这个问题的处理方法是：重新码放填料，使其均流；在集水盘中加装吸声垫或换成填料埋入集水盘中的冷却塔。

1050. 想对布水器喷嘴进行维护和保养怎么办？

布水器喷嘴的维护和保养有两种方法：一是手工操作法。维护保养时，

将布水器喷嘴拆开，把堵塞的喷嘴中的杂物清理出来，用清水清洗干净后，重新组装好即可。二是化学清洗法。将布水器喷嘴从设备拆卸下来以后，放到配好的浓度为 $20\%\sim30\%$ 的硫酸水溶液中，浸泡 60min，然后用清水冲洗，将残留在喷嘴中硫酸溶液清洗干净后，将喷嘴浸泡到清水中，用试纸测试其 pH 值，达到 7 时为合格。

1051. 想对布水器喷淋管进行维护和保养怎么办?

每年停止冷却塔运行后，在维护喷嘴的同时，要对布水器喷淋管进行维护和保养。其做法是：每年停机后立即对其进行除锈、刷防锈漆，对喷淋管上与喷嘴装配的丝头，可用汞明漆涂刷，做防锈处理。

1052. 冷却塔停机后对风扇叶轮、叶片的维护和保养怎么办?

每年冷却塔停止运行后，应将冷却塔风扇叶轮、叶片拆下，用手工方法清除腐蚀物做好静平衡校验后，均匀地涂刷防锈漆和酚醛漆各一次，然后将冷却塔风扇叶轮、叶片装回原位，以防变形。

为防止大直径的玻璃钢冷却塔风扇叶片受积雪重压变形，可将叶片角度旋转 90°使其垂直于地面。若欲将叶片分解保存，应放平，不可堆砌放置。

1053. 不清楚水泵运行中应做哪些检查怎么办?

冷库制冷系统的冷却塔配用的水泵，运行过程中应做下述检查，以保证其正常工作。

（1）检查水泵电动机运转时不能有过高的温升和无异味产生。

（2）轴承温度不得超过周围环境温度 35～40℃，轴承的极限最高温度不得高于 70℃。

（3）检查水泵运行时其轴封处（除规定要滴水的型式外）、管接头均无漏水现象。

（4）检查水泵运行时有无异常噪声和振动。

（5）检查水泵运行时地脚螺栓和其他各连接螺栓的螺母无松动。

（6）检查水泵运行时基础台下的减振装置受力均匀，进出水管处的软接头无明显变形，是否起到了减振和隔振作用。

（7）检查水泵运行时电流在正常范围内。

（8）检查水泵运行时压力表指示正常且稳定，无剧烈抖动。

1054. 不知道水泵的定期维护与保养应做些什么怎么办?

为了使水泵能安全、正常地运行，为整个中央空调系统的正常运行提供基本保证，除了要做好其起动前、起动以及运行中的检查工作，保证水泵有一个良好的工作状态，发现问题能及时解决，出现故障能及时排除以外，还需要定期做好以下几个方面的维护保养工作。

(1) 加油。轴承采用润滑油润滑的,在水泵使用期间,每天都要观察油位是否在油镜标识范围内。油不够就要通过注油杯加油,并且要一年清洗换油一次。根据工作环境温度情况,润滑油可以采用 20 号或 30 号机械油。轴承采用润滑脂(俗称黄油)润滑的,在水泵使用期间,每工作 2000h 换油一次。润滑脂最好使用钙基脂,也可以采用 7019 号高级轴承脂。

(2) 更换轴封。由于填料用一段时间就会磨损,当发现漏水或漏水滴数(ml/h)超标时就要考虑是否需要压紧或更换轴封。对于采用普通填料的轴封,泄漏量一般不得大于 30~60ml/h,而机械密封的泄漏量则一般不得大于 10ml/h。

(3) 解体检修。一般每年应对水泵进行一次解体检修,内容包括清洗和检查。清洗主要是刮去叶轮内外表面的水垢,特别是叶轮流道内的水垢要清除干净,因为它对水泵的流量和效率影响很大。此外还要注意清洗泵壳的内表面以及轴承。在清洗过程中,对水泵的各个部件进行详细认真的检查,以便确定是否需要修理或更换,特别是叶轮、密封环、轴承、填料等部件要重点检查。

(4) 除锈刷漆。水泵在使用时,通常都处于潮湿的空气环境中,有些没有进行保温处理的冷冻水泵,在运行时泵体表面更是被水覆盖(结露所致),长期如此,泵体的部分表面就会生锈。为此,每年应对没有进行保温处理的冷冻水泵的泵体表面进行一次除锈刷漆作业。

(5) 放水防冻。水泵停用期间,如果环境温度低于 0℃,就要将泵内的水全部放干净,以免水的冻胀作用胀裂泵体。特别是安装在室外工作的水泵(包括水管),尤其不能忽视。如果不注意做好这方面的工作,会带来重大损坏。

1055. 不知道冷却塔清洗流程怎么办?

冷却塔清洗流程一般如下。

(1) 清洗冷却塔,将冷却塔的沉积物、青苔、水垢彻底清除。

(2) 用高压清洗枪对填料、风扇、洒水器塔身四周清洗,最后冲洗塔盘及出水过滤网、出水槽。

(3) 打开系统最低点排污阀进行放水排污,打开冷却塔快速补水阀进行快速补水,直至排污阀出清水为止。

(4) 起动水泵进行杀菌,从冷却塔投加杀菌灭藻剂及高级清洗剂和清洗蚀剂,控制 pH 值在 5.5~6.0 灭藻,清洗剂浓度为 200mg/L。除锈垢清洗处理。根据此次清洗为带机不停车清洗。

（5）循环清洗 1/2d 后，再次打开冷却塔快速补水阀进行快速补水，打开系统最低点排污阀进行循环放水排污，直至排污阀流出清水时为止。

（6）关闭排污阀，打开补水阀给冷却塔加水，水加满，将冷却塔的进、出水阀、塔连通阀打开。检查阀门，将连通塔的水位调平衡，以免溢水。

（7）将冷却塔四周的地面清洗干净。

1056. 水泵运行时水流量不足怎么办？

水泵运行时水流量不足的原因可能是水泵转速太低、密封环或叶轮磨损过大。

遇到水泵运行水流量不足时可以这样处理：检查电源电压，要求电压应在 380V±10% 范围内，电源电压若低于这个范围，会造成水泵功率不够，转速变低；检查水泵的密封环或叶轮，若确定密封环或叶轮磨损过大，更换密封环或叶轮。

1057. 水泵运行时噪声大怎么办？

水泵运行时出现噪声大的原因是：水泵安装不牢；电动机滚珠轴承损坏；水泵主轴弯曲或与电动机主轴不同心、不平行等。

遇到水泵运行时发生噪声可以这样处理：检查水泵底座的稳固情况，重新紧固水泵底座的螺栓，使水泵稳固；确认水泵电动机滚珠轴承是否损坏，若不是明显损坏，更换润滑油脂，若确认损坏，更换电动机滚珠轴承；矫正弯曲的水泵主轴或调整好水泵与电动机的相对位置。

1058. 水泵起动后不出水怎么办？

水泵起动后不出水原因大致有这样几个：进水管和泵内的水量严重不足；水泵叶轮旋转方向反了；进水阀门和出水阀门未打开；进水管部分或叶轮内有异物堵塞。

遇到水泵起动后出水管不出水时可以这样处理：将进水管和泵内的水充满；调换水泵电动机任意两根接线位置；进水阀门和出水阀门开至最大，清除进水管部分或叶轮内的异物。

1059. 水泵出水压力表和进水压力表指针剧烈摆怎么办？

水泵起动后出水压力表和进水压力表指针剧烈摆的原因是：有空气从进水管随水流进泵体内。遇到这个问题的解决方法是：查明空气进入渠道，放出水系统中的空气。

1060. 水泵起动后一开始有出水，但随后就不出水了怎么办？

水泵起动后一开始有出水，但随后就不出水了的原因有两个：一是进水管中有大量空气积存；二是水系统中有大量空气吸入。遇到这些问题的解决方法是：查明空气进入渠道，放出水系统中的空气。检查、做好进水管口和水泵轴封的密封性，杜绝空气进入水系统的渠道。

1061. 水泵在运行中突然停止出水怎么办？

水泵在运行中突然停止出水的原因有三个：一是水系统进水管口被堵塞；二是水系统有大量空气吸入；三是水泵叶轮严重损坏。遇到这些问题的解决方法是：清除水系统进水管口堵塞物；检查、做好进水管口和轴封的密封性；更换水泵损坏的叶轮。

1062. 水泵的填料函漏水过多怎么办？

造成水泵的填料函漏水过多的原因有 4 个：一是水泵填料压得不够紧；二是水泵填料磨损；三是填料缠法错误；四是水泵轴有弯曲或摆动。遇到这些问题的解决方法是：拧紧水泵填料的压盖或补加一层填料；更换水泵填料；重新正确缠放水泵填料；校正或更换水泵轴。

1063. 水泵运行时内部声音异常怎么办？

水泵运行时内部声音异常的原因是：有空气吸入，发生气蚀；水泵内有固体异物。遇到这些问题的解决方法是：查明空气进入水泵水系的渠道，放出水系统中存留的空气；拆开水泵清除内部的异物。

1064. 水泵运行时泵体振动过大怎么办？

水泵运行时泵体振动过大的原因有 7 个：一是水泵地脚螺栓或各连接螺栓螺母有松动；二是有空气吸入，发生气蚀；三是水泵的轴承磨损；四是水泵的叶轮破损；五是水泵的叶轮局部有堵塞；六是水泵与电动机的轴不同心；七是水泵的轴弯曲。遇到这些问题的解决方法是：拧紧水泵地脚螺栓或各连接螺栓螺母；查明空气进入渠道，放出水系统中的空气；更换水泵的轴承；更换水泵的叶轮；清除水泵叶轮局部堵塞物；调整水泵与电动机的轴同心度；校正或更换水泵轴。

1065. 水泵运行时流量达不到额定值怎么办？

水泵运行时流量达不到额定值的原因有 8 个：一是水泵转速未达到额定值；二是水系统阀门开度不够；三是输水管道过长或过高；四是输水管管道系统管径偏小；五是水系统中有空气吸入；六是进水管或叶轮内有异物堵塞；七是水泵密封环磨损过多；八是水泵叶轮磨损严重。遇到这些问题的解决方法是：检查水泵电动机的电压及填料、轴承的状态；将水系统阀门开到适宜的开度；缩短输水距离或更换大功率的水泵；更换大管径或更换大功率的水泵，查明空气进入渠道，放出水系统中的空气；清除进水管或叶轮内的堵塞物；更换水泵的密封环；更换水泵的叶轮。

1066. 水泵运行时耗用功率过大怎么办？

水泵运行时耗用功率过大的原因有5个：一是水泵转速过高，在高于额定流量和扬程的状态下运行；二是水泵填料压得过紧；三是水中混有泥沙或其他异物；四是水泵与电动机的轴不同心；五是水泵叶轮与蜗壳摩擦。遇到这些问题的解决方法是：检查调整水泵电动机的工作电压、电流；调节出水管阀门开度；适当放松水泵填料压紧程度；拆下水过滤器，倒出泥沙或其他异物；调整水泵与电动机的轴同心度；调整水泵叶轮与蜗壳之间的间距。

1067. 水泵填料函严重漏水怎么办？

水泵密封填料俗称高压盘根，是将石棉绳编织成 6mm×6mm、8mm×8mm、10mm×10mm 等规格。水泵填料函严重漏水的维修是先用套筒扳手，将水泵压盖上螺栓松取下，用一字螺丝刀将压盖撬开，用尖嘴钳将细钢丝弯个钩，将水泵填料函中损坏的填料取出，用清水将水泵填料函清除干净。选用与原高压盘根相同规格的高压盘根沿水泵轴顺时针缠绕，厚度要略大于原高压盘根厚度，然后用压盖压紧高压盘根，用螺栓紧固压盖，将高压盘根压进填料函。旋紧螺栓时应成对角压紧，要边旋紧螺栓，边旋转泵轴，直到泵轴旋转灵活，实验室漏水量合乎要求为止。

附录　R22 压焓图

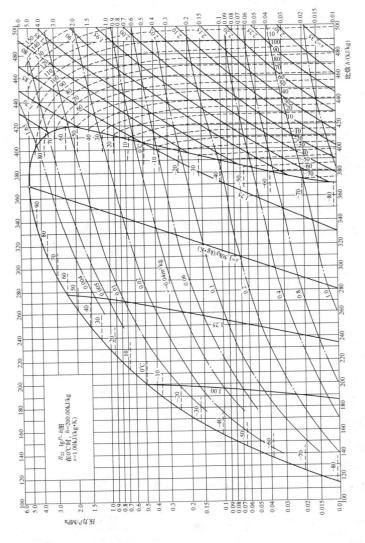

参 考 文 献

[1] 李援瑛. 小型冷库结构、安装与维修技术 [M]. 北京：北京机械工业出版社，2013.

[2] 李援瑛. 制冷设备的维修操作 [M]. 北京：北京机械工业出版社，2011.

[3] 张梦欣. 冷库技术 [M]. 北京：中国劳动社会保障出版社，2008.

[4] 张德新. 快学快修冷库实用技能问答 [M]. 北京：中国农业出版社，2007.

[5] 邓锦军，蒋文胜. 冷库的安装与维护 [M]. 北京：北京机械工业出版社，2011.

[6] 李援瑛. 冷库及制冷设备 [M]. 北京：高等教育出版社，1998.